教育部高等学校化工类专业教学指导委员会推荐教材

中国石油和化学工业优秀教材一等奖

化工过程安全

赵劲松　主编

陈网桦　鲁　毅　孟亦飞　王运东　副主编

化学工业出版社

·北京·

化工过程安全是一门新兴的专业方向，是国际公认的预防重大化工事故的关键手段。《化工过程安全》在介绍化工过程安全相关概念的基础上，以风险辨识-风险分析与评价-风险控制为主线，阐述化工过程安全风险管理技术及有关策略。《化工过程安全》以系统工程的思维逻辑安排各章节的内容，树立本质更安全的化工过程设计理念，弘扬职业道德伦理，突出体现以事故预防为主的化工过程风险管理和控制的思想。

《化工过程安全》内容包括：绪论、风险管理与过程安全管理、化学品的危险性、风险辨识、事故后果分析、事故发生的可能性估算、风险分析与评价、化学反应过程热危险分析与评价、风险控制、安全仪表系统与功能安全、机械完整性管理、事故应急共 12 章。《化工过程安全》可作为高等学校化学工程与工艺、制药工程、能源化学工程及相关专业的教材，也可供有关科研和工程技术人员参考。

图书在版编目（CIP）数据

化工过程安全/赵劲松主编. —北京：化学工业出版社，2015.9（2023.8 重印）
ISBN 978-7-122-24429-1

Ⅰ.①化… Ⅱ.①赵… Ⅲ.①化工过程-安全工程
Ⅳ.①TQ02②TQ086

中国版本图书馆 CIP 数据核字（2015）第 140642 号

责任编辑：杜进祥　徐雅妮　　　　　　　文字编辑：林　媛
责任校对：王素芹　　　　　　　　　　　　装帧设计：关　飞

出版发行：化学工业出版社（北京市东城区青年湖南街 13 号　邮政编码 100011）
印　　装：北京捷迅佳彩印刷有限公司
787mm×1092mm　1/16　印张 24　字数 603 千字　2023 年 8 月北京第 1 版第 6 次印刷

购书咨询：010-64518888　　　　　　　售后服务：010-64518899
网　　址：http://www.cip.com.cn
凡购买本书，如有缺损质量问题，本社销售中心负责调换。

定　价：59.00 元　　　　　　　　　　　　　　　　版权所有　违者必究

序

化学工业是国民经济的基础和支柱性产业，主要包括无机化工、有机化工、精细化工、生物化工、能源化工、化工新材料等，遍及国民经济建设与发展的重要领域。化学工业在世界各国国民经济中占据重要位置，自 2010 年起，我国化学工业经济总量居全球第一。

高等教育是推动社会经济发展的重要力量。当前我国正处在加快转变经济发展方式、推动产业转型升级的关键时期。化学工业要以加快转变发展方式为主线，加快产业转型升级，增强科技创新能力，进一步加大节能减排、联合重组、技术改造、安全生产、两化融合力度，提高资源能源综合利用效率，大力发展循环经济，实现化学工业集约发展、清洁发展、低碳发展、安全发展和可持续发展。化学工业转型迫切需要大批高素质创新人才。培养适应经济社会发展需要的高层次人才正是大学最重要的历史使命和战略任务。

教育部高等学校化工类专业教学指导委员会（简称"化工教指委"）是教育部聘请并领导的专家组织，其主要职责是以人才培养为本，开展高等学校本科化工类专业教学的研究、咨询、指导、评估、服务等工作。高等学校本科化工类专业包括化学工程与工艺、资源循环科学与工程、能源化学工程、化学工程与工业生物工程等，培养化工、能源、信息、材料、环保、生物工程、轻工、制药、食品、冶金和军工等领域从事工程设计、技术开发、生产技术管理和科学研究等方面工作的工程技术人才，对国民经济的发展具有重要的支撑作用。

为了适应新形势下教育观念和教育模式的变革，2008 年"化工教指委"与化学工业出版社组织编写和出版了 10 种适合应用型本科教育、突出工程特色的"教育部高等学校化学工程与工艺专业教学指导分委员会推荐教材"（简称"教指委推荐教材"），部分品种为国家级精品课程、省级精品课程的配套教材。本套"教指委推荐教材"出版后被 100 多所高校选用，并获得中国石油和化学工业优秀教材等奖项，其中《化工工艺学》还被评选为"十二五"普通高等教育本科国家级规划教材。

党的十八大报告明确提出要着力提高教育质量，培养学生社会责任感、创新精神和实践能力。高等教育的改革要以更加适应经济社会发展需要为着力点，以培养多规格、多样化的应用型、复合型人才为重点，积极稳步推进卓越工程师教育培养计划实施。为提高化工类专业本科生的创新能力和工程实践能力，满足化工学科知识与技术不断更新以及人才培养多样化的需求，2014 年 6 月"化工教指委"和化学工业出版社共同在太原召开了"教育部高等学校化工类专业教学指导委员会推荐教材编审会"，在组织修订第一批 10 种推荐教材的同时，增补专业必修课、专业选修课与实验实践课配套教材品种，以期为我国化工类专业人才培养提供更丰富的教学支持。

本套"教指委推荐教材"反映了化工类学科的新理论、新技术、新应用，强化安全环保意识；以"实例—原理—模型—应用"的方式进行教材内容的组织，便于学生学以致用；加强教育界与产业界的联系，联合行业专家参与教材内容的设计，增加培养学生实践能力的内容；讲述方式更多地采用实景式、案例式、讨论式，激发学生的学习兴趣，培养学生的创新能力；强调现代信息技术在化工中的应用，增加计算机辅助化工计算、模拟、设计与优化等内容；提供配套的数字化教学资源，如电子课件、课程知识要点、习题解答等，方便师生使用。

希望"教育部高等学校化工类专业教学指导委员会推荐教材"的出版能够为培养理论基础扎实、工程意识完备、综合素质高、创新能力强的化工类人才提供系统的、优质的、新颖的教学内容。

教育部高等学校化工类专业教学指导委员会

2015 年 1 月

前言

化学工业是我国国民经济的重要支柱。资料显示，2011 年我国化工产品总产值占世界化工产品总产值的 25%，已成为世界化学品生产第一大国。快速发展的化学工业在为国家现代化建设、社会繁荣和人们生活水平提高做出了巨大贡献的同时，各类重特大事故也给整个行业的可持续发展带来了前所未有的挑战。2005 年 11 月吉化双苯厂爆炸事故、2013 年 11 月青岛黄岛输油管道泄漏爆炸事故、2015 年 3 月福建漳州 PX 装置爆炸等事故在不断地向我们提出严峻的问题：如何有效预防重大化工事故？如何让化学工业在造福人类的同时，避免对生命、财产和环境的破坏？

事故预防工作需要一大批掌握先进的事故预防理论和方法的人才。那么什么是先进的事故预防理论和方法？2013 年 7 月 29 日，国家安全生产监督管理总局发布《关于加强化工过程安全管理的指导意见》，该意见给出了很好的回答：加强化工过程安全管理是国际先进的重大工业事故预防和控制方法，是企业及时消除安全隐患、预防事故、构建安全生产长效机制的重要基础性工作。

化工过程安全是国际上新兴的专业领域，尚未列入国内外化学工程及相关专业的普修课程，相关教材也很少见。如何写好这本教材也给编者提出了一定的挑战。2014 年 8 月 27 日，教育部和国家安全生产监督管理总局联合发布了《关于加强化工安全人才培养工作的指导意见》，要求完善化工安全人才标准，要将危险与可操作性分析、定量风险分析等国际通用化工安全分析技术纳入培养要求，增加化工过程安全及过程自动化控制等方面的教学内容。编者结合自己多年来在化工过程安全的研究成果和工作经验，确定了本书的编写思路，即以风险辨识-风险分析与评价-风险控制为主线，阐述化工过程安全的技术、方法和管理体系，同时也针对化工过程安全学科交叉的特点，对安全仪表系统、机械完整性和应急管理进行了专门的论述。为加深对各章内容的理解，编者在每一章的开始给出了一个引导性的事故案例，这也是本书的特点之一。但是，这并不意味着本书涵盖了所有化工安全技术和方法，因为即使到科技如此发达的今天，尚有很多问题我们并没有研究清楚。例如，人在短时间内暴露于致癌物质环境中是否有害？如果有害，如何评估其风险？又如，多种化学物质的混合物在不同温度和压力条件下的爆炸极限等物理化学性质将如何变化？这些问题将有待于那些有志于化工安全的青年学子去探索和解答。

化工过程安全是理论性和实践性都很强的学科。参与本书编写工作的人员既有来自大学的学者，也有来自工业界的专家，学术界的参与确保了教材的基本概念和原理的正确性，工业界的参与为本书提供了更切合实际的工业最佳实践和案例。相信这样的组合会让本书的内容为更多的教师、学生和工业界人士所理解和接受。

本书的第 1、2、9、10 章由清华大学的赵劲松教授负责完成，第 3 和第 8 两章由南京理工大学的陈网桦教授完成，风控（北京）工程技术有限公司的袁小军先生、安佰芳女士和鲁毅先生则分别撰写了第 4、11 和 12 章，中国石油大学（华东）

的孟亦飞老师编写了第6章和第7章，清华大学的王运东教授编写了第5章。其中第9章和第10章主要是由赵劲松的研究生贺丁和舒逸聃协助完成的。贺丁于2013年夏天硕士毕业，现在中国寰球工程公司工作。舒逸聃将于2015年夏天博士毕业。赵劲松指导的博士后陈明亮博士在本教材的编写过程中进行了大量的图文编辑和认真细致的文字校对工作，在此表示特别感谢！

赵劲松和王运东从2009年秋季学期起，开始在清华大学化学工程系教授一门32学时的有关化工过程安全的本科生课程。该课程的最后一节课都会留给一位特邀的工业界专家来讲授。这些专家包括：中国石化工程建设有限公司的孙成龙先生、英国BP石油公司的Steven Yang先生、上海瑞迈企业管理咨询有限公司的粟镇宇先生、英国劳氏船级社（中国）有限公司的王朝晖先生、风控（北京）工程技术有限公司的刘昳蓉女士。他们丰富的实践经验和亲身感受丰富了教学内容，为本书的构思提供了很多素材。在此一并表示感谢！我们知道，要用32学时讲完本书的所有内容是非常困难的，建议授课教师根据学生的特点和自己的专业见解，对本书的内容进行优化和取舍，突出重点，繁简有序。

本书的组织编写工作始于2012年年底，在过去的两年半时间里，我们得到了国家安全生产监督管理总局的有关领导、教育部高等学校化工类专业教学指导委员会、化学工业出版社和清华大学教务处的支持。他们的信任和支持为本书的编写工作提供了比较强大的工作动力和经济基础，让我们更加专注于教材的编写工作。在此，我们表示深深的感谢！

还要感谢我们的家人，他们在本书编写的过程中给予了我们耐心的帮助、理解和支持。为了写好本书，我们每个人都在各自的办公室度过了难以计数的夜晚和节假日，而在这期间，我们的家人都默默地承担了更多的家庭重任。

最后，希望本书有助于预防化工事故，为我国化工安全复合型人才培养做出贡献。由于编写人员的知识水平和精力有限，在编写过程中难免出现疏漏。我们诚恳地欢迎读者向我们提出批评意见和建议。

赵劲松，陈网桦，鲁毅，孟亦飞，王运东
2015年4月27日

本书献给在历次化工事故中失去生命的人们，是他们的生命唤起了人们对化工过程安全的重视，让后人从那些事故中吸取了宝贵的经验教训！

目录

第6章　事故发生的可能性估算 / 131

第9章　风险控制 / 233

第10章　安全仪表系统与功能安全 / 261

第1章

绪　论

随着人类发展进入工业化社会，整个人类社会一直在享受着化学工业给日常生活带来的美好和巨大福利，衣食住行一刻都离不开合成纤维、化肥、染料、涂料、洗涤剂、高性能材料、汽油、柴油、医药等化学品。在化学工业诞生的200多年时间里，以石油化工为代表的现代化学工业迅猛发展，使得50%的世界财富都来自化学品。在我国，化工行业已经成为国民经济的支柱性行业。截至2011年年底，全国共有化工企业9.6万余家（危险化学品生产企业2.2万余家），其中2.7万多家规模以上化工企业（主营收入2000万元以上企业）化工产品总产值为8930亿欧元，排在全球第一位，美国5840亿欧元，排在第二位，日本2410欧元排名第三位，德国则以1970亿欧元排名第四位。中国化工产品总产值占世界化工产品总产值份额由2000年的6.4%提升至2011年的25%，为我国的现代化建设和社会繁荣做出了巨大的贡献。随着化石能源的枯竭，开发各种清洁的可持续利用的能源已经成为新趋势。无论是太阳能所用的多晶硅电池板，还是存储风能用的蓄能材料，或是汽油添加的组分燃料乙醇等都是化工过程的产物。因此，新能源工业仍然离不开化学工业。

1.1　化学工业的安全状况

在化学工业快速发展的200多年里，全球石油和化工行业经历了难以计数的安全事故。随着化工装置规模和复杂程度的不断提高，所发生的事故越来越难以控制在工厂范围内，容易导致生态灾难，给人民生活带来了深远影响，而正是这些事故，催生了化工过程安全这一新兴领域。下面列出了几起典型事故。

- 1921年9月21日上午，位于德国奥堡（Oppau）的巴斯夫（BASF）公司的合成氨工厂（世界上第一套合成氨装置）发生爆炸事故，导致430人死亡，周边700多座房屋被破坏，该工厂也被炸出了一个深约15m、直径约75m的大坑。令人迷惑的是人们并没有从这次事故中吸取经验教训。2001年9月21日上午，位于法国图卢兹市（Toulouse）的AZF公司的硝酸铵化肥厂发生爆炸事故，致使30人（22名公司员工和8名附近社区人员）死亡，2400人受伤，方圆3km以内的财产受到不同程度的损失（包括70所学校和幼儿园、一家医院和3万多家庭的财产，损失总计约20亿欧元），事故发生6个月之后工厂被关闭。此次事故在爆炸地点产生了一个深约7m、直径约60m的大坑，见图1-1。

图 1-1　时隔整整 80 年的两起惊人相似的硝酸铵爆炸事故现场

（左图为 1921 年 BASF 公司合成氨工厂爆炸现场，右图为 2001 年 AZF 公司硝酸铵化肥厂爆炸现场）

- 1974 年 6 月 1 日下午，位于英国 Flixborough 的一家生产己内酰胺的工厂由于 5 号环己酮反应器出现裂纹，企业决定继续生产，工作人员临时在 4 号和 6 号反应器中间安装一个旁路管道，后该旁路管道破裂，导致 30t 的环己烷、环己酮等物料大量蒸发，经未知点火源引燃，发生蒸气云爆炸，致使整个工厂被夷为平地，28 人死亡，36 人受伤，附近的 1821 间房屋被破坏，大火燃烧了 10 天才被扑灭（以下简称 Flixborough 事故）。

- 1976 年 7 月 10 日中午，位于意大利米兰北部塞韦索（Seveso）小镇的奇华顿（Givaudan）公司的一家生产杀虫剂和除草剂的化工厂反应器发生了意外的放热反应，产生的压力冲破了安全阀通向安装在屋顶上的放空管道，大量含有剧毒物质二噁英的毒气由此喷向高空，然后散落在西南约 100km² 的地区。事故造成大量鸟、兔等动物死亡，许多儿童面部出现痤疮等症状，108km² 土壤受到重度污染，约 700 人被迫疏散，2000 多人中毒，事后意大利政府关闭了该厂（以下简称 Seveso 事故）。

- 1984 年 11 月 19 日凌晨，墨西哥城液化石油气（LPG）站由于管线龟裂，导致 LPG 泄漏，发生蒸气云爆炸，致使 542 人死亡，7000 多人受伤，35 万人无家可归。

- 1984 年 12 月 3 日夜，位于印度博帕尔的美国联碳公司（Union Carbide）的一家农药厂发生异氰酸甲酯泄漏事故，致使 2000 多人死亡，20 万人伤残（事故详情参见附录 A），这是人类工业史上发生的最大的灾难，后来美国联碳公司进入破产程序，被美国陶氏化学公司（Dow Chemical Corporation）收购（以下简称博帕尔灾难）。

- 1986 年 11 月 1 日深夜，位于瑞士巴塞尔市的桑多兹（Sandoz）化学公司的一个化学品仓库发生火灾，装有约 1250t 剧毒农药的钢罐爆炸，1200 多吨杀虫剂、除草剂和汞等有毒物质随着大量的消防水流入下水道，排入莱茵河，使莱茵河的生态受到了严重破坏。

- 1989 年 8 月 12 日上午 9 时 55 分，位于山东省的中国石油总公司管道局胜利输油公司黄岛油库内的装有 2.3 万立方米原油储量的 5 号混凝土油罐由于内部结构固有的缺陷，在外部雷击的情况下产生感应火花放电，导致火灾爆炸，并引发了附近多个储罐爆炸起火的多米诺效应，大火在 5 天后才被扑灭。此次事故造成 19 人（包括 14 名消防官兵和 5 名油库职工）死亡，100 多人受伤，直接经济损失 3540 万元。

- 1991 年 9 月 3 日凌晨，江西省上饶县一甲胺货车违反规定驶入人口稠密的沙溪镇后，由于甲胺槽罐车进气口阀门被离地面 2.5m 高的树枝碰断，造成甲胺泄漏特大中毒事故，致使周围约 23 万平方米范围内的居民和行人中毒，结果 39 人死亡，近 600 人中毒。

- 2003 年 12 月 23 日夜，位于重庆市开县的中国石油公司"罗家 16 号"气井发生井喷事故，所含高浓度硫化氢气体迅速扩散，导致附近高桥镇、麻柳乡、正坝镇、天和乡4个乡镇被毒气污染，受灾群众6万余人，死亡243人。

- 2005年11月13日下午，位于吉林市的中国石油公司吉化分公司双苯厂爆炸事故（事故详情参见附录A）不仅致使8人死亡，60人受伤，1万多社区居民疏散，而且由于100t有毒的苯系物随着大量的消防水流入松花江，导致大面积流域污染（污染带长达100多公里），哈尔滨的400万人自来水供应因此中断4天。

- 2005年12月11日凌晨，英国邦斯菲尔德（Bouncefield）油库发生火灾爆炸，致使43人受伤，20余座储罐烧毁，当地社区遭到严重破坏，弥漫在英格兰南部的烟流阻碍了航空和公路交通运输，经济损失超过2亿英镑，是英国历史上发生的代价最昂贵的工业灾难之一。

- 2006年7月28日上午，江苏省盐城市射阳县盐城氟源化工有限公司临海分公司1号厂房（由硝化工段、氟化工段和氯化工段三部分组成）在投料试车过程中在没有冷却水的情况下，持续向氯化反应釜内通入氯气，并打开导热油阀门加热升温，8：40氯化反应釜发生爆炸事故，致使22人死亡，29人受伤，其中3人重伤。

- 2008年8月26日早晨，位于广西河池市的广维化工股份有限公司有机厂发生爆炸事故，导致21人死亡，59人受伤，厂区附近3km范围18个村及工厂职工、家属共11500多名群众疏散，直接经济损失达7500多万元人民币。

- 2010年4月20日晚，位于美国墨西哥湾的英国BP石油公司海上钻井平台发生泄漏爆炸事故，导致11死亡，17人受伤，400多万桶原油流到大海，给生态环境带来的损失大约在340亿到6700亿美元之间。

- 2012年2月28日上午，位于我国河北省赵县的克尔化工厂发生爆炸事故（事故详情参见附录A）致使29人死亡，46人受伤，工厂被夷为平地。

- 2012年12月31日山西省潞安集团天脊煤化工厂由于金属软管破裂，成品罐区与围堰外相通的雨水阀未完全关闭，导致大约8.7t苯胺通过雨水阀流入排洪渠，并进入浊漳河。在山西省，泄漏辐射流域80km，波及2万人。在浊漳河下游，泄漏导致河北省邯郸市大面积停水，河南安阳红旗渠水质超标。

- 2013年4月17日，美国德克萨斯州韦科（Waco）市的一家硝酸铵化肥厂发生爆炸事故，15人死亡，近200人受伤，其中大部分受伤者是附近的一家养老院的老人，周边140多座房屋受到破坏，工厂被夷为平地，直接经济损失超过1亿美元。

- 2013年11月22日10时25分，位于山东省青岛经济技术开发区的中国石油化工股份有限公司管道储运分公司东黄输油管道泄漏原油进入市政排水暗渠，在形成密闭空间的暗渠内油气积聚遇火花发生爆炸。爆炸产生的冲击波及飞溅物造成现场抢修人员、过往行人、周边单位和社区人员等共62人死亡、136人受伤。泄漏原油通过排水暗渠进入附近海域，造成胶州湾局部污染。此次事故直接经济损失7.5亿元（事故详情参见附录A）。

图1-2显示了我国从2004～2013年的危险化学品事故统计数据。数据表明，我国危险化学品安全生产状况在各方面的共同努力下持续好转。危险化学品事故起数从2004年的193起降低到2013年的34起，下降了82%；危险化学品事故造成的死亡人数从2004年291人降低到2013年的70人，下降了76%。但是，化工生产过程中包括昆山"8·2"特别重大爆炸事故等在内的各种恶性事故仍时有发生，安全生产形势依然十分严峻。

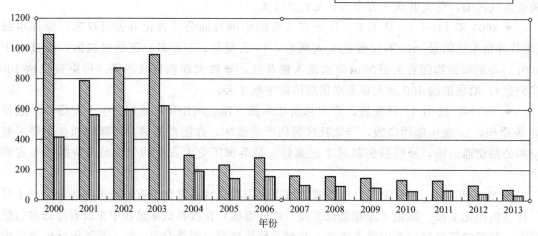

图 1-2　2004～2013 年我国危险化学品事故统计数据

1.2　应对策略

事实上，人类社会从开始从事生产活动的那天起，就一直不断地在实践中总结经验教训，探索事故预防的基本规律，努力实现安全生产。在公元七世纪我们的祖先就认识了毒气，并提出测知方法。公元 610 年，隋代方巢著的《诸病源候论》中记载："……凡古井冢和深坑井中多有毒气，不可辄入……必入者，先下鸡毛试之，若毛旋转不下即有毒，便不可入。"明末杰出科学家宋应星所著的《天工开物》明确描述了在提炼砒霜的过程中化学品中毒以及如何利用风向进行个人防护的问题："凡烧砒时，立者必于上风十余丈外。下风所近，草木皆死。烧砒之人，经两载即改徒，否则须发尽落。"另外，《天工开物》还提到在冶炼的过程中，要注意隔热、散热，保护劳动者的安全；在采矿过程中要采用自然通风、排水等安全防护技术。十六世纪欧洲开始大量生产一些化学品，例如水银及其衍生物。一方面人们为这些化学品的性能所着迷，另一方面由于没有任何毒物学方面的指南，导致了大量的人员暴露于有毒化学品环境。为此，美国人 Lewis Haslett 于 1847 年发明了第一个预防暴露于毒气环境的防毒面罩，并申请了专利。在工业生产中开始使用玻璃眼镜保护眼睛则是在 1914 年有了文献报道（Luckeish，1914）。但是，上述这些技术仅仅限于个人防护，不能有效防止化学品泄漏、火灾和爆炸等重大事故。

随着蒸汽机的发明，其商业化应用越来越广泛。我们知道，蒸汽机所用的蒸汽源自高压锅炉。在锅炉使用的初始阶段，人们对于锅炉安全的认识比较肤浅，锅炉爆炸事故频繁发生，欧美国家每年因此死伤几十万人。1906 年美国钢铁公司在多次事故的教训与反思中提出了"安全第一"的思想。但是，个人防护做得再好，仍然不能阻止爆炸事故对人类的伤害。为此，各国开始从设计、制造、安装、测试、使用和维护等阶段提出详细的标准、技术规范和管理手段。我国从 1960 年颁布第一个《锅炉安全技术监察规程》起，经历了半个世纪的实践和技术革新，先后颁布了 6 个升级版本，现在的锅炉已经被泄压装置（详见第 9 章）、温度、压力、液位和流量传感器，自动控制系统，报警和安全联锁系统（详见第 10 章）等若干安全防护层保护起来，有效抑制了锅炉事故的发生。

石油、化学工业的安全生产历史亦是如此。1.1 中仅仅罗列了几起比较大的化学品事故，事实上，人类所经历的危险化学品事故远不止于此。这些事故向企业管理者、政府部门和化工安全研究人员敲起了警钟，那就是需要大量采用比以个人防护为中心的职业安全更先进的安全技术和管理手段，来保障厂内员工及厂外居民的安全。

为了防止类似 Seveso 事故、Flixborough 事故等这类重特大事故在欧洲的重演，1982年，欧洲议会发布了针对特定装置的重大事故灾害的 82/501/EEC 指令（Seveso Ⅰ 号指令）；1984 年印度发生了博帕尔灾难后，欧盟又多次修改该指令，并于 1996 年颁布了关于控制重大事故灾害的 96/82/EC 指令（Seveso Ⅱ 号指令）。根据此指令，只要属于此指令约束范围内的企业，必须上报主管部门企业信息，并制定出重大事故预防对策。此外，如果企业危险物质在数量上高于指令中规定的上限，那么企业还必须制定安全报告（Safety Reports）、安全管理制度和应急预案（详见第 12 章），进行工厂选址研究（详见第 9 章），同时对公众赋予更多的知情权和协商权。该指令规定了成员国有向欧盟委员会报告重大事故的义务，欧盟委员会通过位于意大利 Ispra 市的联合研究中心（Joint Research Center，简称为JRC）的重大事故灾害管理局，建立了重大事故报告系统（Major Accident Reporting System，简称为 MARS）。同样，为了避免类似印度博帕尔灾难等这类重大事故在美国的重演，美国职业安全与健康管理局（OSHA）于 1992 年颁布了含有 14 个要素的过程安全管理（Process Safety Management，PSM）标准 29CFR1910.119，要求有关石油、化工企业在工厂的整个生命周期中制定并实施过程安全管理系统。由于世界各地化学品重大事故不断发生，国际经济合作组织（OCED）于 2012 年 6 月发布了《调整公司治理，实现工艺安全——高危行业高层领导指南》。

健康（Health）、安全（Safety）与环境（Environment）管理体系是国际油气和石化行业通用且较为先进的管理体系（简称 HSE 管理体系），是国际上市场准入的重要组成条件之一。国内石油天然气行业从 1997 年起相继颁发了 SY/T 6276—1997《石油天然气工业健康、安全与环境管理体系》等多个行业标准文件。为了进一步遏止重大安全生产事故，我国于 2000 年制定了重大危险源辨识标准 GB 18218—2000（2009 年进行了修订，并将标准名称调整为《危险化学品重大危险源辨识》），于 2002 年颁布了《中华人民共和国安全生产法》（修订版于 2014 年 8 月 31 日发布）和《危险化学品安全管理条例》（修订版于 2011 年 2月 16 日发布），对危险化学品安全管理提出了明确的要求，例如修订后的《危险化学品安全管理条例》第二十二条规定："生产、储存危险化学品的企业，应当委托具备国家规定的资质条件的机构，对本企业的安全生产条件每 3 年进行一次安全评价，提出安全评价报告。安全评价报告的内容应当包括对安全生产条件存在的问题进行整改的方案。"从 2009～2012年，国家安全生产监督管理总局先后确定了两批重点监管的危险化工工艺目录和危险化学品名录，制定了《危险化学品重大危险源监督管理暂行规定》，并要求涉及目录中的危险工艺和危险化学品的化工装置都必须装备自动控制系统和紧急停车系统（详见第 9 章）。2010 年国家安全生产监督管理总局针对石油化工企业颁布了包括 12 个要素的 AQ/T 2034—2010《化工企业工艺安全管理实施导则》（详见第 2 章），并自 2011 年 5 月 1 日起实施。2012 年 8月国家安全生产监督管理总局发布《危险化学品企业事故隐患排查治理实施导则》，明确要求涉及重点监管危险化工工艺、重点监管危险化学品和重大危险源的危险化学品生产、储存企业定期开展危险与可操作性分析（Hazard and Operability Analysis，HAZOP，详见第 4章），用先进科学的管理方法系统排查事故隐患。

根据我国工程院咨询项目"我国高能耗机械装备运行状况及节能对策研究"的调查发现

流程工业机械装备故障时有发生，不能确保化工装置的安全长周期运行。例如某企业集团在线监测压缩机机组 422 台，2007～2012 年发现机组报警 654 台次，故障报警率 31％。因此，如何确保机械设备的完整性，对于安全生产至关重要。本书第 11 章将重点介绍机械完整性的基本概念、基本原理、性能监测、失效分析程序和风险决策工具等。

2012 年 12 月，美国化学工程师学会（AIChE）的会刊 *Process Safety Progress* 的联合主编 Louvar 教授撰文向美国拥有化工专业的所有大学发出了紧急呼吁，希望这些大学强化化工安全教育，因为他在美国本科生的化工过程设计中发现了一个非常令人失望的现象，即绝大部分化工专业本科生都不了解化工安全的基本概念，而这些概念是化学工业中极其重要的。事实上，正是由于缺乏化工过程安全教育，化学工业的从业人员并没有充分掌握重大化工事故的预防理论和方法，使得类似的事故不断重演。图 1-1 描述的就是时隔 80 年的两起类似事故；2005 年发生的吉化双苯厂爆炸导致松花江污染事故又与发生在大约 20 年前的 1986 年莱茵河污染事故极其类似；而在吉化双苯厂爆炸事故发生 7 年之后，人们仍然未能痛定思痛。2012 年，山西省潞安集团天脊煤化工厂连接储罐的金属软管破裂后，大量苯胺流入附近的浊漳河，影响流域约 80km，污染物还流入河北、河南境内，引发河北邯郸市停水。由于这些事故的负面影响，人们对化工事故风险的容忍程度正变得越来越低，乃至谈"化"色变。这就要求化工专业的学生掌握先进的化工过程安全知识，并将其积极应用到工程实践中，预防重大化工事故。

由于化工过程安全是一个新兴学科方向，至今国内外有关学者尚未给出明确的定义。本书的编者在这里给出如下定义：

> **化工过程安全**（Chemical Process Safety）是安全领域的一个分支，是预防和控制化工过程特有的突发事故的系列安全技术及管理手段的总和，它涉及设计、建造、生产、储运、废弃等化工过程全生命周期的各个环节。

在很多其他工业领域，安全生产主要关注的是转动机械伤害、高空坠落、触电等职业安全问题，这类事故一旦发生，受到影响的大多是直接受害者，很难影响到其他员工或厂外公众。因此，化工过程安全又不同于其他工业领域的安全。值得一提的是，即使在化工厂里，大部分安全事故亦是职业安全事故，与化学品泄漏有关的化工过程事故，并不经常发生，属小概率事故。但是，随着现代化工过程规模越来越大，一旦发生化学品泄漏，或者能量泄放，那么就可能对人员、设备或环境造成灾难性的后果，甚至会引发社会问题。因此，化工过程安全事故属"小概率，大事故"，化工过程安全管理的本质就是风险管理。

1.3　风险管理的目的和重要意义

一个法制社会不能容忍管理层的过失。一旦发生重大安全事故或者环境污染事故，根据我国安全生产法、环境保护法和刑法的有关规定，有关企业负责人可能面临牢狱之灾。在企业运营过程中，为了达到商业目标，为了降低承担经济责任或刑事责任的可能性，识别和量化风险已经成为现代企业管理的核心内容。这些风险辨识、分析、评估、控制或应对风险的方法已经构成了风险管理的基础。事实上，从 1950 年美国学者格拉尔（Russell B. Gallagher）首次提出风险管理这个概念以来，风险管理已经成为确保核电站安全、飞行器安全等重大工程项目可靠性不可替代的工具。针对化工过程安全进行的风险管理也成为国际上很多石油、化工企业的最佳实践和有关法律法规的强制性要求。

在 20 世纪很长的一段时间里，化工厂的安全管理主要依靠事故起数、伤亡人数等指标进行管理。化工过程安全研究表明，这些指标属滞后性指标，在事故起数和伤亡人数都接近于或等于零的情况下，石油、化工企业仍可能在某一时刻突然发生重大安全事故。而事后的调查发现，绝大多数事故是可以避免的。为了避免事故的发生，最好的方法就是在事故发生前建立系统的安全风险管理体系，对可能发生的危害足够重视，识别出可能的风险，并采取适当的安全预防措施，做好应急准备；事故发生后，及时利用所有信息，启用事先制定的应急响应措施和应急资源，将事故后果降低到最低程度。

随着我国进入世界贸易组织（WTO），我国石油、化工企业都面临着来自国内外的激烈竞争。要获得尽可能大的投资回报，一个基本的要求就是这些企业中的化工过程高可靠性地运行。一旦发生意外事故，不仅可能造成供货中断，影响下游工业过程或客户的利润，而且可能影响周边社区居民的健康、安全和环境。因此，我国先后于 2009 年和 2011 年颁布了 GB/T 24353—2009《风险管理：原则与实施指南》和 GB/T 27921—2011《风险管理：风险评估技术》两个国家标准。

化工过程的风险管理的目的是通过对化工过程可能发生的风险进行风险辨识（详见第 4 章）、风险分析（详见第 5、第 6 章）、风险评价（详见第 7 章），并在此基础上优化组合各种风险管理技术，对风险实施有效的控制和妥善处理，降低风险，期望达到以最小的成本获得最大安全保障，从而间接创造效益，为企业的安全发展和可持续发展提供重要保障。

1.4 工程伦理

确保所设计的或所运行的化工过程安全，不仅是化学工程师的法律责任，也是道德义务。现在很多发达国家都要求工程学科的教育规划中必须包括工程伦理（Engineering Ethics）的内容，甚至有的国家还把工程伦理的内容纳入到注册工程师的考试当中。从 2014 年春季学期起，清华大学化学工程系开设了《化学工程伦理》研究生课程。

德国工程师学会的《工程伦理的基本原则》要求工程师应该明确自己对质量、安全和可靠性的责任，明白技术体系对经济、社会和生态环境以及子孙后代生活的影响。2004 年第二届世界工程师大会的《上海宣言》宣布"为社会建造日益美好的生活，是工程师的天职"，并把"创造和利用各种方法减少资源浪费、降低污染，保护人类健康幸福和生态环境"、"用工程技术来消除贫困，改善人类健康幸福，增进和平的文化"作为自己的责任和承诺，以及工程技术活动的目标。美国化学工程师学会（AIChE）要求其工程师会员要把公众的安全、健康和福祉置于首位。这就意味着工程师必须保护公众免遭不可接受的风险。但是工程师在履行这一职责的时候要面临很多挑战。工程师必须遵守行业规范和标准，就大部分工程师而言，很少有机会能在规范和标准里增加促进安全的条款；风险评估是一种对不确定性的评估，本身即存在不确定性，难免受工程师个人主观经验的影响，对风险的评估可能会过高，也可能会过低；另一方面，由于现在的化工过程越来越复杂，各单元之间的相互作用越来越紧密，而在化工企业的发展过程中，化工过程还会发生各种各样的变更（本书第 2 章将更详细地介绍变更），这些变更对于一个内在联系紧密的复杂化工过程而言，其风险评价的偏差就会不断积累，犹如"温水煮青蛙"，工程师容易不知不觉将公众置于不必要的风险之中。因此，工程师不仅要在工程实践中做好对风险的动态评估、管理和控制，而且要自觉地把公众的安全和健康作为一切工程决策过程中的首要因素来考虑，要勇于超越标准的羁绊。

如何判断某种行为或决策是否满足工程伦理准则？一般要用道德上的一些普适性原则或黄金法则来衡量。我国儒家的黄金法则就是"己所不欲，勿施于人"。基督教的黄金法则就是"像你希望他人对待你那样对待他人"。假设一个化工厂的管理人员命令所有员工对工厂的有毒气体泄漏（可能会给住在周边的社区居民带来健康问题）事件保持沉默，那么如果要使该命令被该工厂的员工和周边社区居民认可，管理人员就必须要愿意将自己置于周边的社区居民的位置上，并且愿意体验因有毒气体泄漏而导致的健康问题。

● 习题

1. 什么是化工过程安全？简单叙述其与职业安全的异同。

2. 某公司欲在某地建设一家化工厂，但是当地居民听说该工厂生产的产品中有对二甲苯（Paraxylyene，PX）后表示强烈反对。如果你是该公司的总经理，你应该采取哪些措施？

3. 某食品厂的大型冷冻仓库使用液氨作为制冷剂，并存储了12t液氨。该食品厂的总经理认为该工厂不是化工厂，风险不大，因而完全忽视了化工过程安全。如果你是刚分配到该厂的员工，请引用《中华人民共和国安全生产法》、《危险化学品安全管理条例》、《危险化学品重大危险源监督管理暂行规定》等法律法规的相关条款，结合有关实际案例，向该总经理提出合理化建议。

4. 某化工厂在10年前建厂前进行了安全评价，之后一直未做安全评价，请问该工厂的这种做法是否符合工程伦理？如果不符合，为什么？另外，该工厂的做法违背了哪些法律法规的第几条？

参 考 文 献

[1] J. F. Louvar. Editorial - Urgent Message to Universities. Process Safety Progress，2012，31（4）：327.
[2] [美]戴维 T. 艾伦，戴维 R. 肖恩纳德著. 绿色工程：环境友好的化工过程设计. 李鞾等译. 北京：化学工业出版社，2006.
[3] 戴猷元. 化工概论. 第2版. 北京：化学工业出版社，2012.
[4] 李素鹏. ISO风险管理标准全解. 北京：人民邮电出版社，2012.
[5] M. Luckiesh. Glasses for protecting the eyes in industrial processes. Illuminating Engineering Society，April 9，1914.
[6] 粟镇宇. 工艺安全管理与事故预防. 北京：中国石化出版社，2007.
[7] 张永强. 工程伦理学. 北京：北京理工大学出版社，2011.
[8] [美]查尔斯．E. 哈里斯等著. 工程伦理概念和案例. 丛杭青，沈琪等译. 北京：北京理工大学出版社，2006.

第2章
风险管理与过程安全管理

> "在陶氏化学公司，环境、健康和安全（EH&S）与过程安全是我们工作的重中之重，而且是我们企业取得经营成功的关键。"
>
> 陶氏化学公司总裁兼首席执行官 *Andrew N. Liveris*

2013 年 11 月 22 日，位于山东省青岛经济技术开发区的中国石油化工股份有限公司管道储运分公司东黄输油管道泄漏，原油进入市政排水暗渠，在形成密闭空间的暗渠内油气积聚遇火花发生爆炸，造成 62 人死亡、136 人受伤（详见附录 A.6）。根据事故调查报告，导致这起特别重大事故的原因之一是青岛站、潍坊输油处、中石化管道分公司对泄漏原油数量未按应急预案要求进行研判，事故风险评估出现严重错误，没能及时下达启动应急预案的指令，进而造成了大量人员伤亡。

过程安全管理在降低重大事故风险和提高企业安全生产水平方面的作用得到广泛认可。流程工业的发展趋势是规模大型化、流程复杂化、工艺条件苛刻化、上下游装置联系更趋紧密。过程安全管理是流程工业控制技术风险的核心手段，也成为企业的核心竞争能力。但是，很多化工企业仍然面临着管理决策效率低、技术资源不足等问题，因此以风险为基础的过程安全管理必须得到重视和推广。本章将重点介绍风险管理和过程安全管理中的相关基本概念，为读者学习后续章节的内容提供基础。

2.1 基本概念和定义

2.1.1 危险

危险（Hazard）是一种可能导致人员伤害、财产损失或环境影响的内在的物理或化学特性，或是某一系统、产品、设备或操作的内部和外部的一种潜在的状态，其发生可能造成人员伤害、职业病、财产损失或作业环境破坏。

2.1.2 风险

风险（Risk）是指某一特定危险情况发生的可能性和后果的组合。日常生活中风险无处不在，人们也会经常有意识或下意识地进行风险评估，比如当决定是否过马路、是否吃健康的食物，或者在参加某些运动之前会对可能的危害进行判断和风险评估。正如生活中处处存在风险，在公司运营的活动中和产品生产活动中同样也存在风险。

危险是风险的前提，没有危险就无所谓风险。危险是客观存在，无法改变。风险可以通过人们的努力而改变。通过采取防范措施，改变危险出现的概率（计算方法将在第 6 章介绍）和/或改变后果严重程度（计算方法将在第 5 章介绍）和损失的大小，就可以改变风险的大小。这就是风险控制（见第 9 章）和风险管理的宗旨。

2.1.3　安全管理

安全管理（Safety Management）是为实现安全生产而组织和使用人力、物力和财力等各种物质资源的过程。安全管理是企业生产管理的重要组成部分，是一门综合性的系统科学。它利用计划、组织、指挥、协调、控制及创新等管理机能，控制来自自然界的、机械的、物质的不安全因素及人的不安全行为，避免发生伤亡事故，保证职工的生命安全和健康，保证生产顺利进行。

2.1.4　风险管理

风险管理（Risk Management）是指针对风险而采取的指挥、控制和组织的协调活动。风险管理是一个动态的、循环的、系统的、完整的过程。风险管理的过程包括沟通与咨询、建立环境、风险辨识（第 4 章）、风险分析（第 5 章和第 6 章）、风险评价（第 7 章）、风险

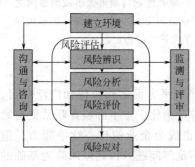

图 2-1　风险管理过程

应对（第 9 章和第 12 章）、风险监测与审核等多个环节（图 2-1）。风险沟通是利益相关方之间的一个不断地提供信息、共享信息和获取信息的动态过程，是风险辨识、分析与评价的基础。比如在开展风险辨识之前，都要首先获得有关化学品的危险性（见第 3 章）信息。这里所谓建立环境是指确定风险管理的范围和标准，明确内部和外部有关法律、法规、程序、标准、组织结构、方针、目标等参数的过程。风险管理和控制的本质是预设应急计划，永远为极端风险做好准备。但是，各项工作活动需要的人力、物力和财力各有不同，风险管理的精髓就是通过风险辨识、风险分析和风险评价等整个风险评估过程，做出比较科学合理的决策，将更多资源投入到那些较大的风险上，以满足各项活动的预期需求。风险监督与审核是风险管理过程不可缺少的一部分，包括日常的检查或监督，其目的是为了保证风险管理各个环节的设计和运行实施的效率和效力。

2.1.5　风险辨识

风险辨识（Risk Identification）是指发现、确认和描述风险的过程，包括对风险源、风险事件、风险原因及其潜在后果的识别。传统的风险辨识主要依据事故经验进行，主要采用与操作人员交谈、现场安全检查、查阅记录等方法。20 世纪 60 年代以后，国外开始根据法规、标准制定安全检查表来进行危险源辨识。随着系统安全工程的兴起，系统安全分析方法逐渐成为危险源辨识的主要方法。系统安全分析是从安全角度进行的事前的系统分析，它通过揭示系统中可能导致系统故障或事故的各种因素及其相互关联来辨识系统中的危险源。风险辨识的方法很多，每一种方法都有其目的性和应用的范围（详见第 4 章）。

2.1.6　风险分析

风险分析（Risk Analysis）是指理解风险本性和确定风险等级的过程。风险分析是在风险辨识的基础上，考虑到分析对象及其周边环境的实际情况，综合分析确定发生风险情景的可能性（详见第 6 章）及危害程度（详见第 5 章），根据已经制定的风险准则，确定风险等级。

2.1.7　风险准则

风险准则（Risk Criteria）是评价风险重要性的参照依据，是风险管理中极为重要的概念，也是一个企业在实施风险评估前必须建立的。企业在建立风险准则之前，应充分考虑自身制定的目标，以及企业所处的内、外部环境。企业的各种目标可以是有形的（如生命、资产等），也可以是无形的（如声誉、品牌等）。风险准则可以是定性的，也可以是定量的。在风险管理实践中，常用后果的严重程度及其发生的可能性这两个因素的组合来表示风险等级，一般采用风险矩阵（Risk Matrix）的形式来表示。图 2-2 是美国化学工程师学会（AIChE）化工过程安全中心（CCPS）推荐的一个风险矩阵。矩阵中，后果的严重程度被划分为 5 个等级，最严重的等级是 5，最轻的等级是 1；可能性等级被分为 7 个等级，可能性最大的等级是 7，最小的是 1。根据不同的后果等级和可能性等级，该风险矩阵定义了 A、B、C、D 4 个风险等级，并分别用了 4 种不同颜色来区分。A 级为最高的风险等级，D 级为最低的风险等级。

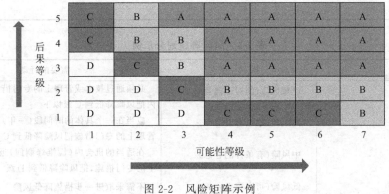

图 2-2　风险矩阵示例

后果严重程度等级的划分可以从经济损失、人员伤亡、环境破坏、社会影响等多个维度来考虑（表 2-1）。可能性等级的划分可以从事件发生的频繁程度上划分（表 2-2）。不同企业对不同风险等级有不同的规定（表 2-3），以便于企业管理层作出决策。

表 2-1　后果严重程度等级定义示例

等级	人员伤亡	财产损失	环境影响
1	无人受伤和死亡,最多只有轻伤	一次直接经济损失 10 万元以下	事故影响仅限于工厂范围内,没有对周边环境造成影响
2	无人死亡,1~2 人重伤或急性中毒	一次直接经济损失 10 万元以上,30 万元以下	事故造成周边环境轻微污染,没有引起群体性事件; 非法排放危险废物 3t 以下; 乡镇以上集中式饮用水水源取水中断 12h 以下

等级	人员伤亡	财产损失	环境影响
3	一次死亡1～2人,或者3～9人重伤(或中毒)	一次直接经济损失30万元以上,100万元以下	非法排放危险废物3t以上; 乡镇以上集中式饮用水水源取水中断12h以上; 疏散、转移群众5000人以下
4	一次死亡3～9人,或者10～29人重伤(或中毒)	一次直接经济损失100万元以上,500万元以下	疏散、转移群众5000人以上,15000人以下; 县级以上城区集中式饮用水水源取水中断12h以下
5	一次死亡10人以上,或者30人以上重伤(或中毒)	一次直接经济损失500万元以上	疏散、转移群众15000人以上; 县级以上城区集中式饮用水水源取水中断12h以上

表2-2 可能性等级定义示例

等 级	可 能 性 说 明
1	在国内外行业内都没有先例,发生频率小于10^{-5}
2	在国内行业内没有先例,国外有过先例,发生频率10^{-5}～10^{-4}
3	国内同行业有过先例,发生频率10^{-4}～10^{-3}
4	集团公司内部有过先例,发生频率10^{-3}～10^{-2}
5	在企业内部有先例,发生频率10^{-2}～10^{-1}
6	在企业内部平均每年几乎都会发生1次
7	在企业内部每年发生大于1次

表2-3 风险等级划分示例

等 级	描 述	需要的行动
A	严重风险(绝对不能容忍)	必须通过技术或管理上的专门措施,在一个月以内把风险降低到C级以下
B	高风险(难以容忍)	应当在一个具体的时间段(一年)内,通过技术或管理上的专门措施把风险降低到C级以下
C	中风险(有条件的容忍)	在适当的机会内(检维修期间)通过技术或管理上的专门措施,把风险降低到D级
D	低风险(可以容忍)	不需采取进一步措施降低风险

值得指出的是,不同的企业应该根据自身的实际情况,在不同的历史发展时期,制定不同的风险矩阵。

2.1.8 风险评价

风险评价(Risk Evaluation)是指把风险分析结果与风险准则相比,以决定风险的大小是否可接受或可容忍的过程。风险评价利用风险分析过程中所获得的对风险的认知,对未来的行动进行决策。在进行决策时,往往需要遵循最低合理可行(As Low As Reasonably Practicable,ALARP)原则,即对于绝对不可以容忍的风险或高风险,都要给出有效的风险控制建议措施,把风险降低至少一个等级;对于那些有条件可容忍或可以容忍的风险,要在考虑风险应对成本和应对时机的情况下,给出合理、可行、有效的风险控制建议措施,尽可能地进一步降低风险。

关于风险可接受（或可容忍）标准的详细内容参见本书第 7 章。

2.1.9 风险评估

风险评估（Risk Assessment）是指风险辨识、风险分析和风险评价的全过程。风险评估是风险管理的核心部分，对风险管理具有直接的推动作用。通过风险评估，决策者及各个利益相关方可以更深刻地认知潜在的风险，以及现有风险控制措施的充分性和有效性，为确定风险应对方法奠定基础。

2.1.10 风险应对

风险应对（Risk Treatment）就是改变风险的过程。风险应对方法包括：
① 规避风险；
② 消除风险源；
③ 改变风险的可能性；
④ 改变后果的严重程度；
⑤ 风险共享，如与另外一方或多方分担风险；
⑥ 以正视的方式保留风险；
⑦ 为了利益而增大风险。

本教材将在第 9 章和第 10 章重点介绍与②、③、④这三种方法相关的风险控制措施，而对其他 4 种方法不做进一步展开。

2.2 过程安全管理

国际上最早的过程安全管理（Process Safety Management，PSM）标准是美国职业安全与健康管理局（OSHA）于 1992 颁布的 PSM 标准 29CFR1910.119，是一套得到国内外广泛认可的、最行之有效的预防重大化学品事故（包括有毒有害化学品泄漏、火灾和爆炸等）的方法。通常的职业安全管理体系关注的是行为安全和作业安全，过程安全管理则关注从过程设计开始的化工过程自身的安全。通过对化工过程整个生命周期中各个环节的管理，从根本上减少或消除事故隐患，从而降低发生重大事故的风险。

OSHA 的 PSM 标准涵盖了 14 个要素，即员工参与、工艺安全信息、工艺危害分析、操作规程、变更管理、教育培训、承包商管理、试生产前安全审查、机械完整性、事故调查、动火作业许可、应急响应计划、符合性审查和商业秘密。

2005 年 BP 石油公司得克萨斯城的异构化装置发生爆炸（详见附录 A.2）之后，CCPS 在原有 PSM 的框架上更新完善，提出了基于风险的过程安全管理（RBPS），共由 20 个要素组成，如图 2-3 所示。

国家安全生产监督管理总局在 2010 年 9 月 6 日发布 AQ/T 3034—2010《化工企业工艺安全管理实施导则》，于 2011 年 5 月 1 日起实施，包含 12 个相互关联的要素：
① 工艺安全信息；
② 工艺危害分析；
③ 操作规程；
④ 培训；

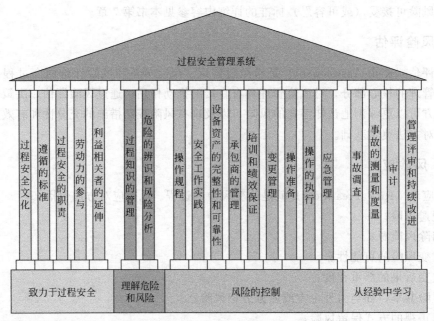

图 2-3 基于风险的过程安全管理要素构成

⑤ 承包商管理；

⑥ 试生产前安全审查；

⑦ 机械完整性；

⑧ 作业许可；

⑨ 变更管理；

⑩ 应急管理；

⑪ 工艺事故/事件管理；

⑫ 符合性审核。

2.2.1 工艺安全信息

工艺安全信息（Process Safety Information，PSI）是指那些关于化学品、工艺技术和工艺设备的完整、准确的书面信息资料。PSI 可以帮助我们理解工厂的过程系统如何运行，以及为什么要以这样的方式运行。PSI 产生于工厂生命周期的各个阶段，是识别与控制风险的依据，也是落实 PSM 系统其他要素的基础。

PSI 一般包括化学品危害信息、工艺技术信息和工艺设备信息。化学品危害信息至少应包括：

① 毒性；

② 允许暴露限值；

③ 物理参数，如沸点、蒸气压、密度、溶解度、闪点、爆炸极限；

④ 反应特性，如分解反应、聚合反应；

⑤ 腐蚀性数据，腐蚀性以及材质的不相容性；

⑥ 热稳定性和化学稳定性，如受热是否分解、暴露于空气中或被撞击时是否稳定；与其他物质混合时的不良后果，混合后是否发生反应；

⑦ 对于泄漏化学品的处置方法。

一般来讲，纯净物的危害信息可以从该化学品的安全技术说明书（Material Safety Data Sheet，MSDS）中查询得到。我国《危险化学品安全管理条例》也规定：危险化学品生产企业应当提供与其生产的危险化学品相符的 MSDS。但是，混合物的危害信息需要实验测量或者利用化学品安全的有关研究成果进行理论预测（见第 3 章）。

工艺技术信息通常包含在技术手册、操作规程或操作法中，至少应包括：

① 工艺流程简图；
② 工艺化学原理资料；
③ 设计的物料最大存储量；
④ 安全操作范围（温度、压力、流量、液位或浓度等）；
⑤ 偏离正常工况后果的评估，包括对员工的安全和健康的影响。

工艺设备信息至少应包括：

① 材质；
② 管道仪表流程图（P&ID）；
③ 电气设备危险等级区域划分图；
④ 泄压系统设计和设计基础（第 9 章）；
⑤ 通风系统的设计图；
⑥ 设计标准或规范；
⑦ 物料平衡表、能量平衡表；
⑧ 基本过程控制系统（BPCS）功能说明；
⑨ 安全系统（如安全仪表系统 SIS，见第 10 章；自动消防喷淋系统；防爆墙等）功能说明。

工艺安全信息必须实施完整的统一管理，实现信息共享：工艺安全信息不全、版本的不统一将直接造成员工对风险认识的不完整和不统一，增加风险不受控的概率。工艺安全信息必须实施全过程管理，得到及时的更新：工艺装置的整个生命周期（设计、制造、安装、验收、操作、维修、改造、封存、报废）都伴随着工艺安全信息的变化和更新，只有实施全过程的管理，才能保证其实时性和准确性，为 PSM 提供准确的信息。

2.2.2　工艺危害分析

工艺危害分析（Process Hazard Analysis，PHA）事实上就是针对化工过程的风险评估，是有组织地、系统地对工艺装置或设施进行危害辨识、分析和评价，为消除或减少工艺过程中的危害、降低事故风险提供必要的决策依据。PHA 关注设备、仪表、公用工程、人为因素及外部因素对工艺过程的影响，着重分析火灾、爆炸、有毒有害物质泄漏的原因和后果。工艺危害分析是 PSM 的核心要素之一，因为只有通过 PHA，才能识别出风险，进而才能控制风险。事故/事件管理可以有效补充和提高工艺危害分析质量。工艺技术、化学品或设备发生变更时，需要 PHA 辨识出变更带来的新的风险，PHA 的结果可应用于应急管理、操作规程及检维修规程的持续改进和完善。事故管理可以为 PHA 提供以往同类事故信息，有助于提高工艺危害分析结果的质量。

第 4 章详细介绍了多种工艺危害分析方法，这里不再赘述。

2.2.3　操作规程

操作规程（Operating Procedure）是工艺装置和设备从初始状态通过一定顺序过渡到最

终状态的一系列准确的操作步骤、规则和程序，以及对超出工艺参数范围的危害（安全、环境及/或质量方面）应采取的纠正或避免偏差措施的说明。其内容应根据生产工艺和设备的结构运行特点以及安全运行等要求，对操作人员在全部操作过程中所必须遵守的事项、程序及动作等做出规定。

操作规程是一种书面规范，它按照步骤列出了给定任务，以及按步骤执行这些任务的方式方法。一个好的操作规程应该详细描述工作的过程、危害、工具、防护装备以及控制措施，以便操作者能够理解危害，确认控制措施，以及按照预期要求做出反应。规程还应该给出系统未按预期响应的解决措施。规程应该给出什么时候应该执行紧急切断，以及一些特殊装备出现问题时应该采取哪些临时措施。操作规程通常被用在控制活动中，如产品的传输、工艺装备的周期性清洁、为特定维护活动准备装备以及其他一些由操作者进行的日常活动。

与企业其他安全管理规章、程序一样，所有的操作规程是企业内部"法定"文件，是企业规范员工工艺操作、检维修操作，控制人、机界面风险，保障安全操作的文件化依据。完整准确的书面操作规程是安全、高效操作工艺系统的指令性文件。一方面它确保所有操作人员按照经实践验证为准确，并经过批准的统一标准来完成所有操作。操作规程是岗位员工手中的工具，也是员工直接管理的对象，其持续改进和完善，应在相关工艺安全信息的有力支撑下，融入岗位操作经验，完成工艺设备的安全运行。

操作规程是在属地管理当中完成编制和更新的，工艺安全组织和人员为其提供足够的资源保障。操作规程体现了工艺安全信息和工艺危害分析结果的应用。操作规程也必须经过培训，让员工掌握和达成一致的理解。也需通过安全观察与沟通及安全评估定级等要素的实施来发现和纠正规程中存在的偏差，以促进其持续改进和完善，更加具有针对性、有效性和可操作性。

操作规程为工艺操作人员解释安全操作参数的确切含意，阐述违背工艺限制的操作对安全、健康和环境的影响，并说明用以纠正或避免偏差的步骤，达成安全与操作融合的目的。

操作规程应包括：

① 首次开车，及大修完成后开车或者紧急停车后重新开车；

② 正常操作；

③ 正常停车；

④ 非正常操作；

⑤ 应急操作。

2.2.4 培训

从附录 A 中的印度博帕尔灾难、BP 石油公司得克萨斯炼油厂爆炸事故、中石化东黄输油管道泄漏爆炸事故等事故案例可以看到，因为培训（Training）不足，往往会导致操作人员在事故发生前不能及时发现和感知不断提高的隐现的事故风险，进而错过抑制事故的最佳时机；在事故发生后，不能正确应对突发事件，进而使事故的影响进一步扩大。

培训是对员工工作和任务要求以及执行方法的实践性指导。培训可以在工作场所进行，也可以在教室进行，但是在员工可以独立操作之前必须完成培训。完成上岗前培训之后，应按工作的实际要求继续参加再培训。要确保培训质量、提高培训效率，首先应该开展培训的需求分析，确定各个岗位应该具备的基本知识、技能以及能力。然后，编制落实相应的培训计划。培训不仅有操作技能培训，也要有规章制度、法律法规和标准的培训，还要有对非正常工况的识别和应急响应培训。利用笔试、口试、现场实际操作、质量审查等手段对员工进行定期测试是确保培训质量的必要手段。企业应该保存好员工的培训记录和测试记录。

2.2.5　承包商管理

随着社会分工的专业化和精细化，化工企业越来越倾向于将各式各样的服务（例如设计、施工、维护、检查、运输、安保、测试和培训等）委托给很多承包商执行。然而，使用承包商意味着需要将一个外部企业纳入本企业风险管理工作范围内。使用承包商可能会将不熟悉工厂的工艺安全信息、风险源和保护系统的员工置于较高风险的工作环境中。如果这样的承包商开始工作后，可能引起事故，甚至会给企业带来致命性的影响。附录A中介绍的大连输油管道爆炸事故的一个主要原因就是对承包商监管不力。事故单位对加入的原油脱硫化氢剂的安全可靠性没有进行科学论证，直接将原油脱硫化氢处理工作承包给天津辉盛达公司，天津辉盛达公司又将该作业分包给上海祥诚公司。事实上，承包商管理（Contractor Management）对于国内外的任何一家化工企业来讲，都是一个具有极大挑战性的难题。

企业在选择承包商时，要获取并评估承包商目前和以往的安全表现和安全管理方面的信息。企业需要告知承包商与他们作业有关的潜在的火灾、爆炸或有毒有害方面的信息，并给承包商进行相关的培训，全过程跟承包商一起进行风险辨识、风险分析和风险评价，并采取必要的风险控制措施，做好应急准备。企业还应定期评估承包商的表现，保存承包商在工作过程中的伤亡、职业病记录。承包商应该确保自己的工人接受了与工作有关的过程安全培训，确保工人知道与他们作业有关的风险和应急预案，确保工人了解设备安全手册及安全作业规程。

2.2.6　试生产前安全审查

试生产前安全审查（Pre-Startup Safety Review，PSSR）是指在工艺设备开始使用前进行的最终检查，一般由一个有组织的小组及负责人来完成。PSSR的主要审查内容包括：

① 施工和设备符合设计说明，并按设计要求完成相关设备、仪表的安全和功能测试；
② 操作规程、安全规程、应急程序、维修规程均已完善；
③ 对于新的过程，已经完成了第一次PHA，并且PHA的建议措施均已得到解决；
④ 装置的有关操作人员都已经完成了培训，通过了所有必要的测试；
⑤ 对于老装置，所有的变更均已审查完毕，并通过了企业的变更管理程序的授权。

2.2.7　机械完整性

过程安全事故最基本的表现形式是化学品"泄漏"或者能量"泄漏"。机械完整性（Mechanical Integrity，MI）是防止"泄漏"事故的基础（详见第11章）。

2.2.8　作业许可

一个企业内部的程序通常分为三大类：第一类为操作规程，通常用于指导涉及产品生产的活动；第二类为维修程序，通常涉及设备的试验、检查、校核、维护和检修等；第三类是安全作业程序，常常利用填写和授权作业许可证的形式，控制和管理非常规作业的风险。事实上，由于动火作业管理不善，国内外已经发生很多起人员伤亡事故。例如：2014年5月2

日，四川广元市旺苍县嘉川镇辖区内的天森煤化有限公司在对附属设施污水处理池进行检维修过程中发生爆炸，造成 3 人死亡。事故的原因是污水中所含有机物挥发，可燃气体聚集，作业人员在未经动火许可审批、没有进行可燃物浓度监测分析的情况下进行焊接作业，引爆可燃气体。

化工企业应该建立、实施和保持作业许可（Work Permit）程序，对可能给工艺活动带来风险的作业进行控制。作业许可管理的原则是：

① 选择更安全的方式。只有在没有任何其他更加安全、合理和切实可行的替代方法完成工作任务时，才考虑进行高危作业，实施作业许可管理。

② 程序不可逾越。从事高危作业以及非常规作业必须实行作业许可管理，否则，不得组织作业；对不能确定是否需要办理许可证的作业，应选择办理作业许可证。

③ 直线责任和属地管理。遵循落实直线责任和属地管理的原则，作业许可证由有权提供、调配、协调相应资源的直线领导、属地主管或其授权人审批。

④ 授权不授责。遵循授权不授责的原则，作业的最终安全责任由相应级别的安全第一责任人承担。

⑤ 现场确认。作业许可审批前，必须确认作业现场的所有安全措施都已落实，例如已经完成了作业风险评价和承包商的培训，准备好了应急预案，使用盲板对危险源进行了隔离，可燃气体含量在安全的范围内，完成了挂牌上锁等；当作业完成时，要检查作业区域，确保阀门开关正确、工艺管线上的盲板已经拆除、下水道和排水沟已经盖好、挂牌上锁已经摘除等。

2.2.9 变更管理

在化工过程的生命周期中，经常伴有各种各样的变更。而每当变更发生时，随之而来的是健康、安全与环境（HSE）等方面的风险。而事实上，历史上很多事故都是由于变更管理（Management of Change，MOC）缺陷引起的，例如附录 A 介绍的于 2010 年 7 月 16 日发生的大连输油管道爆炸事故是由于没有对脱硫化氢剂的加剂工艺变更进行严格的管理造成的；2012 年 2 月 28 日发生的河北省赵县克尔公司爆炸事故就是由于没有对导热油的温度变更进行严格管理造成的。为加强对变更的管理，早在 20 世纪 60 年代初核工业行业就第一次提出了变更管理（MOC）的概念。在化学工业中首先提及 MOC 的是 1990 年美国石油协会（API）发布的标准 RP 750 Management of Process Hazards。

一般来说变更的种类有：
① 工艺变更；
② 设备变更；
③ 规程变更；
④ 基础设施变更；
⑤ 人员变更；
⑥ 组织变更；
⑦ 法律、法规变更。

化工企业应该建立变更管理流程（图 2-4），考虑变更的技术基础，评估变更对企业员工、周边社区居民和环境的影响，同时注意对 PSI 及时更新，强化对永久性变更和临时性变更的风险控制。

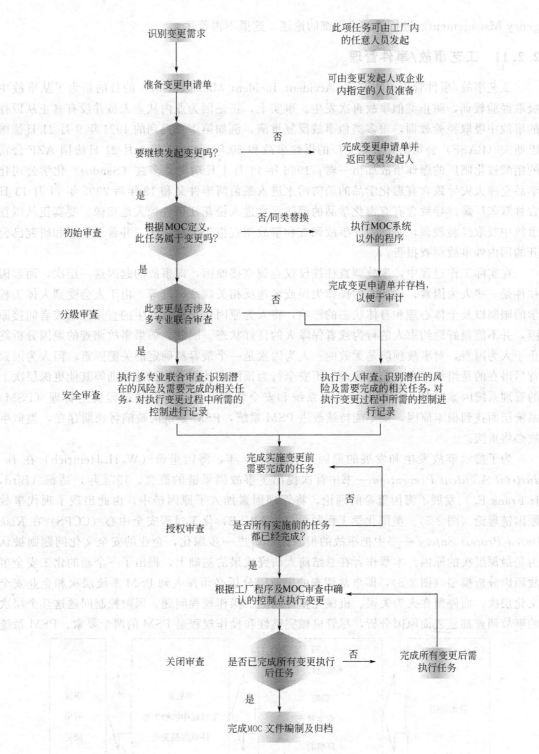

识别变更需求

准备变更申请单

此项任务可由工厂内的任意人员发起

可由变更发起人或企业内指定的人员准备

要继续发起变更吗? —否→ 完成变更申请单并返回变更发起人

是

初始审查 根据MOC定义,此任务属于变更吗? —否/同类替换→ 执行MOC系统以外的程序

是

完成变更申请单并存档,以便于审计

分级审查 此变更是否涉及多专业联合审查 —否→

是

安全审查 执行多专业联合审查,识别潜在的风险及需要完成的相关任务。对执行变更过程中所需的控制进行记录

执行个人审查,识别潜在的风险及需要完成的相关任务。对执行变更过程中所需的控制进行记录

完成实施变更前需要完成的任务

授权审查 是否所有实施前的任务都已经完成? —否→

是

根据工厂程序及MOC审查中确认的控制点执行变更

关闭审查 是否已完成所有变更执行后任务 —否→ 完成所有变更后需执行任务

是

完成MOC文件编制及归档

图 2-4 变更管理流程示意图。

2.2.10 应急管理

尽管可以通过风险评估采取必要的措施降低风险等级,但是,事故发生概率永远不可能降低为零。因此,要永远为极端风险做好应急准备。本教材的第 12 章对应急管理(Emergency Management）进行了较为详细的论述，这里不再赘述。

2.2.11　工艺事故/事件管理

工艺事故/事件管理（Process Accident/Incident Management）的目的是为了从事故中吸取经验教训，防止类似事故再次发生。事实上，正是因为业内从业人员并没有真正从以往的事故中吸取经验教训，很多类似事故反复重演，例如第 1 章提到的 1921 年 9 月 21 日德国巴斯夫（BASF）公司的合成氨工厂的爆炸事故和 80 年后 2001 年 9 月 21 日法国 AZF 公司的硝酸铵化肥厂的爆炸事故如出一辙；1986 年 11 月 1 日瑞士桑多兹（Sandoz）化学公司化学品仓库火灾导致含有毒化学品的消防污水进入莱茵河事件又和 19 年后 2005 年 11 月 13 日吉林双苯厂爆炸导致含有有毒化学品的消防污水进入松花江事件惊人地相像。要真正从以往事故中吸取经验教训，必须做好事故调查和事故调查报告公开工作，并善于学习和研究已公开的国内外事故调查报告。

在实际工作过程中，事故调查往往仅仅查到直接原因，即事故的起因这一层次，而起因往往是一些人为因素，例如人的操作失误或者违反相关规章制度等。由于人会受到人体工程学的限制以及个体心理和身体状态的影响，将人为原因作为事故发生的直接原因或者间接原因，并不能很好地约束人的行为或者保障人的良好状态。因此，如果事故调查的原因分析终止于人为因素，对事故预防是无效的。人为因素是一个最容易确定的关键因素，但人为因素背后潜在的是组织因素、监督管理、不安全行为预防、技能和知识的培训等其他更深层次上的管理系统因素的缺陷。没有在工程系统和安全管理系统，特别是过程安全管理（PSM）系统层面找到根本原因，就不能持续改进 PSM 系统，PSM 系统的缺陷将长期存在，类似事故必将重演。

为了揭示事故发生和发展的原因，早在 1936 年，海因里希（W. H. Heinrich）在 *Industrial Accident Prevention* 一书中首次提出了事故因果链的概念。1974 年，博德（Bird, Jr Frank E.）发展了海因里希的理论，将管理因素加入了原因链中，由此出现了现代事故原因链理论（图 2-5）。美国化学工程师学会（AIChE）化工过程安全中心（CCPS）在 *Risk Based Process Safety* 一书中把事故的根原因分析进一步深化，企业的安全文化问题则被认为是最深层次的原因。本章作者在总结前人研究成果的基础上，提出了一个新的化工安全事故原因分析模型（图 2-6），即事故调查的根原因分析必须深入到 PSM 系统层次和企业安全文化层次，而停留在人为失误、机械完整性问题、操作规程问题、风险控制问题这几个层次的事故调查都是表面原因分析，尽管机械完整性和操作规程是 PSM 的两个要素。PSM 系统

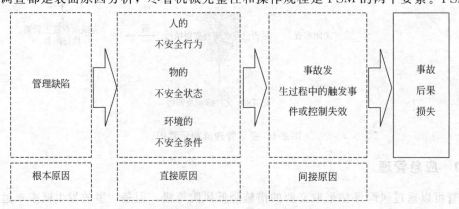

图 2-5　基于现代事故原因链理论的事故模型

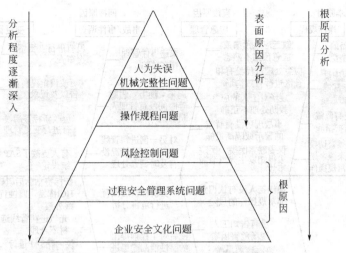

图 2-6　化工安全事故原因分析层次模型

层次的根原因分析不仅要分析到某个 PSM 要素，而且要分析到一个要素问题对另外一个要素问题的影响。例如，如果操作规程出现问题，可能是变更管理不严格造成的，在出现变更之后，没有及时更新操作规程；也可能是工艺危害分析不彻底造成的，没有能识别出潜在的安全隐患，因此，没能够针对该安全隐患制定出相应的操作规程；还有可能是没有进行符合性审核造成的，不能及时发现上述操作规程的更新问题、变更管理问题和工艺危害分析问题。

　　事故调查过程包括成立事故调查组、收集处理证据（表 2-4）、分析事故原因、提出整改建议措施、编制事故调查报告等五个主要步骤。分析事故原因需要借助事故调查分析技术。事故调查分析技术可以帮助事故调查团队更加科学地规划事故调查过程，避免事故调查停留在表面原因分析层次，辅助指导团队进行更深层次的根原因辨识，提高团队所给出的建议措施的系统性和有效性。反过来，如果一个事故调查团队仅仅凭团队成员的个人经验，而拒绝研究和应用事故调查分析技术，那么往往会导致事故调查不彻底，影响事故调查的成效。

表 2-4　事故调查中涉及的主要证据类型

证据类型	简要说明
人员证据	现场人员、目击者、受害者等人的证词或书面报告
实物证据	设备、零件、污迹痕迹、材料、化学品样品等
电子证据	控制系统和管理系统产生的数据、通信资料、现场照片等
位置信息	事故发生时人员在现场所处的位置，液位水平，阀门开度等
记录文档	操作规程、操作记录、交接班记录、政策规章制度、测试分析记录、培训记录等

　　事故调查分析技术有：屏障分析、变化分析、故障树分析（见第 4 章和第 6 章相关章节）、事件树分析、鱼骨图分析、预定义树分析等。2010 年 1 月 23 日位于美国西弗吉尼亚州贝尔地区的杜邦化工厂发生光气泄漏事故（http：//www.csb.gov/assets/1/19/CSB%20Final%20Report.pdf），导致一人死亡，一人受伤。图 2-7 显示了这个事故分析的鱼骨图。这个鱼骨图的分析结果表明该工厂在工艺危害分析、应急管理、机械完整性、操作规程、培训和变更管理等 6 个 PSM 要素层次上存在问题。

　　事故调查报告的内容至少包括：

① 事故发生的日期；

② 调查证据数据；

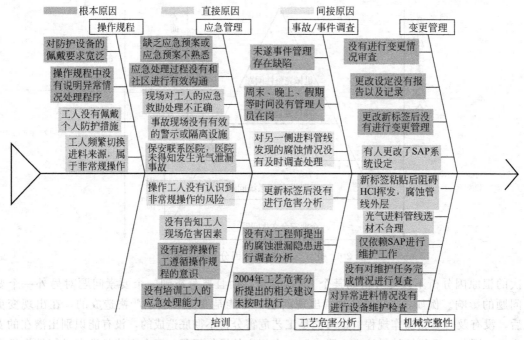

图 2-7　杜邦光气泄漏事故的鱼骨图分析示意图

③ 事故经过和损失的描述；

④ 造成事故的原因，包括直接原因、间接原因和根原因；

⑤ 调查过程中提出的改进措施。

美国化工安全与危险调查委员会（CSB）网站（http：//www.csb.gov/）提供了大量的事故调查报告和视频资料，我国国家安全生产监督管理总局也公布了一些比较详细的重大事故调查报告（http：//www.chinasafety.gov.cn/）。

2.2.12　符合性审核

2005 年 BP 公司得克萨斯城炼油厂发生爆炸事故之后（详见附录 A.2），美国职业安全与健康管理局（OSHA）于 2007 年 7 月启动了一项为期四年的针对全国 60 家炼油厂的 PSM 标准符合性审核（Compliance Audit）重点项目。到 2010 年年底，由于各家炼油厂在 PSM 系统的执行状况没有达到 PSM 标准的要求，审核人员给每家炼油厂平均开出了 17 张罚单。按照罚单数量来看，机械完整性、工艺安全信息、操作规程、工艺危害分析和变更管理这五个要素存在的问题最多，占总罚单数的 80%。OSHA 认为通过这次 PSM 标准符合性审核重点项目，帮助各家炼油厂发现各自在 PSM 方面的不足之处，有利于提高被审核炼油厂的安全水平。

符合性审核的意义在于风险是否被有效控制，以往提出的整改措施是否已经落实。在建立了过程安全管理系统之后，需要定期的 PSM 审核，及时发现 PSM 各个要素在实施方面的问题，减少 PSM 漏洞。

我国的 PSM 标准规定应该至少每三年进行一次 PSM 符合性审核，以确保 PSM 的有效性。例如对 PHA 要素的审核可以考虑以下几个方面：

① 是否建立了内部 PHA 管理程序；

② PHA 方法是否选用得当；

③ PHA 小组的人员组成是否合适，经验是否足够丰富，对被分析的化工过程是否足够了解？

④ 进行 PHA 时是否考虑了已经发生过的国内外同类过程重大事故；

⑤ PHA 是否考虑了工厂和设备选址问题；

⑥ PHA 的结果是否全面；

⑦ PHA 的结果是否有对危险场景的严重程度和可能性的分析；

⑧ PHA 的执行是否及时，是否符合变更管理的规定；

⑨ PHA 的建议措施是否及时落实，并有详细的文档记录；

⑩ 是否至少每隔五年对所有化工过程都重新进行一遍 PHA？

审核结束之后，要编制审核报告，发现的 PSM 执行过程中存在的差距要予以记录，并提出和落实改进措施。

美国化学工程师协会化工过程安全中心（CCPS）于 2009 年发布了《前瞻性和滞后性工艺安全绩效指标》，美国石油学会（API）于 2010 年发布了与 CCPS 基本模式一致的 ANSI/API 754《石油化工企业工艺安全绩效指标》推荐规范。其中推荐的工艺安全绩效指标可以分为三类：①事故指标；②未遂事件（Near Miss）指标；③管理措施落实指标。根据管理层级与管理目的的不同，一般又分为滞后性指标及前瞻性指标。事故指标包括人员伤害或疾病、死亡、火灾、爆炸、物料泄漏等事故统计数据。未遂事件指标主要是关注那些未发展成为事故的各类异常工况的统计数据，如：偏离操作限值、安全系统激活、SIS 启动或压力泄放阀起跳等。这两类指标均是对已经发生的事故或事件进行的统计，属滞后性指标。而管理措施落实指标则反映了管理系统内部存在的问题的严重程度，具有一定的风险预测功能，即管理系统内部存在的问题越多，未来发生事故的风险也越高。这类前瞻性指标包括：

① 隐患治理项目未按计划完成的比例/数量；

② 培训——完成过程安全所需的培训课程，且通过技能考核的百分比；

③ 工艺危害分析的建议措施未关闭或延期的数量；

④ 操作程序——各个岗位操作程序未按每 3 年评审一次执行的数量；

⑤ 机械完整性——测试或检查超期情况（数量）；

⑥ 变更管理——技术建议或试验未关闭或延期的数量；

⑦ 试生产前安全审查中发现的各项建议未关闭或延期的数量。

2.2.13 PSM 各要素的内在联系

PSM 的各个要素之间存在紧密的内在联系，需要相互协同，不出现管理要素之间衔接的漏洞，才能发挥好事故预防的作用。图 2-8 展示了工艺危害分析（PHA）与其他 PSM 要素之间的内在关系：按照变更管理流程，依据已有工艺安全信息 PSI、事故调查信息和机械完整性数据（例如有关设备或仪表的故障率）进行 PHA，如果发现了管道仪表流程图上的错误，则需要及时更改有关的 PSI；如果发现了操作规程上的不足，则需要完善操作规程，并给操作人员提供相应的培训；如果发现了一个高风险隐患，则需要给出降低风险的建议措施，并完善有关应急预案；而在实施了有关变更之后，在开车前，又必须进行试生产前安全审查（PSSR），确保 PHA 的所有建议措施都已得到解决，确保风险得到有效控制。正如 2.2.9 小节所述，企业的变更管理不善是事故发生的一个主要原因，而监督和审核企业的变更管理效果则需要符合性审核这一要素来发挥作用。试想，如果中间任何一个环节没有有机地联系起来，就会为企业埋下事故的隐患。

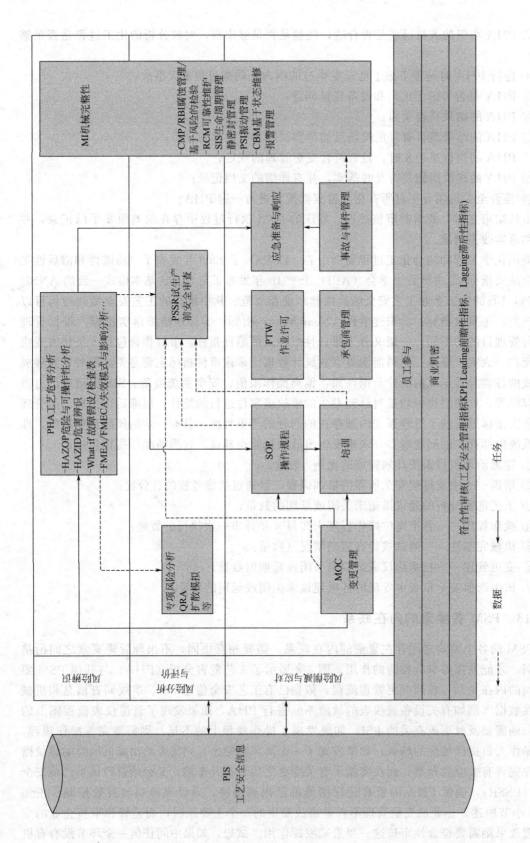

图2-8 工艺危害分析与其他PSM要素的内在关系

过程安全管理未来的进一步发展已经呈现两个发展趋势。一个发展趋势是过程安全管理与企业的环境、职业健康、质量管理等不同的管理需求相结合，管理要素逐渐融合，各种风险辨识与评估的手段与成果相互借鉴。如适用于安全管理中的危害辨识、后果模拟等成果可同样指导环境风险管理；机械完整性中的各项内容，也往往是质量管理的重要内容。另一个发展趋势是过程安全管理中知识管理的作用日益突出，一个有效的过程安全管理体系应该确保管理所需要的知识能够在这个体系中有效地获得、记录、传播与使用。这需要管理体系、企业文化、数据库与软件系统的多方面支持。

指点迷津

本章看上去是讲述了风险管理和过程安全管理（PSM）两种管理。事实上，PSM 就是在化工过程全生命周期上对风险的管理。与图 2-1 的风险管理过程相对应，PSM 的工艺危害分析事实上就是针对化工过程的风险评估全过程；PSM 的工艺安全信息的准备和获得的过程实际上也是沟通与咨询的过程；PSM 的操作规程、培训和变更管理则是建立环境的一部分内容；PSM 的试生产前安全审查、机械完整性、事故/事件管理、符合性审核这四个要素则都是为了风险的监测与评审；PSM 的应急管理、作业许可和承包商管理则是风险应对的几种具体的管理措施。

● 习题

1. 请说明风险管理过程中监测与审核的作用，并说明与过程安全管理中的符合性审核这一要素的异同点。

2. 中国和美国的过程安全管理的标准分别是由哪个组织在什么时间发布的？标准的全称分别是什么？管理要素有哪些异同？

3. 2012 年 2 月 28 日，河北省赵县克尔化工厂发生爆炸事故，请仔细阅读附录 A 中的事故详情。该事故违反了 PSM 标准的哪些要素的要求？

参 考 文 献

[1] 李素鹏. ISO 风险管理标准全解. 北京：人民邮电出版社，2012.
[2] 陈明亮，赵劲松. 化学过程工业变更管理. 现代化工，2007，27（6）：59-63.
[3] 章展鹏，赵劲松. 化学品事故调查与管理软件平台工具设计与开发. 计算机与应用化学，2014，31（11）：1293-1297.
[4] ［美］CCPS. 化工装置开车前安全审查指南. 赵劲松译. 北京：清华大学出版社，2010.
[5] ［美］CCPS. 工艺安全管理：变更管理导则. 赵劲松，鲁毅，崔琳，刘昳蓉，袁小军，劳樑锋译. 北京：化学工业出版社，2013.
[6] 29 CFR 1910. 119. Process safety management of highly hazardous chemicals. https：//www.osha.gov/pls/oshaweb/owadisp.show_document? p_table＝STANDARDS&p_id＝9760. OSHA，1992.
[7] ［美］CCPS. 基于风险的过程安全. 白永忠，韩中枢，党文义译. 北京：中国石化出版社，2013.
[8] ANSI/API RP 754. Process Safety Performance Indicators for the Refining and Petrochemical Industries. 2010.
[9] CCPS. Process Safety Leading and Lagging Metrics. 2011.

第3章

化学品的危险性

(1) 2004年4月22日8时许,位于浙江宁波的善高化学有限公司双氧水车间发生爆炸火灾事故,造成1人死亡、1人受伤,直接经济损失302.63万元。事故的原因之一就是工艺设计不尽合理,对氧化残液分离器的危险性认识不足,未在氧化残液分离器的工艺流程图上设计压力表和泄压装置。

(2) 2014年8月2日7时34分,位于江苏省昆山市昆山经济技术开发区的昆山中荣金属制品有限公司抛光二车间发生特别重大铝粉尘爆炸事故,共计造成146人死亡,114人受伤,直接经济损失已达3.51亿元。本次事故厂房由江苏省淮安市建筑设计研究院设计。该设计研究院在未认真了解各种金属粉尘危险性的情况下,仅凭该公司提供的"金属制品打磨车间"的厂房用途,违规将车间火灾危险性类别确定为戊类(即常温下使用或加工不燃烧物质的生产厂房)(案例详情请见江苏省昆山市中荣金属制品有限公司"8·2"特别重大爆炸事故调查报告 http://www.chinasafety.gov.cn/newpage/Contents/Channel_5498/2014/1230/244872/content_244872.htm,上一次查看日期:2015年3月30日)。

TIPS:

《全球化学品统一分类和标签制度》(Globally Harmonized System of Classification and Labeling of Chemicals, GHS),是根据1992年里约热内卢联合国环境与发展会议《21世纪议程》中规定的任务,由国际劳工组织(ILO)、经济合作与发展组织(OECD)、联合国合作制定的。

GHS按危险类型对化学品进行了分类,并就统一危险公示要素(包括标签和安全数据表)提出了建议。GHS旨在确保提供信息,说明化学品的物理危险性、健康危险性和环境危险性,以便加强化学品处理、运输和使用过程中的人类健康和环境保护。GHS还为国家、区域和全球各级的化学品规则和条例的统一提供了基础。

GHS于2002年12月由联合国危险货物运输和全球化学品统一分类和标签制度专家委员会通过,并将随着执行经验的获得定期更新和改进。2002年在约翰内斯堡通过的《可持续发展问题世界首脑会议执行计划》鼓励各国尽快执行GHS,以便到2008年使GHS获得全面实施。

从上一章可以知道,化学品的危险性信息属于工艺安全信息的一部分。如果不掌握化学品的危险特性,工艺危害分析就无从谈起,进而也无法做好事故预防工作。事实上,很多危险化学品事故都与其危险性认知不足有关。本章将按照《全球化学品统一分类和标签制度》(GHS)介绍化学品的物理危险性、健康危险性和环境危险性,其中化学品物理危险性的介绍主要围绕爆炸物、易燃气体、压力下气体、易燃液体、易燃固体、自反应物质及有机过氧化物的危险性进行。最后对化学品的职业接触限值进行简述性的介绍。

3.1 爆炸物的种类及其危险性

通常把具有爆炸性的固态和液态（统称凝聚态）化合物或混合物叫爆炸物，其中在军事或工业上有实用价值的叫火炸药（explosives），含有火炸药的制品叫爆炸物品，商业流通中的爆炸物品则称爆炸性货物。

化学品爆炸是由于其分子中存在某些能通过反应使其温度或压力骤增的化学基团引起的。根据文献 [4]，如果存在以下情况，可以认为该物质不是爆炸物。

(1) 没有以分子形式存在的具有爆炸性的化学基团

文献 [4] 附录 6 之表 A6.1 给出的爆炸性基团有：

① C-C 不饱和键，例如乙炔、乙炔化合物（乙炔银 $Ag—C≡C—Ag$ 等）。

② C-金属、N-金属，例如格利雅试剂、有机锂化合物等。

③ 相邻氮原子，例如叠氮化合物（$—N=N≡N$）、脂肪族偶氮化合物（$—N=N—$）、重氮盐类、肼类、磺酰肼类等。

④ 相邻氧原子，例如过氧化物（$—O—O—$）、臭氧化物（$—O—O—O—$）。

⑤ N-O 基团，例如羟胺类（$—N—OH$）、硝酸盐、硝基化合物（$—NO_2$）、亚硝基化合物（$—NO$）、N-氧化物、1,2-噁唑类等。

⑥ N-卤基团，例如氯胺类（$—NCl_2$）、氟胺类（$—NF_2$）等。

⑦ O-卤基团，例如氯酸盐、高氯酸盐、亚碘酰化物等。

(2) 具有爆炸性化学基团，且含氧，计算得到的氧平衡小于 −200 的物质

氧平衡可以如下计算：

$$C_xH_yO_z+(x+\frac{y}{4}-\frac{z}{2})O_2\longrightarrow xCO_2+\frac{y}{2}H_2O$$

氧平衡 A 计算见式（3-1）：

$$A=-1600\times\frac{2x+\frac{y}{2}-z}{W} \tag{3-1}$$

式中　x——分子中 C 原子的个数；

　　　y——H 原子的个数；

　　　z——氧原子的个数；

　　　W——相对分子质量。

3.1.1 爆炸性物质的分类

3.1.1.1 从化学角度分类

从化学的角度，爆炸性物质主要有以下一些种类。

① 爆炸性化合物类　分子中往往含有如上所说的特殊基团。

② 爆炸性混合物类　种类更多。因为以某种爆炸性化合物为基础，添加其他一些物质后的混合物，一种氧化性单质或化合物与另一种可燃性单质或化合物以适当比例混合后也可

构成爆炸物。从形态上看，爆炸性混合物可以是固、液、气态的，也可以是固-气、固-液、固-液-气、液-气的多相体系。

对于实用价值较大的爆炸物即火炸药，若按爆炸性质与用途分又有：

① 起爆药类　也叫一次炸药或初级炸药。其主要特点是可因简单而较弱的激发冲量（如撞击、摩擦、火焰等）作用即引起爆炸反应，且此爆炸反应由燃烧成长为稳定的爆轰所需时间极短，所需药量极少。故它主要用来制备各种起爆器材和火工品。常用的起爆药有雷汞 $[Hg(ONC)_2]$，叠氮化铅 $[Pb(N_3)_2]$，斯蒂酚酸铅 $[C_6H(NO_2)_3O_2Pb \cdot H_2O]$，二硝基重氮酚 $[C_6H_2N_2O(NO_2)_2$，代号 DDNP]，皆特拉辛 $(C_2H_8N_{10}O)$ 等化合物以及一些混合物。

② 猛炸药类　也叫二次炸药、次级炸药或高级炸药。其主要特点是各种感度较低，需要较强的激发冲量（通常是借助于起爆药的爆炸作用）起爆，才能引起爆炸反应至爆轰。一般简单的激发冲量不易直接引起爆轰，即使引起了爆炸反应也需要较多的炸药量和较长的成长时间才能到达稳定爆轰。一旦发生了爆轰，其释放能量的速度（爆速）与大小（单位质量或体积炸药所放出的热）较大，可造成较大的破坏。故在军事和工业上主要用来做破坏功和爆破功。常用的猛炸药有：

a. 单体（也叫单质）炸药，如硝基化合物（含 C—NO_2）类的 TNT、苦味酸；硝基胺（含 N—NO_2）类的黑索今（RDX）、奥克托金（HMX）；硝酸酯（含 O—NO_2）类的太安（PETN）、硝化甘油（NG）；二氟氨基化合物（含 C—NF_2）类的 $C_5H_8N_4F_8$ 等。

b. 混合炸药，如猛炸药混合物 B 炸药（RDX/TNT＝50/50），彭托利特（PETN/TNT＝50/50）；氧化-还原型炸药硝铵炸药（硝酸铵/木粉/敏化剂），铵油炸药（硝酸铵/柴油＝95/5），乳化炸药（硝酸铵/硝酸钠/水/乳化剂/油/其他添加剂）等。

③ 火药类　又可分为发射药和推进剂。其主要特点是基本反应形式为平行层燃烧。燃烧速度因密闭度和压力可由每秒毫米级的缓慢燃烧至每秒数百米的爆燃，它主要用来作火炮发射和火箭推进以做抛射功。有的也可做点火药、延时药等。如果装药结构不合理或遭破坏，或受到非常强烈的冲击等，也可能由燃烧转为爆轰（如火炮等身管武器发射过程中发生的膛炸事故），从而造成巨大的破坏。

④ 烟火剂　一般是由氧化剂与可燃物（包括可燃金属粉）及少量其他添加剂组成。其基本反应形式也是燃烧。实际使用中就是利用它燃烧时产生的热、色、光、声、气、烟等效应来达到某种目的。例如军事上用来作燃烧弹、照明弹、光弹、信号弹、烟幕弹；民用方面作烟火礼花、爆竹、指示信号、舞台焰火效果等。

3.1.1.2　GHS 体系分类

根据所表现出的危险类型，GHS 体系将爆炸品分为 6 项，分别为：

① 1.1 项，指有整体爆炸危险的物质、混合物和物品，这里所谓的整体爆炸是指爆炸瞬间影响到几乎全部存在。

② 1.2 项，有迸射危险但无整体爆炸危险的物质、混合物和物品。

③ 1.3 项，有燃烧危险和轻微爆炸危险或轻微迸射危险或同时兼有这两种危险，但无整体爆炸危险的物质、混合物和物品。

④ 1.4 项，不呈现重大危险（即在点燃或引爆时形成的危险很小）的物质、混合物和物品。这些物质、混合物和物品发生燃烧爆炸的影响范围主要限于包装件内部，射出的碎片小，射程近，且外部火烧也不会引起包件内几乎所有内装物的瞬间爆炸。

⑤ 1.5 项，有整体爆炸危险的几乎不敏感的物质或混合物。这些物质和混合物有整体

爆炸危险，但非常不敏感，以致在正常情况下引发或由燃烧转为爆轰的可能性非常小。

⑥ 1.6 项，没有整体爆炸危险的极其不敏感的物品。这些物品只含有极其不敏感的起爆物质或混合物，而且其意外引爆或传播的可能性微乎其微。

3.1.2　爆炸物的主要危险性及特点

这类物质的危险性主要表现为燃烧（失去控制便形成火灾）、爆炸性，一般也都有一定的毒性。它同其他危险性物质相比有着不同的特点，这就是自反应性、对外界作用的敏感性、反应的高能量密度的性质。因此从安全方面考虑，这类物质更显得突出，必须予以特别的注意。

（1）自反应性

自反应性是指物质自身具有较高的化学位能，在它分解为最终的、简单的、稳定的生成物时将伴随热能的释出。换言之即这类物质的分解反应具有自身、自动进行的性质。因此它们多为生成热为负（生成焓为正）的物质或同时含有氧化元素与可燃元素的物质。

（2）敏感性

它们对机械（撞击、摩擦）、冲击、热、明火、化学等外界作用敏感，易被它们引发自持反应。

（3）高能量密度

凝聚态爆炸物所含有的化学能在空间与时间上都很集中。即单位体积的含能量（可用 $\rho_0 Q_v$ 表示）比普通燃料大千倍左右；释能速度可以非常大。

例如一个球形爆炸物自中心引发爆炸反应时可用如下公式描述：

$$P = EQ_{vm}(d/2D)^{-1} = Km^{2/3}\rho_0^{1/3}DQ_v, \quad K = (2/6^{1/3})\pi^{1/3}E \tag{3-2}$$

式中　P——功率；

　　　E——热功当量；

　　　m——爆炸物质量；

　　　ρ_0——爆炸物密度；

　　　d——球性装药直径；

　　　D——爆炸反应速率；

　　　Q_v——爆炸反应热；

　　　π——圆周率。

像 TNT 这种爆炸物，爆轰时的做功功率可达 10^8 马力（1 马力＝745.7W）！因此，一旦爆炸物发生爆炸事故，其破坏性特别大，且不易躲避。

（4）冲击波危害

冲击波（Shock Wave），有时也叫爆炸波（Blast Wave）。它对人、物的危害程度主要与三个参数有关，即超压峰值 P_m、冲量 $i\left(\int p_{(t)}\mathrm{d}t\right)$ 及能量密度 $\left(\infty\int p_{(t)}^2\mathrm{d}t\right)$。其中，超压（Overpressure）是指冲击波压力与外界空气压力之差。

冲击波对人体的作用分为直接（初始）冲击波作用与间接冲击波作用。

① 直接冲击波作用　即冲击波的直接作用。一般哺乳动物对入射波、反射波和动压、冲击波到达后上升到峰值超压的速度及冲击波持续时间都很敏感。身体中相邻组织密度差最大的各部位，最易受到冲击波伤害，因此含有空气的肺组织比其他要害器官更易受到伤害，包括引起肺出血、肺水肿、肺破裂等。其他部位的伤害如最敏感的耳膜鼓膜破裂、腹腔、脊柱膜、脊椎神经胚根损伤等。

② 间接冲击波作用　又分为次生作用、第三作用及其他作用三种。

次生作用：由发生爆炸的装置本身或位于其附近的物体所形成的抛掷物的撞击。这些抛掷物被冲击波加速。它们对人的伤害程度取决于质量、速度、形状、密度、横截面积与撞击角。病理生理学效应为划破皮肤、侵入器官、钝器损伤、头骨等骨骼破裂等。

第三作用：包括冲击波压力和气流使身体发生位移。先是加速阶段使身体受损；接着是减速撞击，此过程造成的伤害更为严重，其程度取决于撞击时的速度变化、减速过程的时间与距离、撞击表面的形式、人体撞击的面积等。不论加速还是减速撞击，头部都是最易受伤害的，需特别加以保护。

3.2　易燃气体的危险性

易燃气体是在20℃和101.3kPa标准压力下，与空气有易燃范围的气体，也称为可燃气体。根据GHS体系，易燃气体分为两类。

第1类：在20℃和101.3kPa标准压力下，在与空气的混合物中按体积占13%或更少时可以点燃的气体，或不论易燃性如何，与空气混合后可燃范围至少为12%的气体。

第2类：在20℃和101.3kPa标准压力下，除第1类中的气体外，与空气混合时有易燃范围的气体。

当易燃气体与空气预先混合，形成的均匀的气体混合物称为预混气体。对于处于爆炸极限（也称为燃烧极限）范围内的预混气体而言，由于无需混合扩散过程，所以被点燃后的燃烧速度很大。

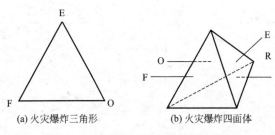

(a) 火灾爆炸三角形　　(b) 火灾爆炸四面体

图 3-1　火灾爆炸事故发生的基本条件

爆炸发生的基本条件有"爆炸三角形"和"爆炸四面体"之说。爆炸三角形强调必须同时具备可燃物（F）、助燃气体（O）和激发能量（E）；爆炸四面体则指在前者的基础上还必须具备使链反应继续的自由基（R）。形象地可将这些条件表示为图3-1。

FOE和FOER只是表明了发生燃烧（火灾）、爆炸的最基本的必要条件，尚不一定就是充分条件。充分条件是F、O、E和R都必须达到一定的"量"。描述这个量用以下参数。

3.2.1　爆炸极限

把可以点火且火焰可以自行传播下去的可燃气体的浓度（常以体积分数表示）称为爆炸极限。高浓度侧叫爆炸上限（Upper Explosion Limit，UEL），低浓度侧叫爆炸下限（Lower Explosion Limit，LEL）。相应地，可燃气体也有爆轰极限。一般说来，在同一种助燃气体中，爆轰极限比爆炸极限要窄。

可燃气体的爆炸极限并不是常数，随着温度、压力、火焰传播方向、点火能量、重力场强度及周围物质等因素的影响而变化。

(1) 温度的影响

一般是随温度升高爆炸极限变宽。如爆炸下限 $L_t = [1 - 0.000721(t - 25℃)]L_{25℃}$。上

限可用同样公式近似地求得。式中 L_t 为 $t℃$ 时的爆炸下限；$L_{25℃}$ 为 $25℃$ 时的爆炸下限。

（2）压力的影响

在 101.3kPa 附近，爆炸极限受压力影响不大；进一步增大压力时依存关系变得复杂。如天然气 $L=4.9-0.71\lg p$，$U=14.1+20.4\lg p$，p 为压力（atm）。

（3）点火能量的影响

一般是爆炸极限随点火能量增大而变宽。

还应该注意的是，在不同的助燃气体中可燃气体的爆炸极限是不同的。

混合可燃气体的爆炸极限可用下式估算：

$$L=100/\left(\frac{V_1}{L_1}+\frac{V_2}{L_2}+\cdots+\frac{V_n}{L_n}\right) \tag{3-3}$$

式中，L 为混合可燃气的爆炸极限（用体积分数表示，余同），%；V_i 为各组分的浓度，%；L_i 为各组分的爆炸极限，%；$V_1+V_2+\cdots+V_n=100$。用此式估算爆炸下限较准确，估算上限时则有较大误差。

有时也可以用 $H=(U-L)/L$ 值表示可燃气体的燃烧、爆炸危险性大小。式中 H 称燃烧爆炸危险度；U 称爆炸上限；L 称爆炸下限。可见 U 越大，L 越小，燃烧爆炸危险度越大。

3.2.2 临界氧含量

在安全工程领域里考虑的助燃气体主要是空气。空气中氧的含量约为 21%（体积分数），可燃气体-空气混合物体系中氧含量达到一定程度后点火才能燃烧并传播，把此所需要的最低氧浓度叫临界氧含量（Limit of Oxygen Concentration，LOC）；而从安全的角度考虑，把不能点燃和传播燃烧的氧的最高浓度叫最大允许氧含量（Maximum Permissible Oxygen Concentration，MPO）。根据这一规律，工程上常采用向体系里充入惰性气体（N_2、CO_2、水蒸气或雾等）的办法把氧的浓度稀释至临界氧含量以下，达到降低发生燃爆事故的可能性，提高安全性的目的——即所谓的惰（性）化保护（详见第 9 章）。不过，为了可靠起见，实际运用中要把体系中的氧浓度控制在比临界氧含量再低 10% 左右的水平上。

某些可燃气体（蒸气）的临界氧含量示于表 3-1。

表 3-1　某些可燃气体或混合物的临界氧含量（LOC）　　　　　单位：%

气体或蒸气	N_2/空气	CO_2/空气	气体或蒸气	N_2/空气	CO_2/空气
甲烷	12	14.5	异丁烯	12	15
乙烷	11	13.5	丁二烯	10.5	13
丙烷	11.5	14.5	3-甲基-1-丁烯	11.5	14
正丁烷	12	14.5	苯	11.4	14
异丁烷	12	15	甲苯	9.5	—
正戊烷	12	14.5	苯乙烯	9.0	—
异戊烷	12	14.5	乙苯	9.0	—
正己烷	12	14.5	乙烯基甲苯	9.0	—
正庚烷	11.5	14.5	二乙基苯	8.5	—
乙烯	10	11.5	环丙烷	11.5	14
丙烯	11.5	14	天然气	12	14.5
1-丁烯	11.5	14	正丁基氯	14	—

气体或蒸气	N₂/空气	CO₂/空气	气体或蒸气	N₂/空气	CO₂/空气
二氯甲烷	19(30℃)	—	乙醇	10.5	13
1,2-二氯乙烷	13	—	2-乙基丁醇	9.5(150℃)	—
三氯乙烷	14	—	乙基醚	10.5	13
三氯乙烯	9(100℃)	—	氢	5	5.2
丙酮	11.5	14	硫化氢	7.5	11.5
叔丁醇	—	16.5(150℃)	甲基异丁酯	12.5	15
二硫化碳	5	7.5	甲醇	10	12
一氧化碳	5.5	5.5	醋酸甲酯	11	13.5

3.2.3 最小点火能量

在规定条件下能引起可燃气-空气混合物着火并传播的最小电火花能量称为该可燃气的最小点火能量。它是可燃气混合物明火感度的表征。它除决定于可燃气的化学组成与结构外，还和浓度、温度、压力等条件有关。某些可燃气体或蒸气的最小点火能量如表 3-2 所示。

表 3-2 某些可燃气体或蒸气的最小点火能量

级 别	可燃气体	浓度(体积分数)/%	最小点火能量	
			在空气中	在氧气中
10⁻⁵J 级	二硫化碳	6.52	0.015	
	氢气	29.5	0.019	0.0013
	乙炔	7.73	0.02	0.0003
	乙烯	6.52	0.096	0.001
	环氧乙烷	7.72	0.105	
	环氧丙烷	4.97	0.19	
	1,3-丁二烯	3.67	0.17	
	甲烷	8.5	0.28	
	乙烷	6.0	0.31	0.031
10⁻⁴J 级	苯	2.71	0.55	
	氨	21.8	0.77	
	丙酮	4.97	1.15	
10⁻³J 级	甲苯	2.27	2.5	
	异辛烷	1.65	1.35	

3.2.4 自由基

燃爆三角形既可以说明燃爆发生的基本条件，又可以说明扑灭火灾的基本原理，但人们深入研究发现是自由基参与了其中的过程，这就是燃爆的链反应机理。即当燃料受到激发能量作用（点火）时，其分子发生热解——共价键断裂而生成自由基，它是一种高反应活性的化学基团，易与其他分子反应，进而又产生新的自由基，如此便使燃烧传播开去。以甲烷的燃烧为例，这种链反应过程可如下描述：

$$
\begin{cases}
CH_4 \longrightarrow CH_3 \cdot + H \cdot \\
2H \cdot + 2O_2 \longrightarrow 2HO \cdot + 2O \cdot \\
CH_4 + HO \cdot \longrightarrow H_2O + CH_3 \cdot \\
O_2 + CH_3 \cdot \longrightarrow HCHO + HO \cdot \\
HCHO + O \cdot \longrightarrow H-C=O + HO \cdot \\
H-C=O \longrightarrow H \cdot + CO \\
CO + HO \cdot \longrightarrow CO_2 + H \cdot \\
2HO \cdot \longrightarrow H_2O + O \cdot \\
2O \cdot \longrightarrow O_2
\end{cases}
$$

氧的主要作用在于历程的第二步，其生成的 $HO \cdot$、$O \cdot$ 是能助燃的主要的自由基。

可见，自由基是燃烧反应中不可或缺的"中间体"。正因为如此，它也指出了灭火的第四种途径，即降低活泼自由基浓度以致消除的方法。

所谓卤剂是干扰活泼自由基生成或捕获它们的有效化合物。例如，1301❶灭火剂（三氟溴甲烷）CF_3Br 的作用如下：

$$
\begin{cases}
CF_3Br \longrightarrow \cdot CF_3 + Br \cdot \\
R-H + Br \cdot \longrightarrow R \cdot + HBr \\
HBr + H \cdot \longrightarrow H_2 + Br \cdot \\
HBr + HO \cdot \longrightarrow H_2O + Br \cdot
\end{cases}
$$

反应生成的 $Br \cdot$ 又与其他燃料反应生成更多的 HBr，从而使活泼的 $H \cdot$、$HO \cdot$、$O \cdot$ 减少以致消失。

某些固体灭火剂的作用也是基于这种机理。例如：

$$
\begin{cases}
NH_4H_2PO_4 \longrightarrow NH_3 + H_3PO_4 \\
2H_3PO_4 \longrightarrow P_2O_5 + 3H_2O
\end{cases}
$$

除了冷却作用外，NH_3 可以捕获羟自由基（$HO \cdot$）。

干重碳酸盐（即碳酸氢盐）及氯化钠的灭火作用在于其热解时生成的钠、钾原子可发生如下反应：

$$
\begin{cases}
Na \cdot + HO \cdot \longrightarrow NaOH \\
NaOH + H \cdot \longrightarrow H_2O + Na \cdot
\end{cases}
$$

这实质上就相当于导致了链终止：

$$
H \cdot + \cdot OH \longrightarrow H_2O
$$

3.3 压力下气体的危险性

3.3.1 压力下气体的分类

压力下气体（GHS 称为"高压气体"）是指在 $20^{\circ}C$ 时以不低于 $280kPa$ 的压力储藏在容器中或作为冷冻液体储藏在容器中的气体。根据 GHS 体系，压力下气体包括压缩气体、

---

❶ 第一位至第四位数字分别代表 C、F、Cl、Br 的原子数量。

液化气体、溶解气体、冷冻液化气体。

① 压缩气体，指：

a. 在高压下封装时，在-50℃时完全处于气态的气体；

b. 所有临界温度≤-50℃的气体（所谓临界温度，是指纯气体高于该温度时，无论压缩程度如何都不能被液化的温度）。

② 液化气体，指在高压下封装时，在高于-50℃的温度下部分是液体的气体。它又可以分为：

a. 高压液化气体，临界温度高于-50℃但低于65℃的气体；

b. 低压液化气体，临界温度高于65℃的气体。

③ 溶解气体，指在高压下封装时溶于液相溶剂中的气体。例如乙炔，即多孔性物质用丙酮处理后把乙炔加压而溶于其中。

④ 冷冻液化气体，指封装时由于其温度低而部分液化的气体。

如果视其理化性质，高压气体又可分为可燃性、助燃性、分解爆炸性、惰性和毒性气体等。

3.3.2 压力下气体的主要危险性

3.3.2.1 压缩效应导致的危险性

高压气体的许多特性（特别是同危险性有关的特性）皆源于其压缩效应，包括：

① 由于压力升高，反应分子的浓度增大，反应速率加快，单位时间放热量（放热速度）随之增大。

② 压力升高，通过扩散、对流的热迁移减少，热辐射则增强。总的是使热损失减少或不变，这将促进燃烧、爆炸反应的发生和进行。

③ 压力升高还会带来其他许多影响。

当然，不同的压缩气体，其具体的压缩效应有所不同。和危险性有关的压缩效应还可从以下几方面作进一步讨论。

(1) 破裂性

高压容器因损伤、腐蚀、热的或机械的作用等而可能导致破裂，这时内部的高压气体会迅速膨胀、冲出，并在大气中形成压力波，一般称其为气浪或爆风。其压力与距离的关系为

$$p = Kp_1/R^n \tag{3-4}$$

式中，p 为气浪峰值压力，atm；p_1 为破裂时容器内压力，atm；R 为至破裂容器的距离，m；K 为常数，在钢瓶事故中取 0.01；指数 n 在 $p=0.2\sim0.5$atm 时取 1.5，$p<0.2$atm时取 1.2。

高压容器破裂时除形成空气压力波外，还会把容器撕成小而数量多的碎片，犹如爆轰一样，所以人们常把高压容器破裂称作爆炸。如把爆炸理解为"最重要的特征是在爆炸点周围介质中发生急剧的压力突跃，而这种压力突跃是爆炸破坏作用的直接原因"的话，高压气体容器的破裂属于"物理爆炸"的范畴。但也有人认为，从安全科学的观点看，爆炸现象最本质的东西是压力急剧上升。因此对于盛装于强度足够高的耐压容器中的气体，即使发生了爆炸反应而使温度、压力都急剧升高，但容器并未破坏，也听不到爆炸声；相反，即使没有发生容器内气体爆炸及压力升高现象，而由于容器受损致使高压气体冲出，呈现出与爆炸相似的现象，但这只属容器强度问题而不是爆炸。减压容器的"爆缩"或"压碎"也与之类似。

这些，确切地说应叫高压气体容器的破裂。真正的高压气体爆炸是指：

① 由于高压气体内的化学反应（燃爆、分解、聚合等反应）放出反应热；或由于相态转化而放出相变热，致使气体体积急剧膨胀、压力急剧升高引起破坏。

② 由于容器内的凝聚态物质向气态转化而致体积迅速膨胀、压力急剧升高所引起的破坏。

(2) 易泄漏性

生产实践表明，高压气体或液化气体的大量泄漏、喷出，往往是造成火灾、爆炸以及中毒事故的重要原因。

泄漏或闪蒸的气体可与空气形成可燃爆混合物。若浓度在爆炸极限范围内并遇上点火源，便会发生所谓"蒸气云爆炸"。处于自由空间时，常叫非限定气云爆炸，简称 UVCE (Unconfined Vapor Cloud Explosion) 现象，现在有的文献也统称为 VCE 现象。

装在槽罐（车）中的液化气，如果遇到了外部火灾加热，槽罐中的压力会很快升高，气相部分的罐体会发生延展性破坏而形成大块破片，并被气体膨胀力抛至远方；液相部分会因突然降至大气压而发生突沸，大量的蒸气会立即着火，并借助浮力上升形成火球。此现象称为沸腾液体膨胀爆炸（或沸腾液体扩展蒸气爆炸，BLEVE）现象，详见第 5 章。

(3) 扩散性

气体的扩散性可用扩散系数表示。扩散系数如下式所示。

$$D = \frac{0.00155 T^{3/2}}{p (V_A^{1/3} + V_B^{1/3})^2} \left(\frac{1}{M_A} + \frac{1}{M_B} \right)^{1/2} \tag{3-5}$$

式中　　D——气体 A 在气体 B 中的扩散系数，m^2/h；

　　　　p——气相总压，atm；

　　　　T——气相温度，K；

　M_A、M_B——气体 A、B 的分子量；

　V_A、V_B——气体 A、B 在沸点下是液态时的摩尔体积，cm^3/mol。

可见扩散系数，扩散速度与气体分子量的平方根成反比。分子量较小的可燃气体有较大的扩散速度。例如甲烷与乙醇在空气中的扩散系数之比即 $D_{CH_4}/D_{C_2H_5OH} = 1.5$。表明甲烷气体比乙醇蒸气的扩散要快 50%。扩散性越大的可燃气体，在泄漏后越可在很短的时间内遍及一个大范围与空气形成可燃爆混合物，因之具有更大的危险性。

3.3.2.2　自然发火性

某些高压可燃气体可因某些特定条件而自然发火。能产生自然发火的情形有：

① 与空气接触发火，例如硅烷（SiH_4）、磷氢化物（PH_3）等。

② 不安定的具自反应性的可燃气体受热至一定温度后自然发火，例如乙炔、乙烯等不饱和碳氢化合物即使不与其他助燃性气体混合也能被点燃和使火焰传播，甚至发生爆炸性分解。一般认为，自身分解热达 20～30kcal/mol 的物质，分解时可使燃烧稳定地传播；分解热大于此值的，往往可发生剧烈爆炸，甚至爆轰。

③ 加压自然发火，常发生于临界压力以上处理分解爆炸性气体的情形。

1900 年前人们往往把乙炔压缩液化储于容器中，但曾多次发生爆炸事故。这是由于乙炔具有爆炸分解性的缘故 [$C_2H_2 \longrightarrow 2C(s) + H_2$，$\Delta H_{25} = -54kcal/mol$]，而且其最小发火能量同压力有关，即

$$E = 1.140 p^{-2.65}$$

式中，E 为最小发火能量，J；p 为乙炔压力，kgf/cm^2。可见乙炔在高压下危险性增

大（E 减小），其发生爆炸性分解的临界压力为 $1.4\mathrm{kgf/cm^2}$（绝对压力）。在低于此压力的条件下乙炔是不会发生爆炸分解的。

乙烯在有氯化铝催化剂存在时可产生分解爆炸，最低条件是 40atm、0℃，反应式为

$$C_2H_4 \longrightarrow C(s) + CH_4 , \Delta H = -30.4\mathrm{kcal/mol}$$

乙烯在 1000atm 以上使用时，由于分解爆炸发生能量随压力升高而降低，其可能具有与一般可燃性气体-空气混合物相类似的危险性。

环氧乙烷可同时进行两种分解反应：

$$C_2H_4O \longrightarrow CH_4 + CO , \Delta H_{25} = -32.11\mathrm{kcal/mol}$$

$$2C_2H_4O \longrightarrow C_2H_4 + 2CO + 2H_2 , \Delta H_{25} = -7.98\mathrm{kcal/mol}$$

因其临界压力只为 300mmHg，故应十分注意安全。

在临界压力以上处理分解爆炸性气体有发生爆炸的危险。最可靠的防止办法是添加惰性气体以抑制爆炸。抑制机理可能是稀释、吸热、降低火焰传播能力等。

3.3.2.3 冷冻液化气体的危险性

冷冻液化气体也称为低温液化气体（Liquified Gases）或深冷气体。例如液氮、液氧、液化天然气（LNG）等。这类物质有以下主要危险。

(1) 低温伤害

温度极低，对人体易造成冻伤。正常情况下人体以 $5\sim8\mathrm{W}$ 的速度向周围散热，在低温环境下热量会过度散失，以致当体温降至 25℃时便会引起死亡。低温对有些金属材料会造成低温脆性，即含有铁素体的体心立方结构的金属及合金，在低温下有由塑性向脆性转化的现象。这往往是设备突然破坏造成重大事故的原因。

(2) 造成缺氧

气液容积比大，在密闭空间气化时压力会急剧升高，造成伤（损）害。如在有人的地方急剧蒸发，很短时间内即可造成一个缺氧危险区。例如 65L 液氢在 $107.6\mathrm{m^3}$ 的房间里蒸发，约 5s 可使室内氧气浓度降至危险极限以下。因人可在氧浓度 18% 以上的环境中正常生活；当浓度降至 16% 时便出现呼吸急促，心跳加快，头痛，恶心等症状；10% 时脸色苍白、失去知觉；8% 时呈昏睡状态，8min 死亡；6% 时呼吸停止，痉挛而死。海上运输 LNG 时，若 LNG 落入水中会发生激烈的"无焰爆炸"（Fireless Explosion）。这不是由于伴随发热、发光的化学反应，而是基于相变的物理过程，也可称之为暴沸。

(3) 燃爆危险

在接近沸点的温度下蒸气密度比空气大 [液氢蒸气（20.4K）在常温空气中的相对密度为 1.14]，易滞留于地表低洼处，设备与建筑物的空间中与空气形成爆炸性混合物，增大了潜在危险性。

可燃气体-空气混合物一旦爆炸（多数情况下事故爆炸只是爆燃），常用最大爆炸压力 p_m、压力上升速度 $\mathrm{d}p/\mathrm{d}t$ 等效应参数以表示其爆炸强度。

3.4 易燃液体的危险性

3.4.1 易燃液体的界定与分类

易燃液体是指闪点（Flash Point）不高于 93℃的液体，包括可燃液体、液体混合物和

含有溶解的或悬浮的固体物的液体。

对易燃液体分类,需要其闪点和初沸程的数据,这些数据可以试验确定,也可在文献中找到或计算得到。对于闪点参数,一般采用闭杯闪点试验的数据,只有在特殊的情况下才采用开杯试验确定。GHS 体系将易燃液体分为 4 类,分别为:

(1) 第 1 类,闪点<23℃,初始沸点≤35℃的液体;

(2) 第 2 类,闪点<23℃,初始沸点>35℃的液体;

(3) 第 3 类,23℃≤闪点≤60℃的液体;

(4) 第 4 类,60℃<闪点≤93℃的液体。

3.4.2 易燃液体的主要危险性

3.4.2.1 闪点与最小闪点行为

(1) 易燃液体的闪点与燃点

由于挥发,在易燃液体的表面会积累一定量的蒸气,温度越高,越易挥发,积累的蒸气量(浓度)越大,将点火源接近易燃液体表面而使之发火但随即熄灭的瞬间燃烧现象叫引火或闪火。把能发生引火或闪火的最低温度叫闪点。易燃液体处于闪点温度时,表面附近的蒸气浓度就是其爆炸下限浓度。闪点高低是可燃液体危险性大小的重要尺度,闪点越低,易燃液体发生火灾的可能性越大,危险性越高。一般说来,闪点低于常温的可燃液体危险性较大。

相对于闭杯闪点试验,开杯闪点试验由于易燃液体蒸气不易积累,所以其闪点测试结果会高于闭杯试验,评估时,为了获得更大的安全裕量,通常采用闭杯闪点试验的测试结果。

处于闪点温度时,由于易燃液体蒸发速度较慢,表面积累的蒸气不足以形成持续燃烧。如果温度继续升高,蒸发形成的蒸气可以形成持续燃烧,把可以形成持续燃烧的最低温度称为其燃点,也称为着火点。

一般说来,易燃液体的燃点比其闪点高 1～5℃,且闪点越低的液体,其燃点越接近闪点。由于燃点与闪点在数值上差别不大,且从安全角度来说,采用闪点评估易燃液体的火灾危险性更保险,所以闪点比燃点更常用。

一些重要的有机化学物质(液体和气体)的燃烧特性见附录 B。

Satyanarayana 和 Rao 指出,纯物质的闪点与其沸点关联很好。使用下式能够预测 1200 种化合物的闪点值,其误差低于 1%。

$$T_f = a + \frac{b(c/T_b)^2 e^{-c/T_b}}{(1 - e^{-c/T_b})^2} \tag{3-6}$$

式中,T_f 为闪点,K;a、b、c 为常数,K,见表 3-3;T_b 为物质的沸点,K。

表 3-3 式 (3-6) 中用来预测闪点所使用的常数

化学物质	a	b	c	化学物质	a	b	c
烃	225.1	537.6	2217	酮	260.5	296.0	1908
醇	230.8	390.5	1780	卤素	262.1	414.0	2154
胺	222.4	416.6	1900	醛	264.5	293.0	1970
酸	323.2	600.1	2970	含磷化合物	201.7	416.1	1666
醚	275.9	700.0	2879	含氮化合物	185.7	432.0	1645
硫黄	238.0	577.9	2297	石油馏分	237.9	334.4	1807
酯	260.8	449.2	2217				

（2）易燃液体混合物的最小闪点行为

纯组分易燃液体的闪点一般可以通过文献资料获取，但在实际生产过程中，常常会出现将一些易挥发的液体加入高闪点物料中形成混合溶液的现象。需要特别注意的是，这些混合溶液常常存在最小闪点行为。例如，乙二醇的闪点为111℃，不属于易燃液体，但当加入2%的乙醛以后，形成的混合溶液的闪点仅为29℃，具有较明显的火灾危险性。反之，我们也可以利用最小闪点行为改善物料的安全性。例如，乙醇的闭口闪点为13℃，火灾危险性高，但加入水以后，可以提高乙醇-水溶液的闪点，从而改善其火灾危险性。由此可见，在化工生产过程中既不能将混合溶液中一种量较多的可燃物的闪点作为整个混合溶液的闪点，也不能以其中闪点最低的可燃物的闪点作为混合溶液的闪点，否则会在确定混合溶液的火灾危险等级时带来安全隐患。

3.4.2.2 易燃液体的静电积累

易燃液体一般电导率很小，易在流动中产生静电并积累，这往往是导致事故的重要原因。这是因为，不同的物质紧密接触而又分离时就会出现带电（静电）现象。关于静电带电危害，人们所关注的主要不是静电的产生量，而是其残存量。即静电产生后，部分会很快泄漏或逸散掉，部分残存，其程度取决于带电物质的电阻率。

静电残存量 q 用下式描述：

$$q = q_0 \exp(-t/\varepsilon\rho) \tag{3-7}$$

式中，q、q_0 分别为时间 t 和 $t=0$ 时的带电量；ε 为带电体的介电常数；ρ 为带电体的体积电阻率，即材料长、宽、高各为 1m 立方体的电阻；$\varepsilon\rho$ 为衰减时间常数，当 $t=\varepsilon\rho\equiv\tau$ 时，$q=q_0 e^{-1}=q_0/2.718$（即 q_0 的约37%）。τ 称缓和时间，表示带电体带电量由起始值 q_0 降至约37%所需要的时间。人们把 $\tau<0.01s$ 时即认为不致静电积累，称此带电体为静电导体；$\tau>0.01s$，则称静电绝缘体。一般物质最大介电常数 ε 不超过 10^{-10}F/m，故由 $\tau=\varepsilon\rho$，取 ε 最大值、ρ 为最小值时，则 $\rho=10^8\Omega\cdot m$。这就是说，体积电阻率小至 $10^8\Omega\cdot m$ 时，即使产生了静电，也可以在 0.01s 内衰减为原产生静电量的37%。所以可以认为，处理 $\rho<10^6\Omega\cdot m$ 的物质，只要不将其绝缘起来就可不考虑静电聚集问题；若 $\rho<10^9\Omega\cdot m$，产生静电积累的可能性较小，多数情况下可不采取防静电措施；$\rho>10^{10}\Omega\cdot m$ 时，会有显著的静电危害，必须采取防静电措施。许多易燃液体，特别是石油产品的 ρ 都大于 $10^{11}\Omega\cdot m$，若处理时防静电措施不正确或不到位，就有静电放电火花导致其蒸气-空气混合物燃烧、爆炸的危险。在计量、灌注、输运中这样的事故案例是不少的。

所以必须仔细采取限速、良好接地等防静电措施。例如 $\rho>10^{10}\Omega\cdot m$（或表面电阻率 $>10^{11}\Omega$）的闪蒸性液体管中流速应 $<1m/s$；而醇、酯、酮的安全流速可达 10m/s。

3.4.2.3 容器中易燃液体的火灾特性

（1）液面下降速度

易燃液体一般是大量地储于槽罐中，着火后是在液面上的蒸气与空气的混合物中燃烧，称液面燃烧。随燃烧进行，液面下降。液面下降速度最好地反映了可燃液体烧失的速度，故也叫燃烧速度，常用 mm/min 表示。燃速越大，危害越大。此速度由燃烧火焰向液面的热传递速度所决定，因此火焰的性质与传热的形式不同，液面下降速度将随之而发生复杂的变化。例如即使是同一种可燃液体，燃速与容器直径的关系有图 3-2 所示的规律。

这是因直径小时，热以热传导和对流通过容器壁边从火焰传给液体，所以直径增大燃速

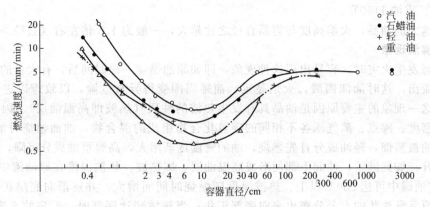

图 3-2 液面下降速度与容器直径的关系

降低；直径大至一定时，热辐射将占支配地位，热辐射随直径增大而增大，因此，燃速增大，最后趋于定常。所以在考虑石油火灾时，容器直径大于 1m 时的燃速是重要的。某些石油产品的燃速如表 3-4 表示。

表 3-4　某些油品的燃烧速度（液面下降速度）

油品	燃烧速度/(mm/min)	油品	燃烧速度/(mm/min)
汽油	4.8	正己烷	7.1
煤油	4.0	假富士原油	3.1
轻油	3.3	苯	6.0
重油	1.7		

石油产品的燃速与其他性质的关系可用下式描述：

$$V_\infty = \varepsilon\sigma F T^4/(\rho_1 H_V) \tag{3-8}$$

上式可简化为：

$$V_\infty = 0.076\frac{H_C}{H_V} \tag{3-9}$$

式中　V_∞——大直径容器中的液面下降速度，mm/min；

　　　ε——火焰辐射率；

　　　σ——Stefan-Boltzmann 常数；

　　　F——火焰与液面间的形态系数；

　　　T——火焰温度；

　　　ρ_1——液体密度；

　　　H_V——液体的蒸发潜热能；

　　　H_C——液体的燃烧热。

（2）火焰温度

石油产品火灾时火焰温度很重要（关系到直接烧损与热辐射，因为辐射能 $\propto T^4$）。一般由于火焰中空气不足而有大量黑区和产生大量黑烟。火焰温度一般在 1250℃ 左右，比绝热火焰温度（化学计算）2000℃ 低得多。火焰温度在高度方向上的分布如图 3-3 所示。某些石油产品的火焰温度为汽油 1250℃、煤油 1210℃、

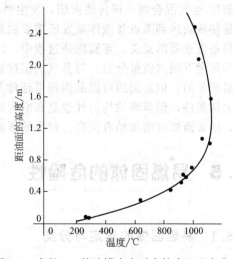

图 3-3　直径 6m 的油罐火灾时火焰中心温度分布

苯 1190℃、重油 1150℃。

燃速越大的油品，火焰高度与容器直径之比越大，一般为 1.5 倍左右（直径＞1m 时）。

(3) 沸溢现象

在油罐发生火灾时，容易出现这种现象，即如原油燃烧一段时间后，有大量的油急剧地从油罐中流出，这时油沫四溅，火焰蔓延，油罐周围变得异常危险，以致难以进行消防活动。造成这一现象的主要原因是油品具有发生热波的性质（热波即高温油层）。因油品是由分子量、密度、沸点、蒸气压各不相同的碳氢化合物组成的混合物，油面燃烧时加热表面，油罐内的油被蒸馏，轻油成分首先燃烧，油的密度逐渐增大，高温重油成分沉降，低温轻油成分则上升。如此继续，油面下部便形成高温油层，即热波。热波温度在原油罐中达 100～200℃，重油罐中可达 250℃以上。热波厚度随燃烧时间而增大，并逐渐向底层扩展。热波还可促使原呈乳浊状的水分分离出来向底部汇集。当热波到达底部时，汇集的水沸腾汽化，致体积膨胀达千倍左右。由于油的表面张力及黏度较大，水蒸气上升形成气泡，抬高油面，以致从罐中溢出。水与热波间的热交换会使原有的热波消失，然后又产生新的热波，如此可出现上十次的沸溢现象。

3.4.2.4 易燃液体泄漏后的危险性

有机液体受热后体积膨胀性（体膨胀系数）较大，达 $10^{-3}℃^{-1}$ 量级，而有机固体、无机固体、金属为 $10^{-5}～10^{-4}℃^{-1}$ 量级，所以把易燃液体装入容器时应根据温度变化范围确定合适的装填系数，以免胀破容器造成事故。

可燃液体的流动性也使它因易流动而扩大危险范围。这样，易燃液体的高挥发性、蒸气的扩散性及液体的易流动性，就决定了它比一般的可燃物更危险。

易燃液体的蒸气有如同可燃气体的危险性，但其特殊性是一般比空气重，易滞留于低洼处，且贴地顺风流向远方；而人们通常又多在低处用火。这是应特别注意的。

易燃液体又比水轻且多不溶于水，随水流动而扩大危险，也难以用水灭火（常温水不能阻止其蒸发，也不能隔绝空气）。

3.4.2.5 易燃液体雾滴的燃烧、爆炸特点

可燃液体在化工生产或运输中，因容器或管线破裂造成的抛撒，尾气带料，紧急排空，闪蒸或蒸气骤冷等，均可能形成云雾，即微小液滴与蒸气悬浮于空气中，形成气-液两相可燃爆体系。研究表明，以雾滴形式存在的可燃液体在温度远低于其闪点的温度下，也可以像其蒸气-空气混合物一样传播火焰，发生燃烧爆炸。而且液滴的燃烧速度不是决定于蒸气压，而是使液滴达到沸点及液体蒸发所需要的热量。所以沸点下的蒸发热在雾滴爆炸中比其蒸气压具备更重要的意义。雾滴燃烧过程中，95％的热量是通过对流传给未燃烧液滴的。细微液滴的可燃下限（质量分数）与蒸气的很接近。易燃蒸气的可燃性区域只是在闪点以上的温度下是重要的，但雾滴的可燃范围却可延伸至闪点以下。总的说来，燃料/空气比是影响燃烧的关键条件，但雾滴的均匀性也是影响火焰传播的重要因素。雾滴中的爆炸速度比蒸气要低些，随雾滴浓度增加稍有提高。较大的雾滴燃烧速度不够稳定。

3.5 易燃固体的危险性

3.5.1 易燃固体的界定与分类

易燃固体是指容易燃烧的或可通过摩擦引起或促进着火的固体，其物理性状可以是粉

状、颗粒状或膏状。通常认为，如果它们与点火源（如正在燃烧的火柴等）短暂接触就能点燃并使火焰迅速蔓延，则该物质的危险性较大。

对于易燃固体的界定与分类，可以按照文献［4］中33.2.1节规定N.1试验方法进行，涉及预先筛选试验和燃烧速率试验。GHS体系中将易燃固体分为2类：

第1类，通过燃烧速率试验确定的包括①燃烧时间≤5min的金属粉末，②金属粉末以外的潮湿后不能阻燃且燃烧时间<45s（或燃烧速率>2.2mm/s）的物质或混合物。

第2类，通过燃烧速率试验确定的包括①5min<燃烧时间≤10min的金属粉末，②金属粉末以外的潮湿后可以阻燃至少4min且燃烧时间<45s（或燃烧速率>2.2mm/s）的物质或混合物。

3.5.2 易燃固体粉尘的危险性

易燃粉尘广泛地存在于许多产业部门中，所造成的燃烧爆炸事故屡见不鲜，所以是安全工程所关心的一个重要内容。从来源看，易产生易燃粉尘的行业主要有：

① 金属行业（镁、钛、铝粉等）和 煤炭行业（活性炭、煤尘等）；
② 合成材料行业（塑料、染料粉尘等）；
③ 轻纺行业（棉尘、麻尘、纸尘、木尘等）和 化纤行业（聚酯粉尘、聚丙烯粉尘等）；
④ 军工、烟花行业（火药、炸药尘等）；
⑤ 粮食行业（面粉、淀粉等）；
⑥ 农副产品加工行业（棉花尘、烟草尘、糖尘等）；
⑦ 饲料行业（血粉、鱼粉等）。

3.5.2.1 易燃粉尘的燃烧、爆炸危险性

易燃粉尘显示出燃烧、爆炸危险性通常要具备以下几个条件。

① 细化至可以称其为粉尘。"尘"大多指碎化而成的细小固体颗粒，自液状或气状凝结而成的晶粒或无定形粉末的情况也有。其界定没有严格标准，一般多是指粒径在1.0mm以下，当<0.42mm时就具有了爆炸危险性。

② 此易燃粉尘要悬浮于空气或其他助燃性气体中。当粒子<10^{-4}mm时，可以以气溶胶形式稳定地悬浮于空气中而不会沉降；大于10^{-2}mm时则会较快地自悬浮介质中沉降下来呈堆积状，为了能使其悬浮应保持流动或不断搅拌。堆积尘不会直接发生爆炸，所以研究粉尘爆炸危险时要区分悬浮粉尘与堆积粉尘两种情况。

③ 要有足够强度的点火源。最小点火能量随粒子尺寸减小而减小，但通常情况仍约比碳氢可燃气体的大一个数量级。如果粉尘长时间受热产生了干馏可燃气体时，其危险性就接近于可燃气体了，或成为引发粉尘爆炸的原因。

由此，有的文献总结提出了粉尘爆炸发生的五条件，即粉尘可燃、助燃环境、空间受限、粉尘成云与点火源。

3.5.2.2 粉尘爆炸的特点

(1) 粉尘爆炸的机理不同于火炸药和可燃气体空气混合物

粉尘发生爆炸反应的历程为：①粒子表面被点火而受热，温度升高；②表面分子温度升高至一定高度时发生干馏或分解，生成可燃性气体散布于粒子周围；③散布于粒子周围的可燃气体与空气形成爆炸性混合物立即被点火发生爆炸反应，放出大量热并呈现火焰。爆炸火焰通过热传导、辐射等作用使尚未反应的粉尘粒子残存部分继续受热分解，放出可燃气体与

空气混合、发火、传播，直至反应完全。可见粉尘爆炸本质上也是通过气体爆炸来实现的，不过比直接的气体爆炸过程复杂得多，反应带较长，燃烧产物气体的喷出和粒子破裂碎片的飞溅，构成了火焰传播的另一种机理。

（2）粉尘爆炸产生的破坏比气体爆炸大

从上述反应机理可以想见，粉尘爆炸反应速率与压力比可燃气体的要小，但由于它能量密度大、持续时间及反应带较长，所以爆炸能量总的来说较大，破坏力强，特别是燃烧着的粒子飞散可能导致其他可燃物发生局部燃烧。

（3）粉尘爆炸易产生更多的后续效应

一个工厂里，经常悬浮并处于爆炸极限范围内的易燃粉尘往往只是局部的，即使发生爆炸，开始时也不会造成大的危害。但若周围存在着大量的堆积粉尘，就会因局部产生的微小冲击波而飞扬，并会因局部爆炸的光、热传递或飞来的燃烧着的粒子作用而引起二次爆炸。如此将会不断扩大事故范围，甚至转为爆轰。易燃粉尘密度较气体大得多，因此爆炸反应产物中 CO 浓度明显地高，故而可引起人员中毒。事实上一些煤矿的封闭地区发生粉尘爆炸后受害者的相当大部分为 CO 中毒所致。通过对爆炸现场的气体分析计算 C/H 比，可以判别是气体爆炸还是粉尘爆炸。一般气体（甲烷）爆炸的 C/H＝2.3～2.8，而粉尘（煤尘）爆炸的 C/H＝3～16。

（4）粉尘爆炸的影响因素

粉尘爆炸也存在着一定的爆炸极限浓度、最小点火能量、惰性物质或氧的极限浓度、最大爆炸压力及压力上升速度等性质，并受到多种因素的影响。这些因素有：

① 粉尘的化学特性　它主要通过爆炸反应生成气体量和燃烧热予以很大影响。同时可燃性挥发分及灰分含量也是重要的因素。例如含挥发分 11% 以上的煤尘易爆炸；含 15%～30% 灰分的沥青煤尘即使含有 40% 以上的挥发分也不爆炸。

② 粒度、粉形与表面状态　这可用粉尘的比表面积表示。比表面积 $S=\psi/(\rho d)$，其中 ψ 为形状系数比，$\psi=k_S/k_v$，k_S、k_v 为形状系数；ρ 为粉尘密度；d 为平均粒径。当为球形粒子时 $k_S=\pi$，$k_v=\pi/6$，显然这时 $\psi=6$，为最小。针状粒子 $\psi>6$，扁平状粒子 ψ 可达 50 以上。S 及 ψ 越大的粉尘，越易爆炸。另外，粉尘表面活性也是重要因素，新生表面活性高，易发生爆炸。

③ 粉尘的悬浮性　悬浮性高的爆炸危险性大。在空气分级法中粉尘的悬浮性可用 $W=KP^n$ 表示。式中，W 为粉尘悬浮流出量，%；P 为风量，L/min；K、n 为具一定粒度分布的粉体的固有常数。K 大的粉尘即使微风也可悬浮上升；n 大的粉尘需强风才能悬浮，所以叫凝聚性大的粉尘，$n=1\sim2.6$。此外，粉尘的悬浮性还受带电性、吸湿性影响。

④ 水分含量　水分的影响因粉尘种类而异。一般，水分抑制悬浮性，水分蒸发会降低点火的有效能量，水蒸气还可起惰性气体的作用。而镁、铝等活泼金属粉尘遇水则可释放出 H_2，因此会增大危险性。

3.5.2.3　粉尘爆炸危险性的表示法及等级

反映粉尘爆炸危险特性的通常有以下一些参数：

① 发生爆炸反应难易程度的：a. 爆炸上、下限浓度；b. 发火温度；c. 最小点火能量；d. 爆炸临界氧浓度。

② 爆炸强度特性的：a. 最大爆炸压力；b. 压力上升速度；c. 火焰传播速度。

③ 其他：a. 电阻率（体积固有电阻）；b. 继粉尘爆炸后发生气体爆炸可能性。

关于粉尘爆炸危险性的具体表示法与等级划分，各个国家有所不同。例如美国矿山局对煤尘定义了下面一些参数。

① 点火感度（Ignition Sensitivity）

$$点火感度 = \frac{标准煤尘的（最小点火能）\times（爆炸下限能）\times（发火温度）}{试样粉尘的（最小点火能）\times（爆炸下限能）\times（发火温度）}$$

式中所谓的标准煤尘是指取自美国匹兹堡的薄层煤，下同。

② 爆炸激烈性（Explosion Severity）

$$爆炸激烈性 = \frac{试样粉尘的（最大爆炸压力）\times（最大压力上升速度）}{标准煤尘的（最大压力）\times（最大压力上升速度）}$$

③ 爆炸指数（Index of Explosibility）

爆炸指数 = 点火感度 × 爆炸激烈性

然后，根据这 3 个参数的大小而将试样粉尘的爆炸危险分为以下 4 种级别，见表 3-5。

表 3-5　粉尘爆炸的危险性分级

爆炸危险度	点火感度	爆炸激烈性	爆炸指数
弱爆炸性	<0.2	<0.5	<0.1
中等爆炸性	0.2～1.0	0.5～1.0	0.1～1.0
强爆炸性	1.0～5.0	1.0～2.0	1.0～10
非常强烈的爆炸	>5.0	>2.0	>10

德国 Bartknecht 等认为粉尘爆炸的压力上升速度 dp/dt 与容器容积的 1/3 次幂的乘积应该是一个不再与试验容器容积大小有关的常数——立方根定律。此常数称为爆炸指数 K_{st}。即

$$K_{st} = \left(\frac{dp}{dt}\right)_{max} V^{1/3} \tag{3-10}$$

式中　V——粉尘爆炸试验装置容积，m^3；

p——爆炸压力，bar；

t——时间，s。

ISO-6184 及 VDI-3673 根据 K_{st} 值（$bar \cdot m \cdot s^{-1}$）把粉尘分为如下 4 个常用的危险等级，见表 3-6。这是工程上进行泄爆与抑爆设计的主要依据。

表 3-6　由爆炸指数确定的粉尘爆炸危险性分级

爆炸指数	爆炸危险等级	危险状况	举例
$K_{st} = 0$	St0	无燃爆性粉尘	平均粒径 120μm 的 NH_4NO_3 平均粒径 195μm 的 $NaNO_3$
$K_{st} = 0～200$	St1	爆炸性弱的粉尘	平均粒径 19μm 的锌粉 平均粒径 20μm 的硫黄
$K_{st} = 200～300$	St2	爆炸性强的粉尘	平均粒径 21μm 的铝铁合金(50/50) 平均粒径 33μm 的纤维素
$K_{st} > 300$	St3	爆炸性特别强烈的粉尘	平均粒径 29μm 的铝粉 平均粒径 <10μm 的蒽醌

然而实际上 K_{st} 并不是常数，而是随容积增大而增大，甚至大容器测得的 K_{st} 可比小容器测得的大多倍，特别是当用小容器 Hartmann 试验的 $(dp/dt)_m$ 较小时。一般认为试验容器大于 16L 后与立方根定律的符合性较好，所以目前国际上普遍采用 20L 爆炸球作为标准

试验装置。即使如此，如果将 20L 装置与 1m³ 装置进行比较，由于前者器壁对爆炸火焰的冷却作用较强［特别是当最大爆炸压力（p_m）＞5.5bar 时］，相关参数仍需要修正。可以采用式（3-11）进行修正，以使用 20L 球测得的 p_m 数据等同于用 1m³ 装置测得的结果。

$$p_m = 1.3 p_{m20L球实测值} - 1.65 \qquad (3-11)$$

另外还有其他一些表示粉尘爆炸危险性的方法，例如德国还用爆炸压力上升速度的最高值与平均值之积（也称爆炸指数）表示爆炸的激烈程度。日本也有主张用各种参数并结合使用条件、设备规格对粉尘爆炸危险性进行综合评价的，详见文献［5］。

3.6 自反应物质的危险性

3.6.1 自反应物质的界定与分类

自反应物质是指热不稳定性液体或固体物质或混合物，是指即使没有空气中的氧参与也容易发生强烈热分解反应的一类物质或混合物。需要注意的是，自反应性物质不包括 GHS 分类为爆炸品、有机过氧化物或氧化性的物质和混合物，尽管这些物质具有自反应性。通常说来，自反应性物质应满足两个条件：①比分解热大 300J/g；②50kg 包件的自加速分解温度（SADT）小于 75℃。根据 GHS 的定义，所谓自加速分解温度，是指包件中的物质可能发生自加速分解的最低温度，该温度是衡量环境温度、物质分解动力学过程、物质及包装（容器）传热性能等方面的综合性指标，依据该参数可以确定运输、贮存过程中应该控制的温度数值。

如果物质分子结构中不存在 3.1 节中给出的爆炸性基团，也不存在如下的与自反应性有关的化学基团（文献［4］之附录 6 中表 A6.2），可以认为该物质不具有自反应性。

① 相互作用的原子团，例如氨基腈类、卤苯胺类、氧化酸的有机盐类等。

② S=O 基团，例如磺酰卤类、磺酰氰类、磺酰腈类等。

③ P—O 基团，例如亚磷酸盐等。

④ 绷紧的环，例如环氧化物、氮丙啶类等。

⑤ 不饱和基团，例如链烯类、氰酸盐等。

根据 GHS 体系，自反应性化学物质可以分为 7 型：

① A 型自反应性物质，指在运输包件中可能起爆或迅速爆燃的任何反应性物质。

② B 型自反应性物质，指在运输包件中不会起爆或迅速爆燃，但可能发生热爆炸的自身具有爆炸性质的任何反应性物质。

③ C 型自反应性物质，指在运输包件中不会起爆或迅速爆燃或发生热爆炸的自身具有爆炸性质的任何反应性物质。

④ D 型自反应性物质，指实验室中试验时出现下列现象的任何反应性物质：a. 部分起爆，不迅速爆燃，在封闭条件下加热时不呈现任何剧烈效应；b. 根本不起爆，缓慢爆燃，在封闭条件下加热时不呈现任何剧烈效应；c. 根本不起爆和爆燃，在封闭条件下加热呈现中等效应。

⑤ E 型自反应性物质，指实验室中试验时既绝不起爆也绝不爆燃，在封闭条件下加热呈现微弱效应或无效应的任何反应性物质。

⑥ F 型自反应性物质，指实验室中试验时既绝不在空化状态下起爆也绝不爆燃，在封

闭条件下加热只呈现微弱效应或无效应，而且爆炸力微弱或无爆炸力的任何反应性物质。

⑦ G型自反应性物质，指实验室中试验时，既绝不在空化状态下起爆也绝不爆燃，在封闭条件下加热时显示无效应，而且无任何爆炸力的任何反应性物质。该物质必须是热稳定的［50kg包件的自加速分解温度（SADT）高于60℃］，对于液体混合物，所用脱敏稀释剂的沸点不低于150℃。如果混合物不是热稳定的，或者所用脱敏稀释剂的沸点低于150℃，则定为F型自反应性物质。

3.6.2 自反应物质的主要危险性

自反应性物质的主要危险性源于其热不稳定性导致的燃烧、爆炸性，主要表现在其自反应性与对外界作用的敏感性方面，这样的特性与爆炸品很相似。

这类物质的热不稳定性主要用自加速分解温度（SADT）来表征。除了自加速分解温度，自反应性物质的热不稳定问题还需要考虑其分解过程中的比放热量。对于自反应性混合物而言，这实际上是考虑混合物的混触危险性（有的文献也称混触发火性，主要指混合后易发生燃烧爆炸危险性）的问题。当然，混触发火的现象不仅仅发生于具有自反应性的混合物，广义地说来，可能发生氧化还原反应的混合体系均可能存在混触发火的危险性。

关于混触危险性，日本东京大学吉田研究室研究了混合物分解热与其危险性之间的关系，表明在一定的范围内两者有相当好的相关一致性，与事故灾害的情况相吻合。例如，根据日本东京消防厅对所管辖范围1960～1974年共15年间的火灾事故进行了统计分析，结果是造成火灾的大部分着火物的反应热在0.3kcal/g以上。可燃气体若在近于爆炸下限浓度时在空气中燃烧，其可燃元素可完全氧化为H_2O、CO_2。如用10cal/g的间距表示出可燃物的发火频度分布，多数可燃物在爆炸下限浓度时的反应热在0.3～0.4kcal/g之间（见图3-4）。这一方面说明普通可燃物在空气中持续燃烧所必需的最低能量约为0.3kcal/g；另一方面也说明，具有超过0.3kcal/g分解放热的混合物是比较危险的。由此，可以用表3-7对混合物的混触危险性进行预测性的评估。

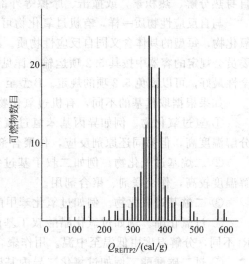

图3-4 可燃物爆炸浓度下限时反应热的计算值

表3-7 混合物混触危险性的预测性评估

比分解热 q/(cal/g)	危险情况	危险特征
≥700	危险度A	可能引起激烈的发火（燃烧、爆炸）
700>q≥300	危险度B	可能引起发火
300>q≥100	危险度C	当化合物反应性强时可能引起发火
100>q>0	危险度D	不会引起发火

由于自反应物质及下文所述有机过氧化物的危险性较大，为了保证实验室工作人员的安全，在尝试处理较大数量物质前，必须进行小规模的初步试验，这些初步试验也称为筛选试验。就自反应物质及有机过氧化物而言，其筛选试验包括确定物质对机械刺激（撞击与摩

擦）、对热刺激及对火焰刺激的敏感度，具体包括下列 4 类小规模试验，详见文献 [4]。

① 撞击感度试验（也称为落锤试验），用于确定对撞击的敏感性；

② 摩擦感度试验或撞击摩擦试验，用于确定对摩擦的敏感性；

③ 热稳定性试验，用于确定对热刺激的危险性；

④ 点火效应试验，用于确定对火焰的敏感性。

3.7 有机过氧化物的危险性

3.7.1 有机过氧化物的界定与分类

有机过氧化物是含有二价—O—O—结构的液态或固态有机物质，可以看成是过氧化氢分子（H—O—O—H）中一个或两个氢原子被有机基团（R_1 或 R_2，$R_1 = R_2$ 或 $R_1 \neq R_2$）取代后的衍生物。有机过氧化物常作为引发剂、交联剂、聚合剂及固化剂等，广泛地应用于高分子工业中。但同时，这类物质常常具有自反应性，在生产、使用、贮存和运输过程中由于自身热分解、热积累，或撞击、摩擦等外部作用，易造成燃烧、爆炸等恶性事故。

与自反应性物质一样，有机过氧化物可根据其危险程度而分为 A 型～G 型共 7 型有机过氧化物，每型的具体含义同自反应性物质。A 型危险性最大，禁止装入联合国危险品运输专家委员会规定的容器中按其 5.2 项运输（详见联合国编写的关于危险品运输的建议书）。G 型安全性最好，可以豁免 5.2 项的规定。B 型至 F 型包装容器可装载的最大数量可逐渐增大。

如果根据取代基的不同，有机过氧化物也分为以下数种。

① 氢过氧化物。例如异丙基苯氢过氧化物、二异丙基苯氢过氧化物等，这类过氧化物分解温度高，但易同还原剂反应，作聚合剂用。

② 二烷基过氧化物。例如二叔丁基过氧化物、二异丙苯基过氧化物，这类过氧化物分解温度较高，作交联剂、聚合剂用。

③ 二酰基过氧化物。例如过氧化苯甲酰等，这类过氧化物分解温度中等，作聚合剂。

④ 过氧化酯。例如过氧化醋酸叔丁基酯、过氧化苯甲酸叔丁基酯等，这类过氧化物依 R_1 不同，分解温度由低温至中温。用作聚合剂、不饱和聚酯的硬化剂。

⑤ 过二碳酸酯。例如过氧化二异丙基碳酸酯等，分解温度低，作聚合剂。

⑥ 酮过氧化物。构造较复杂，由酮与过氧化氢制得，例如甲基乙基酮过氧化物等。金属离子易促使其分解，可作不饱和聚酯的硬化剂。

3.7.2 有机过氧化物的主要危险性

有机过氧化物中的—O—O—很弱，易因热或还原剂作用而断裂并生成游离基·O—。此游离基作用于具有 C═C 键的单体即可引起聚合反应而生成聚合物，或者引起交联反应：

所以有机过氧化物很有用，特别是在高分子工业中。同时热分解碎片中，既有氧化剂，又有可燃剂，这是不相容的。正因为有这种性质，所以它又具有很大的潜在危险性。其主要危险性在于：

① 易于爆炸分解；

② 迅速燃烧；

③ 对撞击或摩擦敏感；

④ 与其他物质发生危险反应。

所以，在生产、运输等处理过程中，对有机过氧化物的危险性评估及如何正确地安全处理都十分重视，它有着专门的评价系统和评价方法。例如日本油脂公司按照图 3-5 考察有机过氧化物的危险性。

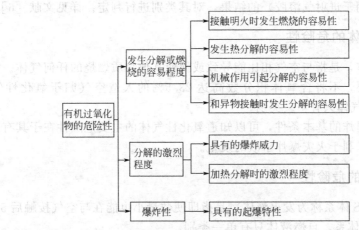

图 3-5　日本油脂公司对有机过氧化物危险性的评估内容

3.8　其他类别化合物的物理危险性

3.8.1　易燃气溶胶的危险性

气溶胶制品日常生活中随处可见，如美发品、玻璃清洁剂、杀虫剂、空气清新剂、油漆、表板蜡等。气溶胶制品的容器也称喷罐，为由金属、玻璃、塑料制成，不可重新灌装且配有释放装置。日常生活中涉及的气溶胶制品容器是一种高强度焊合金金属罐，容积一般不超过 500mL。容器的顶和底呈拱形，以便承受 1.6～2.7MPa 的压力。罐内承装雾化推进剂及基础物的混合物，雾化推进剂为压缩、液化或溶解的气体，基础物为液体、膏剂或粉末。启动压力释放装置后，混合物喷出，雾化推进剂汽化，基础物形成在气体中悬浮的固态/液态微粒，或形成泡沫液体、膏剂或粉末。

当气溶胶中雾化推进剂或基础物为易燃物（易燃液体、易燃气体或易燃固体）时，应考虑气溶胶为易燃气溶胶的可能性。目前常用的雾化推进剂主要是碳氢化合物，如丙烷、丁烷、异丁烷。这类雾化推进剂在环境温度与环境压力下为气态，在中等压力或低温下则冷凝成液体。一旦液化后的气体处于常温常压状态时，将会瞬间大量汽化。

易燃气溶胶制品的危险性主要表现在以下几个方面：

① 介质的燃烧爆炸危险性。由于雾化推进剂采用的低沸点碳氢燃料（丙烷、丁烷、异丁烷），一旦喷出，瞬间汽化，并与空气混合，当易燃气体浓度达到爆炸极限时，即使遇到微弱的点火也会发生急剧的化学反应，发生燃烧爆炸，因为这类碳氢化合物的最小点火能量

都很低，如丙烷-空气混合物的最小点火能大约为 0.3mJ。

②容器物理爆炸（Mechanical Explosion）危险性。贮存于容器罐内的雾化推进剂及基础物的混合物，在储存、运输过程中，受到高温、外界热源的热辐射等作用时，会急剧汽化，其罐内压力将随温度升高而增大，当超过容器罐的耐压强度时即会发生容器罐物理爆炸。

根据 GHS 标准，易燃气溶胶主要分为：第 1 类，极易燃烧的气溶胶；第 2 类，易燃气溶胶。分类时，应根据其组分、化学燃烧热以及泡沫试验（适用于泡沫气溶胶）、点火距离试验和封闭试验（用于进射气溶胶）的结果，对其类别进行判定。详见文献 [6]。

3.8.2 氧化性气体的危险性

所谓氧化性气体，是指与空气相比能导致或促使其他物质燃烧的任何气体。需要注意的是，出于管理的需要，不将含氧体积分数高达 23.5% 的人造空气归于氧化性气体。根据 GHS 体系，氧化性气体只有单一类别。

根据前述火灾爆炸的基本条件，可以知道氧化性气体的主要危险性在于其有助于化学物质（物料）的燃烧，利于火灾爆炸事故的发生。

3.8.3 自燃液体的危险性

自燃液体（GHS 体系称为发火液体）是指即使数量小也能在与空气接触后 5min 内引燃的液体。根据 GHS 体系，自燃液体只有单一类别。

在相关的界定与分类试验中，出现以下两种现象之一者均认为属自燃液体：①将 5mL 被测液体加入惰性载体（承装于直径约为 100mm 瓷杯中的硅藻土或硅胶）并暴露于空气中，如果在 5min 内发生燃烧；②将 0.5mL 被测液体注射到凹进的干滤纸上并暴露于空气中，如果在 5min 内发生燃烧或使干滤纸变成炭黑。当然，生产或处置过程中的实践表明，如果被测液体在正常温度下长时间（例如数天）与空气接触是稳定的，就可以不进行界定与分类试验，直接将被其排除出自燃液体的范围。

3.8.4 自燃固体的危险性

自燃固体（GHS 体系称为发火固体）是指即使数量小也能在与空气接触后 5min 内引燃的固体。根据 GHS 体系，自燃固体只有单一类别。

在界定与分类试验中，将 1～2mL 被测固体从约 1m 高处往不燃烧体的表面倾倒，如果观察到该物质在倾倒过程中或在落下后 5min 内燃烧，则被测物质归于自燃固体。

与自燃液体一样，当生产或处置过程中的实践表明，如果被测固体在正常温度下长时间（例如数天）与空气接触是稳定的，就可以不进行界定与分类试验，直接将其排除出自燃固体的范围。

3.8.5 自热物质的危险性

自热物质（GHS 体系称为"自热物质和混合物"）是指自燃液体、自燃固体以外，在外界不输入热源的情况下，通过与空气反应自己发热的固态、液态物质或混合物。这类物质与自燃液体或自燃固体的区别在于，这类物质只有数量很大（千克级以上）并经过长时间（数小时或数天）才会燃烧。所谓自热，是指物质或混合物与空气中的氧发生放热反应，热生成速率大于热散失速率时，物质或混合物自身温度升高的现象。当温度升高达到其自燃温度时就会发生自燃。工业过程中，典型的自热物质包括常用的一些镍/钼催化剂颗粒、亚乙基双(二硫代氨基甲酸)锰、镍/钒催化剂颗粒等。

根据 GHS 体系，自热物质分 2 类。

第 1 类自热物质，是指用 25mm 立方体试样（即试样承装于由不锈钢网制成的网孔为 0.05mm、边长为 25mm 且上端敞开的容器中）在 140℃环境（通过烘箱实现）下做试验取得正结果的物质或混合物。所谓正结果，是指经过 24h 连续试验，试样发生自燃或试验温度高于烘箱内环境温度 60℃的情形。下文中关于自热物质在不同环境温度下试验时正结果的含义与此类似。

第 2 类自热物质，包括下列 3 种情形：

① 用 100mm 立方体试样在 140℃下做试验取得正结果，用 25mm 立方体试样在 140℃下做试验取得负结果，且该物质或混合物将装在体积大于 3m³ 的包件内；

② 用 100mm 立方体试样在 140℃下做试验取得正结果，用 25mm 立方体试样在 140℃下做试验取得负结果，用 100mm 立方体试样在 120℃下做试验取得正结果，且该物质或混合物将装在体积大于 450L 的包件内；

③ 用 100mm 立方体试样在 140℃下做试验取得正结果，用 25mm 立方体试样在 140℃下做试验取得负结果，用 100mm 立方体试样在 100℃下做试验取得正结果。

3.8.6 遇水放出易燃气体的物质的危险性

遇水放出易燃气体的物质（GHS 体系称为"遇水放出易燃气体的物质和混合物"，也称为"禁水性物质"）是指通过与水作用，产生具有自燃性的或危险数量的易燃气体的固态物质、液态物质或混合物。

根据 GHS 体系，遇水放出易燃气体的物质分为 3 类：

第 1 类，在环境温度下遇水起剧烈反应并且所产生的气体通常显示自燃的倾向，或在环境温度下遇水容易起反应，释放易燃气体的速度等于或者大于每千克物质在任何 1min 内释放 10L 的任何物质或混合物。

第 2 类，在环境温度下遇水容易起反应，释放易燃气体的最大速度等于或者大于每千克物质每小时 20L，且不符合上述第 1 类的任何物质或混合物。

第 3 类，在环境温度下遇水容易起反应，释放易燃气体的最大速度等于或者大于每千克物质每小时 1L，且不符合第 1 类及第 2 类的任何物质或混合物。

一般说来，如果存在下列情况，则可以不采用界定与分类试验，将所涉物质排除出该类。

① 该物质或混合物的化学结构中不含有金属元素或类金属元素；

② 生产或处置过程中的实践表明，该物质不会遇水发生反应，例如该物质由水制造获得或经过水洗涤获得；

③ 该物质或混合物可溶于水并形成一种稳定的混合物。

3.8.7 氧化性液体的危险性

氧化性液体是指本身未必燃烧，但通常可以放出氧气引起或促使其他物质燃烧的液体。

根据 GHS 体系的分类，氧化性液体分为 3 小类。进行界定与分类时，将被测物质的氧化能力（用其与标准纤维素按质量比 1:1 进行混合，通过混合过程是否自发火或混合物在标准压力容器中受热试验时的平均压力上升时间进行判定），分别与 3 种氧化剂（50%高氯酸、40%氯酸钠水溶液、65%硝酸水溶液）进行对比。如果被测物质的氧化能力比 50%高氯酸强或相当，则归于第 1 类，如果介于 50%高氯酸与 40%氯酸钠水溶液之间，则归于第

2 类；如果介于 40％氯酸钠水溶液与 65％硝酸水溶液之间，则归于第 3 类。当出现下列情形时，可以不采用界定与分类程序，而直接将其排除出这类物质：

① 对于有机物或其混合物，如果 a. 不含氧、氟或氯；b. 含氧、氟或氯，但这些元素只与碳或氢化学键合；

② 对于无机物或其混合物，如果它们不含氧或卤素原子。

3.8.8 氧化性固体的危险性

氧化性固体是指本身未必燃烧，但通常可以放出氧气引起或促使其他物质燃烧的固体。

与氧化性液体一样，GHS 体系将氧化性固体也分为 3 小类。进行界定与分类时，将被测物质与标准纤维素按质量比 4∶1 或 1∶1 进行混合，将混合物燃烧试验测得的平均燃烧时间与溴酸钾-纤维素按 3 种配比形成的混合物（分别为 3∶2 混合物、2∶3 混合物及 3∶7 混合物）的燃烧时间进行比对。如果平均燃烧时间小于 3∶2 混合物的燃烧时间，被测物质归于第 1 类；如果介于 3∶2 混合物与 2∶3 混合物之间，则归于第 2 类；如果介于 2∶3 混合物与 3∶7 混合物之间，则归于第 3 类。

当出现下列情形时，可以不采用界定与分类程序，而直接将其排除出这类物质：

① 对于有机物或其混合物，如果 a. 不含氧、氟或氯；b. 含氧、氟或氯，但这些元素只与碳或氢化学键合；

② 对于无机物或其混合物，如果它们不含氧或卤素原子。

3.8.9 金属腐蚀剂的危险性

金属腐蚀剂是指通过化学作用会显著损伤甚至毁坏金属的物质或混合物。这类物质的主要危险性在于其腐蚀性，它能使工业过程中与之接触的金属设备发生腐蚀，导致各种危险物料的泄漏及设备失效，从而导致各种严重的事故。

对金属腐蚀剂的界定与分类，主要通过定规格（20mm×50mm×2mm）定材质的钢或铝试片在被测物料中的腐蚀试验进行，即将钢或铝试片在 55℃的试验温度下浸入被测物料液面下 10mm，经过 1 周时间的浸泡，考察试片的失重情况，并计算试片的腐蚀速率。如果出现下列情形之一，则被测物料归于金属腐蚀剂（在 GHS 体系中，金属腐蚀剂只有单一类别）：

① 均匀腐蚀的情况下，浸泡 1 周时间对应的失重率达到或超过 13.5％（按腐蚀速率 6.25mm/a 推算得到）；

② 不均匀腐蚀的情况下，通过金相方法测量，浸泡 1 周对应的浸蚀深度达到或超过 120μm。

3.9 化学品的健康危险

3.9.1 化学品进入人体的途径

化学品可经呼吸道、消化道和皮肤进入体内。在工业过程中，有毒化学品主要经呼吸道和皮肤进入体内，亦可经消化道进入，但比较次要。

(1) 呼吸道

呼吸道是工业生产中有毒化学品进入体内的最重要的途径。凡是以气体、蒸气、雾、烟、粉尘形式存在的有毒化学品，均可经呼吸道侵入体内。人的肺脏由亿万个肺泡组成，肺泡壁很薄，壁上有丰富的毛细血管，有毒化学品一旦进入肺脏，很快就会通过肺泡壁进入血循环而被运送到全身。通过呼吸道吸收最重要的影响因素是其在空气中的浓度，浓度越高，吸收越快。

（2）皮肤

在工业生产中，有毒化学品经皮肤吸收引起中毒亦比较常见。脂溶性有毒化学品经表皮吸收后，还需有水溶性，才能进一步扩散和吸收，所以水、脂皆溶的物质（如苯胺）易被皮肤吸收。

（3）消化道

生产过程中有毒化学品经消化道吸收多半是由于个人卫生习惯不良，手沾染的有毒化学品随进食、饮水或吸烟等而进入消化道。进入呼吸道的难溶性有毒化学品被清除后，可经由咽部被咽下而进入消化道。

3.9.2 有毒化学品对人体的危害

有毒化学品对人体的危害主要为引起中毒。中毒分为急性中毒、亚急性中毒和慢性中毒。有毒化学品一次短时间内大量进入人体可引起急性中毒；小量有毒化学品长期进入人体所引起的中毒称为慢性中毒；介于两者之间者，称为亚急性中毒。接触有毒化学品不同，中毒后出现的病状亦不一样；现按人体的系统或器官将有毒化学品中毒后的主要病状分述如下。

3.9.2.1 呼吸系统损害

生产过程中呼吸道最易接触有毒化学品，特别是刺激性有毒化学品，一旦吸入，轻者引起呼吸道炎症，重者发生化学性肺炎或肺水肿。常见引起呼吸系统损害的有毒化学品有氯气、氨、二氧化硫、光气、氮氧化物，以及某些酸类、酯类、磷化物等。

（1）急性中毒

① 急性呼吸道炎　刺激性有毒化学品可引起鼻炎、咽喉炎、声门水肿、气管、支气管炎等，症状有流涕、喷嚏、咽痛、咳嗽、咯痰、胸闷、胸痛、气急、呼吸困难等。

② 化学性肺炎　肺脏发生炎症，比急性呼吸道炎更严重。患者有剧烈咳嗽、咳痰（有时痰中带血丝）、胸闷、胸痛、气急、呼吸困难、发热等。

③ 化学性肺水肿　患者肺泡内和肺泡间充满液体，多为大量吸入刺激性气体引起，是最严重的呼吸道病变，抢救不及时可造成死亡。患者有明显的呼吸困难，皮肤、黏膜青紫（紫绀），剧咳，带有大量粉红色泡沫痰，烦躁不安等。

（2）慢性影响

长期接触铬及砷化合物，可引起鼻黏膜糜烂、溃疡甚至发生鼻中隔穿孔。长期低浓度吸入刺激性气体或粉尘，可引起慢性支气管炎，重者可发生肺气肿。某些对呼吸道有致敏性的有毒化学品，如甲苯二异氰酸酯（TDI）、乙二胺等，可引起哮喘。

3.9.2.2 神经系统损害

神经系统由中枢神经（包括脑和脊髓）和周围神经（由脑和脊髓发出，分布于全身皮肤、肌肉、内脏等处）组成。有毒化学品可损害中枢神经和周围神经。

（1）神经衰弱综合征

这是许多有毒化学品慢性中毒的早期表现。患者出现头痛、头晕、乏力、情绪不稳、记忆力减退、睡眠不好、植物神经功能紊乱等。

(2) 周围神经病

常见引起周围神经病的有毒化学品有铅、铊、砷、正己烷、丙烯酰胺、氯丙烯等。有毒化学品可侵犯运动神经、感觉神经或混合神经。表现有运动障碍，四肢远端的手套、袜套样分布的感觉减退或消失，反射减弱，肌肉萎缩等，严重者可出现瘫痪。

(3) 中毒性脑病

中毒性脑病多是由能引起组织缺氧的有毒化学品和直接对神经系统有选择性毒性的有毒化学品引起。前者如一氧化碳、硫化氢、氰化物、氮气、甲烷等；后者如铅、四乙基铅、汞、锰、二硫化碳等。急性中毒性脑病是急性中毒中最严重的病变之一，常见症状有头痛、头晕、嗜睡、视力模糊、步态蹒跚，甚至烦躁、抽搐、惊厥、昏迷等。可出现精神症状、瘫痪等，严重者可发生脑疝而死亡。慢性中毒性脑病可有痴呆型、精神分裂症型、震颤麻痹型、共济失调型等。

3.9.2.3 血液系统损害

生产过程中的许多有毒化学品能引起血液系统损害。如：苯、砷、铅等，能引起贫血；苯、巯基乙酸等能引起粒细胞减少症；苯的氨基和硝基化合物（如苯胺、硝基苯）可引起高铁血红蛋白血症，患者突出的表现为皮肤、黏膜青紫；氧化砷可破坏红细胞，引起溶血；苯、三硝基甲苯、砷化合物、四氯化碳等可抑制造血机能，引起血液中红细胞、白细胞和血小板减少，发生再生障碍性贫血；苯可致白血症已得到公认，其发病率为 0.014％。

3.9.2.4 消化系统损害

有毒化学品对消化系统的损害很大。如：汞可致汞毒性口腔炎，氟可导致"氟斑牙"；汞、砷等有毒化学品，经口侵入可引起出血性胃肠炎；铅中毒，可有腹绞痛；黄磷、砷化合物、四氯化碳、苯胺等物质可致中毒性肝病。

3.9.2.5 循环系统损害

常见的有：有机溶剂中的苯、有机磷农药以及某些刺激性气体和窒息性气体对心肌的损害，其表现为心慌、胸闷、心前区不适、心率快等；急性中毒可出现休克；长期接触可促进动脉粥样硬化等。

3.9.2.6 泌尿系统损害

经肾随尿排出是有毒化学品排出体外的最重要的途径，加之肾血流量丰富，易受损害。泌尿系统各部位都可能受到有毒化学品的损害，如慢性铍中毒常伴有尿路结石，杀虫脒中毒可出现出血性膀胱炎等，但常见的还是肾损害。不少生产性有毒化学品对肾有毒性，尤以重金属和卤代烃最为突出。如汞、铅、铊、镉、四氯化碳、氯仿、六氟丙烯、二氯乙烷、溴甲烷、溴乙烷、碘乙烷等。

3.9.2.7 骨骼损害

长期接触氟可引起氟骨症。磷中毒下颌改变首先表现为牙槽嵴的吸收，随着吸收的加重发生感染，严重者发生下颌骨坏死。长期接触氯乙烯可致肢端溶骨症，即指骨末端发生骨缺损。镉中毒可发生骨软化。

3.9.2.8 眼损害

生产性有毒化学品引起的眼损害分为接触性和中毒性两类。前者是有毒化学品直接作用于眼部所致；后者则是全身中毒在眼部的改变。接触性眼损害主要为酸、碱及其他腐蚀性有毒化学品引起的眼灼伤。眼部的化学灼伤重者可造成终生失明，必须及时救治。引起中毒性眼病最典型的有毒化学品为甲醇和三硝基甲苯。甲醇急性中毒的眼部表现有视觉模糊、眼球压痛、畏光、视力减退、视野缩小等，严重中毒时有复视、双目失明。慢性三硝基甲苯中毒的主要临床表现之一为中毒性白内障，即眼晶状体发生混浊，混浊一旦出现，停止接触不会消退，晶状体全部混浊时可导致失明。

3.9.2.9　皮肤损害

职业性皮肤病是职业性疾病中最常见、发病率最高的职业性伤害，其中化学性因素引起者占多数。根据作用机制不同引起皮肤损害的化学性物质分为：原发性刺激物、致敏物和光敏感物。常见原发性刺激物为酸类、碱类、金属盐、溶剂等；常见皮肤致敏物有金属盐类（如铬盐、镍盐）、合成树脂类、染料、橡胶添加剂等；光敏感物有沥青、焦油、吡啶、蒽、菲等。常见的疾病有接触性皮炎、油疹及氯痤疮、皮肤黑变病、皮肤溃疡、角化过度及皮裂等。

3.9.2.10　化学灼伤

化学灼伤是化工生产中的常见急症，是化学物质对皮肤、黏膜刺激、腐蚀及化学反应热引起的急性损害。按临床分类有体表（皮肤）化学灼伤、呼吸道化学灼伤、消化道化学灼伤、眼化学灼伤。常见的致伤物有酸、碱、酚类、黄磷等。某些化学物质在致伤的同时可经皮肤、黏膜吸收引起中毒，如黄磷灼伤、酚灼伤、氯乙酸灼伤，甚至引起死亡。

3.9.2.11　职业性肿瘤

接触职业性致癌性因素而引起的肿瘤，称为职业性肿瘤。国际癌症研究机构（IARC）1994年公布了对人类肯定有致癌性的63种物质或环境。致癌物质有苯、铍及其化合物、镉及其化合物、六价铬化合物、镍及其化合物、环氧乙烷、砷及其化合物、α-萘胺、4-氨基联苯、联苯胺、煤焦油沥青、石棉、氯甲醚等；致癌环境有煤的气化、焦炭生产等。我国1987年颁布的职业病名单中规定石棉致肺癌、间皮瘤，联苯胺致膀胱癌，苯致白血病，氯甲醚致肺癌，砷致肺癌、皮肤癌，氯乙烯致肝血管肉瘤等。焦炉工人肺癌和铬酸盐制造工人肺癌为法定的职业性肿瘤。

有毒化学品引起的中毒往往是多器官、多系统的损害。如常见有毒化学品铅可引起神经系统、消化系统、造血系统及肾脏损害；三硝基甲苯中毒可出现白内障、中毒性肝病、贫血、高铁血红蛋白血症等。同一种有毒化学品引起的急性和慢性中毒其损害的器官及表现亦可有很大差别。例如，苯急性中毒主要表现为对中枢神经系统的麻醉作用，而慢性中毒主要为造血系统的损害。这在有毒化学物质对机体的危害作用中是一种很常见的现象。此外，有毒化学物质对机体的危害，尚取决于一系列因素和条件，如有毒化学品本身的特性（化学结构、理化特性），有毒化学品的剂量、浓度和作用时间，有毒化学品的联合作用，个体的感受性等。总之，机体与有毒化学物质之间的相互作用是一个复杂的过程，中毒后的表现千变万化，了解和掌握这些过程和表现，无疑将有助于我们对有毒化学物质中毒的了解和防治管理。

3.9.3　传统分类与基于GHS体系分类

3.9.3.1　传统分类

有毒化学品的分类方法有多种，而常用的分类方法是将有毒化学品分为以下几类。

① 金属和类金属　常见的金属和类金属有毒化学品有铅、汞、锰、镍、铍、砷、磷及其化合物等。

② 刺激性气体　指对眼和呼吸道黏膜有刺激作用的气体。它是化学工业常遇到的有毒气体。刺激性气体的种类其多，最常见的有氯、氨、氮氧化物、光气、氟化氢、二氧化硫、三氧化硫和硫酸二甲酸等。

③ 窒息性气体　指能造成机体缺氧的有毒气体。窒息性气体可分为单纯窒息性气体、血液窒息性气体和细胞窒息性气体，如氮气、甲烷、乙烷、乙烯、一氧化碳、硝基苯的蒸气、氰化氢、硫化氢等。

④ 农药　包括杀虫剂、杀菌剂、杀螨剂、除草剂等。农药的使用对保证农作物的增产起着重要作用，但如生产、运输、使用和贮存过程中未采取有效的预防措施，可引起中毒。

⑤ 有机化合物　大多数属有毒有害物质，例如应用广泛的有机溶剂，如苯、甲苯、二甲苯、二硫化碳、汽油、甲醇、丙酮等；苯的氨基和硝基化合物，如苯胺、硝基苯等。

⑥ 高分子化合物　高分子化合物本身无毒或毒性很小，但在加工和使用过程中，可释放出游离单体对人体产生危害，如酚醛树脂遇热释放出苯酚和甲醛而具有刺激作用。某些高分子化合物由于受热、氧化而产生毒性更为强烈的物质，如聚四氟乙烯塑料受高热分解出四氟乙烯、六氟丙烯、八氟异丁烯，吸入后引起化学性肺炎或肺水肿。高分子化合物生产中常用的单体多数对人体有危害。

3.9.3.2　基于 GHS 体系分类

(1) 急性毒性

急性毒性是指单剂量或 24h 内多计量口服、皮肤接触或吸入接触 4h 之后出现的有害效应。急性毒性可以近似用 LD_{50} 值（经口、经皮）、LC_{50} 值（吸入）或急性毒性估算值（ATE）表示。其中，LD_{50} 是指化学品一次性经口或皮肤进入受试动物体内，造成一组受试动物 50% 死亡概率的量，以 mg/kgbw 表示（bw 指体重）；LC_{50} 是指化学品在空气中或水中造成一组受试动物 50% 死亡的浓度，以 ppmV 表示；急性毒性估算值可以根据 GHS 的有关方法根据 LD_{50}、LC_{50} 等参数计算获得。按照 GHS 体系的分类标准，根据化学品（含其混合物）的 LD_{50}、LC_{50} 或 ATE 等参数，将具有急性毒性的物质分为 5 类（表 3-8）。

表 3-8　急性毒性危险类别和各类别的急性毒性估计值（ATE）

接触途径	第 1 类	第 2 类	第 3 类	第 4 类	第 5 类
经口/(mg/kgbw)	5	50	300	2000	5000
经皮/(mg/kgbw)	50	200	1000	2000	
气体/(ppmV)	100	500	2500	5000	
蒸气/(mg/L)	0.5	2.0	10	20	
粉尘和烟雾/(mg/L)	0.05	0.5	1.0	5	

注：关于此表格的具体含义，详见文献[6]。

(2) 皮肤腐蚀/刺激

皮肤腐蚀对皮肤造成的不可逆损伤，即施用试验物质达到 4h 后，可观察到表皮和真皮坏死。腐蚀反应的特征有溃疡、出血、有血的结痂，而且在观察期 14 天结束时，皮肤、完全脱发区域或结痂处由于漂白而褪色。应考虑通过组织病理学来评估可疑的病变。

皮肤刺激是施用物质到 4h 后对皮肤造成的可逆损伤。

GHS 体系将具有皮肤腐蚀/刺激的化学物质分为 3 类：第 1 类为腐蚀物；第 2 类为刺激物；第 3 类为轻微刺激物。

(3) 严重眼损伤/眼刺激

严重眼损伤是在眼前部表面施加试验物质后，对眼部造成在施用 21 天内不完全可逆的组织损伤，或严重的视觉衰退。

眼刺激是在眼前部表面施加试验物质后，在眼部产生的施用 21 天内完全可逆的变化。

GHS 体系将具有严重眼损伤/眼刺激的化学物质分为第 1 类眼刺激物（产生严重眼损伤）和第 2 类眼刺激物（产生可逆眼部效应），其中第 2 类又根据刺激的严重程度分为第 2A 类和第 2B 类，第 2B 类属轻微眼刺激物。

(4) 呼吸或皮肤敏化作用

呼吸敏化物是指吸入后引起气管超敏反应的物质。

皮肤敏化物是指皮肤接触后会引起过敏反应的物质。

GHS 体系将具有呼吸或皮肤敏化作用的化合物分为两类：第 1 类（呼吸敏化物）及第 2 类（皮肤敏化物）。

(5) 生殖细胞致突变性

该危险类别涉及的主要是可能导致人类生殖细胞发生可传播给后代的突变的化学品，其对生殖细胞的作用包括改变 DNA 结构与信息，干扰其正常复制过程等。所谓突变，是指细胞中遗传物质的数量或结构发生永久性的改变。通常采用生殖毒性试验的结果作为判别致突变效应的指标。

GHS 体系将具有生殖细胞致突变性的化学物质分为两类：

第 1 类，指已知可引起人类生殖细胞可遗传突变的化学品（第 1A 类），或被认为可能导致人类生殖细胞可遗传突变的化学品（第 1B 类）。

第 2 类，指由于可能导致人类生殖细胞可遗传突变而引起人们关注的化学品。

(6) 致癌性

致癌性是指可导致癌症或增加癌症发生率的性质。具有致癌性的化学物质或混合物称为致癌物。在动物实验研究中诱发良性或恶性肿瘤的物质也被认为是假定的或可疑的人类致癌物，除非有确凿证据显示该肿瘤的形成机制与人类无关。

GHS 体系将致癌物分为：

第 1 类，已知或假定的人类致癌物，包括根据现有人类证据说明对人类有致癌可能的物质（第 1A 类），以及根据动物证据可以假定对人类有致癌可能的物质（第 1B 类）。

第 2 类，可疑的人类致癌物。指根据现有人类、动物研究获得的致癌性证据不能令人信服地将该化学品划为第 1 类的化学品。

(7) 生殖毒性

所谓生殖毒性，是指对成年雄性、成年雌性的性功能和生育能力的有害影响及对后代的发育毒性。在 GHS 的分类体系中，生殖毒性又分为两个方面。

① 对性功能和生育能力的有害影响　这些有害影响可能包括对雌性/雄性生殖系统的改变，对青春期的开始、配子的产生与输送、生殖周期正常状态、性行为、生育能力、分娩、怀孕结果等的有害影响，过早生殖衰老，对依赖生殖系统完整性的其他功能的改变等。

对哺乳期的有害影响或通过哺乳期产生的有害影响也属于生殖毒性的范围，但为了专门为处于哺乳期的母亲提供有关该毒性的危险警告，专门以附加类别的形式将影响哺乳期或通过哺乳期产生影响的物质单独列出。

② 对后代发育的有害影响　广义上说，发育毒性包括在出生前或出生后干扰孕体正常发育的任何效应，这种效应的产生是由于受孕前父母一方接触，或者正在发育之中的后代在

出生前或出生后性成熟前这一期间的接触。狭义上讲，发育毒性实质上是指怀孕期间引起的有害影响，或者父母接触造成的有害影响，这些效应可在生物体生命周期的任何时间显现出来。

发育毒性的主要表现包括：a. 发育中的生物体死亡；b. 结构异常畸形；c. 生长改变；d. 功能缺陷。

GHS 体系将具有生殖毒性的化学物质分为：

第 1 类，已知或假定的人类生殖有毒化学品。包括根据人类证据已确定的人类生殖有毒化学品（第 1A 类，称为已知的人类生殖有毒化学品），以及以动物研究数据为基础假定的人类生殖有毒化学品（第 1B 类，称为假定的人类生殖有毒化学品）。

第 2 类，可疑的人类生殖有毒化学品。一些人类或动物研究证据表明在没有其他毒性效应存在的情况下，可能对性功能和生育能力或发育有有害影响，或者与其他毒性效应联合作用下，对生殖的有害影响不能使其他毒性效应的非特异继发性结果，而且存在的证据不足以将其划为第 1 类的物质。

附加类，影响哺乳期或通过哺乳期产生影响的物质。

(8) 特定目标器官/系统毒性——单次接触

主要考虑由于单次接触化学物质，而产生的特异性的、非致命性的目标器官/系统毒性。这里所述的目标器官/系统机能可能的损害既可以是可逆的，也可以是不可逆的，既可以是即时性的，也可以是延迟性的，损害的危险类型可以是上述的急性毒性、皮肤腐蚀/刺激、严重眼损伤/眼刺激、皮肤和呼吸敏化、致突变性、致癌性、生殖毒性，还可以是下文所述的吸入毒性。

GHS 体系将因单次接触而导致或可能导致特定目标器官/系统毒性的化学物质分为 3 类。

第 1 类：对人类产生显著毒性的物质，或者根据动物试验研究得到的证据可假定在单次接触后有可能对人类产生显著毒性的物质。

第 2 类：根据动物试验研究的证据，可假定在单次接触后有可能对人类健康产生危害的物质。

第 3 类：暂时性目标器官效应的物质。这一类主要指在接触后的短暂时间内有害地改变人类功能，但可在一段合理时间内恢复而不留下显著的组织或功能改变。这一类别仅考虑麻醉效应和呼吸道刺激。

(9) 特定目标器官/系统毒性——重复接触

这部分的目标器官/系统毒性的含义与上述（8）完全一致，不同之处仅在于多次重复接触。

GHS 体系将因重复接触而导致或可能导致特定目标器官/系统毒性的化学物质分为 2 类。

第 1 类：对人类产生显著毒性的物质，或者根据动物试验研究得到的证据可假定在重复接触后有可能对人类产生显著毒性的物质。

第 2 类：根据动物试验研究的证据，可假定在重复接触后有可能对人类健康产生危害的物质。

(10) 吸入危险

这里所谓的"吸入"，是指液态或固态化学品通过口腔或鼻腔直接进入，或者因呕吐间接进入气管和下呼吸道系统。吸入毒性包括化学性肺炎、不同程度肺损伤或吸入后死亡等严重急性效应。

GHS 体系将具有吸入毒性的化学物质分为 2 类。

第 1 类：已知的引起人类吸入毒性危险的化学品或被看作会引起人类吸入毒性危险的化学品。

第 2 类：因假定它们会引起人类吸入毒性危险而令人担心的化学品。

3.9.4 世界各国化学品职业接触限值

目前，世界各国对工作场所化学品职业接触限值均制定了较为完善的标准，但各国的控制指标、指标的具体含义及指标值等方面不尽相同。

世界卫生组织（WHO）2000 年提出的保证健康的职业接触限值（Health-based Occupational Exposure Limit）指工作场所空气中有害物质处于该限值浓度时，在工人一生中对其健康的损害效应不会达到显著危险的程度。制定这种接触限值时，不考虑工程技术措施或经济条件等因素。不同国家可根据各自的国情加以修正作为本国限值。

我国 GBZ 2.1—2007《工作场所有害因素职业接触限值 第 1 部分：化学有害因素》中将职业接触限值定义为"职业性有害因素的接触限制量值"，指在职业活动过程中劳动者长期反复接触，对绝大多数接触者的健康不引起有害作用的容许接触水平。化学有害因素的职业接触限值包括时间加权平均容许浓度、短时间接触容许浓度和最高容许浓度三类。其中，①时间加权平均容许浓度（PC-TWA）为以时间为权数规定的 8h 工作日、40h 工作周的平均容许接触浓度；②短时间接触容许浓度（PC-STEL）为在遵守 PC-TWA 前提下容许短时间（15min）接触的浓度；③最高容许浓度（MAC）指在工作场所内一个工作日的任何时间有毒化学物质均不应超过的浓度。

美国职业安全与健康管理局（OSHA）的容许接触限值（PELs）包括时间加权平均浓度（Time-weighted Average，TWA）、短时间接触限值（Short-term Exposure Limit，STEL）和上限浓度（Ceiling Value）3 种，其中 TWA 浓度是 40h 工作周内任何一个 8h 工作班都不能超过的浓度；STEL 为 15min 的测定浓度；上限浓度指在一个工作日的任何时间都不容许超过的浓度，如果无法进行瞬间监测，上限浓度按 15min TWA 接触浓度进行估算。美国政府工业卫生师协会（ACGIH）制定发布的阈限值（Threshold Limit Values，TLVs）包括时间加权平均浓度（TLV-TWA）、短时间接触限值（TLV-STEL）和上限浓度（TLV-C）3 种。其中，TLV-TWA 指 8h 工作日和 40h 工作周工作制的时间加权平均浓度，在此浓度下，近乎所有劳动者在终生工作期间每日反复接触而不致不良健康效应；TLV-STEL 指在工作日内任何时间某化学物质的浓度不应超过的 15min 加权平均浓度，即使 8h TWA 未超过 TLV-TWA；TLV-C 指在工作期间的任何时间都不能超过的浓度。美国国立职业安全卫生研究所（NIOSH）的推荐性接触限值（Recommended Exposure Limits，RELs）包括 TWA 浓度、STEL 浓度和上限浓度，其中 TWA 浓度限定为每周工作 40h、每天工作不超过 10h；STEL 浓度指一个工作日中任何时间都不应该超过的 15min 的 TWA 浓度；上限浓度指任何时间都不应该超过的限值。

当出现物质泄漏等情况时，为了判断有毒化学品的短期暴露危害，还必须知道其短期暴露限值（Immediately Dangerous to Life or Health Concentration，IDLH）。美国工业卫生协会（AIHA）制定的应急响应计划指南（Emergency Response Planning Guidelines，EPRG）中对此进行了规定。规定紧急情况下人们持续暴露在有毒环境中 1~24h，完成指定任务所能接受的气体、蒸气或烟雾的浓度。ERPG-1 指的是人员暴露于有毒气体环境中约 1h，除了短暂的不良健康效应或不当的气味之外，不会有其他不良影响的最大容许浓度；ERPG-2指的是人员暴露于有毒气体环境中约1h，不会对身体造成不可恢复之伤害的最大容许浓度；ERPG-3指的是人员暴露于有毒气体环境中约1h，不会对生命造成威胁的最大容许浓度。

在加拿大职业卫生和安全管理规范（RROHS）中，时间加权平均接触限值（Time-weighted Average Exposure Value，TWAEV）指在8h工作日、40h工作周的接触情况下，劳动者呼吸空气中化学物质（包括气体、尘、烟、蒸气和雾）的时间加权平均浓度；短时间接触限值（Short-term Exposure Value，STEV）指工作日内任何时间劳动者呼吸空气中化学物质（包括气体、尘、烟、蒸气和雾）的浓度不应超过的15min时间加权平均浓度，即使8h时间加权浓度未超过TWAEV；上限浓度（Ceiling，C）指工作期间的任何时间都不能超过的浓度。

南非职业接触限值-控制限值（OEL-CL）是物质在呼吸带的最高平均浓度，是在规定基准时间内劳动者在所有环境下吸入接触的平均值。职业接触限值-建议限值（OEL-RL）是空气中物质在基准时间内的平均浓度，根据目前知识，没有任何证据表明在该浓度下劳动者日复一日地通过呼吸接触会伤害劳动者。

3.10　化学品环境危险性——危害水生环境

化学品泄漏或排放时，不仅要关注人，还需要关注对环境可能造成的危害。这里主要关注水生环境。GHS体系认为化学品对水生环境的危害可以从急性水生毒性、潜在的或实际的生物积累、有机化学品通过生物或非生物的降解、慢性水生毒性等方面进行评价。

（1）急性水生毒性

急性水生毒性是指化学物质对短期接触它的生物体造成伤害的固有性质，一般采用鱼毒性（用鱼类96h的LC_{50}表征）、甲壳纲物种毒性（用48h的EC_{50}表示，EC_{50}的含义为导致50%受试群体出现移动能力受损的有效浓度）、藻类毒性（用72h或96h EC_{50}）等参数确定。

（2）生物积累

生物积累是指物质经过空气、水、沉积物/泥土、食物等途径在生物体内吸收、转化和排除的净结果，可以用辛醇/水分配系数（PO/W）反映的生物积累潜力来表征，也可以用生物富集因子（BCF）确定。

（3）有机化学品的降解

环境对化学品的降解可以是生物性的，也可以是非生物性的（例如水解反应等）。化学品降解的速度可以通过有关试验确定，例如可以通过有关生物降解性试验确定物质降解的快速性。

（4）慢性水生毒性

慢性水生毒性是指物质在与生物体生命周期相关的接触期间内对水生生物产生有害影响的潜在性质或实际性质。慢性毒性的参数不像急性参数那样容易得到，可以通过鱼类早期生命阶段的有关参数、水蚤生殖或藻类生长抑制的有关参数来表征。

GHS体系将具有危害水生环境的化学物质分为急性毒性物质和慢性毒性物质2类。

3.11 化学品安全参数的预测

化学品不同安全参数有不同的预测方法，各国学者对此进行了大量的研究。本节介绍的方法仅是沧海一粟，读者可以从文献书籍中获取更多的预测方法。

3.11.1 通过定量构效关系预测

目前人们对危险化学品信息和物性数据的获取主要建立在实验以及经验积累的基础上，如大家所熟知的化学品安全技术说明书（MSDS）。但化学品数量巨大，若仅通过实验手段获取物质的危险性参数是远远不够的，无法满足实际工业生产的需要，且实验测定方法也存在着滞后性、费用昂贵、测定数据不准确等不足之处。近年来，有机物结构与性质定量相关（定量构效关系，Quantitative Structure-Activity/Property Relation，QSAR/QSPR）的研究已经成为化学、医学、生命科学等领域的研究热点之一，且已广泛应用于各类理化性质的预测研究中。建立 QSAR/QSPR 模型主要有两大用途。其一是有利于解释结构和性质间关系。分析被模型优化选择的结构描述符的信息，这些描述符可表明化合物中的哪一部分分子结构特征对化合物性质影响最大，并给出一种怎样通过改变分子结构来改变化合物性质的方法。这将对设计具有良好性质的化合物起到很大作用。其二是预测化合物的性质。利用可靠模型，通过计算未知化合物的结构描述符，预测其性质。

目前，国内外已经有大量文献研究如何进行安全参数的预测，有兴趣的读者可以自行参阅有关文献。

3.11.2 通过搭桥原则预测

搭桥原则（也称为架桥原则）对于混合物的健康危害性［如急性毒性、腐蚀性、刺激性、严重眼睛损伤眼睛刺激性、呼吸或皮肤过敏、生殖细胞突变性、致癌性、生殖毒性、特定目标器官/系统毒性（单次接触）、特定目标器官/系统毒性（重复接触）等］的分类起了非常重要的作用。当混合物没有整体试验数据，但有个别组分和类似的且通过试验获得的混合物数据，可按下列搭桥原则进行分类。采用该原则进行分类的目的在于：可以确保分类过程尽可能地使用现有数据来确定混合物的危险特性，而无需对动物进行附加试验。

以下以具有急性毒性混合物的分类为例说明如何运用搭桥原则进行分类，具有其他健康危险性的混合物的分类与此类似。

(1) 稀释后的混合物分类

如果混合物用毒性分类与毒性最低的原始组分等价或比它更低的物质进行稀释，而且该物质不会影响其他组分的毒性，那么新混合物可划为与原始混合物等价的类别。

如果混合物用水或其他完全无毒的物质稀释，那么混合物的毒性可以用未稀释混合物的试验数据进行计算。举例来说，如果 LD_{50} 为 1000mg/kgbw 的混合物用等体积水稀释，那么稀释后混合物的 LD_{50} 为 2000mg/kgbw。

(2) 不同批次的产品分类

可以认为，一个复杂混合物的一个生产批次的毒性实际上与同一制造商生产或控制下的同一商品的另一个生产批次的毒性相同，除非有理由认为该批的毒性有显著的变化，致使该批次的毒性发生改变。如果出现后一种情况，必须进行新的分类。

(3) 高毒组分浓度增加后的混合物分类

如果某混合物划为第 1 类，并且该混合物中列入类别 1 中的组分浓度增加了，则新混合物应分在第 1 类而不需附加试验。

(4) 在一个毒性类别内进行类推分类

三种有同样组分的混合物，A 和 B 属于同样的毒性类别，而混合物 C 有同样的毒理学活性组分，其浓度在混合物 A 和 B 的活性组分浓度之间，那么可认为混合物 C 与 A 和 B 属于相同的毒性类别。

(5) 实质类似混合物的分类

给定如下情况：

① 两种混合物： i . A+B，ii . C+B；

② 组分 B 的浓度在两种混合物中是相同的；

③ 组分 A 在混合物 i . 中的浓度等于组分 C 在混合物 ii . 中的浓度；

④ 有 A 和 C 的毒性数据，并且实质上相等，即它们是处于同样危险类别且预期不会影响 B 的毒性。

如果混合物 i . 已根据试验数据分类，则混合物 ii . 能被指定为同样的危险类别。

(6) 具急性毒性气溶胶的分类

气溶胶形态的混合物应按已试验过非气溶胶形态的混合物的经口毒性和经皮肤毒性分至同一危险类别，其前提是在喷雾时增加的气雾发生剂不影响该混合物的毒性。气溶胶型混合物吸入毒性的分类则应单独考虑。

● 习题

1. 请简述爆炸冲击波对人体的作用。

2. 化合物分子结构中常见的爆炸性基团有哪些？

3. 试计算三硝基甲苯（TNT）的氧平衡。

4. 请简述爆炸性物质的主要危险性和特点。

5. 什么是气云爆炸？并请简述 BLEVE（沸腾液体扩展蒸气爆炸）现象。

6. 什么是易燃液体的闪点？闪点与燃点有什么区别？请简述易燃液体混合物的最小闪点行为。

7. 易燃液体的储罐发生火灾后，常常会出现沸溢现象。试解释沸溢现象的形成机理。

8. 请简述粉尘爆炸的危险性。

9. 请解释自反应物质的概念及其主要危险性。

10. 请解释有机过氧化物的概念及其主要危险性。

11. 试简述有毒化学品进入人体的途径及主要危害。

12. 试解释化学品具有的生殖细胞致突变性与生殖毒性的区别。

13. 我国国家标准规定的化学有害因素的职业接触限值有哪几类？每类的含义是什么？

14. 化学品对水生环境的危害可以从急性水生毒性、潜在的或实际的生物积累、有机化学品通过生物或非生物的降解、慢性水生毒性等方面进行评价。请简述有哪些指标可以分别表征急性水生毒性及潜在的或实际的生物积累？

参 考 文 献

[1] 中国安全生产科学研究院编. 危险化学品事故案例. 北京：化学工业出版社，2005.

［2］ K. Satyanarayana，P. G. Rao. Improved equation to estimate flash points of organic compounds. Journal of Hazardous Materials，1992，32（1）：81-85.

［3］ 刘荣海、陈网桦，胡毅亭编著. 安全原理与危险化学品测评技术. 北京：化工工艺出版社，2004.

［4］ 联合国编. 关于危险物品运输的建议书. 第 15 版. 纽约/日内瓦：United Nations Publication，ST/SG/AC. 10/1/Rev. 15，2007.

［5］ 安全工学协会. 安全工学讲座 2：爆发. 海文堂，1983.

［6］ 联合国编. 全球化学品统一分类和标签制度（全球统一制度）第二修订版. 纽约/日内瓦：United Nations Publication，ST/SG/AC. 10/30/Rev. 1，2007.

［7］ W. E. 贝克著. 爆炸——危险性及其评估（下）. 张国顺等译. 北京：群众出版社，1988.

［8］ 综合安全工学研究所. 续事故に学ぶ. 1990.

［9］ 化学工学协会. 化学プラントの安全対策技术 1：化学プラントの安全対策. 丸善株式会社，1978.

［10］ 田震. 化工过程安全. 北京：国防工业出版社，2007.

［11］ 松田东荣. 可燃性粉じんの爆发危险性评价技术. SIIS-SD-90-1，1990.

［12］ GB 20576～ GB 20602. 化学品分类、警示标签和警示性说明安全规范. 北京：中国标准出版社，2007.

［13］ 智小川. 浅谈气溶胶制品的火灾危险性. 消防科学与技术，2003，23（增刊）：64-65.

［14］ GBZ 2.1 工作场所有害因素职业接触限值 第 1 部分：化学有害因素. 北京：人民卫生出版社，2008.

［15］ 张敏，李涛，吴维皑等. 我国化学物质职业接触限值研究规范与建议. 中国卫生监督杂志，2009，16（3）：231-238.

第4章

风险辨识

一套运行中炼油装置的精馏塔（工艺流程见图4-1）进料管线泄漏造成了严重的火灾，泄漏的丙烷烧毁了精馏塔以及邻近的管廊。4人在火灾中受伤，全厂紧急撤离，并造成了长时间的全厂停产。

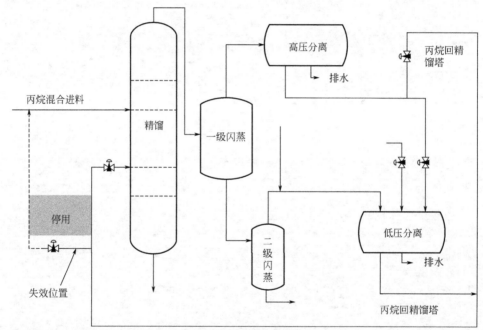

图 4-1　精馏塔工艺流程

直接原因

精馏塔原有两条进料管线，因工艺变更其中一条进料管线停用。停用的进料管线内有带压的丙烷，丙烷内含微量的水，水的密度高于丙烷。管线上 6in 控制阀与上游 10in 手阀之间的管道及弯头处于管线的低点位置，属于工艺管线的死区。管线停用后，因 10in 手阀内漏，死区内逐渐内漏并积累了物料中的水。装置的环境温度一般高于零度，但在事故当天夜间，气温降低至零度以下，水结冰后胀裂了停用的进料管线。

白天气温升高后，死区内的冰逐渐融化，管线内丙烷以 30kg/s 的速度自胀裂处泄漏（泄漏点见图4-2），在厂区内形成了可燃的蒸气云，遇明火后点燃形成喷射火。喷射火烧垮了邻近精馏塔的工艺管廊，管廊上的多根工艺管线破裂造成了大范围的破坏。

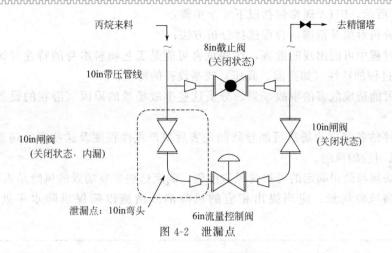

图 4-2　泄漏点

这个事故中最重要的教训是风险辨识（即工艺危害分析）的不足，以及变更管理的不完善。

教训一：变更管理与过程安全信息完整性

此装置在其设计阶段及投入运营之后，自 1991 年开始以每五年一次的时间间隔，共计执行了 5 次危险与可操作性（HAZOP）分析。HAZOP 作为一种有效的风险辨识方法，理论上应该在多次分析中辨识出停用管线上工艺死区的风险。但是 HAZOP 分析所依据的管道仪表流程图 P&ID 没有更新，P&ID 上未标示这一重大变更，操作手册中对进料方式的变化也未作说明。整个变更没有经过变更管理程序的层层把关。管线用途发生变化是典型的工艺变更，应该在过程安全信息管理中进行完整清晰的记录。

教训二：HAZOP 分析过程中，工厂操作人员没有充分参与所有的讨论，另外讨论中所划分的讨论节点过大，没有将两条进料管线都考虑到。因此分析人员忽略了管道死区的可能危害。

所做的 HAZOP 分析中，曾经建议进料管线的界区处增设 ESDV 关断阀，在火灾等工况下触发紧急关断阀的关闭，从而避免事故的扩大。但是在 HAZOP 建议的跟踪与关闭环节，这条建议被忽视了，没有认真执行。

如果风险辨识环节能够有效地识别工艺管线死区的风险，通过在手阀处增设隔离盲板，或者直接拆除停用管线，只需要很小的投入，就可以避免这一重大的事故。

本章将介绍不同的风险辨识方法，如检查表法、故障假设分析法、危险与可操作性分析、失效模式及影响分析、故障树分析、作业危害分析等。本章也将给出选择风险辨识方法的原则。最后通过案例介绍同一个分析对象在应用不同分析方法时的不同侧重点，便于读者根据风险辨识的不同目的、阶段、资源等条件，合理选取适当的风险辨识方法。

4.1　风险辨识概述

风险辨识是指在风险事故发生之前，人们运用各种方法系统地、连续地认识所面临的各种风险以及分析风险事故发生的潜在原因。工艺危害分析（PHA）是一种有组织的用于识别、分析、评价工艺过程或生产活动中可能产生的重大危害场景的风险分析方法，用于确定装置的设计及操作过程中可能导致物料泄漏、火灾甚至爆炸的薄弱环节，并针对这些薄弱环节提出相应的建议措施。通过落实建议措施，从而有效地管理装置及工厂的人员、财产或环境风险。

如图 4-3 所示，PHA 通常包括以下 6 个步骤：

① 明确分析对象及范围，合理选择分析方法；

② 识别过程中可能出现的危害，这些危害可能是工艺物料本身的特性（如可燃或有毒有害）、工艺过程的特性（如高温、高压）或是设备的特性；

③ 识别可能造成危害的事故场景，分析这些事故场景的原因（潜在的设备失效或人员失误）；

④ 定性评估各个事故场景可能导致的危害后果严重性程度及这些事故场景发生的可能性，并确认其对应的风险；

⑤ 根据法规与公司确定的可接受风险准则，确定这些事故场景的风险是否可接受；

⑥ 对于高风险场景，应当提出相应的风险消减措施以确保风险水平处于可接受范围内。

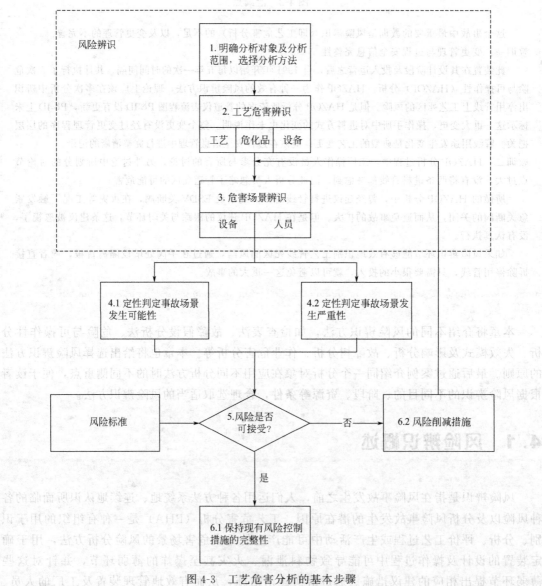

图 4-3 工艺危害分析的基本步骤

风险辨识很重要的成果就是识别出了各类事故场景，这些场景可用于进一步的风险分析。其中，中高后果的场景应进行进一步的定量分析（详见第 7 章），中高后果的风险场景还应建立风险登记表，持续在整个项目的生命周期内进行动态管理，实现有效的风险控制（详见第 9 章）。

影响 PHA 能否有效辨识风险的因素很多，但最重要的包含以下几点：

① 分析对象与分析目的是否清晰明确；

② 分析方法选择是否恰当；

③ 分析所依据的输入信息是否完整且正确；

④ 分析人员的能力与经验。

4.1.1 分析对象与分析方法

所有的化工生产活动都伴随着危险，危险是一种可能导致人员伤害、财产损失或环境影响的内在的物理或化学特性。那么危害辨识就包括了以下两个任务。

任务一：识别特定的不利后果。

任务二：识别可能导致这些后果的物料、工艺、操作、设备与装置。

任务一中的不利后果可以被划分为三个大类，即人员伤害、环境影响以及经济损失。这三大类分别包含了一些具体的后果类别，见图 4-4。每个类别都可以根据其导致的伤害类型继续细分为中毒、高温、超压、机械伤害、辐射、触电等。不利后果划分越具体，越容易界定第二个任务的工作范围。例如，装置里有多种潜在的危害可能影响人员安全，但只有其中的两种可能会导致人员重伤。

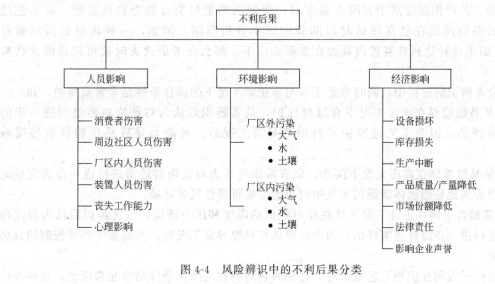

图 4-4　风险辨识中的不利后果分类

当不利后果确定后，即可针对分析对象的设备与装置、工艺、工艺物料性质与操作条件、化学品间的反应矩阵等辨识可能的危害，并进一步选择恰当的 PHA 方法，辨识可能的危害场景。

常用的 PHA 方法包括：

① 基于公司或行业经验的定性分析；

② 检查表法（Check List）；

③ 故障假设分析法（What-if）；

④ 危险与可操作性分析（HAZOP）；

⑤ 故障模式及影响分析（FMEA）；

⑥ 故障树分析（FTA）。

4.1.2　工艺物料性质与操作条件

生产过程中所有使用的或产生的化学品的数据信息是工艺过程重要的知识组成部分。化学品数据信息是所有风险辨识工作的基础，PHA 得到的结果取决于分析输入的信息质量。

对于某一个特定的物料而言，可以从很多公共渠道获取其用于进行危害辨识的相关信息。一般来说最好的信息来源是化学品生产厂家或供货商，他们可以提供产品相关数据、化学品安全技术说明书（MSDS）等。MSDS 的编制应符合 GB/T 16483—2008《化学品安全技术说明书内容和项目顺序》的要求。另外，可以从一些行业协会或专业组织机构来获取相关物料的详细信息，包括如何安全处置相关物料。除此之外，对于特定物料，相关法律法规/标准可能会给出阈值的规定。

危害辨识可以从简单的比对这些资料/文献提供的物料信息与对应后果开始。例如，如果想识别潜在的火灾后果，可以先比对装置/工艺流程中存在的所有可燃或易爆的介质，根据物料特性识别出可能导致火灾/爆炸的物料后，再进一步进行具体的危害评估。

工艺操作条件也可能产生危害或是加剧工艺物料可能造成的危害。仅仅依靠物料的特性来进行危害辨识是不够的，必须同时关注对应的工艺操作条件。如水不是爆炸性介质，但如果装置的工艺操作温度远超过水的沸点，快速地向工艺流程内引入水可能导致水的大量汽化，进而引起设备超压爆炸；又如，重烃类在常温常压下难以点燃，但是如果装置的工艺操作温度高于其闪点温度时，泄漏出的重烃类可能会自行点燃。对工艺操作条件的识别还能在危害评估时帮助我们缩小分析范围。例如，一种物料的闪点超过400℃，如果这种物料在装置内都处在常温常压下，那么在考虑火灾时就可以排除此物料的影响。

在危害辨识的过程中，同时考虑正常与非正常工况下的操作条件是非常重要的，如：

① 某易燃物料在正常工况下有氮封保护，危害辨识后认为对此物料需进行进一步的火灾危害评估，因为工艺过程中氮封出现异常工况后，可能会导致易燃物料直接接触大气。

② 某易燃液体在高压工况下操作，危害辨识后认为对此物料还需进行进一步火灾危害评估，因为当此易燃液体泄漏到大气中时可能形成可燃性气体环境。

③ 某聚合单体在正常工况下处在相对较低的温度和压力环境，危害辨识后认为对此物料还需进行进一步爆炸危害评估，因为此单体在高温异常工况时，可能发生不受控的放热聚合反应。

这些例子说明在识别工艺危害时，必须将物料特性与操作条件结合起来考虑，这种方法相对简单而快速，既可用于新建装置，也可用于在役装置分析。

可以用简单的物料与工艺条件列表的形式来说明装置内潜在的危险场景，如：

① 可燃物料清单；

② 有毒物料/副产物清单；

③ 危险反应清单；

④ 危险化学品清单及存量（可能泄漏至环境）；

⑤ 与某一系统相关的危害清单（如毒性、可燃性）；

⑥ 可能导致反应失控的杂质含量或工艺条件清单。

这些结果可以帮助选择合适的技术进行深入的 PHA 分析。如果一些危害的程度未知（例如，某工艺过程中换热介质可能泄漏到工艺介质中，从而引起事故性混合，但其具体影响未知），可能需要在危害评估前进行额外的研究或测试来确定这些危害的严重程度。

4.1.3 化学品的反应矩阵

反应矩阵方法是一种简单的识别特定参数（包括物料、能量源以及环境条件等）间相互作用与反应的工具，主要被用来进行危害辨识。根据工程实践经验，反应矩阵方法通常局限在两个参数间的相互作用，因为参数的增加可能会导致需要考虑的相互作用过多而无法使用。

在建立反应矩阵时，可以增加额外的参数（如化学混合物的稳定性等）来表明更优先的相互作用。当分析人员认为工艺过程中存在很多重要的相互作用，并且有足够的细节时，分析人员也可以使用多维的反应矩阵来进行分析。

例如，甲醇合成反应中工艺气体中的 CO、CO_2 分别与 H_2 在铜基催化剂的作用下主要生成甲醇，同时还伴有多种副反应。

主反应为：

$$CO + 2H_2 \xrightleftharpoons{催化剂} CH_3OH + Q$$

$$CO_2 + 3H_2 \xrightleftharpoons{催化剂} CH_3OH + H_2O + Q$$

A 物料为上游合成气中的一氧化碳（CO），B 物料为上游合成气中的氢气（H_2），当投产前管道及设备除锈处理不好时，工艺气体含有反应危害杂质铁离子（羰基金属化合物），铁离子导致发生费托反应（Fischer Tropsch，FT 反应），反应产物生成的蜡容易造成下游设备与仪表的堵塞。

建立反应矩阵时，应当将所有待分析的物料构建在反应矩阵的横轴和纵轴上。反应矩阵通常是一个对称矩阵，所以一般只需填写完成上三角矩阵或者下三角矩阵即可，因为 A 和 B 间的相互作用与化学品 B 和化学品 A 间的相互作用是一致的。化学品自身的相互作用/反应（A-A）是一个独特的、潜在的重要反应，应予以足够的重视。

反应矩阵的参数不应仅仅局限在化学品本身，因为其他参数也可能导致人员或环境的潜在风险。例如，一个化合物如果暴露在温度高于 100℃ 的情况下可能会分解并导致爆炸。表 4-1 列出了一些可能会在反应矩阵中揭示潜在不利后果的其他参数。通常情况下，这些参数列在反应矩阵的单轴上即可满足分析要求，因为我们更关注这些参数与物料间的相互作用而不是参数与参数间的相互作用。

① 操作条件，例如操作温度、压力以及静电载荷等；
② 环境因素，例如环境温度、湿度以及灰尘等；
③ 设备材质，例如碳钢、不锈钢、石棉垫圈等；
④ 常见杂质，例如空气、水、铁锈、灰尘、盐以及润滑油等；
⑤ 来自同一设备或工段所处理的其他介质/杂质；
⑥ 人员健康影响，包括短期及长期暴露阈值等；
⑦ 环境影响，包括气味及毒性阈值等；
⑧ 法律法规规定的危化品总量限制、"三废"排放量限制等。

表 4-1　反应矩阵中的常用参数

	化学品 A	化学品 B	……	化学品 Z	混合物 1	备注	参考文献
化学品 A							
化学品 B							
……							
化学品 Z							
压力 1							
温度 1							
温度 2							
湿度 1							
……							
管线材质							
设备材质							
垫片材质							
……							
杂质 1							
杂质 2							
……							
短期暴露阈限							
长期暴露阈限							
……							
环境泄漏阈限							
废弃物处置阈限							

构建反应矩阵时，很重要的一点是确认需要考虑的工艺条件。有时根据正常工况以及异常工况的不同，甚至有必要建立多个反应矩阵来分别考虑这些工况。如果只构建一个反应矩阵，分析人员至少应该注意其他工艺条件下的潜在危害间的相互作用。

一旦反应矩阵被构建出来，分析人员应当检查每个相互作用的矩阵元素以及对应的潜在危害后果（表格中所有交叉点）。如果相互作用的后果是未知的，可能需要额外的研究或实验来进行确认。已知后果的类型和严重程度可以在适当的交叉点位置进行标识或脚注。需要注意的是，一个单一的相互作用/反应可能会产生多个类型的后果。

危害辨识可以发现一些存在危险的地方。然而，仅根据某公司（或行业）的过往经验来进行危害辨识往往是不够的，因为很多危害可能会被遗漏。好的经验只能证明在该条件下风险得到充分控制，而不是不存在风险。在危害辨识中特别需要注意的是不能仅仅因为它没有发生过事故就认为它不存在任何危害/风险。

经验的正确使用有助于建立一个用于相关工艺流程的危害辨识知识库。知识库的建立可以从危害辨识人员的基本化学常识开始，通过实验室的实验结果可以揭示化合物/混合物的基本物理特性、毒性影响及反应动力学等。计算机辅助软件也可以用于预测新的化合物的反应热、稳定性等信息。小试或是中试装置可以揭示非预期的反应副产物，表明该工艺条件必须改变以达到最佳的性能，并证实典型工艺杂质对工艺过程的影响。甚至装置的退役都能丰富此知识库的内容，因为它可能揭示在正常操作/停车期间不易发现（或不具备发现条件）的潜在危害。例如，可能发现在正常运行过程中，由于易受循环疲劳失效影响而不易被发现的初始金属疲劳的证据。

如果对一个成熟的工艺过程进行危害分析，分析人员可以回顾相似规模装置的操作经验。哪里有排放发生？为什么会发生紧急停车？是什么原因造成的非计划停运？这些问题及其答案可能会帮助分析人员发现那些从物料性质及操作条件中无法识别的危害。

如果某组织的相关经验已经被记录和证明，它就应该像任何其他来源的危害辨识数据那样被用于危害辨识。如果经验还没有被记录，那么可能需要组建一个具备相关经验的分析团队来参与危害辨识的过程。一般来说，在这个分析团队参与危害辨识之前已经完成了其他部分的危害辨识工作，那么效率会更高。分析团队可以简单地确认危害辨识结果与经验的符合性或不符合性，指出危害辨识过程中信息收集不完整的部分，或指出现有系统中观察到的任何额外的危险。即使分析团队缺少对特定物料的相关使用经验，但他们可能具有类似物料在类似工况下产生类似危害的经验。

4.1.4 工艺危害分析方法

工艺危害分析（PHA）包含以下方法。

4.1.4.1 检查表法

检查表法（Check List）使用一个预先编制的项目清单来确认系统中各审查项的状态。一般来说，检查表依据现行的法规、标准及规范条文改编而成。检查表上列出的问题一般使用"是"、"否"、"不适用"或"需要额外信息"来回答。多数情况下根据分析人员的经验，使用同样的检查表可能得出的结论并不完全一致，但是总体上说，检查表可以帮助判断系统与法律、法规或行业惯例的符合性。另外，也可以通过修正分析发现的不足来提升装置的安全性。检查表法的用途和类型多种多样，它既可以用于快速简单的评估，也可以用于大范围深入的评估。

4.1.4.2 故障假设分析法

故障假设分析法（What-if）是一种头脑风暴式的分析方法。由熟悉分析对象的团队对可能出现的非预期场景进行提问与讨论，从而识别潜在的危害场景，或某种特定情况下可能产生的不利后果，确认现有的安全保护措施，并提出建议的风险减缓措施。这些潜在事故场景的原因可能来自设计、建造、变更或操作等各个层面。故障假设分析法需要具备对工艺设计意图的基本理解以及预估/识别潜在事故场景的能力。

讨论的问题通常采用"如果-怎么样"形式的问句表达，问题的生成基于分析团队的经验、现有的图纸深度、在役装置的工艺描述。这些问题可以是任意与装置相关的异常场景，而不仅是设备部件失效或是工艺波动。

4.1.4.3 危险与可操作性分析

危险与可操作性（HAZOP）分析是一种工艺流程及可操作性的审核过程，用于确认任何可能的工艺偏差是否会导致不利后果。在石油和化学工业，危险与可操作性（HAZOP）分析是一种已被国内外广泛认可的工艺危害分析最佳实践。根据 2012 年 7 月国家安全生产监督管理总局发布的《危险化学品企业事故隐患排查治理实施导则》的要求，涉及重点监管危险化工工艺、重点监管危险化学品和重大危险源的危险化学品生产、储存企业应每五年至少开展一次危险与可操作性分析（HAZOP）。

HAZOP 分析的最大特点是利用一套特有的引导词，按照流程顺序引导 HAZOP 分析团队完整地分析装置的潜在风险。与其他 PHA 方法相比，HAZOP 在结构性、系统性和完备性方面具有重要优势。

4.1.4.4　故障模式及影响分析

故障模式及影响分析（FMEA）用于识别设备或系统潜在的失效模式以及这些失效对系统或装置的潜在影响。失效模式描述了设备如何失效（故障打开、故障关闭、泄漏等）。失效造成的影响取决于该设备失效后系统的反应。FMEA 分析识别所有可能导致事故的独立或组合失效模式。FMEA 分析可以形成定性的、系统的设备潜在失效及影响的参考建议，从而可以通过提升设备的可靠性来提升装置的安全性。

4.1.4.5　故障树分析

故障树分析（FTA）也称为事故树分析，是一种集中在某一特定事故场景或主要系统失效的推理分析方法，用于分析确定事故的根原因。故障树通过图形化的方法来表示各种可能造成特定事故场景（顶上事件）的设备失效或人员失误（或其组合）。它可以使分析人员通过更加形象化、明确的原因分析来寻找可能的降低此事故场景发生频率的阻止/减缓措施。

FTA 非常适用于分析复杂的高冗余度系统。对于那些简单系统，特别是单一失效就可能导致事故的系统来说，故障假设分析法或 HAZOP 更加适合。当其他的 PHA 方法（如 HAZOP）分析出一处重大事故场景后，FTA 经常被用于进行进一步分析。

以上分析方法中，检查表法、故障假设分析法以及 HAZOP 分析是最常用的三种方法，详见后续章节。

4.2　检查表法

为了查找工程、系统中各种设备设施、物料、工件、操作、管理和组织措施中的危险、有害因素，事先把检查对象加以分解，将大系统分割成若干小的子系统，以提问或打分的形式，将检查项目列表逐项检查，避免遗漏，这种表称为检查表。

检查表法是一种广泛应用的定性方法，可适用于各类系统的设计、验收、运行、管理阶段以及事故调查过程。

4.2.1　检查表分析法优缺点

(1) 主要优点

① 检查表基于以往的经验，在查找危险有害因素时，能够提示分析人员，避免遗漏、疏忽；

② 检查表中体现了法规、标准的要求，使检查工作法规化、规范化；

③ 针对不同的检查对象和检查目的，可编制不同的检查表，应用灵活广泛；

④ 检查表易于掌握，检查人员按表逐项检查，能弥补其知识和经验不足的缺陷。

(2) 局限性

① 检查表的编制质量受制于编制者的知识水平及经验积累；

② 检查表法的实施也可能受分析人员的专业与经验限制，影响分析效果。

4.2.2　检查表的编制

当无适宜检查表可选用时，分析人员应根据分析对象正确选择分析单元，依据法规、标准、良好作业实践等编制检查表。

编制检查表是检查表法的重点和难点，编制检查表的项目内容应注意以下问题：

① 繁简适当、重点突出，有启发性；

② 针对不同分析对象有侧重点，尽量避免重复；

③ 有明确的定义，可操作性强；

④ 包括可能导致事故的一切不安全因素，确保能及时发现并消除各种安全隐患。

(1) 编制检查表时分析单元的划分

一般按照分析对象的特征确定检查表的分析单元，例如编制生产企业的安全生产条件检查表时，分析单元可分为安全管理单元、厂址与平面布置单元、生产储存场所建筑单元、生产储存工艺技术与装备单元、电气与配电设施单元、防火防爆防雷防静电单元、公用工程与安全卫生单元、消防设施单元、安全操作与检修作业单元、事故预防与救援处理单元和危险物品安全管理单元等。

(2) 检查表的类型

为了使检查表法的分析能得到系统安全程度的量化结果，逐步形成了多种有效的分析计值方法，根据分析计值方法的不同，常见的检查表有否决型检查表、半定量检查表和定性检查表三种类型。

① 否决型检查表　否决型检查表是给定一些特别重要的检查项目作为否决项，只要这些检查项目不符合，则将该系统总体安全状况视为不合格，检查结果就为"不合格"。这种检查表的特点是重点突出。

② 半定量检查表　半定量检查表是给每个检查项目设定分值，检查结果以总分表示，根据分值划分分析等级。其特点是可以对检查对象进行比较，但检查项目的准确赋值比较困难。

③ 定性检查表　定性检查表是罗列检查项目并逐项检查，检查结果以"是"、"否"或"不适用"表示，检查结果不能量化，但可以作出与法律、法规、标准、规范中具体条款是否一致的结论。其特点是编制相对简单，通常作为企业安全综合分析或定量分析以外的补充性分析。

(3) 编制检查表主要依据

① 有关标准、规程、规范、规定及良好的作业实践。为了保证生产安全，国家及有关部门发布了各类安全标准及文件，这些是编制检查表的主要依据。编制检查表过程中，检查条款的出处与依据应加以注明。

② 国内外事故案例。国内外同行业及本单位的事故案例、安全管理及生产中的有关经验，是检查表的一项重要内容。

③ 通过其他工艺危害分析手段，经过系统分析从而确定高风险部位及防范措施，也是检查表的内容。

④ 文献及信息检索。通过文献及信息检索，在编制检查表时应用最新的知识和研究成果。

表 4-2 为一检查表的示例。

表 4-2　检查表示例

装置布置

问　　题	编制依据	发　现	建　议
1. 厂区设备间距是否符合公司、行业或法规要求?			
2. 装置单元内设备/单元间是否有足够间距以使潜在火灾、爆炸影响对邻近区域的影响降至最低?			
3. 设备之间的间距是否满足维护操作的空间要求(如更换换热器管束、催化剂卸料或吊装管线设备等)以及动火作业的安全性?装置检维修是否可以不使用吊装设备(避免因落物等原因对设备管线造成机械损伤)?			
4. 设备间距是否便于日常操作(普通身材的操作员是否可以快速通过、到达)?			

4.2.3　典型检查表法的应用

国外一些大型炼油装置的新建过程中,往往在不同的设计阶段会进行火灾安全分析(Fire Safety Review,FSR)。这项分析基于所编制的详细检查表,由一个多专业人员组成的小组共同完成。初步设计阶段的 FSR 往往被视为是 PHA 的一部分,目的是识别各种可能的火灾场景、分析现有的设计、主动消防措施(喷淋系统、火灾与气体报警系统 FGS 等)及被动消防措施(设备间距、防火涂料要求等)、人员与应急计划的充分性。

典型的初步设计阶段 FSR 检查表分为三个部分:工艺与设备、火灾安全设施、人员与应急计划。

工艺与设备相关的问题包括以下 17 类(见表 4-3),使用者可以根据装置的特点进一步编制更加详细的问题清单。

表 4-3　典型 FSR 设备类检查表问题分类

1	设计基础与适用标准		10	公用工程
2	火灾后果分析		11	泵
3	隔离与物料存量		12	压缩机
4	紧急操作的风险		13	透平
5	对建筑物的危害		14	加热炉
6	关断阀		15	压力容器
7	管道		16	换热器
8	管道支架与管廊		17	储罐
9	吹扫与置换系统			

初步设计阶段 FSR 分析中所发现的问题和提出的建议,应该在详细设计阶段的设计工作及开车准备工作中进一步落实与完善。

4.2.4　检查表分析结果

根据检查的记录及评定,按照检查表的分析计值方法,对分析对象进行后果严重性评级。定性的分析结果随分析对象不同而变化，但需作出与标准或规范是否一致的结论。此外，检查表分析通常应提出提高安全性的可能措施。

检查表应列举需查明的所有会导致事故的不安全因素。它采用提问的方式，要求回答"是"或"否"。"是"表示符合要求，"否"表示存在问题有待于进一步改进。所以在每个提问后面也可以设改进措施栏。每个检查表均需注明检查时间、检查者、直接负责人等，以便分清责任。检查表的设计应做到系统、全面，检查项目应明确。

4.3 故障假设分析法

故障假设分析法（What- if）是一种对系统工艺过程或操作过程的创造性分析方法，目的在于识别危险性、危险情况或意想不到的事件。故障假设分析由经验丰富的人员执行，以识别可能事故情况、结果、存在的安全措施以及降低危险性的建议，所识别出的潜在事件通常不进行风险分级。

故障假设分析关注设计、安装、变更或操作过程中可能产生的异常事件。分析人员应熟悉工艺，通过提问（故障假设）来发现可能的潜在的事故隐患。通过假想系统中一旦发生严重事件，分析可能的潜在原因，以及在最坏的条件下可能导致的后果及事件发生的可能性。

故障假设分析方法在工程项目发展的各个阶段都可经常采用。

故障假设分析方法一般要求分析人员用"What…if 如果-怎么样"作为开头对有关问题进行考虑，任何与工艺安全有关的问题都可提出加以讨论。例如：

① 如果提供的原料组分发生变化，会怎样？

② 如果开车时给料泵停止运转，会怎样？

③ 如果操作工误动作打开阀 B 而不是阀 A，会怎样？

通常按专业及流程分类进行提问，如电气安全、消防、人员安全等不同分类。所有的问题都需使用表格的形式记录下来，记录应包含讨论的主要内容（见表 4-4），如提出的问题、回答（可能的后果）、现有安全措施、降低或削减风险的建议。对在役装置，操作人员应参与讨论，应考虑到任何与装置有关的不正常的生产条件，而不仅仅是设备故障或工艺参数变化。

表 4-4 故障假设分析记录表格

What…if 问题	原因	后果	现有措施	建议措施

4.3.1 结构化假设分析方法

结构化假设分析（SWIFT）是由具有创造性的故障假设分析方法与经验性的检查表分析方法组合而成的，它弥补了各自单独使用时的不足。

检查表分析方法是一种以经验为主的方法，用它进行分析时，成功与否很大程度取决于检查表编制人员的经验水平。如果检查表不完整，分析人员就很难对危险性状况作有效的分析。而故障假设分析法鼓励思考潜在的事故和后果，它弥补了检查表编制时可能的经验不足。此外，检查表使故障假设分析法更系统化。

SWIFT 分析可用于工艺项目的任何阶段。

与其他大多数的分析方法类似，该方法同样需要有丰富经验的一组人员共同来完成，这种方法常用于分析工艺系统的危害。虽然它也能够用来分析所有层次的事故隐患，但主要用于过程危险的初步分析，在此基础上，再用其他分析方法进行更详细的分析。

4.3.2 典型 SWIFT 方法的应用

在某炼厂的变电系统改造项目中，考虑到变电系统不是一个连续的化工过程，但是其安全性及稳定性对装置的稳定运行非常重要，而且变电系统又邻近工艺生产装置，因此选取了SWIFT方法作为风险辨识及危害分析的手段。在设计完成且施工方案确定之后，按以下分类进行了系统化的 SWIFT 分析。经过 2 天的 SWIFT 分析，共发现与消防设施、施工工序、应急计划相关的 10 项问题（见表 4-5），避免了在后续的建设与运行阶段的安全风险。

表 4-5 SWIFT 问题分类

问题	内容提要
材料问题（MP）	这类问题分析已知的或有记录的潜在危害，以及需要维持一些条件以确保装置能够安全地存储、处理和加工原料、中间体及成品
外部影响（EE/I）	这类问题是为了帮助识别因外部力量或条件而可能导致的危害场景。包括从火山爆发到地震，或寒冷的天气可能导致化学品单体的聚合反应被抑制等现象。同时还要考虑人为制造的随机事件，如纵火、暴乱，或附近的爆炸可能对所评估单元的影响
操作错误或其他人为因素（OE&HF）	SWIFT 分析团队应从操作人员的角度出发，对每一个操作模式分析其可能出现的错误操作。应特别注意的是，有很多的操作错误是由培训不足或不完整清晰的操作说明所导致的
分析或取样误差（A/SE）	该小组应讨论所有与分析或采样有关的要求及操作问题。这些问题可能包含范围很广，如：控制循环水冷却塔的结垢，到获得的关键流程的控制数据，甚至实验室技术人员在分析热不稳定的中间体时受伤
设备/仪表故障（E/IM）	该小组应考虑所有与机械和仪表故障相关的问题。其中很多故障非常明显，P&ID 上所显示的设备很多已经在操作错误或其他人为因素（OE&HF）中讨论，OE&HF 中的相关讨论可以作为设备/仪器故障的输入条件
异常工况及其他（PUUO）	这一类别是其他类别的讨论中被忽略或不适合归类的问题
公用系统故障（UF）	这类问题是直接就公用工程故障进行提问。应当注意考虑：外部影响、分析或取样误差、操作错误和其他人为因素、设备/仪表故障可能引起的公用工程系统失效
完整性失效或泄漏（IF/LOC）	这类问题是各个类别中最重要的。应关注其他类别的问题所导致的完整性失效或泄漏。完整性失效或泄漏也会引发如正常和紧急放空等相关讨论
应急措施（EO）	如果团队已对之前所有类别的各种问题的最终影响都分析透彻了，那么在这个阶段很少会发现新问题了。但单独考虑紧急操作是非常重要的，因为在讨论其他类别问题时，与紧急程序相关的错误可能没有那么容易发现
环境释放（ER）	最明显的释放是由完整性失效或泄漏引起的。使用紧急放空口时，各种机械故障和操作错误也必须要考虑。可以将环境释放作为故障树或事件树的起点，进一步分析环境释放所导致的毒气云扩散、火灾或爆炸等场景

4.4 危险与可操作性分析

英国帝国化学公司（Imperial Chemical Industries PLC，ICI）开发并于 1974 年正式发布了 HAZOP 技术，Trevor Kletz 等人在其著作中对 HAZOP 方法和应用做了详尽的叙述。

HAZOP 作为一个工艺危害分析工具，已经广泛应用于识别装置在设计和操作阶段的工艺危害，形成了 IEC 61822 等相关的国际标准。HAZOP 分析由一组多专业背景的人员以会议的形式，按照 HAZOP 执行流程对工艺过程中可能产生的危害和可操作性的问题进行分析研究。首先将装置划分为若干小的节点，然后使用一系列的参数和引导词，采取头脑风暴的方式进行审查，评估装置潜在的风险场景，评估其对安全、环境、健康和经济的影响。

除了传统的石油炼制、石油化工、医药化工、精细化工等工业领域，HAZOP 分析同样适于生物炼制等新能源领域的工业流程的工艺危害分析和操作程序的优化。

实施 HAZOP，可以产生如下收益：

① 执行 HAZOP 分析是企业实现"安全第一，预防为主"理念的有效措施；

② 强化分析团队对工艺术系统的认知能力，提升团队成员的安全意识；

③ 提升企业的过程安全管理（PSM）水平；

④ 避免火灾、爆炸、有毒物质排放等重大事故；

⑤ 审查是否符合标准或行业规范。

涉及工艺生产设施的新建、改建项目应进行 HAZOP 分析。同时，对在役设施，应自投产之日起每隔 3～5 年汇总装置变更，梳理曾经发生的工艺危害事件，应用 HAZOP 分析方法对其进行安全分析。

对涉及已有工艺生产设施变更的改建项目，应于设计阶段完成 HAZOP 分析；对与工艺生产相关的新建项目，原则上应于初步设计阶段完成第一次 HAZOP 分析；如后续有较大变更，应于详细设计阶段重新进行 HAZOP 分析。

4.4.1　HAZOP 分析内容

HAZOP 分析主要针对被分析对象涉及的管道及仪表流程图（P&ID）和相关文件进行安全审查。HAZOP 分析是对已有工艺方案的审查，是一种风险辨识的方法，不能希望通过 HAZOP 分析直接改进设计。

分析内容包括：

① 审查设计文件，对故障或误操作引起的任何偏差可能导致的危险进行分析，考虑该危险对工作场所人员和公众、场地、设备或环境的各种可能影响；

② 根据风险矩阵，综合分析小组意见，对偏差进行风险分级；

③ 审查已有的预防（Prevention）措施是否足以防止危险的发生，并将其风险降至可接受的水平；

④ 核查已有的防护（Recovery）措施是否足以使其风险降至可接受的水平；

⑤ 核查与其他装置之间连接界面的安全性；

⑥ 确保可以安全地开/停车、安全生产、安全维修。

4.4.2　人员组成及职责分工

HAZOP 分析小组成员应具有足够的知识和经验，能够在会上回答、解决大部分问题。成员来自设计方、业主方、承包商，应包括设计人员、各专业工程师和经验丰富的操作人员。

工作组人员经仔细挑选确定，并赋予向设计方、承包商等提出问题和建议的权力。小组至少包括如下人员：

  ① HAZOP 组长；

  ② HAZOP 秘书；

  ③ 工艺工程师；

  ④ 仪表工程师；

  ⑤ 安全工程师；

  ⑥ 操作/开车专家；

  ⑦ 其他相关专业工程师/专家。

HAZOP 组长应由工艺危害分析专家担任，在 HAZOP 分析中起主导作用。HAZOP 组长在分析中应客观公正；应积极鼓励、引导分析小组每位成员参与讨论；应引导工作组按照必要的步骤完成分析，而不偏离主题；应确保工艺或装置的每个部分、每个方面都得到了考虑；应确保所分析的各项内容，根据重要程度得到了应有的关注。

HAZOP 秘书负责记录 HAZOP 会议内容，并协助 HAZOP 组长编制 HAZOP 分析报告。秘书要经过 HAZOP 培训，熟悉 HAZOP 工作程序、工作方法、工程术语，能够准确理解、记录会议讨论内容。

其他成员应具有一定的能力和经验，能够充分了解设计意图及运行方式。成员应跟随 HAZOP 组长的引导，积极参与分析和讨论，利用自己的知识和经验响应每个步骤的分析内容和要求。

4.4.3　HAZOP 分析步骤

HAZOP 分析将不同工艺过程划分为适当的节点，采用引导词引导的方法，尽量找出偏离设计意图的所有可能的偏差。下述关键分析过程应给予特别关注。

4.4.3.1　划分节点

HAZOP 分析将根据一版供 HAZOP 审查的 P&ID 图纸进行。

每张 P&ID 上节点的划分应保证 HAZOP 审查详细、全面、有效。节点可以是流程中的一段管线或一个设备或其组合。在分析每张 P&ID 时，为保证分析效果，分析小组每次应仅重点讨论一个关注点。节点应在 P&ID 上采用不同颜色明确标识，说明每个节点的编号、起止点和中间部分，若一个节点涉及多张 P&ID，节点标识还应包括 P&ID 的连接编号。

在 HAZOP 分析前，HAZOP 组长应预先对 P&ID 进行节点划分，并在 HAZOP 分析会议前，就其预先划分的节点向 HAZOP 分析小组成员进行介绍，必要时，可以根据小组成员的建议进行节点调整。HAZOP 分析的节点应取得小组成员的一致认同。

4.4.3.2　解释设计意图

工艺工程师有责任在 HAZOP 分析之前向分析小组成员解释所分析节点的流程和设计意图。只有分析小组成员对设计意图和参数有了清晰准确的理解和把握，才能保证之后 HAZOP 分析的讨论富有成效。建议工艺工程师对节点中每条管线的设计意图均予以介绍，以方便小组成员理解流量、温度和压力等相关工艺参数。

4.4.3.3　偏差

分析每个节点时，都应将引导词与适当的工艺参数组合，以生成偏离了设计意图的偏差。例如"无"这个引导词通常和"流量"组合在一起，表示"无流量"。其他引导词"过大"、"反向"、"过小"等和"流量"组合在一起，则表示"流量过高"、"逆流"、"流量过低"等偏差。

HAZOP分析常用的引导词见表4-6。需要特别说明的是，HAZOP组长可以在分析时决定是否选用其他引导词和工艺参数。

表4-6　常用引导词及其含义

引　导　词	含　　　　义
无	设计或操作意图的完全否定
过多、过大	同设计值相比,相关参数的量化增加
过少、过小	同设计值相比,相关参数的量化减少
伴随、以及	相关参数的定性增加。在完成既定功能的同时,伴随多余事件发生,如物料在输送过程中发生相变、产生杂质、产生静电等
部分	相关性能的定性减少。只完成既定功能的一部分,如组分的比例发生变化、无某些组分等
逆向/反向	出现和设计意图完全相反的事或物,如液体反向流动、加热而不是冷却、反应向相反的方向进行等
除此以外	出现和设计意图不相同的事或物,完全替代;如发生异常事件或状态、开停车、维修、改变操作模式等

4.4.3.4　分析偏差产生的根本原因

引导词和工艺参数的组合可以得到很多偏差，但HAZOP分析只关注并记录那些有意义的偏差，不论这些偏差的分析最后是否会得出相关建议。

所谓有意义的偏差是指偏差产生的根本原因是实际可能发生的，其可能造成的后果会产生危险或带来操作问题。表4-7中对典型的偏差及其生成的可能原因进行了介绍。

表4-7　典型偏差及导致其发生的可能原因

偏　　差		可能原因
引导词	参数	
无	流量	阀门关闭、错误路径、堵塞、盲板法兰遗留、错误的隔离(阀/隔板)、爆管、气锁、流量变送器/控制阀误操作、泵或容器失效/故障、泄漏等
过多	流量	泵能力增加(泵运转台数错误增加)、需要的输送压力降低、入口压力增高、控制阀持续开、流量控制器(限流孔板)误操作等
	压力	压力控制失效、安全阀等故障、高压连接处泄漏(管线和法兰)、压力管道过热、环境辐射热、液封失效导致高压气体冲入、气体放空不足等
	温度	高环境温度、火灾、加热器控制失效、加热介质泄漏入工艺侧等
	液位	进入容器物料超出溢流能力、高静压头、液位控制失效、液位测量失效、控制阀持续关闭、下游受阻、出口隔断或堵塞等
	黏度	材料、规格、温度变化
过少	流量	部分堵塞、容器/阀门/流量控制器故障或污染、泄漏、泵效率低、密度/黏度变化等
	压力	压力控制失效、释放阀开启等没回座、容器抽出泵造成真空、气体溶于液体、泵或压缩机入口管线堵塞、放空时容器排放受阻、泄漏、排放等
	温度	结冰、压力降低、热交换不足、换热器故障、低环境温度等
	液位	相界面破坏、气体窜漏、泵气蚀、液位控制失效、液位测量失效、控制阀持续开、排放阀持续开、入口受阻、出料大于进料等
	黏度	材料、规格、温度变化、溶剂冲洗等

偏差		可能原因
引导词	参数	
逆向	流量	参照无流量,以及:下游压力高、上游压力低、虹吸、错误路径、阀门故障、事故排放(紧急放空)、泵或容器失效、双向流管道、误操作、在线备用设备等
部分	组分	换热器内漏、进料不当、相位改变、原料规格改变等
伴随	流量	突然压力释放导致两相混合、过热导致气液混合、换热器破裂导致被换热介质污染、分离效果差、空气/水进入、残留水压试验液体、物料隔离失效等
	污染物(杂质)	空气进入、隔离阀泄漏、过滤失效、夹带等
除此以外	维修	隔离、排放、清洗、吹扫、干燥等
	开、停车	

4.4.3.5 评估后果和安全措施

每个有意义的偏差,分析小组都应对其所有直接和间接的后果进行分析。另外,对那些在设计中已有的、可以防止危险发生或减轻其后果的安全措施,也应进行讨论、记录。

在分析后果时如果还需要其他额外信息,则应将该情况作为对将来下一步工作的要求,记录在分析报告中,然后继续 HAZOP 分析。建议由 HAZOP 组长指派负责人进行收集信息。分析小组应尽量在 HAZOP 分析会议上解决尽可能多的关键问题、难题。

4.4.3.6 确定风险等级

HAZOP 分析中对每个偏差所导致的风险进行风险定级的目的是帮助定性评估风险程度,由此确定分析结论中每项建议措施的优先级别,并明确需进行定量风险分析的场景。

HAZOP 组长和小组成员应在 HAZOP 分析会议前就风险矩阵对项目 HAZOP 分析的适用性进行确认,必要时可以更新。确定了风险矩阵后,对每一个有意义的偏差,分析小组应一起判断后果的严重度和偏差发生的可能性等级,根据风险矩阵确定风险程度。

4.4.3.7 结论记录和建议措施

偏差、原因、后果、安全措施和建议措施都应进行记录,以便后续的变更管理和跟踪建议措施的落实情况。

HAZOP 分析记录表应记录所有有意义的偏差。在讨论这些偏差时,HAZOP 秘书应记录与会者达成共识、取得一致意见的所有信息。每个偏差讨论时至少应该记录引导词、偏差、原因、后果、安全措施(若有)、建议措施(若有)、责任方(见表 4-8)。

表 4-8 HAZOP 分析记录表格

项目名称					日期					
节点编号			节点描述		节点对应 PID					
序号	参数	偏差	偏差描述	原因	后果	现有措施	建议措施	建议类别	建议号	责任方	备注

4.4.3.8 明确建议措施的责任方

HAZOP 分析提出的建议措施,其表述应清晰明确,具有可操作性。HAZOP 分析小组应在分析会议上就提出的建议措施明确具体的责任方（个人或部门），由责任方负责对建议措施进行响应。

4.4.3.9 HAZOP 分析流程图

HAZOP 分析流程图见图 4-5。

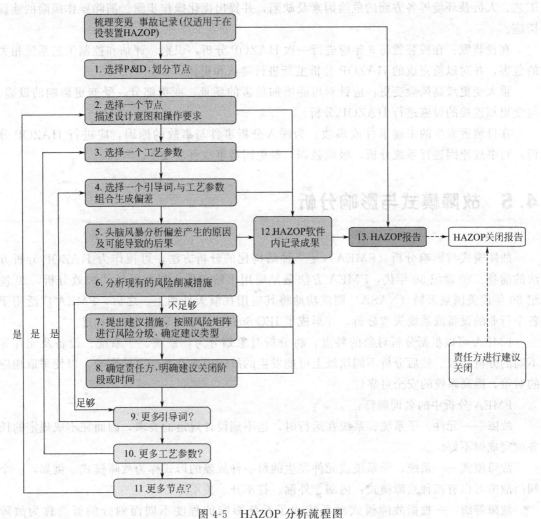

图 4-5　HAZOP 分析流程图

流程图中的框内文字（从上到下）：

梳理变更 事故记录(仅适用于在役装置HAZOP)

1. 选择P&ID，划分节点

2. 选择一个节点 描述设计意图和操作要求

3. 选择一个工艺参数

4. 选择一个引导词，与工艺参数组合生成偏差

5. 头脑风暴分析偏差产生的原因及可能导致的后果

6. 分析现有的风险削减措施

不足够

7. 提出建议措施，按照风险矩阵进行风险分级，确定建议类型

8. 确定责任方，明确建议关闭阶段或时间

足够

9. 更多引导词？

10. 更多工艺参数？

11.更多节点？

是 是 是

12.HAZOP软件内记录成果

13. HAZOP报告

HAZOP关闭报告

责任方进行建议关闭

4.4.4　典型 HAZOP 分析应用

某大型化工集团公司的管理要求中明确规定了各个阶段 HAZOP 分析的目的及要求：

工艺包阶段：对于新开发的工艺包，对工艺包进行 HAZOP 审查。确认 HAZOP 已辨识工艺危害，并提出与工艺可实现性、安全性、可操作性有关的建议，包括考虑使用本质安全的技术。

基础设计阶段：应派遣有生产操作经验的人员参加 HAZOP 审查会，对所有主辅工艺系统、公用工程进行系统、深入的 HAZOP 分析，辨识所有工艺危害，并提出消除或控制工艺危害、优化操作与检维修的相关建议。

详细设计阶段：详细设计阶段产生的设计变更，应及时进行 HAZOP 分析。辨识设计变更对相关设施、工艺产生的危害，并提出消除或控制危害的建议。该阶段的 HAZOP 分析应对前期 HAZOP 分析建议关闭与落实情况进行审查与分析。基础设计阶段未进行 HAZOP 审查的关键成套设备应在该阶段进行 HAZOP 分析。

在新改扩建装置开车前，针对高风险的作业与操作程序进行 HAZOP 分析，识别设施、工艺、人员及环境等各方面的危险因素及缺陷，并提出优化操作步骤、消除操作风险的建议措施。

在役装置：在役装置每 3 年应进行一次 HAZOP 分析，识别、评估和控制工艺系统相关的危害，并对以前完成的 HAZOP 分析重新进行确认和更新。

重大变更或高风险变更：应针对可能增加危害的场景、变更部分、受变更影响的设施、与变更相连接的设施进行 HAZOP 分析。

在役装置发生的未遂事件或事故：为深入分析事件与事故的原因，应进行 HAZOP 分析，对事故原因进行系统分析，吸取教训，避免同类事故再次发生。

4.5 故障模式与影响分析

故障模式与影响分析（FMEA）是一种结构化的分析方法，可视作为 HAZOP 分析方法的前身。20 世纪 50 年代，FMEA 方法最早应用于航空器主操控系统的失效分析，20 世纪 60 年代美国航天局（NASA）则成功地将其应用在航天计划上。之后，FMEA 广泛用于各个行业的设备或系统失效分析，并形成了 IEC 60812—2006 等相关国际标准。

FMEA 可以根据分析对象的特点，将分析对象划分为：系统、子系统、设备及元件等不同的分析层级。然后分析不同层级上可能发生的故障模式及其产生的影响，以便采取相应的对策，提高系统的安全可靠性。

FMEA 分析中的名词解释：

故障——元件、子系统、系统在运行时，达不到设计规定的要求，因而完不成规定的任务或完成得不好。

故障模式——系统、子系统或元件发生的每一种故障的形式称为故障模式。例如，一个阀门故障可以有四种故障模式：内漏、外漏、打不开、关不严。

故障等级——根据故障模式对系统或子系统影响的程度不同而划分的等级称为故障等级。

4.5.1 FMEA 分析步骤

进行 FMEA 分析时须按照下述步骤。

(1) 明确系统本身的范围与功能

分析时首先要熟悉有关资料，从设计说明书等资料中了解系统的组成、任务等情况，查出系统含有多少子系统，各个子系统又含有多少单元或元件，了解它们之间如何接合，熟悉它们之间的相互关系、相互干扰以及输入和输出等情况。将分析对象划分为：系统、子系统、设备及元件等不同的分析层级。

(2) 确定分析范围和层级

FMEA 分析应根据分析意图，首先决定分析到系统、子系统、设备及元件的哪一个层级。如果分析程度层级过浅，就会漏掉重要的故障模式，得不到有用的数据；如果分析层级过深，一切都分析到元件甚至零部件，则会造成分析过程过于复杂，耗时过长。经过对系统的初步了解后，应根据系统功能设计，确定子系统及设备的关键程度。对关键的子系统可以加深分析层级，不重要的子系统分析层级较浅甚至可以不分析。

（3）绘制系统图和可靠性框图

一个系统可以由若干个功能不同的子系统组成，如设备、管线、电气、控制仪表、通信系统等，其中还有各种界面。为了便于分析，复杂系统可以绘制包含各功能子系统的系统图以表示各子系统间的功能关系，简单系统可以用流程图代替系统图。

从系统图可以继续画出可靠性框图，它表示各元件是串联的或并联的以及输入输出情况。由几个元件共同完成一项功能时用串联连接，冗余元件则用并联连接，可靠性框图内容应和相应的系统图一致。

（4）列出所有故障模式并选出对系统有影响的故障模式

按照可靠性框图，根据过去的经验和有关的故障资料，在选定的分析层级内，分析所有故障模式对系统或装置的影响因素，填入 FMEA 表格（见表 4-9）内。然后从其中选出对子系统以至系统有影响的故障模式，深入分析其影响后果、故障等级及应采取的措施。

表 4-9　故障模式和影响分析记录表格

编号	名称	任务阶段工作方式	功能	故障模式	故障原因	故障影响			故障检测方法维修方法	建议措施
						局部	上一级	系统		
1	液压系统									

故障模式描述故障是如何发生的（开启、关闭、开、关、泄漏等），故障模式的影响是由设备故障对系统的应答决定的。FMEA 辨识可直接导致事故或对事故有重要影响的单一故障模式。在 FMEA 中通常不直接确定人的影响因素，但人员误操作影响可作为单独的设备故障模式进行分析。一般来说，FMEA 不能有效地辨识设备故障组合。

流程工业的失效模式应符合 ISO 14224—2004《石油天然气设备可靠性及维修数据收集与交换》的分类规定。

为了确保 FMEA 的分析效果，FMEA 应由不同专业的人员共同进行分析。

对有可能导致人员伤亡或系统功能失效的这些严重性特别大的故障模式，需特别注意，可采用失效模式与影响关键性分析（FMECA）进一步分析，过程如下：

① 列出引起故障模式的原因及可能导致的后果。

② 辨识现有检测措施及维修方法。

③ 提出建议措施。

4.5.2　故障原因分析

按照故障发生的时间，故障可分为早发性故障、突发性故障和渐发性故障。按照故障发生的原因，故障可分为人为性故障和自然性故障。在原因分析中可以按以上不同类型逐一进行原因分析。

（1）设备故障按故障发生的时间分类

① 早发性故障　由机械设备的设计、设备零部件的设计、制造、装配及设备的安装调试等方面存在问题而引起。早发性故障可通过重新安装、调试或改进设计、更换零部件等措施解决。

② 突发性故障　由各种不利因素、偶然的外界因素共同作用的结果，这种故障的发生具有偶然性。偶然性和突发性的故障一般与使用时间无关，难以预测。

③ 渐发性故障　由于机械设备零部件的各项技术参数的劣化过程逐渐发展而形成。劣化过程主要包括磨损、腐蚀、疲劳、老化、润滑油变质等因素。这种故障的特点是其发生概率与使用时间有关，故障只是在零部件有效寿命的后期才明显地表现出来。渐发性故障一旦发生，则说明机械设备或设备的部分零部件已经老化了。如离心泵的叶轮、密封环等的磨损以及往复式压缩机活塞环、缸套等的磨损造成的内漏逐渐增大，当达到某一泄漏量时，故障就明显地表现出来，表现为输出流量不足，输出压力下降等；机械密封、填料密封等密封件的老化、磨损随时间而加剧，当达到有效寿命期时就失去了密封作用，导致物料的泄漏，造成物料损失、环境污染，严重时还会造成火灾、爆炸等事故发生；机械设备的轴承的疲劳、磨损随时间而加剧，当达到磨损极限时，轴承就会振动、失效，进而造成整个设备的振动故障；机械设备润滑油的变质随时间而加剧，造成润滑不良，引发设备的种种故障等。由于此类故障有逐渐发展的过程，所以通常是可以预测的。

（2）设备故障按故障发生的原因分类

① 人为性故障　机械设备由于使用了不合格的零部件、机械元器件或违反了装配工艺、使用技术条件和操作技术规程；或安装、使用不合理和维护保养不当，使机械设备或机械元器件过早地丧失了应有的功能而产生的故障。

② 自然性故障　机械设备在其使用和保存期内，由于正常的不可抗拒的自然因素影响而引起的故障都属于自然性故障。如正常情况下的磨损、腐蚀、老化、蠕变等损坏形式均属于这一故障范围。这类故障一般在预防维修过程中按期更换寿命终结的零部件即可排除故障。

4.5.3　FMEA 的建议与应用

设备维护检修策略即为使设备长周期、稳定、满负荷高效运行，减少设备故障所采取的设备运行管理、维修管理的方法和措施。设备维护检修策略是 FMEA 所提出的措施类型之一。

根据不同设备故障的不同起因，采取的维护检修策略也有所不同。各种维护检修策略有的基于设备/生产系统安全性的考量，有的基于经济性，有的基于设备可靠度的提升。应结合设备运行、维修的安全稳定性、经济性和有效性，针对设备故障原因和根本原因，选取最有效、适用的设备维护检修策略。生产过程中维护检修策略可分为以下几类：

① 基于时间的维护，即预防性维护，就是按照供应商/设备制造商的技术要求及 API 标准/检修规程技术要求等，制定基于时间的设备维护日程、计划，对设备及零部件进行定期检查或更换。

② 基于状态的维护，即预测性维护，是依靠状态监测和故障诊断技术，实行以预防性、预测性为主的维护方法。利用状态监/检测仪器、系统，能够在机械设备发生故障的初始阶段发现征兆，预测故障的发展趋势、判断故障模式和故障部位，为机械设备故障早期诊断提

供可靠依据，以便及时消除故障，避免故障后果。通过加强设备现场巡检，也可以及时发现并消除故障。

③ 功能测试，定期校验。即定期对设备及元器件功能进行校验，主要用于设备的安全联锁及控制系统，开启系统并观察其是否工作。例如对于装置/设备联锁、仪表电气元件功能等进行定期功能测试，可以及时判断设备的隐性故障，避免事故的发生。

④ 纠正性维护。即在设备出现故障后进行维修，适用于那些不能利用现有技术方法及早判断、突发性及对生产/设备影响较小的故障的管理。

⑤ 一线维护（操作工巡检任务）。即在设备正常运转情况下，对设备日常巡检、点检的维护活动，如监测振动、温度、转动声音异常、保持设备清洁、消除设备小的跑冒滴漏现象、检查设备润滑情况、检查设备地脚螺栓连接紧固情况等。

⑥ 设计和操作更改（改进操作）。就是通过提高工艺操作水平、优化工艺参数、提高设备维修装配技能等来消除或避免人为因素造成的故障。除此之外，对于频繁发生的或由零部件缺陷引起的故障，还要从零部件重新设计或重新选材等方面考虑，以彻底解决问题。

例如，对于单级离心泵而言，"振动或异响"为其多个故障模式中的一种，分析单级离心泵故障模式"振动或异响"的故障原因、根本原因及维护/维修策略，可以按照如下思路进行（见表4-10）。

表 4-10　故障模式和影响分析的思路

故 障 原 因	根 本 原 因	制定的维护/维修策略
离心泵与电动机之间联轴器对中找正的误差过大	人员安装问题	确定维护/维修策略为改进操作；通过技能培训、提高人员的维修安装技能
轴承磨损或间隙过大	耗损性磨损或零部件质量差	基于时间的维护/基于状态的维护，根据设备零部件的运行时间或根据状态监测设备监测的轴承运行状况来制定设备维修计划和方案，可以通过加强轴承润滑管理、选择高品质设备零部件和提高零部件安装精度
转子不平衡	装配或零部件加工制造造成转子不平衡	基于状态的维护，根据设备运行情况及状态监测情况制定设备的维修计划和方案，可以通过控制零部件的加工和装配质量来避免此类故障的发生
汽蚀或气缚	人员操作问题 安装高度	操作规程培训、操作技能培训，严格控制工艺指标操作 调整安装高度

4.6　故障树分析

故障树分析（FTA）是一种描述事故因果关系的系统化图形分析法，即表示故障事件发生原因及其逻辑关系的逻辑树图。它能对各种系统的危险性进行识别分析，既适用于定性分析，又能进行定量分析。

20 世纪 60 年代初期美国贝尔电话研究所为研究民兵式导弹发射控制系统的安全性问题开始对故障树进行开发研究，从而为解决导弹系统偶然事件的预测问题作出了贡献。其后，波音公司进一步发展了 FTA 方法，使之在航空航天工业方面得到应用。60 年代中期，FTA 由航空航天工业发展到以原子能工业为中心的其他产业部门。1974 年美国原子能委员会发表了关于核电站灾害危险性分析报告——拉斯姆逊报告，对 FTA 作了大量和有效的应用，引起了全世界广泛的关注。目前，此种方法已在许多工业部门得到运用，并形成了 IEC 61025—2006 等相关国际标准。

　　FTA 不仅能分析出事故的直接原因，而且能深入揭示事故的潜在原因，因此在工程或设备的设计阶段、事故调查或编制新的操作方法时都可以使用。

　　详细的 FTA 计算方法，在本书第 6 章中做详细介绍。

　　FTA 主要分为定性与定量分析两种。

　　定性分析主要是针对故障树分析其结构，求出故障树的最小割集和最小径集，从中得到基本事件与顶上事件的逻辑关系，即故障树的结构函数。为达到此目的，必须经过以下几个步骤，即化简故障树、求最小割集、求最小径集、计算各基本事件结构重要度、得出定性分析结论。最小割集与最小径集反映了系统危险的程度，一般认为，故障树最小割集越多，系统越危险；而最小径集越多，系统越安全。

　　定量分析的主要目的是根据引起事故发生的各基本原因事件的发生概率，计算故障树顶上事件的发生概率。定量分析的 10 个步骤包括：

　　① 熟悉系统　了解系统情况，包括工作程序、各种重要参数、作业情况，围绕所分析的事件进行工艺、系统、相关数据等资料的收集，必要时画出工艺流程图和布置图。

　　② 调查事故　要求在过去事故案例、有关事故统计基础上，尽量广泛地调查所能预想到的事故，即包括已发生的事故和可能发生的事故。

　　③ 确定顶上事件　顶上事件就是我们所要分析的对象事件。选择顶上事件，一定要在详细了解系统运行情况、有关事故的发生情况、事故的严重程度和事故的发生概率等资料的情况下进行，而且事先要仔细寻找造成事故的直接原因和间接原因。然后，根据事故的严重程度和发生概率确定要分析的顶上事件，将其扼要地填写在矩形框内。顶上事件可以是已经发生过的事故，也可以是未发生过的事故。如精馏塔泄漏导致火灾，通过编制故障树，找出事故原因，制定具体措施，防止事故再次发生。

　　④ 确定控制目标　根据以往的事故记录和同类系统的事故资料，进行统计分析，求出事故发生的概率（或频率），然后根据这一事故的严重程度，确定我们要控制的事故发生概率的目标值。

　　⑤ 调查或分析事件原因　顶上事件确定之后，为了编制好故障树，必须将造成顶上事件的所有直接原因事件尽可能找出来。直接原因事件可以是机械故障、人的因素或环境原因等。主要方法有：

　　a. 调查与事故有关的所有原因事件和各种因素，包括设备故障、机械故障、操作者失误、管理和指挥错误、环境因素等，尽量详细查清原因和影响；

　　b. 召开讨论会，共同进行分析；

　　c. 根据以往的经验进行分析，确定造成顶上事件的原因。

　　⑥ 绘制故障树　这是 FTA 的核心部分。在找出造成顶上事件的各种原因之后，就可以从顶上事件起进行演绎分析，一级一级地找出所有直接原因事件，直到所要分析的深度，再用相应的事件符号和适当的逻辑门把它们从上到下分层连接起来，层层向下，直到最基本的

原因事件，这样就构成一个故障树。故障树图是逻辑模型事件的表达，各个事件之间的逻辑关系应该相当严密、合理。否则在计算过程中将会出现许多意想不到的问题。在制作故障树图过程中，要进行反复推敲、修改，有时还要推倒重来反复多次。在用逻辑门连接上下层之间的事件原因时，逻辑门的连接问题是非常重要的，它涉及各种事件之间的逻辑关系，直接影响以后的定性分析和定量分析。例如，若下层事件必须全部同时发生时上层事件才会发生，必须用"与门"连接。

⑦ 定性分析　根据故障树结构进行化简，求出故障树的最小割集和最小径集，确定各基本事件的结构重要度排序。当割集的数量太多，可以通过程序进行概率截断或割集阶截断。

⑧ 计算顶上事件发生概率　首先根据所调查的情况和资料，确定所有原因事件的发生概率，并标在故障树上。根据这些基本数据，求出顶上事件（事故）发生概率。

⑨ 进行平行比较，确认故障树　例如分析一个设备的失效，要根据可维修系统和不可维修系统分别考虑。对可维修系统，把求出的概率与通过历史数据统计分析得出的概率进行比较，如果二者不符，则必须重新研究。另外还应确认原因事件是否齐全、故障树逻辑关系是否清楚、基本原因事件的数值是否设定得过高或过低等。而对不可维修系统，求出顶上事件发生概率即可。

⑩ 定量分析（详见第6章）包括下列三个方面的内容：

a. 当事故发生概率超过预定的目标值时，要研究降低事故发生概率的所有可能途径，可从最小割集着手，从中选出最佳方案；

b. 利用最小径集，找出根除事故的可能性，从中选出最佳方案；

c. 求各基本原因事件的临界重要度系数，从而对需要治理的原因事件按临界重要度系数大小进行排队，或编出安全检查表，以求加强人为控制。这一阶段的任务是很多的，它包括计算顶上事件发生概率即系统的点无效度和区间无效度，此外还要进行重要度分析和灵敏度分析。

4.7　风险辨识方法的选择

CCPS 的 *Guidelines for Hazard Evaluation Procedures* 一书中推荐了选择风险辨识与工艺危害分析方法的7个步骤，见表4-11。

表 4-11　风险辨识方法的选择步骤

1. 定义审查形式			
新审查	对之前审查的再次确认	重新审查	特殊要求
2. 确定所需结果			
危害清单	问题/隐患清单	结果的优先顺序排序	
危害筛选	行动项目	QRA 输入条件	
3. 确认工艺安全信息			
物料	相关经验	现有工艺	
化学反应	工艺流程图	程序	
物料存量	管道及仪表流程图	运营历史	

4. 考虑装置特点

复杂性/大小	过程类型		操作类型		
简单/小	化学过程	电气的	固定设备	永久	连续
复杂/大	物理过程	电子的	运输系统	短暂	半连续
	机械过程	计算机			间歇
	生物过程	人员			

自然危害			相关场景/事故/事件		
毒性	反应活性	粉尘爆炸	单一失效	不正常工况	程序
易燃性	放射性	物理危害	多重失效	硬件	软件
爆炸性	腐蚀性	其他	物料泄漏事件		人员
			生产中断事件		

5. 考虑相关经验

运行经验	事故经验	相关经验	感知风险
长	经常性	没有变化	高
短	很少	很少变化	中等
没有	许多	很多变化	低
只有相似装置经验	没有		

6. 确认所需资源

技术人员	时间要求	资金需求	分析/管理选择

7. 选择分析方法

在选择风险辨识与工艺危害分析的过程中还需要考虑以下因素：

① 基于经验但不限于经验。不能因为没有发生过事故就认为不存在风险，因此不进行 PHA。经验只能证明风险在某一特定条件下得到控制，而不是不存在风险。

② 明确分析对象，及分析对象可能导致的不利后果。

③ 基于不同项目阶段需求及输入信息的详细程度，合理选择分析方法。

在流程工业项目的全生命周期中，各个阶段的典型 PHA 方法选择如表 4-12。

表 4-12 不同项目阶段中风险辨识方法的选择

项 目 阶 段	文 件 准 备	可选用的分析方法
1. 预可研阶段	工艺描述、项目预期地点/平面布置、危化品存量及类似项目以往事故	检查表/What-if 分析
2. 工艺包开发及设计阶段	平面布置、工艺流程图、环境数据、控制原则及危化品存量	What-if 分析和/或 HAZOP 分析
3. 项目实施阶段		
3.1 基础及详细设计	平面布置、工艺流程图、管道及仪表流程图、隔离段划分原则、操作原则及环境数据	What-if 分析和/或 HAZOP 分析
3.2 土建阶段	土建计划、土建程序、环境数据、应急程序、人员与设备的运输方案等	JHA、What-if 分析和/或基于作业程序的 HAZOP 分析

项 目 阶 段	文 件 准 备	可选用的分析方法
3.3 安装阶段	安装计划、安装程序、动复原计划、环境影响、应急程序、人员与设备的运输方案等	What-if 分析、HAZOP 分析、FMEA 分析、JHA
3.4 竣工阶段	竣工计划、竣工程序、危化品存量、隔离段划分、环境影响、应急程序及交通运输等	What-if 分析和/或 HAZOP 分析，开车前安全审查 PSSR
4. 运营阶段(在役设施)	工艺流程图、管道及仪表流程图、隔离段划分原则、操作原则、环境数据、应急响应程序等 完成公司主要危险源及风险等级评估，包括单元或隔离段划分、物料存量、装置定员、周边区域人口数据、临近工厂/装置	What-if 分析和/或 HAZOP 分析，检查表
5. 设计及在役期间的变更	重大变更应从变更的设计阶段开始分析	What-if 分析、HAZOP 分析
6. 设施退役及拆除	退役计划、退役程序、环境影响、危化品存量、动复原计划、应急程序及交通运输	What-if 分析、HAZOP 分析和/或 FMEA 分析、JHA

4.8 案例分析

以下案例中，通过对仪表风储罐及空压机这一简单流程（见图 4-6），举例说明不同 PHA 方法的应用。

其中：

空压机为往复式压缩机，空压机为单台配置，通过 PIC 压力控制回路控制压缩机启停。

仪表风缓冲罐设计压力为 0.8 MPa(表压)

减压阀下游调节压力为 0.5 MPa(表压)

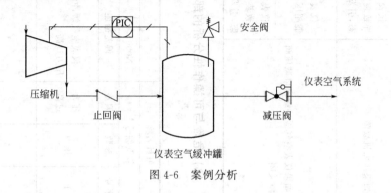

图 4-6 案例分析

(1) 故障假设分析法的部分分析结果（见表 4-13）

表 4-13　故障假设分析案例

故障假设分析	后果/危险	现有措施	建议措施	责任人
如果压缩机故障	仪表空气系统压力降低，可能导致装置内气动阀门处于失效状态，引发系统停车	设有仪表空气缓冲罐	压缩机应设置备机，并自启动。仪表空气缓冲罐应有足够的仪表空气缓冲时间（20～30min），供操作人员处理故障或根据应急程序停车	设计院
	仪表空气缓冲罐压力升高，可能超压；损坏设备	仪表空气缓冲罐设有 PIC 压力控制回路以控制压缩机变频/负荷。仪表空气缓冲罐上设有安全阀，避免超压对设备本体造成损坏。		
如果仪表空气缓冲罐出口减压阀故障关闭	仪表空气系统压力降低，可能导致装置内气动阀门处于失效状态，引发系统停车		仪表空气缓冲罐出口减压阀应为故障打开（FO形式）	设计院

(2) 危险与可操作性分析的部分分析结果（见表 4-14）

表 4-14　HAZOP 分析示例

HAZOP 分析示例　仪表空气经压缩机压缩后送入仪表空气缓冲罐，再经调压后送入仪表空气系统

项目名称	节点编号	节点描述	日期
	N0001	仪表空气缓冲罐	

序号	参数	偏差	偏差描述	原因	后果	现有措施	建议措施	建议类别	建议号	责任方	备注
1	压力	压力过高	仪表空气缓冲罐压力过高	仪表空气 PIC 控制回路故障（压缩机转速过快）	仪表空气缓冲罐可能超压损坏，仪表空气用户可能受影响	仪表空气缓冲罐上设有安全阀；压缩机转速指示	仪表空气进各装置的总管上增设压力远传指示及低压报警	安全	1.1	设计方	
							仪表空气缓冲罐上压力指示考虑增设高低压报警	操作	1.3	设计方	

责任对应 PD

说明：
建议中设置的仪表风总管上压力报警为一个独立的变送器，在 PIC 回路故障时可以提示操作人员及时处置异常工况，如将压缩机 PIC 回路切换至手动控制模式，压缩机定速运行。并采取以上措施，可以规避后果中所描述的场景出现。
通过设置损坏的 PIC 回路。

HAZOP 分析示例

项目名称		节点编号	N0001	节点描述	仪表空气经压缩机压缩后送入仪表空气缓冲罐,再经调压后送入仪表空气系统		日期			

序号	参数	偏差	原因	后果	现有措施	建议措施	建议类别	建议号	责任方	备注
			仪表空气缓冲罐出口减压阀故障关闭	仪表空气缓冲罐可能超压损坏	仪表空气缓冲罐上压力指示;仪表空气缓冲罐上设有安全阀	确认仪表空气缓冲罐上安全阀泄放管径是否满足下游最大堵塞场景下的泄放量要求	安全	1.2	设计方	
				仪表空气用户(气动控制阀门)受影响		仪表空气缓冲罐出口减压阀应为故障打开(FO)形式;考虑仪表风线上设置的并联双减压阀,罐出口管线上设置不同的并联双减压阀,提高系统的可靠性	安全	1.4	设计方	
2	压力	压力过低	压缩机故障	下游仪表空气系统压力降低,仪表风系统可能受影响	压缩机转速指示;仪表空气缓冲罐上压力指示	压缩机应设置备机,并自动启动				
			仪表空气缓冲罐上PIC控制回路故障(压缩机转速过慢)	下游仪表空气系统压力降低,仪表风系统可能受影响	压缩机转速指示;仪表空气缓冲罐上压力指示	参见建议号1.2、1.3				
			减压阀故障,开度过大	下游仪表空气系统压力升高,仪表空气系统可能受影响	仪表空气缓冲罐上压力指示	参见建议号1.2、1.3				
3	组分	组分变化	仪表空气中水含量增加,或带有润滑油							

说明:

在这一原因分析中,可能同时产生两个不同的后果,仪表风系统用户的后果及仪表风用户应供应中断。

因此其措施也是不同的,确认仪表风储罐上PSV泄放能力,是为了减少超压所带来的风险。而建议增设设定点不同的并联双减压阀,是为了提高仪表风系统的可靠性,避免仪表风系统供应中断。

(3) 故障树法分析的部分分析结果（见图 4-7）

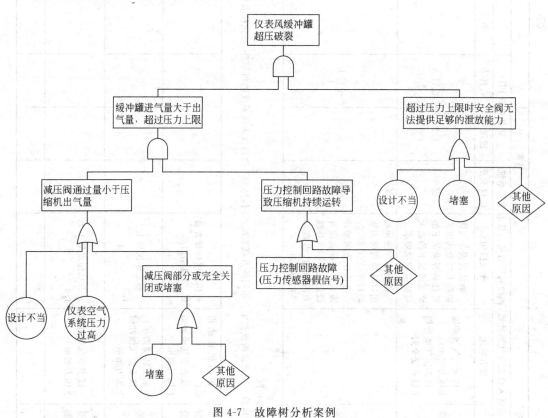

图 4-7 故障树分析案例

● 习题

1. 简述 HAZOP 分析步骤及流程，并描述 3 种以上可能导致 HAZOP 分析不成功的原因。

2. 完成以下仪表风储罐及空压机流程有关组分变化的 HAZOP 分析。

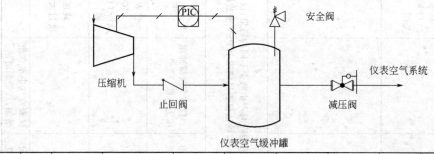

序号	参数	偏差	偏差描述	原因	后果	现有措施	建议措施	建议类别	建议号	责任方	备注
1	组分	组分变化	仪表空气中水含量增加，或带润滑油								

3. 描述检查表法的主要特点与优缺点，并举例说明一个典型应用。

4. 某石化公司将在现有罐区旁，拆除一台报废停用的 $5000m^3$ 汽油常压储罐，并重新设计建造两台 $1000m^3$ 液化石油气高压球罐。假定你是石化公司的负责人，请描述你将如何规划项目建设的不同阶段（拆除、设计、施工、投产运行）中的风险辨识工作，并说明该项目不同阶段中风险辨识工作的目的、工作范围和工作方法。

参 考 文 献

[1] API RP 14C. Recommended practice for analysis，design，installation，and testing of basic surface safety systems for offshore production platforms. American Petroleum Institute，2001.

[2] GB/T 16483. 化学品安全技术说明书 内容和项目顺序，2008.

[3] GB/T 4888. 故障树名词术语和符号，2009.

[4] CCPS. Guidelines for Hazard Hazard Evaluation Procedures，3rd，Wiley-Blackwell，2008.

[5] IEC 61025. Fault tree analysis，2006.

[6] IEC 61882. HAZOP Application Guide，2001.

[7] IEC 60812. Analysis techniques for system reliability-Procedure for failure mode and effects analysis (FMEA)，2006.

[8] ISO 14224. Petroleum and natural gas industries-Collection and exchange of reliability and maintenance data for equipmentRevalidating，2004.

[9] Walter L. Frank，David K. Revalidating Process Hazard Analyses. Wiley-Blackwell，2001.

[10] R. H. Perry，D. W. Green. Perry's Chemical Engineers' Handbook，7th，McGraw-Hill，1997.

[11] H. R. Greenberg，J. J. Cramer. Risk Assessment and Risk Management for the Chemical Process Industry. John Wiley & Sons, Inc.，1991.

[12] Yacov Y. Haimes. Risk Modeling，Assessment，and Management. John Wiley & Sons Inc.，2004.

[13] Trevor Kletz. What Went Wrong-Case Histories of Process Plant Disasters，5th. Butterworth-Heinemann，2009.

[14] 刘荣海，陈网桦，胡毅亭编著. 安全原理与危险化学品测评技术. 北京：化学工业出版社，2004.

[15] 蒋军成，郭振龙. 工业装置安全卫生预分析方法. 北京：化学工业出版社，2004.

[16] 孙连捷等. 安全科学技术百科全书. 北京：中国劳动社会保障出版社，2003.

第 5 章

事故后果分析

1984 年 11 月 19 日，墨西哥国家石油公司（Pemex）在墨西哥城圣胡安区郊外的液化石油气（LPG）储运站发生一系列严重的火灾和爆炸，造成约 500 人死亡，6000 人受伤，近 3.1 万人无家可归。火灾和爆炸波及周围 1200m 内的建筑物，毁坏民房 1400 间以上。

事故发生前，储运站内 2 个大的球罐和 48 个卧罐充装率为 90%，4 个小的球罐充装率为 50%。控制室和管道泵站发现一条连接球罐和卧罐的 8in 管道破裂，造成 LPG 泄漏。泄漏持续了 5~10min，释放出大量 LPG，形成了长约 250m，宽约 150m，高约 2m 的蒸气云。蒸气云遇火源被点燃，随后发生蒸气云爆炸（VCE）。由于事故的多米诺效应，火灾导致 LPG 储罐发生了一系列爆炸。LPG 泄漏后约 15min，发生了第一次沸腾液体扩展蒸气爆炸（BLEVE），紧接着其他储罐也发生了一系列爆炸。这期间的 1.5h 内发生了约 15 次爆炸，产生的火球直径达 300m。爆炸产生的强烈热辐射和大量破片使站内 6 个球罐和 48 个卧罐几乎全部损毁，站内设施几乎全部毁坏。

这次事故的主要经验教训：①储运站与住宅区过于接近，以至于爆炸发生后造成重大人员伤亡；②LPG 储罐间距离过于接近，以至于一座储罐发生 BLEVE，其他储罐也发生一连串的连锁爆炸；③储运站没有气体检测设备，也缺乏完善的紧急事故应急措施，以致于发生事故时现场混乱，延误救援时机，增加救援工作难度；④对于危险性大的场所，安全装置（包括泄漏报警装置、连锁系统以及消防系统）必不可少。

风险辨识后，对风险场景后果严重程度的分析直接影响风险评价（第 7 章）的结果。在工程实践中，后果的严重程度常常由风险评价专家团队根据他们的经验确定。但是，根据经验确定的后果严重程度往往不够准确，对同类后果的评估往往会出现前后不一致的情况，不利于风险管理和控制。为此，需要研究和掌握更科学的事故后果评估方法。本章将重点讲述如何定量分析泄漏、扩散、火灾和爆炸这几种事故类型的影响范围。在确定了事故的影响范围后，可以根据该范围内的人、财产、设备分布情况，评估事故后果的严重程度。另外，事故后果的分析不仅包含直接的火灾、爆炸及毒性物质扩散影响，也应包含引发的多米诺事故的影响。

5.1 事故原点的分析

可能造成事故灾害的装置、设施或场所是危险源，但一旦发生了事故，它并不就是事故原点。事故原点只是该危险源中事故的原引发点或起始位置。它的显著特征是：

① 具有发生事故的初始起点性；

② 具有由危险（隐患）到事故的突变性；

③ 是在事故形成过程中与事故后果有直接因果关系的点。

这三个特征被认为是分析、判定事故原点的充分必要条件。应注意的是，确定事故原点虽是查找事故原因的首要一环，但它并不就是事故原因，在一个单元事故中只能有一个事故原点，而事故原因可能有多个。

掌握事故原点不仅是对发生了的事故进行科学的调查、分析的基础，也是进行危险性分析、事故预测和采取相应安全对策所必需。因此对那些可能成为事故原点的地方，一般说来需要重点予以评价和防范。

发生了燃烧（火灾）、特别是爆炸事故以后，由于当事人和现场受到了严重伤亡与破坏，往往不易直接确认事故原点，这时就需要间接地进行推定。推定方法通常有以下三种：

① 定义法。即根据事故原点的定义，运用它的三个特征找出原点。此法用于简单的事故分析较为有效。

② 逻辑推理法。事故原点虽不是事故原因，但事故致因理论中的逻辑分析方法对于寻找事故原点仍是有用的。即沿着事故因果链进行逻辑推理，并设法取得可能的实证。如物、机受损情况，抛掷物飞散方向，残渣残片、炸坑表象等。进行综合分析、推理，使事故的形成、发展过程逐渐显现出来。此法用于火灾、爆炸那样破坏性大的、复杂的事故调查分析较为有效。

③ 技术鉴定法。即收集、利用事故现场事故前原有的和事故后留下的各种实证材料，配合一定的理化分析和模拟验证试验，以"再现"事故发生、发展情景。此法适用于重大事故调查分析中。

当然，在实际工作中可穿插、综合使用这几种方法。

5.2 泄漏后果分析

泄漏可分为大孔泄漏和有限孔泄漏。大孔泄漏事故中，过程单元内形成大孔，在短时间内有大量的物质释放，例如储罐的超压爆炸。对于有限孔泄漏，物质以缓慢的速率释放，上游条件并不因此立即受到影响，往往在描述此过程时假设上游压力不变。

图 5-1 给出了储运过程中化学品典型的泄漏机理。其中，

图 5-1(a) 表示静止的液化气储罐通过小孔释放出纯蒸气，泄漏方向垂直向上；

图 5-1(b) 表示静止的液化气储罐发生灾难性破裂，瞬间泄漏后立即形成蒸气云；

图 5-1(c) 表示静止的液化气储罐通过中等大小的孔释放出蒸气，可能同时释放出一些液体，泄漏方向既有垂直向上的，又有垂直向下的；

图 5-1(d) 表示静止的液化气储罐通过多个小孔释放出纯液体，泄漏方向既有垂直向上的，又有垂直向下的，还有水平的；

图 5-1(e) 表示静止的冷冻液体储罐通过小孔释放出纯液体，泄漏方向向下倾斜，泄漏后的液体被约束在防护堤内；

图 5-1(f) 表示运输冷冻液体的油轮通过小孔释放出纯液体，泄漏方向向下倾斜，泄漏后的液体在水面形成扩展的沸腾液池；

图 5-1(g) 表示静止的冷冻液体立式储罐通过小孔释放出纯液体，泄漏方向向下倾斜，

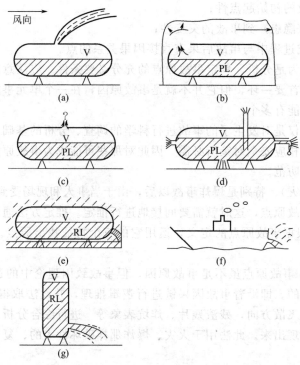

图 5-1 储运过程中化学品典型的泄漏机理

V—蒸气；PL—液化气；RL—冷冻液化气

泄漏后的液体在地面蔓延形成扩展的液池。由于泄漏小孔与液面间的高度差较大，液体出口时的流速很大。

泄漏一旦发生，其后果不但与物质数量、易燃性、毒性有关，而且与泄漏物质的相态、压力、温度等状态有关。泄漏物质的物性不同，其泄漏后果也不同。

(1) 可燃气体泄漏

可燃气体泄漏后与空气混合达到燃烧极限时遇到引燃源就会发生火灾或爆炸。泄漏后起火的时间不同，泄漏后果也不相同。

① 立即起火。可燃气体从容器中往外泄漏时即被点燃，发生扩散燃烧，产生喷射性火焰或形成火球，它能迅速地危及泄漏现场，但很少会影响到厂区的外部。

② 滞后起火。可燃气体泄漏后与空气混合形成可燃蒸气云团，并随风漂移，遇火源发生爆燃火爆炸，即蒸气云爆炸（Vapor Cloud Explosion, VCE），能引起较大范围的破坏。

(2) 有毒气体泄漏

有毒气体泄漏后形成云团在空气中扩散，有毒气体的浓密云团将笼罩很大的空间，影响范围大。

(3) 液体泄漏

一般情况下，泄漏的液体在空气中蒸发形成气体，泄漏后果与液体的性质和储存条件有关。

① 常温常压下液体泄漏。这种液体泄漏后聚集在防液堤内或地势低洼处形成液池，液体由于池表面风的对流而缓慢蒸发，若遇引燃源就会发生池火灾。

② 加压液化气体泄漏形成闪蒸现象。一些液体泄漏时瞬间蒸发，剩下的液体就会形成

液池并吸收周围的热量继续蒸发。液体瞬间蒸发的比例决定于物质的性质以及周围的环境温度。有些泄漏物可能在泄漏过程中全部蒸发。

③ 低温液体泄漏。这种液体泄漏时将形成液池，吸收周围热量蒸发，蒸发量低于加压液化气体的蒸发量，高于常温常压下液体蒸发量。

无论是气体还是液体泄漏，泄漏量的多少都是泄漏后果严重程度的主要因素，而泄漏量与泄漏时间的长短有关。

图 5-2 为有限孔泄漏的示意图。对于这些泄漏，物质从储罐和管道上的孔洞和裂纹以及法兰、阀门和泵体的裂缝以及严重破坏或断裂的管道中喷射出来。设计用于防止贮罐和过程容器超压的泄压系统也是潜在的泄漏源。

由于大孔泄漏的泄漏量可以比较容易地估计，本章将重点介绍有限孔泄漏的泄漏量计算模型。

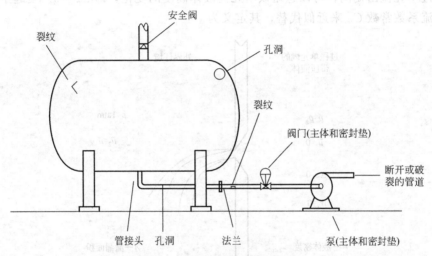

图 5-2　各种类型的有限孔泄漏

5.2.1　生产过程单元内液体经小孔泄漏源模型

系统与外界无热交换，流体流动的不同能量形式遵循机械能守恒方程：

$$\int \frac{\mathrm{d}p}{\rho} + \frac{\Delta \alpha u^2}{2} + \Delta g z + F = -\frac{W_s}{m} \qquad (5-1)$$

式中　p——压力，Pa（习惯上将压强也称为压力，以下不再说明）；

　　　ρ——流体密度，kg/m^3；

　　　α——动能校正因子，无量纲，其取值为：对于层流，α 取 0.5；对于塞流，α 取 1.0；对于湍流，$\alpha \rightarrow 1.0$；

　　　u——流体平均速度，m/s，以下简称流速；

　　　g——重力加速度，m/s^2；

　　　z——高度，m，以基准面为起始；

　　　F——阻力损失，J/kg；

　　　W_s——轴功，J；

　　　m——质量，kg；

　　　Δ——函数，为终止状态减去初始状态。

对于不可压缩流体，密度为常数，有

$$\int \frac{\mathrm{d}p}{\rho} = \frac{\Delta p}{\rho} \tag{5-2}$$

泄漏过程可不考虑轴功，$W_s = 0$，工程上常见的是速度比较均匀的情况，因此本章从工程计算的角度出发，α 近似取为 1。则式（5-1）简化为

$$\frac{\Delta p}{\rho} + \frac{\Delta u^2}{2} + \Delta gz + F = 0 \tag{5-3}$$

过程单元中的流体在稳定压力作用下，经薄壁小孔泄漏，如图 5-3 所示。容器内的压力（表压）为 p_g，容器外为大气压力，则容器内外的压差为 $\Delta p = p_g$。小孔直径为 d，面积为 A。假设过程中容器内的液体流速可以忽略。对于生产过程单元，由于存在自动控制系统或者操作人员的监视和干预，单元内的液位常常被维持在一个比较窄的操作区间范围内，所以在液体通过小孔流出期间，可以忽略该单元内液体高度的变化，即 $\Delta z = 0$。裂缝中的摩擦损失可由孔流系数常数 C_0 来近似代替，其定义为

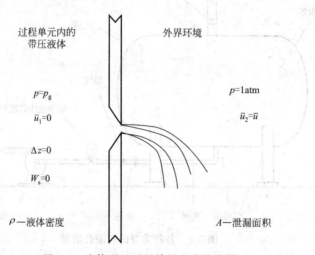

过程单元内的带压液体　　　　　　外界环境

$p = p_g$　　　　　　　　　　　　$p = 1\text{atm}$

$\bar{u}_1 = 0$　　　　　　　　　　　　$\bar{u}_2 = \bar{u}$

$\Delta z = 0$

$W_s = 0$

ρ—液体密度　　　　　　　　　　A—泄漏面积

图 5-3　液体通过过程单元上小孔泄漏

$$\frac{\Delta p}{\rho} + F = C_0^2 \left(\frac{\Delta p}{\rho} \right) \tag{5-4}$$

将以上修改代入机械能守恒式（5-3），得到从裂缝中泄漏的液体平均流速 u

$$u = C_0 \sqrt{\frac{2p_g}{\rho}} \tag{5-5}$$

从小孔泄漏的质量流量为

$$Q = \rho u A = C_0 A \sqrt{2\rho p_g} \tag{5-6}$$

孔流系数 C_0 是从裂缝中流出液体的雷诺数和小孔直径的复杂函数。建议采用下列经验数据。

① 对于锋利的小孔和雷诺数大于 30000，C_0 近似取 0.61。对于这种情况，液体的流出速率与小孔的尺寸无关。

② 对于圆滑的喷嘴，孔流系数可近似取 1.0。

③ 对于与容器链接的短管段（即长度与直径之比不小于 3），孔流系数近似取 0.81。

④ 当孔流系数未知或不确定时，采用孔流系数为 1.0，以使所计算的流量最大化。

5.2.2 储罐内液体经小孔泄漏的源模型

图 5-4 所示的液体储罐，小孔在液位高度以下 z_0 处形成，在静压能和势能的作用下储罐中的液体经小孔向外泄漏。泄漏过程可由式（5-3）机械能守恒方程描述，储罐内液体流速可以忽略。储罐内的液体压力为 p_g（表压），外部为大气压力。如前定义孔流系数，并由式（5-7）表示

$$\frac{\Delta p}{\rho} + g\Delta z + F = C_0^2 \left[\frac{\Delta p}{\rho} + g\Delta z \right] \qquad (5\text{-}7)$$

将式（5-7）代入式（5-3），从小孔中流出液体的瞬时速率方程为

$$u = C_0 \sqrt{2 \left[\frac{p_g}{\rho} + gz \right]} \qquad (5\text{-}8)$$

对于小孔截面积为 A，瞬时质量流率 Q 为

$$Q = \rho u A = \rho A C_0 \sqrt{2 \left[\frac{p_g}{\rho} + gz \right]} \qquad (5\text{-}9)$$

由式（5-8）和式（5-9）可见，随着泄漏过程的进行，储罐内液位高度不断下降，泄漏速率和质量流率也随之降低。如果储罐通过呼吸阀或弯管与大气连通，则内外压差为零。式（5-9）可以简化为

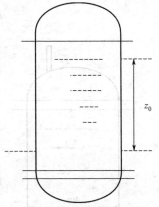

图 5-4 储罐中的液体泄漏
储罐横截面积为 A_0

$$Q = \rho u A = \rho A C_0 \sqrt{2gz} \qquad (5\text{-}10)$$

若储罐的横截面积为 A_0，则经小孔泄漏的最大液体总量为

$$m = \rho A_0 z_0 \qquad (5\text{-}11)$$

某一时间微元，泄漏量变化为 $\mathrm{d}m$，储罐内液体高度变化为 $\mathrm{d}z$，则：

$$\mathrm{d}m = \rho A_0 \mathrm{d}z \qquad (5\text{-}12)$$

储罐内液体质量的变化速率即为泄漏质量流率：

$$\frac{\mathrm{d}m}{\mathrm{d}t} = -Q \qquad (5\text{-}13)$$

将式（5-10）、式（5-12）代入式（5-13），得：

$$\frac{\mathrm{d}z}{\mathrm{d}t} = -\frac{C_0 A}{A_0} \sqrt{2gz} \qquad (5\text{-}14)$$

边界条件：$t=0$，$z=z_0$；$t=t$，$z=z$。对式（5-14）进行分离变量积分，有

$$\sqrt{2g} \left(\sqrt{z} - \sqrt{z_0} \right) = -\frac{C_0 A}{A_0} gt \qquad (5\text{-}15)$$

当液体泄漏至泄漏点液位后，泄漏停止，$z=0$，根据式（5-15）可得到总的泄漏时间：

$$t = \frac{A_0}{C_0 g A} \sqrt{2gz_0} \qquad (5\text{-}16)$$

将式（5-15）代入式（5-10），可以得到随时间变化的质量流量：

$$Q = \rho C_0 A \sqrt{2gz_0} - \frac{\rho g C_0^2 A^2}{A_0} t \qquad (5\text{-}17)$$

如果储罐内盛装的是易燃液体，为防止可燃蒸气大量泄漏至空气中，或空气大量进入储罐内的气相空间形成爆炸性混合物，通常情况下会采取通氮气保护的措施。液体表压为 p_g，

内外压差即为 p_g。根据式（5-9）、式（5-11）、式（5-12）、式（5-13）可同理得到：

$$\frac{\mathrm{d}z}{\mathrm{d}t} = -\frac{C_0 A}{A_0}\sqrt{2\left(\frac{p_g}{\rho}+gz\right)} \qquad (5\text{-}18)$$

$$z = z_0 - \frac{C_0 A}{A_0}\sqrt{2\left(\frac{p_g}{\rho}+gz\right)} + \frac{g}{2}\left(\frac{C_0 A}{A_0}\right)^2 t^2 \qquad (5\text{-}19)$$

将式（5-19）代入式（5-9）得到任意时刻的质量流量 Q：

$$Q = \rho C_0 A \sqrt{2\left(\frac{p_g}{\rho}+gz_0\right)} - \frac{\rho g C_0^2 A^2}{A_0}t \qquad (5\text{-}20)$$

根据式（5-20）可求出不同时间的泄漏质量流量。

【例 5-1】 图 5-5 所示为某一装有丙酮液体的储罐，上部装有呼吸阀与大气连通。在其下部有一泄漏孔，直径为 4cm，已知丙酮的密度为 800kg/m^3。请估算：

(1) 最大泄漏量；

(2) 泄漏质量流率随时间变化的表达式；

(3) 最大泄漏时间；

(4) 泄漏量随时间变化的表达式。

解 (1) 最大泄漏量即为泄漏点液位以上的所有液体量：

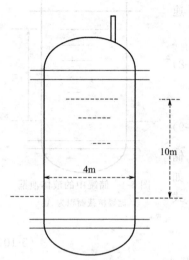

$$m = \rho A_0 z_0 = 800 \times 1 \times \frac{\pi}{4} \times 4^2 \times 10 = 100480\text{kg}$$

图 5-5 丙酮储罐泄漏示意图

(2) 泄漏质量流量随时间的变化表达式，C_0 取值为 1.0，则

$$Q = \rho C_0 A \sqrt{2gz_0} - \frac{\rho g C_0^2 A^2}{A_0}t$$

$$= 800 \times 1 \times \frac{\pi}{4} \times 0.04^2 \times \sqrt{2 \times 9.8 \times 10} - \frac{800 \times 9.8 \times 1^2 \times \left(\frac{\pi}{4} \times 0.04^2\right)^2}{\frac{\pi}{4} \times 4^2}t$$

$$= 14.07 - 0.000985t$$

(3) 令上述泄漏质量流量随时间表达式的左侧为 0，可得到最大泄漏时间：

$$t = 14285\text{s} = 3.97\text{h}$$

(4) 任一时间内的泄漏量为泄漏质量流量对时间的积分

$$W = \int_0^t Q\,\mathrm{d}t = 14.07t - 0.0004925t^2$$

给定任意泄漏时间，即可得到已经泄漏的液体总量。

5.2.3 液体经管道泄漏的源模型

液体流经管道如图 5-6 所示。沿管道的压力梯度是液体流动的驱动力。液体与管壁之间的摩擦力将动能转化为热能，导致液体流速的减小和压力的下降。不可压缩流体在管中的流动，可以由机械能守恒定律［式（5-3）］来描述。式中的摩擦项 F 代表由摩擦导致的机械能损失，包括来自流经管道长度的摩擦损失，适用于诸如阀门、弯头、孔、管道的进出口。

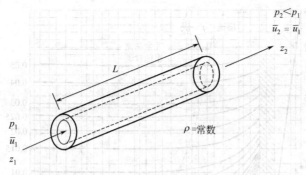

图 5-6　管道内的流体流动

对于有摩擦的设备，可使用以下的损失项形式

$$F = K_f \frac{u^2}{2} \tag{5-21}$$

式中，K_f 为管道或管道配件导致的压差损失；u 为流体流速。

对于流经管道的液体，压差损失项 K_f 为

$$K_f = \frac{4fL}{d} \tag{5-22}$$

式中，f 为范宁（Fanning）摩擦系数，无量纲；L 为管道长度，m；d 为流道直径，m。

范宁摩擦系数 f 是雷诺数 Re 和管道粗糙度 ε 的函数。表 5-1 列出了各种类型管道的 ε 值。图 5-7 为范宁摩擦系数与雷诺数、管道粗糙度（ε/d 为参数）之间的关系图。

表 5-1　管道的粗糙度 ε

管道材料	ε/mm	管道材料	ε/mm
水泥覆护钢	1～10	熟铁	0.046
混凝土	0.3～3	拉制钢管	0.0015
铸钢	0.26	玻璃	0
镀锌钢	0.15	塑料	0
型钢	0.046		

对于层流情况，摩擦系数由下式给出

$$f = \frac{16}{Re} \tag{5-23}$$

对于湍流情况，图 5-7 中给出的数据可由科尔布鲁克（Colebrook）方程表述

$$\frac{1}{\sqrt{f}} = -4\lg\left(\frac{1}{3.7} \times \frac{\varepsilon}{d} + \frac{1.255}{Re\sqrt{f}}\right) \tag{5-24}$$

式（5-24）的另一种形式可用于由摩擦系数 f 求雷诺数 Re

$$\frac{1}{Re} = \frac{\sqrt{f}}{1.255}\left(10^{-0.25\sqrt{f}} - \frac{1}{3.7} \times \frac{\varepsilon}{d}\right) \tag{5-25}$$

对于粗糙管道中完全发展的湍流，f 与雷诺数无关，从图 5-7 中可以看到，在雷诺数很大时，f 接近于常数。对于这种情况，式（5-24）可简化为

$$\frac{1}{\sqrt{f}} = 4\lg\left(3.7\frac{d}{\varepsilon}\right) \tag{5-26}$$

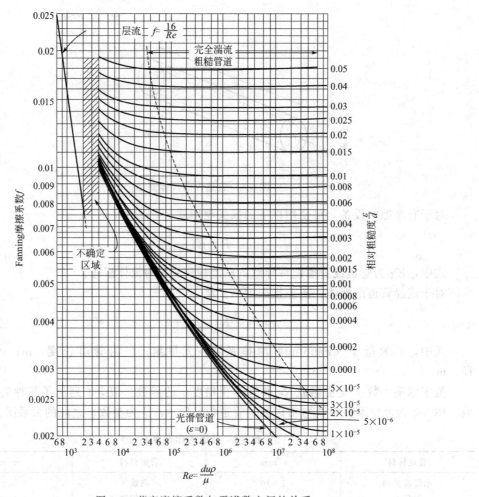

图 5-7 范宁摩擦系数与雷诺数之间的关系

对于光滑管，$\varepsilon = 0$，式（5-24）可简化为

$$\frac{1}{\sqrt{f}} = 4\lg \frac{Re\sqrt{f}}{1.255} \tag{5-27}$$

对于光滑管，当雷诺数小于 100000 时，式（5-27）可用布拉修斯（Blasius）方程近似

$$f = 0.079Re^{-1/4} \tag{5-28}$$

对于管道附件、阀门及其他流动阻碍物，传统方法是在式（5-22）中使用当量长度。一种改进的方法是使用 2-K 方法（见 W. B. Hooper，Chemical Engineering，Aug. 24，1981，p.96～100；Nov. 7，1988，p.89～92），它在式（5-22）中使用实际的流程长度，而不是当量长度，并且提供了针对管道附件、进口和出口的详细方法。2-K 方法根据两个常数来定义压差损失，即雷诺数和管道内径。

$$K_f = \frac{K_1}{Re} + K_\infty \left(1 + \frac{1}{ID_{inches}}\right) \tag{5-29}$$

式中，K_f 为压差损失，无量纲；K_1 和 K_∞ 为常数；Re 为雷诺数，无量纲；ID_{inches} 为管道内径，in。

表 5-2 列出了式（5-29）中使用的各类型附件和阀门的 K 值。

表 5-2　各种类型附件和阀门的 2-K 常数（Hooper，1981）

附　件	附件描述		K_1	K_∞
弯头 90°	标准($r/D=1$),带螺纹		800	0.40
	标准($r/D=1$),采用法兰连接/焊接		800	0.25
	长半径($r/D=1.5$),所有类型		800	0.20
	斜接($r/D=1.5$)	1 焊缝(90°)	1000	1.15
		2 焊缝(45°)	800	0.35
		3 焊缝(30°)	800	0.30
		4 焊缝(22.5°)	800	0.27
		5 焊缝(18°)	800	0.25
弯头 45°	标准($r/D=1$),所有类型		500	0.20
	长半径($r/D=1.5$)		500	0.15
	斜接,1 焊缝(45°)		500	0.25
	斜接,2 焊缝(22.5°)		500	0.15
180°	标准($r/D=1$),带螺纹		1000	0.60
	标准($r/D=1$),采用法兰连接/焊接		1000	0.35
	长半径($r/D=1.5$),所有类型		1000	0.30
三通管				
作为弯头使用	标准的,带螺纹		500	0.70
	长半径,带螺纹		800	0.40
	标准的,采用法兰连接/焊接		800	0.80
	短分支		1000	1.00
贯通	带螺纹		200	0.10
	采用法兰连接/焊接		150	0.50
	短分支		100	0.00
阀门				
闸阀、球阀或旋塞阀	全尺寸,$\beta=1.0$		300	0.10
	缩减尺寸,$\beta=0.9$		500	0.15
	缩减尺寸,$\beta=0.8$		1000	0.25
球心阀	标准		1500	4.00
	斜角或 Y 型		1000	2.00
隔膜阀	闸坝(dam)类型		1000	2.00
蝶形阀			800	0.25
止回阀	提升阀		2000	10.0
	回转阀		1500	1.50
	倾斜片状阀		1000	0.50

对于管道的进口和出口，为了说明动能的变化，需要对式（5-29）进行修改

$$K_f = \frac{K_1}{Re} + K\infty \tag{5-30}$$

对于管道进口，$K_1=160$；对于一般的进口 $K\infty=0.5$；对于边界类型的进口，$K\infty=1.0$。

对于管道出口，$K_1=0$；$K\infty=1.0$。进口和出口效应的 K 系数，通过管道的变化说明了动能的变化，因此在机械能中不必考虑额外的动能项。对于雷诺数大于 10000，式（5-30）中的第一项可以忽略，并且 $K_f=K\infty$。对于低雷诺数（$Re<50$），式（5-30）的第一项占支配地位，$K_f=K_1/Re$。

式（5-30）对于孔和管道尺寸的变化也适用。

2-K 方法也可以用来描述液体通过小孔的泄漏。液体经小孔泄漏的孔流系数的表达式可由 2-K 方法确定

$$C_0 = \frac{1}{\sqrt{1+\sum K_f}} \tag{5-31}$$

式中，$\sum K_f$ 为所有压差损失项之和，包括进口、出口、管长和附件，这些由式(5-22)、式（5-29）和式（5-30）计算。对于没有管道连接或附件的储罐上的一个简单小孔，摩擦仅仅由小孔的进口和出口效应引起的。对于 $Re>10000$，进口的 $K_f=0.5$，出口的 $K_f=1.0$。因而，$\sum K_f=1.5$，由式（5-31），$C_0=0.63$，这与推荐值 0.61 非常接近。

物质从管道系统中泄漏，质量流率的求解过程如下。

① 确定管道长度、直径和类型；沿管道系统的压力和高度变化；来自泵、涡轮等对液体的输入或输出功；管道上附件的数量和类型；液体的特性，包括密度和黏度。

② 指定初始点（点 1）和终止点（点 2）。

③ 确定点 1 和点 2 处的压力和高度。确定点 1 处的初始液体流速。

④ 推测点 2 处的液体流速。如果认为是完全发展的湍流，则不需要这一步。

⑤ 用式（5-23）～式（5-28）确定管道的摩擦系数。

⑥ 确定管道的压差损失［式(5-22)］、附件的压差损失［式(5-29)］和进、出口效应的压差损失［式(5-30)］。将这些压差损失相加，使用式（5-21）计算净摩擦损失项。

⑦ 计算式（5-3）中所有各项的值，并将其代入到方程中。如果式（5-3）所有项的和等于零，计算结束。否则，返回到第④步重新计算。

⑧ 使用方程 $m=\rho uA$ 确定质量流率。

如果认为是完全发展的湍流，求解过程非常简单。将已知项代入式（5-3）中，将点 2 处的速度设为变量，直接求解该速度。

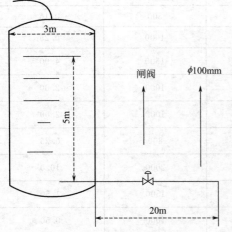

图 5-8　常压含苯污水储罐

【例 5-2】 图 5-8 所示为含苯污水储罐，气相空间表压为 0，在下部有一 $\phi 100mm$ 的输送管线通过一闸阀与储罐相连。在苯输送过程中闸阀全开，在距储罐 20m 处，管线突然断裂。已知水的密度为 $1000kg/m^3$，黏度为 $1.0\times10^{-3}kg/(m\cdot s)$，计算泄漏的最大质量流量。

解 选取液面与管线断裂处为计算截面。忽略

储罐内苯的流速，应用式（5-3），

$$\frac{\Delta u^2}{2}+\Delta gz+F=0$$

使用式（5-30）确定进口、出口效应的 K 系数。闸阀的 K 系数可在表 5-2 中查得，管长的 K 系数可由式（5-22）给出。对于管道进口

$$K_f=\frac{160}{Re}+0.5$$

对于闸阀

$$K_f=\frac{300}{Re}+0.10$$

对于管道出口

$$K_f=1.0$$

对于管长

$$K_f=\frac{4fL}{d}=\frac{4\times f\times 20}{0.1}=800f$$

将 K 系数相加得

$$\sum K_f=\frac{460}{Re}+800f+1.6$$

对于 $Re>10000$，上式中的第一项很小。因此

$$\sum K_f\approx 800f+1.6$$

由式（5-21）可得

$$F=\sum K_f\frac{u^2}{2}=(400f+0.8)u^2$$

机械能守恒方程中的重力项为

$$g\Delta z=9.8\times(0-5.0)=-49\text{N}\cdot\text{m/kg}$$

雷诺数

$$Re=\frac{du\rho}{\mu}=\frac{0.1\times u\times 1000}{1.0\times 10^{-3}}=10^5 u$$

假设管道为光滑管，采用波拉修斯公式计算 f

$$f=0.079Re^{-1/4}=4.4\times 10^{-3}u^{-0.25}$$

将已知数代入能量守恒方程，整理有

$$2.6u^2+3.56u^{1.75}=98$$

试差求得 $u=4.4\text{ m/s}$，验证雷诺数 $Re=4.4\times 10^5$，符合布拉修斯公式的应用条件，说明得到的流速结果正确，则泄漏的最大质量流量为

$$Q=\rho uA=1000\times 4.4\times \frac{\pi}{4}\times 0.1^2=34.54\text{kg/s}$$

假设有 15min 的应急反应时间来阻止泄漏，总计有 31086kg 的含苯废水泄漏出来。除因流动泄漏出来的物质，储存在阀门和断裂处之间的管道内的液体也将释放出来。必须设计另外一套系统来限制泄漏，包括减少应急反应时间、使用较小直径管道或者改造管道系统，增加一个阻止液体流动的控制阀。

5.2.4 气体或蒸气的泄漏源模型

前述讨论的用机械能守恒方程计算泄漏量时，一个重要的假设就是液体为不可压缩流

体，密度恒定不变。而对于气体或蒸气，这条假设只有在初始和终态压力变化较小 $[(p_0-p)/p_0<20\%]$ 和较低的气体流速（<0.3 倍音速）的情况下才可应用。当气体或蒸气的泄漏速度大到与该气体中音速相近或超过音速时，会引起很大的压力、温度、密度变化。此时，根据不可压缩流体假设得到的结论不再适用。本节讨论可压缩气体或蒸气以自由膨胀的形式经小孔泄漏的情况。

在工程上，通常将气体或蒸气近似为理想气体，其压力、密度、温度等参数遵循理想气体状态方程

$$p=\frac{R}{M}\rho T \tag{5-32}$$

式中　p——绝对压力，Pa；

　　　R——理想气体常数，8.314J/(mol·K)；

　　　M——气体摩尔质量，kg/mol；

　　　ρ——密度，kg/m³；

　　　T——温度，K。

气体或蒸气在小孔内绝热流动，其压力密度关系可用绝热方程或等熵方程描述

$$\frac{p}{\rho^{\gamma}}=\text{constant} \tag{5-33}$$

式中，γ 为绝热指数，是等压热容与等容热容的比值，$\gamma=C_{\mathrm{p}}/C_{\mathrm{v}}$。几种类型的绝热指数列于表 5-3。此外，还可以按分子性质近似选取气体绝热指数。

表 5-3　几种气体的绝热指数

气体	空气、氢气、氧气、氮气	水蒸气、油燃气	甲烷、过热蒸汽	气体	单原子分子	双原子分子	三原子分子
γ	1.40	1.33	1.30	γ	1.67	1.40	1.32

图 5-9 所示为气体或蒸气经小孔泄漏的过程。轴功为 0，忽略势能变化，则式（5-1）简化为

$$\int\frac{\mathrm{d}p}{\rho}+\frac{\Delta u^2}{2}+F=0 \tag{5-34}$$

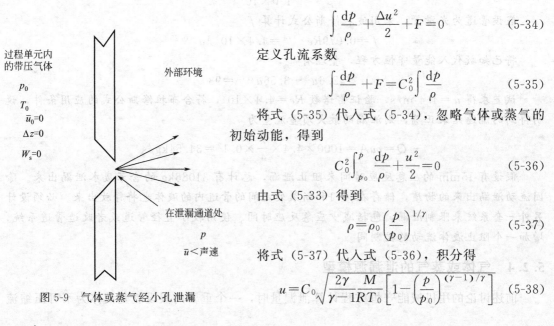

过程单元内
的带压气体

p_0
T_0
$\bar{u}_0=0$
$\Delta z=0$
$W_{\mathrm{s}}=0$

外部环境

在泄漏通道处
p
$\bar{u}<$声速

图 5-9　气体或蒸气经小孔泄漏

定义孔流系数

$$\int\frac{\mathrm{d}p}{\rho}+F=C_0^2\int\frac{\mathrm{d}p}{\rho} \tag{5-35}$$

将式（5-35）代入式（5-34），忽略气体或蒸气的初始动能，得到

$$C_0^2\int_{p_0}^{p}\frac{\mathrm{d}p}{\rho}+\frac{u^2}{2}=0 \tag{5-36}$$

由式（5-33）得到

$$\rho=\rho_0\left(\frac{p}{p_0}\right)^{1/\gamma} \tag{5-37}$$

将式（5-37）代入式（5-36），积分得

$$u=C_0\sqrt{\frac{2\gamma}{\gamma-1}\frac{M}{RT_0}\left[1-\left(\frac{p}{p_0}\right)^{(\gamma-1)/\gamma}\right]} \tag{5-38}$$

由式（5-37）和式（5-38）得到泄漏质量流量

$$Q = \rho u A = C_0 \rho_0 A \sqrt{\frac{2\gamma}{\gamma-1} \times \frac{M}{RT_0} \left[\left(\frac{p}{p_0}\right)^{2/\gamma} - \left(\frac{p}{p_0}\right)^{(\gamma+1)/\gamma} \right]} \tag{5-39}$$

根据理想气体状态方程，有

$$\rho_0 = \frac{p_0 M}{RT_0} \tag{5-40}$$

将式（5-40）代入式（5-39），得

$$Q = C_0 p_0 A \sqrt{\frac{2\gamma}{\gamma-1} \times \frac{M}{RT_0} \left[\left(\frac{p}{p_0}\right)^{2/\gamma} - \left(\frac{p}{p_0}\right)^{(\gamma+1)/\gamma} \right]} \tag{5-41}$$

一般来说，人们关心的是经小孔泄漏的气体或蒸气的最大流量。式（5-41）表明泄漏质量流量由前后压力比值所决定。若以压力比 p/p_0 为横坐标，以流量 Q 为纵坐标，根据式（5-41）可得到图 5-10 中的 Obc 曲线。流量曲线存在最大值，令 $\mathrm{d}Q/\mathrm{d}(p/p_0)=0$，可以求得极值条件。

$$\frac{p_c}{p_0} = \left(\frac{2}{\gamma+1}\right)^{\gamma/(\gamma-1)} \tag{5-42}$$

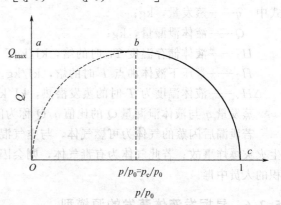

图 5-10　流量曲线

式中，p_c 为临界压力，也称为塞压，即导致小孔或管道流动最大流量的下游最大压力。当下游压力小于 p_c 时，下述两点是正确的：①在绝大多数情况下，在小孔处流体的流速为声速；②通过降低下游压力，不能进一步增加流速及质量通量，它们独立于下游环境。这种类型的流动称为塞流、临界流或声速流。

将此极值条件代入式（5-38）和式（5-41）可得到最大流速和最大流量

$$u = C_0 \sqrt{\frac{2\gamma}{\gamma+1} \times \frac{M}{RT_0}} \tag{5-43}$$

$$Q = C_0 p_0 A \sqrt{\frac{\gamma M}{RT_0} \left(\frac{2}{\gamma+1}\right)^{(\gamma+1)/(\gamma-1)}} \tag{5-44}$$

【例 5-3】　某厂有一空气柜，因外力撞击在空气柜一侧出现一小孔。小孔面积为 $19.6\,\mathrm{cm}^2$，空气柜中的空气经此小孔泄漏到大气中。已知空气柜中的压力为 $2.5 \times 10^5\,\mathrm{Pa}$，温度 T_0 为 330K，大气压力为 $10^5\,\mathrm{Pa}$，空气的绝热指数 $\gamma = 1.4$。求空气泄漏的最大质量流量。

解　先根据式（5-42）判断空气泄漏的临界压力：

$$p_c = p_0 \left(\frac{2}{\gamma+1}\right)^{\gamma/(\gamma-1)} = 2.5 \times 10^5 \times \left(\frac{2}{1.4+1}\right)^{1.4/(1.4-1)} = 1.32 \times 10^5 \,(\mathrm{Pa})$$

大气压力为 $10^5\,\mathrm{Pa}$，小于临界压力，则空气泄漏的最大质量流量可按式（5-44）计算，C_0 值取为 1.0，则

$$Q = C_0 p_0 A \sqrt{\frac{\gamma M}{RT_0} \left(\frac{2}{\gamma+1}\right)^{(\gamma+1)/(\gamma-1)}}$$

$$= 1 \times 2.5 \times 10^5 \times 1.96 \times 10^{-4} \sqrt{\frac{1.4 \times 29 \times 10^{-3}}{8.314 \times 330} \times \left(\frac{2}{1.4+1}\right)^{(1.4+1)/(1.4-1)}}$$

$$= 1.09 \,(\mathrm{kg/s})$$

若 C_0 值取为 0.61，则空气泄漏的最大质量流量为
$$Q = 0.61 \times 1.09 = 0.665 (\text{kg/s})$$

5.2.5 闪蒸液体的泄漏源模型

对于像丙烷、丁烷这样在较高压力下处于汽液平衡的液化气体，储存温度高于其在大气压下的沸点温度，盛装设备一旦泄漏，部分液体会闪蒸为蒸气，汽化所需要的热量由液体达到常压下的沸点所提供。由于闪蒸过程在瞬间内完成，故可以假设该过程为绝热过程，有

$$q = \frac{Q(H_1 - H_2)}{\Delta H_v} \tag{5-45}$$

式中 q——蒸发量，kg；

$\quad Q$——液体泄漏量，kg；

$\quad H_1$——液体储存温度 T_0 时的焓，kJ/kg；

$\quad H_2$——常压下液体沸点 T 时的焓，kJ/kg；

$\quad \Delta H_v$——液体温度为 T 时的蒸发潜热，kJ/kg。

蒸发量 q 与液体泄漏量 Q 的比值 q/Q 称为闪蒸率。

若泄漏后闪蒸的气体为可燃气体，与空气混合后会形成爆炸性混合气，遇点火源就会发生火灾爆炸事故；若此气体为有毒气体，则会因扩散作用覆盖大范围空间，有可能造成大面积的人员中毒。

5.2.6 易挥发液体蒸发的源模型

化工生产过程中常常大量涉及易挥发液体，如大多数有机溶剂、油品等。如果装置或储存容器中的易挥发液体泄漏至地坪或围堰中，会逐渐向大气蒸发。根据传质过程的基本原理，该蒸发过程的传质推动力为蒸发物质的气液界面与大气之间的浓度梯度。液体蒸发为气体的摩尔通量为

$$N = k_c \Delta c \tag{5-46}$$

式中 N——摩尔通量，mol/(m² · s)；

$\quad k_c$——传质系数，m/s；

$\quad \Delta c$——浓度梯度，mol/m³。

若液体在某一温度 T 下的饱和蒸气压为 p^{sat}，则在气液界面处，其浓度 c_1 可由理想气体状态方程得到

$$c_1 = \frac{p^{sat}}{RT} \tag{5-47}$$

同理可以得到蒸发物质在大气中分压为 p 时物质的量浓度，则 Δc 可以由式（5-48）表示

$$\Delta c = \frac{p^{sat} - p}{RT} \tag{5-48}$$

一般情况下，p^{sat} 远大于 p，则式（5-48）简化为

$$\Delta c = \frac{p^{sat}}{RT} \tag{5-49}$$

液体的蒸发质量流量为其摩尔通量与蒸发面积 A、蒸发物质摩尔质量 M 的乘积

$$Q = NAM = \frac{k_c M A p^{sat}}{RT} \tag{5-50}$$

当液体向静止大气蒸发时,其传质过程为分子扩散;当液体向流动大气蒸发时,其传质过程为对流扩散过程。

有毒物质泄漏模型预测可以辅助多种决策。例如:①制定周边社区的紧急计划;②进行工程改造以消除泄漏源;③将潜在的泄漏源围起来,增加适当的洗涤器或其他的弛放设备;④减少有害物质的储存量,以减少最大可能的泄漏量;⑤增加区域监测仪器以检测初始的泄漏,准备隔离阀和工程控制器来消除溢出和泄漏的危险程度。

5.3 扩散后果分析

5.3.1 扩散影响参数

扩散模型描述了有毒有害物质远离事故发生地,并遍及整个工厂和周边社区的空中输送过程。泄漏发生后,对于泄漏物质密度与空气接近或经很短时间的空气稀释后密度即与空气接近的情况,可用如图 5-11 所示的烟羽扩散模式描述连续泄漏源泄漏物质的扩散过程。连续泄漏源通常泄漏持续时间较长。对于瞬间泄漏源,可用图 5-12 所示的烟团扩散模式描述瞬间泄漏源泄漏物质的扩散过程。瞬间泄漏源的特点是泄漏在瞬间完成。

影响有毒有害物质在大气中扩散的主要因素有:

① 风速;

② 大气稳定度;

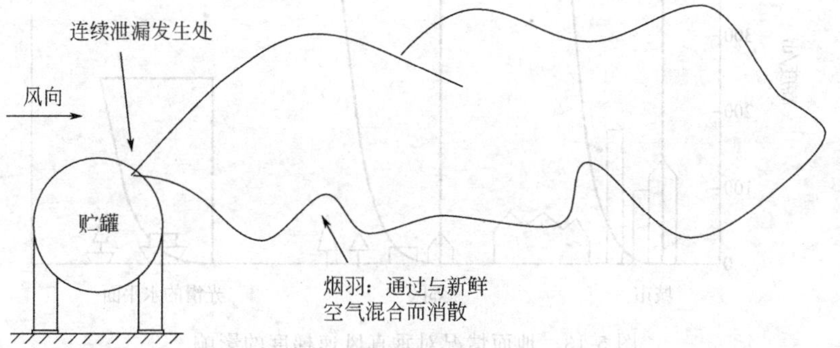

图 5-11 烟羽扩散模式示意图

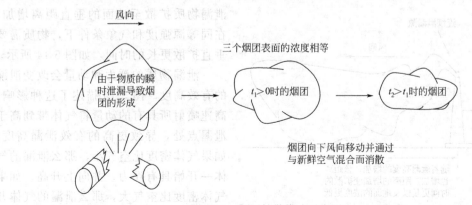

图 5-12 烟团扩散模式示意图

③ 地面条件（如建筑物、水、树木等）；

④ 泄漏处距离地面的高度；

⑤ 物质泄漏的初始动量和浮力。

风对泄漏物质有稀释和输送作用，因此泄漏物质总是分布在泄漏源的下风向。风速越大、周围环境大气的湍流越强，物质向下风向的扩散速度和空气的稀释速度越快。无风条件下，泄漏物质以泄漏源为中心，向各个方向扩散。

大气稳定度表示空气是否易于发生垂直运动，即对流。假如有一团空气在外力作用下，产生了向上或向下的运动，可能出现三种情况：稳定、不稳定和中性。对于稳定的大气情况，空气团受力移动后，逐渐减速，并有返回原来高度的趋势；空气团受力作用，离开原位就逐渐加速运动，并有远离原来高度的趋势，这时的气层对该空气团是不稳定的；对于中性稳定度，空气团被推至某一高度后，既不加速，也不减速，保持不动。有毒有害、易燃易爆物质在大气中的扩散与大气稳定度密切相关。大气越不稳定，其扩散越快；大气越稳定，其扩散越慢。

地面情况对风速梯度随高度变化的影响见图 5-13。地面条件影响地表的机械混合和随高度而变化的风速。树木和建筑物的存在会加强这种混合，而湖泊和敞开的区域则会减弱这种混合。

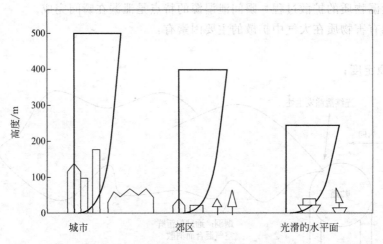

图 5-13　地面情况对垂直风速梯度的影响

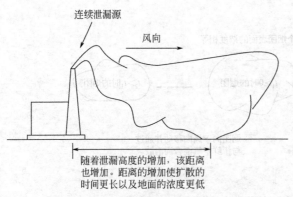

图 5-14　增加泄漏高度将降低地面浓度

泄漏源高度对地面浓度的影响很大。随着泄漏源高度的增加，地面浓度降低，这是因为泄漏物质扩散至地面的垂直距离增加，在同等源强度和气象条件下，物质需要垂直扩散更长的时间，如图 5-14 所示。

泄漏物质的浮力和动量会改变泄漏的有效高度。图 5-15 描述了这种影响。高速喷射所具有的动量将气体带到高于泄漏点处，导致更高的有效泄漏高度。如果气体密度比空气小，那么泄漏的气体一开始具有浮力，并向上升高。如果气体密度比空气大，那么泄漏的气体开始就具有沉降力，并向地面下沉。

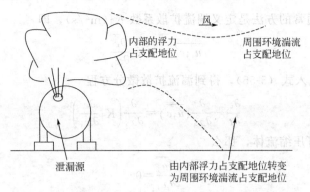

图 5-15　泄漏物质的初始加速度和浮力对烟羽特性的影响

5.3.2　湍流扩散微分方程和扩散模型

湍流运动是大气基本运动形式之一。由于大气是半无限介质，特征尺寸很大，只要极小的风速就会有很大的雷诺数，从而达到湍流状态，因此通常认为低层大气的流动都处于湍流状态。

考虑固定质量的物质瞬时泄漏到无限膨胀扩张的空气中。坐标系固定在泄漏源处。假定不发生化学反应，或不存在分子扩散，泄漏导致物质浓度 c 变化的湍流方程

$$\frac{\partial c}{\partial t}+\frac{\partial}{\partial x_j}(u_j c)=0 \tag{5-51}$$

式中　c——泄漏物质的瞬时浓度，$\mathrm{mol/m^3}$；

t——时间，s；

x_j——直角坐标系中各坐标轴方向；

u_j——各坐标轴方向的瞬时风速，m/s。

由于湍流是不规则运动，风速和泄漏物质的浓度都是时间和空间的随机变量。风速和浓度的瞬时值为时均值和脉动值之和。

$$u_j=\overline{u_j}+u'_j$$
$$c_j=\overline{c_j}+c'_j \tag{5-52}$$

式中，u_j，$\overline{u_j}$，u'_j分别表示瞬时风速、平均风速和脉动风速；c_j，$\overline{c_j}$，c'_j分别表示瞬时浓度、平均浓度和脉动浓度。

由时均量的定义

$$\overline{u_j}=\frac{1}{t}\int_0^t u_j \mathrm{d}t$$

$$\overline{c}=\frac{1}{t}\int_0^t c\,\mathrm{d}t \tag{5-53}$$

在稳态湍流条件下，

$$\overline{u'_j}=\frac{1}{t}\int_0^t u'_j\mathrm{d}t=\frac{1}{t}\int_0^t (u_j-\overline{u_j})\mathrm{d}t=\frac{1}{t}\int_0^t u_j\mathrm{d}t-\frac{1}{t}\int_0^t \overline{u_j}=0$$

$$\overline{c'}=\frac{1}{t}\int_0^t c'\mathrm{d}t=\frac{1}{t}\int_0^t (c-\overline{c})\mathrm{d}t=\frac{1}{t}\int_0^t c\,\mathrm{d}t-\frac{1}{t}\int_0^t \overline{c}=0 \tag{5-54}$$

将式（5-52）代入式（5-51），并使结果对时间平均，得到

$$\frac{\partial \overline{c}}{\partial t}+\frac{\partial}{\partial x_j}(\overline{u_j}\,\overline{c})+\frac{\partial}{\partial x_j}(\overline{u'_j c'})=0 \tag{5-55}$$

要描述湍流，通常的方法是定义湍流扩散系数 $K_j(\mathrm{m}^2/\mathrm{s})$，即

$$\overline{u'_j c'} = -K_j \frac{\partial \overline{c}}{\partial x_j}$$ (5-56)

将式（5-56）代入式（5-55），得到湍流扩散微分方程

$$\frac{\partial \overline{c}}{\partial t} + \frac{\partial}{\partial x_j}(\overline{u_j c}) = \frac{\partial}{\partial x_j}\left(K_j \frac{\partial \overline{c}}{\partial x_j}\right)$$ (5-57)

假设空气为不可压缩流体，那么

$$\frac{\partial \overline{u_j}}{\partial x_j} = 0$$ (5-58)

式（5-57）变为

$$\frac{\partial \overline{c}}{\partial t} + \overline{u_j} \frac{\partial \overline{c}}{\partial x_j} = \frac{\partial}{\partial x}\left(K_j \frac{\partial \overline{c}}{\partial x_j}\right)$$ (5-59)

式（5-59）结合适当的初始条件和边界条件，就形成了扩散模型的理论基础。可以对各种情况进行求解。式（5-59）左边为局部扩散和对流扩散项，右边为湍流扩散项。

图 5-16 和图 5-17 为用于扩散模型的坐标系。x 轴是从泄漏处径直下风向处的中心线，并且针对不同的风向旋转。y 轴是距离中心线的距离，z 轴是在高于泄漏处的高度。点（x，

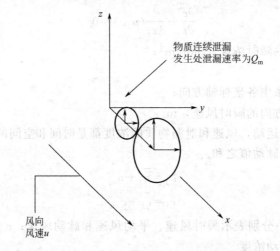

图 5-16 有风时稳定情况下的连续点源泄漏

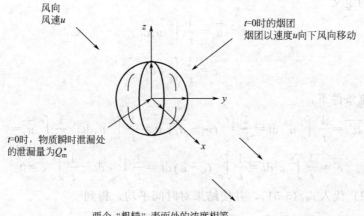

图 5-17 有风时的烟团，初始瞬时泄漏后，烟团随风移动

$y,z)=(0,0,0)$ 是泄漏点。坐标 $(x,y,0)$ 是泄漏处所在的水平面,坐标 $(x,0,0)$ 是沿中心线或 x 轴。

现考虑无风情况稳态点源泄漏的烟羽扩散模型。在此情况下,质量泄漏速率为常数($Q=$常数),无风($\overline{u_j}=0$),稳态 $\partial \overline{c}/\partial t=0$,湍流扩散系数各向同性,即 $K_j=K$。对于这种情况,式(5-59)简化为下述形式

$$\nabla^2 \overline{c} = \frac{\partial^2 \overline{c}}{\partial x^2} + \frac{\partial^2 \overline{c}}{\partial y^2} + \frac{\partial^2 \overline{c}}{\partial z^2} = 0 \tag{5-60}$$

应用球坐标系,通过定义半径为 $r^2 = x^2 + y^2 + z^2$,式(5-60)可以变换为

$$\frac{\mathrm{d}}{\mathrm{d}r}\left(r^2 \frac{\mathrm{d}\overline{c}}{\mathrm{d}r}\right) = 0 \tag{5-61}$$

对于连续的稳态泄漏,任一点 r 处的浓度流量从一开始就必须与泄漏速率 Q(质量/时间)相等。这可由下述流量边界条件进行数学表达

$$-4\pi r^2 K \frac{\mathrm{d}\overline{c}}{\mathrm{d}r} = Q \tag{5-62}$$

边界条件为

$$当 r \rightarrow \infty 时,\overline{c}=0 \tag{5-63}$$

将式(5-62)分离变量,并在任意点 r 和 $r=\infty$ 之间进行积分

$$\int_c^0 \mathrm{d}c = -\frac{Q}{4\pi K}\int_r^\infty \frac{\mathrm{d}r}{r^2} \tag{5-64}$$

求解式(5-64)中的 $\overline{c}$,得到

$$\overline{c}(r) = \frac{Q}{4\pi K r} \tag{5-65}$$

将式(5-65)变换成直角坐标系,得到

$$\overline{c}(x,y,z) = \frac{Q}{4\pi K \sqrt{x^2+y^2+z^2}} \tag{5-66}$$

现考虑无风情况下的烟团扩散模型。在此情况下,一定质量的物质瞬时泄漏($m=$常数),无风($\overline{u_j}=0$),湍流扩散系数各向同性,即 $K_j=K$。对于这种情况,式(5-59)简化为下述形式

$$\frac{1}{K}\frac{\partial \overline{c}}{\partial t} = \frac{\partial^2 \overline{c}}{\partial x^2} + \frac{\partial^2 \overline{c}}{\partial y^2} + \frac{\partial^2 \overline{c}}{\partial z^2} \tag{5-67}$$

初始条件

$$\overline{c}(x,y,x,t)\big|_{t=0} = 0 \tag{5-68}$$

球坐标系下,方程式(5-67)的解为

$$\overline{c}(r,t) = \frac{m}{8(\pi K t)^{3/2}}\exp\left(-\frac{r^2}{4Kt}\right) \tag{5-69}$$

直角坐标系下的解为

$$\overline{c}(x,y,z,t) = \frac{m}{8(\pi K t)^{3/2}}\exp\left(-\frac{x^2+y^2+z^2}{4Kt}\right) \tag{5-70}$$

各种泄漏情形下,扩散微分方程、适用条件、初始(边界)条件及解的形式(扩散模型)列于表5-4中。

表5-4　各种泄漏情形下，适用条件、扩散微分方程、初始（边界）条件及解的形式（扩散模型）

泄漏情形	适用条件	扩散微分方程	初始（边界）条件	解的形式（扩散模型）	备注
（1）无风情况下稳态点源连续泄漏	质量泄漏率不变（Q=常数）；无风情况（$\bar{u}_j=0$）；稳态（$\frac{\partial \bar{c}}{\partial t}=0$）；湍流扩散系数各向同性（$K_j=K$）	$\nabla^2\bar{c}=\dfrac{\partial^2\bar{c}}{\partial x^2}+\dfrac{\partial^2\bar{c}}{\partial y^2}+\dfrac{\partial^2\bar{c}}{\partial z^2}=0$	$-4\pi r^2 K\dfrac{d\bar{c}}{dr}=Q$ $\bar{c}\mid_{r\to\infty}=0$	$\bar{c}(r)=\dfrac{Q}{4\pi K r}$ $\bar{c}(x,y,z)=\dfrac{Q}{4\pi K\sqrt{x^2+y^2+z^2}}$	
（2）无风时的烟团	烟团泄漏，即一定量 m 的物质瞬时泄漏；无风（$\bar{u}_j=0$）；湍流扩散系数各向同性（$K_j=K$）	$\dfrac{1}{K}\dfrac{\partial\bar{c}}{\partial t}=\dfrac{\partial^2\bar{c}}{\partial x^2}+\dfrac{\partial^2\bar{c}}{\partial y^2}+\dfrac{\partial^2\bar{c}}{\partial z^2}$	$\bar{c}(x,y,z,t)\mid_{t=0}=0$	$\bar{c}(r,t)=\dfrac{m}{8(\pi K t)^{3/2}}\exp\left(-\dfrac{r^2}{4Kt}\right)$ $\bar{c}(x,y,z,t)=\dfrac{m}{8(\pi K t)^{3/2}}\exp\left(-\dfrac{x^2+y^2+z^2}{4Kt}\right)$	当 $r\to\infty$ 时，扩散模型可简化为相应的稳态解[式(5-65)和式(5-66)]
（3）无风情况非稳态连续点源泄漏	质量泄漏率不变（Q=常数）；无风（$\bar{u}_j=0$）；湍流扩散系数各向同性（$K_j=K$）	$\dfrac{1}{K}\dfrac{\partial\bar{c}}{\partial t}=\dfrac{\partial^2\bar{c}}{\partial x^2}+\dfrac{\partial^2\bar{c}}{\partial y^2}+\dfrac{\partial^2\bar{c}}{\partial z^2}$	$-4\pi r^2 K\dfrac{d\bar{c}}{dr}=Q$ $\bar{c}\mid_{r\to\infty}=0$	$\bar{c}(r,t)=\dfrac{Q}{4\pi K r}erfc\left(\dfrac{r}{2\sqrt{Kt}}\right)$ $\bar{c}(x,y,z,t)=\dfrac{Q}{4\pi K\sqrt{x^2+y^2+z^2}}erfc\left(\dfrac{\sqrt{x^2+y^2+z^2}}{2\sqrt{Kt}}\right)$	
（4）稳态情况连续泄漏	连续泄漏（Q=常数）；风只沿 x 方向吹，$\bar{u}_j=\bar{u}_x=u=$常数；湍流扩散系数各向同性（$K_j=K$）	$\dfrac{u}{K}\dfrac{\partial\bar{c}}{\partial x}=\dfrac{\partial^2\bar{c}}{\partial x^2}+\dfrac{\partial^2\bar{c}}{\partial y^2}+\dfrac{\partial^2\bar{c}}{\partial z^2}$	$\bar{c}(x,y,z,t)\mid_{t=0}=0$	$\bar{c}(x,y,z)=\dfrac{Q}{4\pi K\sqrt{x^2+y^2+z^2}}\exp\left[-\dfrac{u}{2K}\left(\sqrt{x^2+y^2+z^2}-x\right)\right]$ 如果假设烟羽细长（烟羽很长、很细），即 $z^2+y^2\ll x^2$,利用 $\sqrt{1+a}\approx1+a/2$,可得 $\bar{c}(x,y,z)=\dfrac{Q}{4\pi K x}\exp\left[-\dfrac{u}{4Kx}(y^2+z^2)\right]$ 沿烟羽的中心线，$y=z=0$ $\bar{c}(x,0,0)=\dfrac{Q}{4\pi K x}$	
（5）无风时的烟团。湍流扩散系数是方向的函数	烟团泄漏，m=常数；无风（$\bar{u}_j=0$）；湍流扩散系数每一坐标方向都有扩散，不同方向的系数是方向的函数	$\dfrac{\partial\bar{c}}{\partial t}=K_x\dfrac{\partial^2\bar{c}}{\partial x^2}+K_y\dfrac{\partial^2\bar{c}}{\partial y^2}+K_z\dfrac{\partial^2\bar{c}}{\partial z^2}$	$\bar{c}(x,y,z,t)\mid_{t=0}=0$	$\bar{c}(x,y,z,t)=\dfrac{m}{8(\pi t)^{3/2}\sqrt{K_xK_yK_z}}\exp\left[-\dfrac{1}{4t}\left(\dfrac{x^2}{K_x}+\dfrac{y^2}{K_y}+\dfrac{z^2}{K_z}\right)\right]$	与（2）相同，但湍流扩散系数是方向的函数

泄漏情形	适用条件	扩散微分方程	初始(边界)条件	解的形式(扩散模型)	备注
(6)有风情况下稳态连续点源泄漏。端流扩散系数是方向的函数	连续泄漏,Q=常数；稳态($\frac{\partial \bar{c}}{\partial t}=0$)；风只沿 x 方向吹,$\bar{u}_j=\bar{u}_x=\bar{u}$=常数；每一坐标方向都有不同方向流扩散系数($K_x$、$K_y$、$K_z$)；接近细长的烟羽	$\bar{u}\frac{\partial \bar{c}}{\partial x}=K_x\frac{\partial^2 \bar{c}}{\partial x^2}+K_y\frac{\partial^2 \bar{c}}{\partial y^2}+K_z\frac{\partial^2 \bar{c}}{\partial z^2}$	$\bar{c}\mid_{r\to\infty}=0$	$\bar{c}(x,y,z)=\dfrac{Q}{4\pi x \sqrt{K_z K_y}}\exp\left[-\dfrac{\bar{u}}{4x}\left(\dfrac{y^2}{K_x}+\dfrac{z^2}{K_z}\right)\right]$ 沿烟羽的中心线,$y=z=0$,平均浓度为 $\bar{c}(x,0,0)=\dfrac{Q}{4\pi x \sqrt{K_y K_z}}$	
(7)有风时的烟团	烟团泄漏,m=常数；风只沿 x 方向吹,$\bar{u}_j=\bar{u}_x=\bar{u}$=常数；每一坐标方向都有不同方向流扩散系数($K_x$、$K_y$、$K_z$)	$\dfrac{\partial \bar{c}}{\partial t}+\bar{u}\dfrac{\partial \bar{c}}{\partial x}=K_x\dfrac{\partial^2 \bar{c}}{\partial x^2}+K_y\dfrac{\partial^2 \bar{c}}{\partial y^2}+K_z\dfrac{\partial^2 \bar{c}}{\partial z^2}$	$\bar{c}(x,y,z,t)\mid_{t=0}=0$	$\bar{c}(x,y,z,t)=\dfrac{m}{8(\pi t)^{3/2}\sqrt{K_x K_y K_z}}\exp\left[-\dfrac{1}{4t}\left(\dfrac{(x-ut)^2}{K_x}+\dfrac{y^2}{K_y}+\dfrac{z^2}{K_z}\right)\right]$	与(5)相同,但有风。采用随风移动的坐标系,动坐标系 $(x-ut)$ 代替坐标系 x
(8)泄漏源在地面上,无风时的烟团	烟团泄漏($\bar{u}_j=0$);无风,每一坐标方向都有不同方向流扩散系数(K_x、K_y、K_z)	$\dfrac{\partial \bar{c}}{\partial t}=K_x\dfrac{\partial^2 \bar{c}}{\partial x^2}+K_y\dfrac{\partial^2 \bar{c}}{\partial y^2}+K_z\dfrac{\partial^2 \bar{c}}{\partial z^2}$	$\bar{c}(x,y,z,t)\mid_{t=0}=0$	$\bar{c}(x,y,z,t)=\dfrac{m}{4(\pi t)^{3/2}\sqrt{K_x K_y K_z}}\exp\left[-\dfrac{1}{4t}\left(\dfrac{x^2}{K_x}+\dfrac{y^2}{K_y}+\dfrac{z^2}{K_z}\right)\right]$	与(6)相同,但泄漏源在地面上。地面代表的边界是不能渗透的边界。浓度是(5)的2倍
(9)泄漏源在地面上,稳态点源泄漏	连续泄漏,Q=常数；稳态($\frac{\partial \bar{c}}{\partial t}=0$)；风只沿 x 方向吹,$\bar{u}_j=\bar{u}_x=\bar{u}$=常数；每一坐标方向都有不同方向流扩散系数($K_x$、$K_y$、$K_z$)	$\bar{u}\dfrac{\partial \bar{c}}{\partial x}=K_x\dfrac{\partial^2 \bar{c}}{\partial x^2}+K_y\dfrac{\partial^2 \bar{c}}{\partial y^2}+K_z\dfrac{\partial^2 \bar{c}}{\partial z^2}$		$\bar{c}(x,y,z)=\dfrac{Q}{2\pi x \sqrt{K_y K_z}}\exp\left[-\dfrac{\bar{u}}{4x}\left(\dfrac{y^2}{K_y}+\dfrac{z^2}{K_z}\right)\right]$	与(6)相同,但泄漏源在地面上。地面代表的边界是不能渗透的边界。浓度是(6)的2倍
(10)连续稳态源泄漏。泄漏源在地面上方 H 处				$\bar{c}(x,y,z)=\dfrac{Q}{4\pi x \sqrt{K_y K_z}}\exp\left(-\dfrac{\bar{u}y^2}{4K_y x}\right)\times\left\{\exp\left[-\dfrac{\bar{u}}{4K_z x}(z-H)^2\right]+\exp\left[-\dfrac{\bar{u}}{4K_z x}(z+H)^2\right]\right\}$	对于这种情况,地面起着距离漏源 H 远处不能渗透的边界作用

5.3.3 帕斯奎尔-吉福德（Pasguill-Gifford）模型

前节所建立的扩散模型都有赖于湍流扩散系数 K_j 的值。通常情况下，湍流扩散系数随位置、时间、风速和主要天气情况而变化。虽然湍流扩散系数这一方法在理论上是可行的，但实际上不方便。为便于应用，定义扩散参数 σ_x、σ_y、σ_z 分别为

$$\sigma_x^2 = 2K_x t = 2K_x \frac{x}{u}$$

$$\sigma_y^2 = 2K_y t = 2K_y \frac{x}{u}$$

$$\sigma_z^2 = 2K_z t = 2K_z \frac{x}{u} \tag{5-71}$$

也有学者采用下式得到扩散参数（式中，n 的含义见 O. G. Sutton. Micrometeorology, New York：McGraw-Hill，1953，p.286.）

$$\sigma_x^2 = \frac{1}{2}\bar{c}(ut)^{2-n} \tag{5-72}$$

扩散参数可以现场测定，也可以在风洞中进行模拟实验来确定，还可以根据经验公式或图算法来估算。目前应用较多的估算法是 P-G（Pasquill-Gifford）扩散曲线法。扩散参数是大气情况及泄漏源下风向距离的函数。大气情况可根据 6 种不同的稳定度等级进行分类，见表 5-5。

表 5-5　使用 Pasquill-Gifford 扩散模型的大气稳定度等级划分表

表面风速/(m/s)	白天日照[①]			夜间条件[②]	
	强	适中	弱	薄云遮天或大于 4/8 低沉的云	≤3/8 朦胧
<2	A	A~B	B	F	F
2~3	A~B	B	C	E	F
3~4	B	B~C	C	D[③]	E
4~6	C	C~D	D[③]	D[③]	D[③]
>6	C	D[③]	D[③]	D[③]	D[③]

① 在中纬度地区,仲夏晴天的中午为强太阳辐射,寒冬晴天的中午为弱太阳辐射。

② 夜间是指日落前 1h 至破晓后 1h 这段时间。

③ 对于白天或夜晚的多云情况以及日落前或日出后数小时的任何天气情况,不管风速有多大,都应该使用中等稳定度等级 D。

注:稳定度等级　A—极度不稳定;B—中度不稳定;C—轻度不稳定;D—中性稳定;E—轻微稳定;F—中度稳定。

确定大气稳定度级别后，就可以按照 P-G 扩散曲线查出下风向距离 x 处的扩散参数 σ_y、σ_z 值。图 5-18 和图 5-19 适用于连续点源泄漏的烟羽模型。相应的关系式见表 5-6。没有给出 σ_x 的值，因为表中假设 $\sigma_x = \sigma_y$。烟团泄漏的扩散参数由图 5-20 给出，方程见表 5-7。

表 5-6　推荐的烟羽扩散 Pasquill-Gifford 模型扩散参数方程（Griffiths，1994；Briggs，1974）

（下风向距离 x 的单位为 m）

Pasquill-Gifford 稳定度等级	σ_y/m	σ_z/m
农村条件		
A	$0.22x(1+0.0001x)^{-1/2}$	$0.20x$
B	$0.16x(1+0.0001x)^{-1/2}$	$0.12x$

Pasquill-Gifford 稳定度等级	σ_y/m	σ_z/m
C	$0.11x(1+0.0001x)^{-1/2}$	$0.08x(1+0.0002x)^{-1/2}$
D	$0.08x(1+0.0001x)^{-1/2}$	$0.06x(1+0.0015x)^{-1/2}$
E	$0.06x(1+0.0001x)^{-1/2}$	$0.03x(1+0.0003x)^{-1}$
F	$0.04x(1+0.0001x)^{-1/2}$	$0.016x(1+0.0003x)^{-1}$
城市条件		
A~B	$0.32x(1+0.0004x)^{-1/2}$	$0.24x(1+0.0001x)^{1/2}$
C	$0.22x(1+0.0004x)^{-1/2}$	$0.20x$
D	$0.16x(1+0.0004x)^{-1/2}$	$0.14x(1+0.0003x)^{-1/2}$
E~F	$0.11x(1+0.0004x)^{-1/2}$	$0.08x(1+0.0015x)^{-1/2}$

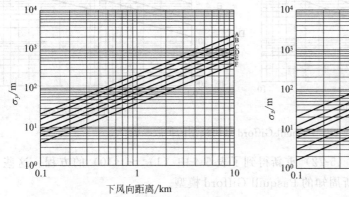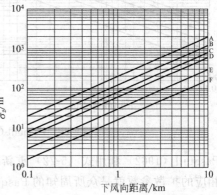

图 5-18　泄漏位于农村时 Pasquill-Gifford 烟羽模型中的扩散参数

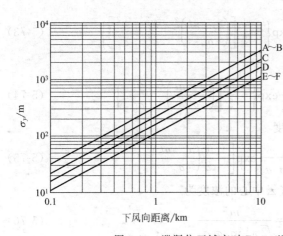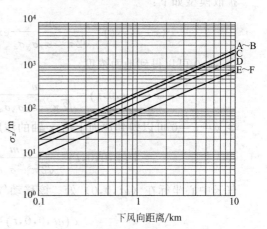

图 5-19　泄漏位于城市时 Pasquill-Gifford 烟羽模型中的扩散参数

表 5-7　推荐的烟团扩散 Pasquill-Gifford 模型扩散参数方程（Griffiths，1994；Briggs，1974）

（下风向距离 x 的单位为 m）

Pasquill-Gifford 稳定度等级	σ_y/m 或 σ_x/m	σ_z/m
A	$0.18x^{0.92}$	$0.60x^{0.75}$
B	$0.14x^{0.92}$	$0.53x^{0.73}$
C	$0.10x^{0.92}$	$0.34x^{0.71}$

Pasquill-Gifford 稳定度等级	σ_y/m 或 σ_x/m	σ_z/m
D	$0.06x^{0.92}$	$0.15x^{0.70}$
E	$0.04x^{0.92}$	$0.10x^{0.65}$
F	$0.02x^{0.89}$	$0.05x^{0.61}$

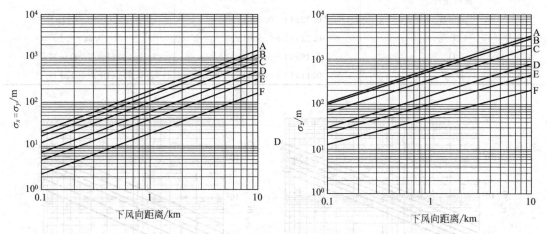

图 5-20 Pasquill-Gifford 烟团模型的扩散参数

Pasquill（1962）利用式（5-72）重新得到了表 5-4 中（1）～（10）的方程。这些方程及其相应的扩散参数就是众所周知的 Pasquill-Gifford 模型。

（1）地面上瞬时点源的烟团，坐标系固定在泄漏点，风速 u 恒定，风向仅沿 x 方向

扩散模型如下：

$$\overline{c}(x,y,z,t)=\frac{m}{\sqrt{2}\,\pi^{3/2}\sigma_x\sigma_y\sigma_z}\exp\left\{-\frac{1}{2}\left[\left(\frac{x-ut}{\sigma_x}\right)^2+\frac{y^2}{\sigma_y^2}+\frac{z^2}{\sigma_z^2}\right]\right\} \tag{5-73}$$

令 $z=0$ 可以得到地面浓度

$$\overline{c}(x,y,0,t)=\frac{m}{\sqrt{2}\,\pi^{3/2}\sigma_x\sigma_y\sigma_z}\exp\left\{-\frac{1}{2}\left[\left(\frac{x-ut}{\sigma_x}\right)^2+\frac{y^2}{\sigma_y^2}\right]\right\} \tag{5-74}$$

令 $y=z=0$ 可以得到地面上沿 x 轴的浓度

$$\overline{c}(x,0,0,t)=\frac{m}{\sqrt{2}\,\pi^{3/2}\sigma_x\sigma_y\sigma_z}\exp\left[-\frac{1}{2}\left(\frac{x-ut}{\sigma_x}\right)^2\right] \tag{5-75}$$

气云中心坐标在 $(ut,0,0)$ 处。该移动气云中心的浓度为

$$\overline{c}(ut,0,0,t)=\frac{m}{\sqrt{2}\,\pi^{3/2}\sigma_x\sigma_y\sigma_z} \tag{5-76}$$

站在固定点 (x,y,z) 处的个体，所接受的全部剂量 D_{tid} 是浓度的时间积分

$$D_{tid}(x,y,z)=\int_0^{\infty}\overline{c}(x,y,z,t)\,dt \tag{5-77}$$

地面的全部剂量，可依照式（5-77）对式（5-74）进行积分得到。结果为

$$D_{tid}(x,y,0)=\frac{m}{\pi\sigma_y\sigma_z u}\exp\left(-\frac{1}{2}\times\frac{y^2}{\sigma_y^2}\right) \tag{5-78}$$

地面上沿 x 轴的全部剂量

$$D_{tid}(x,0,0)=\frac{m}{\pi\sigma_y\sigma_z u} \tag{5-79}$$

通常情况下，需要用固定浓度定义气云边界。连接气云周围相等浓度点的曲线称为等值线。对于指定的浓度 $\overline{c}^*$，地面上的等值线通过用中心线浓度方程［式(5-75)］除以一般的地面浓度方程［式(5-74)］来确定。直接对 y 求解方程

$$y=\sigma_y\sqrt{2\ln\left[\frac{\overline{c}(x,0,0,t)}{\overline{c}(x,y,0,t)}\right]} \tag{5-80}$$

过程如下。

① 指定 $\overline{c}^*$、u 和 t。

② 利用式（5-75）确定沿 x 轴的浓度 $\overline{c}(x,0,0,t)$，定义沿 x 轴的气云边界。

③ 在式（5-80）中令 $\overline{c}(x,y,0,t)=\overline{c}^*$，得到由②确定的每一个中心线上的 y 值。

对于每一个所需的 t 值，可重复使用上述过程。

(2) 地面上连续稳态的烟羽，风向沿 x 轴，风速恒定为 u

扩散方程为

$$\overline{c}(x,y,z)=\frac{Q}{\pi\sigma_y\sigma_z u}\exp\left[-\frac{1}{2}\left(\frac{y^2}{\sigma_y^2}+\frac{z^2}{\sigma_z^2}\right)\right] \tag{5-81}$$

可令 $z=0$ 求出地面浓度

$$\overline{c}(x,y,0)=\frac{Q}{\pi\sigma_y\sigma_z u}\exp\left[-\frac{1}{2}\left(\frac{y}{\sigma_y}\right)^2\right] \tag{5-82}$$

可令 $y=z=0$ 求出下风向沿烟羽中心线的浓度

$$\overline{c}(x,0,0)=\frac{Q}{\pi\sigma_y\sigma_z u} \tag{5-83}$$

位于地面 H_r 高处连续稳态源的烟羽，风向沿 x 轴，风速恒定为 u，扩散方程为

$$\overline{c}(x,y,z)=\frac{Q}{2\pi\sigma_y\sigma_z u}\exp\left[-\frac{1}{2}\left(\frac{y}{\sigma_y}\right)^2\right]\times\left\{\exp\left[-\frac{1}{2}\left(\frac{z-H_r}{\sigma_z}\right)^2\right]+\exp\left[-\frac{1}{2}\left(\frac{z+H_r}{\sigma_z}\right)^2\right]\right\} \tag{5-84}$$

可令 $z=0$ 求出地面浓度

$$\overline{c}(x,y,0)=\frac{Q}{2\pi\sigma_y\sigma_z u}\exp\left[-\frac{1}{2}\left(\frac{y}{\sigma_y}\right)^2-\frac{1}{2}\left(\frac{H_r}{\sigma_z}\right)^2\right] \tag{5-85}$$

可令 $y=z=0$ 求得地面中心线浓度

$$\overline{c}(x,0,0)=\frac{Q}{2\pi\sigma_y\sigma_z u}\exp\left[-\frac{1}{2}\left(\frac{H_r}{\sigma_z}\right)^2\right] \tag{5-86}$$

地面上沿 x 轴的最大浓度 $\overline{c}_{max}$ 由下式求得

$$\overline{c}_{max}=\frac{2Q}{e\pi u H_r^2}\left(\frac{\sigma_z}{\sigma_y}\right) \tag{5-87}$$

下风向地面上最大浓度出现的位置，可由下式求得

$$\sigma_z=\frac{H_r}{\sqrt{2}} \tag{5-88}$$

5.4 爆炸后果分析

火灾和爆炸之间的主要区别是能量释放的速度。火灾中能量释放较慢，而爆炸释放能量

较快。火灾也可能由爆炸引起，爆炸也可能由火灾引发。在化学工业中产生的燃烧爆炸事故有表 5-8 所示的各种形态。

表 5-8　工厂中爆炸事故形态

物　质	爆 炸 类 型	爆 炸 效 应
1. 可燃气体与空气的均匀或非均匀混合物 2. 可燃性液滴或喷雾 3. 可燃液体薄膜 4. 可燃固体粉尘 5. 液体爆炸性化合物或混合物 6. 固体爆炸性化合物或混合物 7. 上述可燃物的多相混合体系	1. 化学爆炸：燃烧、爆燃、爆轰、剧烈的聚合、分解、反应失控 2. 物理爆炸：高压容器破裂，槽罐的减压破裂，爆炸性蒸发 3. 化学、物理爆炸并存：内部爆炸导致的容器破裂，容器破裂导致的流出气、液爆炸	1. 冲击波（爆炸波、爆风）：近距离与远距离效应 2. 破片：一次破片和二次破片 3. 热辐射：火球辐射 4. 地震波：主要是固体和液体爆轰引起的效应

5.4.1　爆炸的一般描述

爆炸是物质的一种非常急剧的物理、化学变化，也是大量能量在短时间内迅速释放或急剧转化成机械能的现象。它通常是借助于气体的膨胀来实现。

爆炸现象一般具有以下特征：①爆炸过程进行得很快；②爆炸点附近瞬间压力急剧上升；③发出声响；④周围介质发生震动或邻近物质遭受破坏。

一般将爆炸过程分为两个阶段：第一阶段是物质的能量以一定的形式（定容、绝热）转变为强压缩能；第二阶段强压缩能急剧绝热膨胀对外做功，引起作用介质变形、移动和破坏。

根据强度的差别，爆炸可以分为爆燃（Deflagration）与爆轰（Detonation）两种类型。爆燃是指反应前沿的移动速度低于声音在未反应介质中的传播速度的一类爆炸。爆轰是指反应前沿的移动速度高于声音在未反应介质中的传播速度的一类爆炸。当处在密闭度较大或高压条件下，或该混合物量很大时，燃烧波（即燃烧反应的波阵面）在传播一定距离后，传播速度会突然增大，以致达到每秒千米以上，这就是爆轰。爆轰也可因强烈冲击而直接引起，例如容积 $48m^3$ 的乙烯房间内，充有 7.2％（Vol.）的乙烯，当用 20g 彭托尼特炸药（Pentolite）起爆时即发生爆轰。爆轰是超音速的，是做功功率最大、破坏能力最强的一种爆炸反应。工业过程中通常所说的爆炸（实际上为爆燃）压力只增长为初始压力的 3～10 倍；而发生爆轰可使压力增长为初压的 15 倍以上，所以出现爆轰后会造成更大的破坏。

根据爆炸发生的原因，可将其分为物理爆炸、化学爆炸和核爆炸三大类。物理爆炸由物理变化所致，即物质状态参数（温度、压力、体积）迅速发生变化，在瞬间释放出大量能量并对外做功。例如，各种气体或液化气体在压力容器内，由于某种原因使容器承受不住压力而破裂的超压爆炸。化学爆炸是由化学反应造成的，物质由一种化学结构迅速转变为另一种化学结构，在瞬间释放出大量的能量并对外做功，如可燃气体、蒸气或粉尘与空气混合形成爆炸性混合物的爆炸。化学爆炸有三个要素：反应的放热性、反应的快速性和生成大量气体产物。

从爆炸事故来看，有以下几种化学爆炸类型：①蒸气云团的可燃混合气遇火源突然燃烧，在无限空间中的气体爆炸；②受限空间内可燃气体混合物的爆炸；③不稳定的固体或液体爆炸。

5.4.2 物理爆炸的能量

物理爆炸如压力容器破裂时气体膨胀所释放的能量（即爆破能量）不仅与气体压力和容器的容积有关，还与介质在容器内的物性、相态有关。因为有的介质以气态存在，如空气、氧气、氢气等；有的以液态存在，如液氨、液氯等液化气体、高温饱和水等。容积与压力相同而相态不同的介质，在容器破裂时产生的爆破能量也不同，而且爆炸过程也不完全相同，其能量计算公式也不同。

5.4.2.1 压缩气体与水蒸气容器破裂能量

当压力容器中介质为压缩气体，即以气态形式存在而发生物理爆炸时，其释放的爆破能量为：

$$E_g = \frac{pV}{\gamma-1}\left[1-\left(\frac{0.1013}{p}\right)^{\frac{\gamma-1}{\gamma}}\right]\times 10^3 \tag{5-89}$$

式中，E_g 为气体的爆破能量，kJ；p 为容器内气体的绝对压力，MPa；V 为容器的体积，m^3；γ 为气体的绝热指数，见表 5-3。从表中可以看出，空气、氮、氧、氢以及一氧化碳、一氧化氮等气体的绝热指数均为 1.4 或近似 1.4，若用 $\gamma=1.4$ 代入式（5-89）中，得到这些气体的爆破能量为：

$$E_g = 2.5pV\left[1-\left(\frac{0.1013}{p}\right)^{0.2857}\right]\times 10^3 \tag{5-90}$$

令

$$C_R = 2.5p\left[1-\left(\frac{0.1013}{p}\right)^{0.2857}\right]\times 10^3$$

则式（5-90）简化为：

$$E_g = C_R V \tag{5-91}$$

式中，C_R 为常用压缩气体爆破能量系数，kJ/m^3。

压缩气体爆破能量系数 C_R 是压力 p 的函数，各种常用压力下的气体爆破能量系数列于表 5-9。

表 5-9　常用压力下的气体容器爆破能量系数（$\gamma=1.4$ 时）

表压 p/MPa	0.2	0.4	0.6	0.8	1.0	1.6	2.5
爆破能量系数 C_R/(kJ/m^3)	200	460	750	1100	1400	2400	3900
表压 p/MPa	4.0	5.0	604	15.0	32	40	
爆破能量系数 C_R/(kJ/m^3)	6700	8600	11000	27000	65000	82000	

5.4.2.2 介质全部为液体时的爆破能量

通常用液体加压时所做的功作为常温液体压力容器爆炸时释放的能量，计算公式如下：

$$E_L = \frac{(p-1)^2 V \beta_t}{2} \tag{5-92}$$

式中，E_L 为常温液体压力容器爆炸时释放的能量，kJ；p 为液体的压力（绝），Pa；V 为容器的体积，m^3；β_t 为液体在压力 p 和温度 t 下的压缩系数，Pa^{-1}。

5.4.2.3 液化气体与高温饱和水的爆破能量

液化气体和高温饱和水一般在容器内以气液两态存在，当容器破裂发生爆炸时，除了气体的急剧膨胀做功，还有过热液体激烈的蒸发过程。在大多数情况下，这类容器内的饱和液体和液化气体占有容器介质质量的绝大部分，它的爆破能量比饱和气体大得多，一般不考虑气体膨胀做的功。过热状态下液体在容器破裂时释放出爆破能量可按下式计算：

$$E = [(H_1 - H_2) - (S_1 - S_2)T_1]W \tag{5-93}$$

式中，E 为过热状态液体的爆破能量，kJ；H_1 为爆炸前饱和液体的焓，kJ/kg；H_2 为在大气压力下饱和液体的焓，kJ/kg；S_1 为爆炸前饱和液体的熵，kJ/(kg·℃)；S_2 为在大气压力下饱和液体的熵，kJ/(kg·℃)；T_1 为介质在大气压力下的沸点，℃；W 为饱和液体的质量，kg。

饱和水容器的爆破能量按下式计算：

$$E_w = C_w V \tag{5-94}$$

式中，E_w 为饱和水容器的爆破能量，kJ；V 为容器内饱和水所占的体积，m³；C_w 为饱和水爆破能量系数，kJ/m³，其值见表 5-10。

表 5-10　常用压力下饱和水爆破能量系数

压力（表）p/MPa	0.3	0.5	0.8	1.3	2.5	3.0
爆破能量系数 C_w/(kJ/m³)	23800	32500	45600	63500	95600	106000

5.4.3　爆炸冲击波及其伤害/破坏作用

5.4.3.1　冲击波超压的伤害/破坏作用

压力容器爆破时，爆破能量在向外释放时以冲击波能量、碎片能量和容器残余变形能量三种形式表现出来。大部分能量是产生空气冲击波，后二者所消耗的能量只占总爆破能量的 3%～15%。

冲击波是由压缩波叠加形成的，是波阵面以突进形式在介质中传播的压缩波。容器破裂时，容器内的高压气体大量冲出，使得容器周围的空气受到冲击而发生扰动，这种扰动在空气中传播就成为冲击波。在冲击波的波阵面上，压力、温度、密度等物理参量发生突跃变化。在离爆破中心一定距离的地方，空气压力会随时间发生迅速而悬殊的变化。开始时，压力突然升高，产生一个很大的正压力，接着又迅速衰减，在很短时间内正压降至负压。最大正压力即是冲击波波阵面上的超压 Δp，可以达到数个甚至数十个大气压。

冲击波伤害/破坏作用准则有：超压准则、冲量准则、超压-冲量准则等。下面仅介绍超压准则。超压准则认为，只要冲击波超压达到一定值时，便会对目标造成一定的伤害或破坏。

超压对人体的伤害和对建筑物的破坏作用见表 5-11 和表 5-12。

表 5-11　冲击波超压对人体的伤害作用

超压 Δp/MPa	伤害作用	Δp/MPa	伤害作用
0.02～0.03	轻微损伤	0.05～0.10	内脏严重损伤或死亡
0.03～0.05	听觉器官损伤或骨折	＞0.10	大部分人员死亡

表 5-12 冲击波超压对建筑物的破坏作用

超压 Δp/MPa	伤害作用	超压 Δp/MPa	伤害作用
0.005~0.006	门窗玻璃部分破碎	0.06~0.07	木建筑厂房房柱折断,房架松动
0.006~0.015	受压面的门窗玻璃大部分破碎	0.07~0.10	硅墙倒塌
0.015~0.02	窗框损坏	0.10~0.20	防震钢筋混凝土破坏,小房屋倒塌
0.02~0.03	墙裂缝	0.20~0.30	大型钢筋结构破坏
0.04~0.05	墙大裂缝,屋瓦掉下		

5.4.3.2 冲击波的超压

冲击波波阵面上的超压与产生冲击波的能量有关,同时也与距离爆炸中心的远近有关。冲击波的超压与爆炸中心距离的关系:

$$\Delta p \propto R^{-n} \tag{5-95}$$

式中,Δp 为冲击波波阵面上的超压,MPa;R 为距爆炸中心的距离,m;n 为衰减指数。

衰减指数在空气中随着超压的大小而变化,在爆炸中心附近内为 2.5~3;当超压在数个大气压以内时,$n=2$;小于 1atm 时,$n=1.5$。

实验数据表明,不同数量的同类炸药发生爆炸时,如果距离爆炸中心的距离 R 之比与炸药量 q 三次方根之比相等,则所产生的冲击波超压相同,用公式表示如下:

$$若 \qquad \frac{R}{R_0} = \sqrt[3]{\frac{q}{q_0}} = \alpha,则 \Delta p = \Delta p_0 \tag{5-96}$$

式中,R 为目标与爆炸中心的距离,m;R_0 为目标与基准爆炸中心的相当距离,m;q_0 为基准爆炸能量,TNT,kg;q 为爆炸时产生冲击波所消耗的能量,TNT,kg;Δp 为目标处的超压,MPa;Δp_0 为基准目标处的超压,MPa;α 为炸药爆炸试验的模拟比。

上式也可以写成:

$$\Delta p(R) = \Delta p_0 (R/\alpha) \tag{5-97}$$

利用式(5-97)可以根据已知药量试验所测得的超压来确定任意药量爆炸时在各种相应距离下的超压。

表 5-13 是 1000kg TNT 炸药在空气中爆炸时所产生的冲击波超压。

表 5-13 1000kg TNT 炸药爆炸时的冲击波超压

距离 R_0/m	5	6	7	8	9	10	12	14
超压 Δp_0/MPa	2.94	2.06	1.67	1.27	0.95	0.76	0.50	0.33
距离 R_0/m	16	18	20	25	30	35	40	45
超压 Δp_0/MPa	0.235	0.17	0.126	0.079	0.057	0.043	0.033	0.027
距离 R_0/m	50	55	60	65	70	75		
超压 Δp_0/MPa	0.0235	0.0205	0.018	0.016	0.0143	0.013		

综上所述,计算压力容器爆破时对目标的伤害/破坏作用,可以按照下列程序进行。

① 首先根据容器内所盛介质的特性,分别选用式(5-92)至式(5-94)计算出其爆破能量 E。

② 将爆破能量 E 换算成 TNT 当量 q,因为 1kg TNT 爆炸所释放出的爆破能量为

$4320 \sim 4836kJ$，一般取平均爆破能量为 $4500kJ$，故其关系为：

$$q = E/q_{TNT} = E/4500 \tag{5-98}$$

③ 按式（5-96）求出爆炸的模拟比 α，即

$$\alpha = (q/q_0)^{1/3} = (q/1000)^{1/3} = 0.1q^{1/3} \tag{5-99}$$

④ 求出在 $1000kg$ TNT 爆炸试验中的相当距离 R_0，即 $R_0 = R/\alpha$。

⑤ 根据 R_0 值在表 5-13 中求出距离为 R_0 处的超压 Δp_0（中间值用插入法），此即所求距离为 R 处的超压。

⑥ 根据超压 Δp 值，从表 5-11 和表 5-12 中找出对人员和建筑物的伤害/破坏作用。

5.4.3.3 蒸气云爆炸的冲击波伤害/破坏半径

爆炸性气体液态储存，如果瞬态泄漏后遇到延迟点火或气态储存时泄漏到空气中，遇到火源，则可能发生蒸气云爆炸。根据荷兰应用研究院［TNO（1979）］建议，可按下式预测蒸气云爆炸的冲击波的损害半径：

$$R = C_s(NE)^{1/3} \tag{5-100}$$

式中，R 为损害半径，m；E 为爆炸能量，kJ，可按下式求取：

$$E = VH_c \tag{5-101}$$

式中，V 为参与反应的可燃气体的体积，m^3；H_c 是可燃气体的高燃烧热值，kJ/m^3，取值情况见表 5-14；N 为效率因子，一般取 $N = 10\%$；C_s 为经验常数，取决于损害等级，其取值情况见表 5-15。

表 5-14 某些气体的高燃烧热值 　　　　　　　　　　　　　　　单位：kJ/m^3

气体名称		高燃烧热值	气体名称	高燃烧热值
氢气		12770	乙烯	64019
氨气		17250	乙炔	58985
苯		47843	丙烷	101828
一氧化碳		17250	丙烯	94375
硫化铵	生成 SO_2	25708	正丁烷	134026
	生成 SO_3	30146	异丁烷	132016
甲烷		39860	丁烯	121883
乙烷		70425		

表 5-15 爆炸损害等级表

损害等级	$C_s/(m/J^{1/3})$	设备损坏	人员伤害
1	0.03	重创建筑物和加工设备	1%死亡于肺部伤害 >50%耳膜破裂 >50%被碎片击伤
2	0.06	损坏建筑物外表可修复性破坏	1%耳膜破裂 1%被碎片击伤
3	0.15	玻璃破碎	被碎玻璃击伤
4	0.40	10%玻璃破碎	

关于化学工业中常见的气体或气云爆炸的破坏情况，很少有实验结果，所以实际中人们用事故气云爆炸的强度和 TNT 爆炸比较，以求取 TNT 当量或爆炸率（也叫 TNT 收率）的方法。

TNT 当量最大值（即燃烧热 TNT 当量）用 $(W_{TNT})_{max}$（单位 kg）表示，它由下式定义：

$$(W_{TNT})_{max} = \frac{\Delta H_c W_G}{1000} \qquad (5\text{-}102)$$

式中 ΔH_c——可燃气体的燃烧热，kcal/kg；

$\quad\quad W_G$——爆炸的气体量，kg；

$\quad\quad 1000$——TNT 的爆热，kcal/kg。

气云爆炸，由于气云（即可燃气体或可燃液体的蒸气与液滴和空气的混合物）密度小，所占空间大，爆炸反应速率低，这与凝聚态的 TNT 有显著不同，所以其 $(W_{TNT})_{max}$ 中究竟有百分之多少贡献给了实际气云爆炸（爆轰）事故的破坏，便用爆炸率或 TNT 收率来表示。于是 TNT 收率 η_{TNT}（%）用下式定义：

$$\eta_{TNT}(\%) = \frac{(W_{TNT})_{事故}}{(W_{TNT})_{max}} \times 100 \qquad (5\text{-}103)$$

式中 $(W_{TNT})_{事故}$——给出与气云爆炸冲击波破坏同等破坏的 TNT 药量，kg。

TNT 收率是爆炸事故激烈性的量度。许多学者通过对实际气云爆炸事故所造成的冲击波破坏情况调查分析后，给出了 TNT 收率的一个范围。如布拉希（Brasie）关于苯乙烯、丁二烯、聚氯乙烯的事故为 0.3%～4%；柏盖斯（Burgess）关于丙烷的事故为 7.5%，异丁烯为 10%。当然无冲击波危害的为 0，全部参与爆轰的为近于 100%。

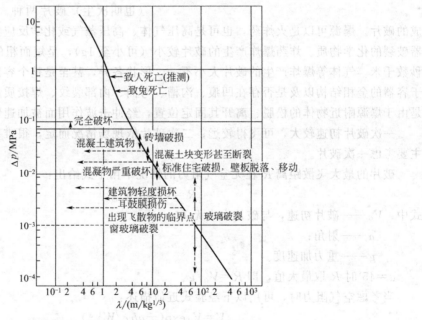

图 5-21 冲击波峰压、对比距离与破坏效应

利用图 5-21 可以对一起气云爆炸事故做某些定量估计。例如，可以求此爆炸的 TNT 当量 $(W_{TNT})_{事故}$：

$$(W_{TNT})_{事故} = (R/\lambda)^3 \qquad (5\text{-}104)$$

式中 R——至爆心的距离；

$\quad\quad \lambda$——对比距离。一般由窗玻璃的破坏情况（如 50% 的破坏率所相应的冲击波超压 $\Delta p = 3 \sim 10 \text{gf/cm}^2$）从图 5-21 中可以查得。

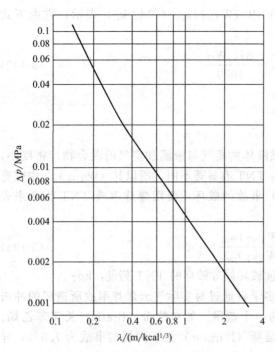

图 5-22　爆风超压与爆热、距离的关系

而 TNT 收率在有了（W_{TNT}）事故和泄漏出的可燃气、液的数量后也就很容易算出了。或者先假设 TNT 收率，便可估计出泄漏量。

非火炸药的普通化工厂有关安全距离的概念是从 20 世纪 70 年代开始关注起来的。它主要涉及事故时毒性气体的扩散，火球的热辐射与爆炸时的冲击波。

图 5-22 为把 TNT 的 Δp-λ 曲线转化为气云爆炸的 Δp-λ 曲线。其转化条件是把 TNT 当量 W 代之于气云爆炸时的总放热量 Q（kcal）并取 TNT 收率为 6.4%。因为一般相当激烈的气云爆炸所对应的 TNT 收率为 4%～10%，所以取 6.4% 具有平均的代表性。

5.4.4　破片与抛掷物的危害

破片有一次（也叫初始）破片和二次（也叫次生）破片两种。前者为爆源壳体形成的破片。爆源可以是火炸药，也可是高压气体、高压蒸气或化学反应失控产生高压而使容器破裂的化学物质。炸药爆炸产生的破片较小（可小至 1g），呈短而粗的块状，初速可达每秒数千米。气体等爆炸产生的破片大小不一，形状各异，甚至是整个容器的大部分，这决定于容器的金相结构以及是否存在凹痕、沟槽、弯曲、内部裂纹、焊接质量问题等。二次破片是由于爆源附近物体的松脱、离开其固定位置，经冲击波作用而被加速形成的。

一次破片初速较大，可飞得较远；二次破片依现场情况而定，很难寻得共同规律，所以主要考虑一次破片。

破片的最大飞散距离 R 在无空气阻力的情况下由下式给出：

$$R = V_0^2 \sin 2\alpha / g \tag{5-105}$$

式中　V_0——破片初速，与破片大小无关；

　　　α——射角；

　　　g——重力加速度。

$\alpha = 45°$ 时 R 取最大值，即 $R = V_0^2 / g$。

当考虑空气阻力时，可用以下经验式近似描述：

$$V = V_0 \exp(-abx / W^{1/3}) \tag{5-106}$$

式中　V——在距离 x（m）处的破片速度；

　　　a——经验系数，超音速飞散的破片取 0.002，亚音速取 0.0014；

　　　b——阻力系数，取值范围 1.5～2.0，因破片形状而定；

　　　W——破片质量，kg。

按此式估算出的 V 还应据风向、风力影响加以修正。由于破片造成危害的程度决定于其速度和质量，所以很重要。

朗德尔（Randall）对于气体爆炸，基于高压气体作绝热膨胀而使破片加速、飞散，计算了一些实例。如一钢容器的大小破片被 5.4MPa、2260℃的爆炸气体加速时，破片初速为 113m/s。由此按式（5-105）估算，其破片的真空弹道最大飞散距离达 1300m，而且大多数破片应分布在这个距离的 0.3～0.8 倍、即 390～1000m 范围内。若射角分别为 10°和 70°时，则分别应是最大飞散距离 440m，分布为 130～350m 及 830m、分布为 250～660m。

破片对其他物体的作用可是表面的，也可是侵彻性的。大多数为前者，即在撞击中予以脉冲载荷，造成破坏。

破片对人体的作用分为小破片侵彻伤害和大破片非侵彻的钝器外伤。

侵彻破片：设 V_{50} 为破片撞击时目标发生 50% 被侵彻的撞击速度，则有关系

$$V_{50} \propto A/M$$

式中　A——破片沿飞行轨迹的横截面积；

　　　M——破片质量。

Sperrazza 用不同质量（至 0.015kg）的钢质立方体、圆球、圆柱射入有 3mm 厚隔离层的皮肤（人体或山羊）内，弹道极限速度的实验关系为 $V_{50} = 1247.1kg/(m \cdot s)(A/M) + 22.03m/s$，$A/M$ 的单位为 m^2/kg。

非侵彻破片：这种伤害仅与破片的质量和速度（动能）有关。严重伤害的临界值曲线可见文献 [17]。

5.4.5　热辐射危害

大多数推进剂/发射药的事故爆炸、失控化学反应爆炸、容器破裂后紧跟着发生的受约束或无约束蒸气云爆炸、油罐区火灾、高能炸药爆轰等，都能产生火球。火球如具足够高的温度、足够大的尺寸、持续足够长的时间，就会产生热辐射破坏、伤害或引燃可燃物。热辐射问题相当复杂，为便于研究而将其分解为火球的成长（直径、温度随时间的变化），通过辐射所传递的热能及辐射热接受体所受到的破坏或损伤。

5.4.5.1　火球的形成

根据试验有以下两组经验式，即

High（1968）用液体火箭推进剂试验的结果估计土星 V 号火箭发生事故时火球大小与持续时间：

$$D = 3.86M^{0.32} \qquad t^* = 0.299M^{0.320} \tag{5-107}$$

式中　D——火球直径，m；

　　　M——推进剂质量，kg；

　　　t^*——火球持续时间，s。

Rakaczky（1975）给出

$$D = 3.76M^{0.325} \qquad t^* = 0.258M^{0.349} \tag{5-108}$$

式中　D——火球直径，m；

　　　M——弹药中化学物质质量，kg；

　　　t^*——火球持续时间，s。

适合于温度≈2500K 的火球。

High 经验式得到了美国伊利诺伊州新月城事故（1970 年 6 月）的验证。即 120m³ 液化石油气槽车爆裂，泄漏液化石油气（LPG）6.8×10^4kg，火球直径为 180m（与公式计算值

有一定出入)。

日本的长谷川等通过对小型丙烷、戊烷、辛烷火球的实验室试验研究，给出了 $t_b(\mathrm{s}) = 1.07M^{0.181}(\mathrm{kg})$ 的关系式。式中 t_b 为燃料燃完的时间，火球升离地面的时间与火球持续时间也是相同的。贝克给出

$$t_b = C\left(\frac{E}{\theta}\right)^{1/6}$$

式中　E——化学物质释放的能量；

　　　θ——火球温度，K；

　　　C——常数。

贝克分析后认为大容量化学物质的火球用 High 式，小容量（10kg 以下）时才可用长谷川式。

5.4.5.2　热辐射

(1) 辐射热能的传播

无论靠近爆源还是远离爆源，辐射空间某点每单位面积上的热能（热流束）$Q(\mathrm{J/m^2})$ 都可用下式表示。即

$$Q = \frac{D^2/R^2}{F + D^2/R^2} b_G M^{1/3} \theta^{2/3} \qquad (5\text{-}109)$$

式中　D——火球直径，m；

　　　R——测点至爆源距离，m；

　　　M——化学物质质量，kg；

　　　θ——火球温度，K；

　　　F——常数（$F = 161.7$）；

　　　b_G——常数（$b_G = 2.04 \times 10^4$）。

关于石油产品火灾（盛于储罐中）所产生的热辐射可用下式估算

$$q = A\left(\frac{D}{R}\right)^2 （适用条件为 R/D \geqslant 3）$$

式中　q——辐射热流量速率，日本叫辐射照度，kcal/(m²·h)；

　　　A——决定于燃料性质的常数，某些石油产品的 A 值如下：己烷 37000，汽油 25000，苯 27000，假富士原油 17500；

　　　D——盛装石油产品的容器直径，m；

　　　R——离开容器中心的距离，m。

(2) 辐射热接受体所受到的破坏或损伤

接受体是可能燃烧的任何物体，如人、木材、火炸药、建筑物等。可以用来作为判定接受体遭损伤程度的临界曲线是一条 $q\text{-}Q$ 关系曲线（参见文献 [17]）。可见，对于持续时间特别长的热流量（即其持续时间比达到平衡状态所需的时间还要长），临界值只由热流量速率 q 决定；对于持续时间特别短的热流量（即短至没有明显的能量传播），传播临界值只能由热能量 Q 决定。q 与 Q 都大于临界值时才会引起损伤；q 与 Q 有一方小于临界值时，都不会造成损伤。此曲线同前面所介绍的冲击波曲线 $p\text{-}i$ 相对应。比冲量 i 是短持续时间载荷作用下压力 p 对时间的积分；而热能 Q 也是短持续时间热脉冲作用下热流量速率 q 的时间积分。某些材料和人的皮肤耐辐射照度情况如表 5-16。

表 5-16　热辐射作用

材　　料	辐射强度/[kcal/(m² · h)]	
	发火（干试样 15min 内发火）	引火（把小火焰放于试样旁边而点火）
黑色人造丝或棉织厚窗帘	18000	7200
纤维板	21600	9360
风吹雨打过的涂有涂料的杉木板		14400
发黑的木材	28800	10800
沥青屋顶		12600
三合板		14400
表面烤焦了的木材		1440～16920
涂有涂料的木材		14400～21600
硬纸板		10800
热固性塑料	72000	
纺织品	28800	
棉印花布	20880	10800

(3) 人的皮肤所能忍耐的辐射强度临界值

人的皮肤所能忍耐的辐射强度临界值见表 5-17。

表 5-17　人的皮肤所能忍耐的辐射强度临界值

长时间暴露时 所能忍耐的最大辐射强度	1080kcal/(m² · h)[①]	3s 后即感痛苦	9000kcal/(m² · h)
10～20s 后即感痛苦	3600kcal/(m² · h)	10～20s 即可烧肿	9000kcal/(m² · h)

① 1080kcal/(m² · h)为太阳常数，即除去大气影响后地表所受太阳辐射热。实际上因大气影响而为 900kcal/(m² · h)或 3768kJ/(m² · h)。

(4) 热辐射安全距离

据英国国防部用柯达火药所进行的大型（约 10^4 kg）试验，Jarrett 在报告中给出的火球持续时间为 4～6s 之间，在这样的作用时间内人所受到的 1 级烧伤的临界热流束为 3cal/cm²；2 级烧伤的临界热流束为 6cal/cm²；3 级烧伤的临界热流束为 9cal/cm²。

所以他建议工厂内的安全距离与一般住宅区的安全距离分别按 4cal/cm² 和 1.5cal/cm² 的临界值来取（人在 1.5cal/cm² 热流束下 4～6s 皮肤将感到痛，但尚不至红肿），并给出表 5-18 所列的估算方法。

表 5-18　炸药系火球热辐射安全距离

辐射热流束/(cal/cm²)	药量 W(kg)—距离 S(m) （即距火球中心）	辐射热流束/(cal/cm²)	药量 W(kg)—距离 S(m) （即距火球中心）
1.5（最高）	$S = 1.6\sqrt{W}$	4.0（平均）	$S = 0.72\sqrt{W}$
1.5（平均）	$S = 1.4\sqrt{W}$	9.0（最高）	$S = 0.5\sqrt{W}$
4.0（最高）	$S = 0.86\sqrt{W}$		

5.4.5.3　气云爆炸火球的热辐射

关于气云爆炸火球的热辐射问题，缺乏大型的实验结果，日本是利用火炸药的结果加以转化来解决的。为此文献［18］做了如下分析并给出了转化后的估算式。

(1) 火焰温度

理论计算值，火炸药体系为 2300～3000K，可燃气体系为 1600～2300K。而实际燃烧时，海尔（Hill）认为火箭推进剂火球中要卷入 23％的空气，而可燃气火球的卷入空气量要大得多，如丁烷、乙烯为自身质量的十多倍，所以取火炸药系为 2100K，可燃气系为 1800K，二者之比为 0.55（因为热辐射正比于温度的 4 次方）。

(2) 持续时间

可燃气系燃烧有个混合过程，所以持续时间较长，但能产生辐射危害的时间增长并不多，取 5s 作为接受热辐射基准。

(3) 火球直径

依据燃烧反应生成气体产物量和卷入空气的量，以及火焰温度，可燃气系火球直径 D 由下式给出：

$$D = 3.33W^{0.32} \tag{5-110}$$

式中　W——参与燃烧的可燃气体量，kg。

(4) 安全距离

可以按照如下公式进行计算。

$$S_{CH} = 1.19\sqrt{W} \tag{5-111}$$

式中　S_{CH}——碳氢燃料燃烧火球的热辐射安全距离，m（即按临界热流 1.5cal/cm^2、受热 5s 计）；

　　　W——燃烧燃料量，kg。

这样，如以 $W = 10^4$ kg 为例，可以得到火炸药系与可燃气系的对比，见表 5-19。

表 5-19　火炸药系与可燃气系火球直接、安全距离的对比（质量为 10^4 kg）

项　目	可燃气系	火炸药系
火球直径 D/m	63.5	73.6
到一般住宅的安全距离 S/m	119.0	160.0
到一般住宅的水平安全距离/m	101.0	143.0

● **习题**

1. 输送甲苯的管道上有一个 5mm 的小孔，小孔处管道内的表压为 6.89MPa。试计算泄漏速率。甲苯的相对密度为 0.866。

2. 用来输送甲苯的一根长 30m 的水平管道，在距离高压末端 13m 处有一个小孔。孔直径为 2.5mm。管道上游压力为 3.45MPa（表），下游压力为 2.76MPa（表）。试计算甲苯通过该孔的质量流率。甲苯的相对密度为 0.866。

3. 一储罐高 10m。某时刻储罐内的液位高度为 5m。储罐用氮气加压至 0.1MPa 以防止储罐内形成可燃性气氛。储罐内液体的密度为 490 kg/m^3。

（1）如果储罐上距离地面 3m 高处有一个 10mm 的小孔，那么液体的初始质量流率是多少？

（2）估算液体在距离储罐多远处撞击到地面，确认该流动能否被距离储罐 1m 远、高为 1m 的堤防所包容。

提示：对于自由下落物体，达到地面的时间为 $t = \sqrt{2h/g}$，式中，t 为时间；h 为初始高度；g 为重力加速度。

4. 浓度为31.5％的盐酸溶液从一个储罐抽到另一个储罐。泵的功率为2kW，效率为50％。管道是内径为50mm的PVC管。某时刻，第一个储罐内的液面高于管道出口4.1m。因为发生了事故，管道在泵和另一个储罐之间断裂，断裂处位于第一个管道出口下方2.1m处。断裂点距离第一个储罐的当量管长为27m。计算断裂处的流量。液体的黏度为$1.8 \times 10^{-3} kg/(m \cdot s)$，密度为$1600 kg/m^3$。

5. 当检查松节油储罐时，发现一个直径为2.5mm的小孔并进行了修补。小孔处高于储罐底部2.13m。记录表明在小孔形成以前松节油液面高度为5.27m，修补后液面高度3.96m。储罐直径为4.57m。试计算（1）松节油的泄漏总量；（2）最大泄漏速率；（3）小孔存在时间。该条件下松节油的密度为$881 kg/m^3$。

6. 一个正在燃烧的煤堆，估计以3g/s的速度释放出氧化氮。下风向3km处，由该释放源产生的氧化氮的平均浓度是多少？已知风速为7m/s，释放发生在一个多云的夜晚。假设煤堆为地面点源。

7. 垃圾焚化炉有一个有效高度为100m的烟囱。在一个阳光充足的白天，风速为2m/s，在下风向径直200m处测得的二氧化硫的浓度为$5.0 \times 10^{-5} g/m^3$。试估算从该烟囱排放的二氧化硫的质量流率（g/s），并估算地面上二氧化硫的最大浓度及其位于下风向的位置。

8. 一个装有360kg氯的储罐位于某水处理厂。对释放情景的研究表明，10min内储罐内的全部物质将以蒸气的形式释放出来。对于氯气，当区域内蒸气浓度超过1ppm时人员必须撤离。在没有任何额外信息的情况下，试估算人员必须撤离的下风向距离。

9. 农药厂生产杀虫剂的反应器装有454kg含50％（质量分数）液态异氰酸甲酯（MIC）的液态混合物。液体温度接近其沸点。对各种释放情景的研究表明，反应器的开裂将使液体溢出到地面的沸腾液池中，MIC的沸腾速率估计为9kg/min。蒸气浓度超过0.025ppm的区域内的人员必须撤离。如果某一晴朗的夜晚，风速为5.47km/h，试估算下风向必须撤离的面积。

10. 运输苯的管线有一个大的漏洞。幸运的是，释放发生在堤防内，液体被容纳在面积为15.24m×9.14m的堤防内。温度为27℃，周围环境压力为1atm。泄漏发生在一个多云的夜晚，风速为8km/h，浓度超过100ppm的下风向区域内的人员必须撤离。

（1）确定堤防内苯的蒸发速率。

（2）确定必须撤离的苯的下风向距离。

（3）确定最大的烟羽宽度和下风向距离。

11. 试估算以下混合物的LFL和UFL。

化学物质	体积分数			
	a	b	c	d
正己烷	0.5	0.0	1.0	0.0
甲烷	1.0	0.0	1.0	0.0
乙烯	0.5	0.5	1.0	0.0
丙酮	0.0	1.0	0.0	1.0
乙醚	0.0	0.5	0.0	1.0
全部可燃物质	2.0	2.0	3.0	3.0
空气	98.0	98.0	97.0	97.0

12. 试估算上述习题11.a中的混合物在50℃、75℃和100℃下的LFL和UFL。

13. 试估算上述习题11.a中混合物在1atm、5atm、10atm和20atm下的LFL和UFL。

14. 丁烷储罐距离居民区150m。试估算居民区处的丁烷浓度等于LFL所需的最小瞬时泄漏量。所需的连续泄漏速率是多少？假设泄漏发生在地面。如果泄漏发生在地面上方，所需的最小量是增加、减少还是不变？

15. 以下液体储存在容器内，温度为 25℃、压力 1atm。容器与大气相通。确定液体上方处于平衡状态的蒸气是否可燃。液体为：（1）丙酮；（2）苯；（3）环己胺；（4）乙醇；（5）庚烷；（6）正己烷；（7）戊烷；（8）甲苯。

16. 现有一 6# 燃料油储罐发生泄漏，在泄漏过程中发生了气云爆炸，致使距离爆炸现场 600m 处的某建筑物窗户玻璃发生破碎。根据估算，发生泄漏的 6# 燃料油约为 10t。试计算该气云爆炸的 TNT 收率。假定该建筑物窗户玻璃在爆炸波作用下发生 50% 破碎的对比距离为 $75m/kg^{\frac{1}{3}}$，6# 燃料油的燃烧热为 $10.34 \times 10^3 kcal/kg$，TNT 的爆热为 1080kcal/kg。

参 考 文 献

[1] H. S. Carslaw, J. C. Jaeger. Conduction of Heat in Solids. London：Oxford University Press，1959.
[2] Frank P. Less. Loss Prevention in the Process Industries，2nd. London：Butterworths，1996.
[3] F. A. Gifford. Use of routine meteorological observations for estimating atmospheric dispersion. Nuclear Safety，1961，2（4）：47.
[4] F. A. Gifford. Turbulent dispersion typing schemes：A review. Nuclear Safety，1976，17（1）：68.
[5] D. A. Crowl，J. F. Louvar. Chemical Process Safety Fundamentals with Applications，2nd. New Jersey：Prentice Hall，2002.
[6] G. Sutton. Micrometeorology. New York：McGraw-Hill，1953.
[7] F. Pasquill. Atmospheric Diffusion. London：Van Nostrand，1962.
[8] G. W. Jones. Inflammation limits and their practical application in hazardous industrial operations. Chemical Reviews，1938，22（1）：1-26.
[9] T. Suzuki. Empirical relationship between lower flammability limits and standard enthalpies of combustion of organic compounds. Fire and materials，1994，18：333～336.
[10] T. Suzuki，K. Koide. Correlation between upper flammability limits and thermo chemical properties of organic compounds. Fire and Materials，1994，18：393～397.
[11] E. F. Griffiths. Errors in the use of Briggs parameterization for atmospheric dispersion coefficients. Atmospheric Environment，1994，28（17）：2861～2865.
[12] G. A. Briggs. Diffusion estimation for small emissions. ATDL Contribution File No. 79，Atmospheric Turbulence and Diffusion Laboratory，1973.
[13] W. B. Hooper. The Two-K method predicts head losses in pipe fittings. Chemical Engineering，1981，24：97-100.
[14] R. W. High. The Saturn fireball. Annals New York Academy of Science，1968，152：441-451.
[15] J. A . Rakaczky. The suppression of thermal hazards from explosions of munitions：A literature survey. RBL Interim Memo. Report NO. 377，1975.
[16] D. E. Jarrett. Derivation of British explosive safety distance. Annals of New York Academy of Science，1968，152：18-35.
[17] [美] W. E. Baker 著．爆炸——危险性及其评估．张国顺等译．北京：群众出版社，1988.
[18] 化学工学协会．化学プラントの安全対策技术 1：化学プラントの安全対策．丸善株式会社，1978.
[19] 汪元辉主编．安全系统工程（《安全工程管理丛书》之四）．天津：天津大学出版社，1999.
[20] 蔡凤英，谈宗山，孟赫，蔡仁良编著．化工安全工程（第二版）．北京：科学出版社，2009.
[21] 许文编著．化工安全工程概论．北京：化学工业出版社，2002.
[22] CCPS. Safety，health，and loss prevention in chemical processes：Problems for undergraduate engineering curricula. New York：AIChE，1990.
[23] 崔克清，张礼敬，陶刚编著．化工安全设计．北京：化学工业出版社，2004.
[24] 崔克清编著．危险化学品安全总论．北京：化学工业出版社，2005.
[25] [美] 盖尔·伍德赛德，戴安娜·科库雷编著．环境、安全与健康工程．毛海峰等译．北京：化学工业出版社，2006.
[26] 刘荣海，陈网桦，胡毅亭编著．安全原理与危险化学品测评技术．北京：化学工业出版社，2004.

第6章

事故发生的可能性估算

2007 年 11 月 27 日 10 时 20 分，江苏联化科技有限公司（以下简称联化公司）重氮盐生产过程中发生爆炸，造成 8 人死亡、5 人受伤（其中 2 人重伤），直接经济损失约 400 万元。

重氮化工艺过程是在重氮化釜中，先用硫酸和亚硝酸钠反应制得亚硝酰硫酸，再加入 6-溴-2,4-二硝基苯胺制得重氮液，供下一工序使用。11 月 27 日 6 时 30 分，联化公司 5 车间当班 4 名操作人员接班，在上班制得亚硝酰硫酸的基础上，将重氮化釜温度降至 25℃。6 时 50 分，开始向 5000L 重氮化釜加入 6-溴-2,4-二硝基苯胺，先后分三批共加入反应物 1350kg。9 时 20 分加料结束后，开始打开夹套蒸汽对重氮化釜内物料加热至 37℃，9 时 30 分关闭蒸汽阀门保温。按照工艺要求，保温温度控制在 35℃，保温时间 4～6h。10 时许，当班操作人员发现重氮化釜冒出黄烟（氮氧化物），重氮化釜数字式温度仪显示温度已达 70℃，在向车间报告的同时，将重氮化釜夹套切换为冷冻盐水。10 时 6 分，重氮化釜温度已达 100℃，车间负责人向联化公司报警并要求所有人员立即撤离。10 时 9 分，联化公司内部消防车赶到现场，用消防水向重氮化釜喷水降温。10 时 20 分，重氮化釜发生爆炸，造成抢险人员 8 人死亡、5 人受伤。建筑面积为 735m² 的 5 车间 B7 厂房倒塌，主要生产设备被炸毁。

事故调查组分析判断，爆炸事故的直接原因是操作人员没有将加热蒸汽阀门关到位，造成重氮化反应釜在保温过程中被继续加热，操作人员未能及时发现重氮化釜内温度升高并调整控制。重氮化釜内重氮盐剧烈分解，发生化学爆炸。装置自动化水平低，重氮化反应系统没有装备自动控制系统和紧急停车系统；重氮化釜岗位操作规程不完善，没有制定针对性应急措施，应急指挥和救援处置不当，是这起爆炸事故的重要原因。

6.1 概述

风险是指某一特定危险情况发生的可能性和后果的组合。可能性意味着不确定性，在实际工作中最容易让人疑惑并错误判断。如果可能性被估计得过低，就会过于乐观地评估风险，造成安全保护措施的缺失，最终可能导致重大事故；反之，如果可能性被估计得过高，就有可能造成保护过度，不仅会增加建设和运行成本，而且可能会降低装置可用性（Availability）。为了科学地计算事故发生的可能性，本章对事故发生可能性的常用计算方法进行阐述。

事故发生的可能性估算方法大致可以分为三大类。

第一类是基于历史记录的事故频率统计方法，当能够获取充足的信息且积累了与所分析系统相似的足量历史数据时，这种方法能够快捷地提供事故发生频率。如新建项目前期的定量风险分析（QRA）时（详见第 7 章），长输管线或储罐的不同场景失效频率往往可以通过直接查询行业数据库或手册获得。

第二类是基于布尔代数模型的各类频率计算工具。故障树、事件树分析技术都属于这类方法。其基本思路是通过构建初始事件与最终事故之间的逻辑关系，基于是、否两种状态的二元判断标准（Binary Decision Criterion），再根据逻辑关系中各个事件的历史统计数据来推算最终事故的发生频率。该类方法计算精度较高，但对基础事件历史数据的要求较高。

第三类是在历史数据不够充分的情况下，应用可靠性工程中的贝叶斯（Bayesian）推理，如蒙特卡罗算法、马尔可夫链计算，从已知条件下的前置概率推导得出条件变化之后的后置概率，这也是在风险分析中经常用到的重要方法。美国石油化工协会 API581 基于风险的检验（RBI）中，贝叶斯推理帮助计算腐蚀风险并优化了检验。RBI 相关内容在第 11 章机械完整性管理中有相关介绍。马尔可夫链计算也是 IEC 61508-6 附件 B 中所推荐的一种安全完整性等级 SIL 的验算方法，通过计算一个序列的随机变量，最终给出功能安全回路的失效概率 PFD。SIL 验算的相关内容在第 10 章中介绍。

另外，保护层分析（LOPA）技术也提供了一种操作方便、精度尚可接受的事故频率估算法。

本章将对上述第一及第二类方法进行重点介绍。图 6-1 给出了事故发生可能性分析技术的划分方式，同时也对本章内容安排进行了说明。

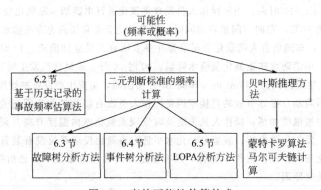

图 6-1　事故可能性估算技术

6.2　基于历史记录的事故频率估算法

事故发生频率可以直接通过分析历史记录的方法获取。记录的事故次数除以时间（如工厂运行年限、管道使用年限等）就可以直接获取事故频率。这种方法也可以为故障树等风险分析提供基础事件概率数据。使用历史信息估算事故频率的例子包括泄漏后发生气云爆炸的条件概率、管线发生破裂后发生火灾的条件概率等。

考虑到该方法既可以用于估算事故频率（单位时间内的事故次数），也可以用于估算事件概率（无量纲，用来描述某一段时间内事件发生的可能性，或某事件在特定条件下发生的可能性，即条件概率）。因此该方法往往使用"可能性"一词来表示输出结果（既可表示频率，也可表示概率）。

基于历史记录的事故频率估算法不会像故障树分析技术一样受限于分析人员对失效机理

的想象力。然而，使用该方法却需要符合很多条件才能确保历史记录是有意义的，包括充分、准确的历史数据，并针对当前特定的情况对历史数据的适用性进行审查。假设能够满足上述所有条件（事实上是十分困难的），频率数据则可以直接计算得到。基于历史纪录的频率估算方法经常用于设计阶段。

这种方法允许快速、经济地估算频率值。在需要进行大量分析的风险分析过程中（如定量风险分析），该方法的实施能够有效减轻工作量，使得分析工作成为可能。

6.2.1 技术描述

基于历史记录的事故频率估算法共包括定义事故信息、检查来源数据、检查数据的适用性、计算事故频率、验证频率这 5 个步骤，其实施过程如图 6-2 步骤 1 至 4B 及步骤 5 所示。如因数据不充分或不适用，而采用其他频率计算技术，其流程如图 6-2 步骤 4B 所示。

步骤 1：定义信息。该步骤适用于设计的任何阶段——概念设计、初步设计、或详细设计，以及在役设施。在确定 QRA 的范围及内容后，应进行系统描述和危害识别两个步骤，以提供必要的信息来定义事件列表。本步骤的输出信息是需要进行频率估计事件的明确描述。

步骤 2：查阅源数据。应该查阅所有相关的历史数据。这些数据可能在企业记录、政府机构和行业统计数据中获得。在估计系统的重大事故频率时，元器件可靠性数据库可能并没

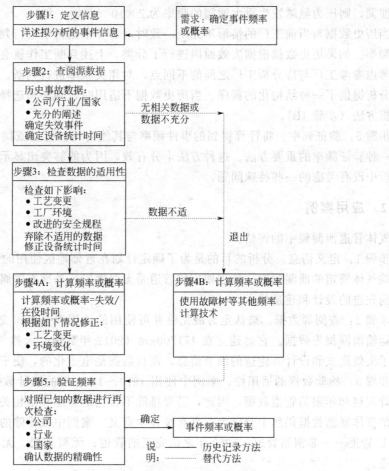

图 6-2　从历史记录数据中预测事件可能性的执行流程

有什么作用。

应对源数据的完整性和独立性进行审查。事件的记录很可能是不完整的，因此不得不进行一些判断。数据统计的时间必须足够长才能提供有统计意义的样本数量。数据采集技术的差异及数据质量的波动也必须进行评估。

从仅有一两个事故样本的事故列表中推算得到的事故频率值具有很大的不确定性。当使用多个数据来源时，应该删除重复的事件。有时数据源会提供全厂或项目运行的详细信息，当没有提供运行的详细信息时，需要基于在役工厂总数、工厂运行年限、总汽车公里数等数据加以推断。

步骤3：检查数据的适用性。历史记录中可能包含很久之前的数据（5年或更久），而工厂的技术或规模可能已经发生了改变，因此需要进行仔细审查以确定数据的适用性。设计人员在设计过程中，往往对小变更会过于自信，认为其能够大大降低事故的失效频率，这也是频率估算中常见的错误。较大规模的工厂、采用新技术的工厂，或当地特殊环境因素都有可能会引入新的危害，而这些危害在源数据统计时是不存在的，新的危害对源数据有效性的影响也需要考虑。此外也需要对事件描述进行仔细审查，并剔除那些与当前工厂不相关的失效事件或场景。

步骤4A：计算频率或概率。当数据的适用性被确定，且时间与统计时间一致时，历史频率可通过事件数量除以事件暴露群体数获得。例如，2500个压力氨罐一年内发生了5次重大泄漏，则压力氨罐发生重大泄漏的频率为2×10^{-3}/（罐·年）。

当历史数据与当前工厂的情形不完全一致时，需要根据情形进行判断，适当增加或降低事件频率。如果历史数据根据失效原因进行了分类，上述判断工作就会变得比较容易——仅需要考虑参考工厂与待分析工厂之间的不同点，对相关频率进行判断。德尔菲法为这种差异点的分析提供了一种结构化的程序。当历史数据不适用时，则必须选择故障树、事件树分析等分析方法（步骤4B）。

步骤5：验证频率。将计算得到的事件频率与其他公司、行业或国家的事件频率进行比较是一种验证频率的重要方法。这种方法十分有效，因为能够突出显示出分析中的错误并指出分析中没有考虑的一些特殊问题。

6.2.2 应用案例

气体管道泄漏频率的评估。

步骤1：定义信息。分析的目的是为了确定计划在近郊地区使用的直径8in长10m的高压乙烷气体管道的泄漏频率。计划使用的管道是无缝钢管、外部有防腐层及阴极保护，采用了目前先进的设计和建造技术。

步骤2：查阅源数据。被认定为最完整并可使用的数据库是美国交通部DOT收集的天然气运输泄漏报告数据。它是建立在471700km（2012年数据）天然气管道的数据基础上，包含了失效模式和设计、建造的细节信息，而且数据是电子化的，便于分析处理。

步骤3：检验数据的适用性。案例中使用1970～1980年的统计数据，数据中包含了各种设计规格和年限的管道数据，因此，需要排除不合适的管道和不相关的事件。排除之后剩下来的群体暴露数据仍然十分巨大，具有统计学意义。案例中被排除的数据包括：

① 管道——非钢制管道；1950年之前完工的管道；无覆盖层、无防腐层、无阴极保护的管道。

② 事件——由于纵向焊接引起的事件；没有进行水压测试且由建造缺陷或材料缺陷导

致的事件。

步骤 4：计算频率或概率。管道泄漏频率通过如下步骤由经排除后的 DOT 数据推算得到：

① 为每种失效模式确定基础失效频率（如腐蚀、第三方破坏等）；

② 修正基础失效率，需要考虑当前管道的特殊条件。尤其重要的是，DOT 的统计数据中外部撞击引起的管道失效频率与管径相关，因此应使用适合于 8in 直径管道的失效数据。由于管道拟架设在近郊地区，可能受到更高频率的挖掘活动的影响，并引起管道失效，因此其外部撞击频率数据应乘以 2。相反地，位于郊区位置的管道，因穿越河流等原因受到自然灾害而失效的频率要低一些。其相应的失效频率可以考虑除以 2（具体的判断取值应结合可靠性工程相关技术）。

表 6-1 展示了步骤 3 和步骤 4 对原始频率数据的处理过程，泄漏孔径（全孔径，孔径的 10%，小孔）的近似分布值也从数据库中获得。这些分布值用来预测管道可能发生相应孔径泄漏的频率。因此，如果分布值为 1%、10% 和 89%，则 10m 管道全孔径泄漏的频率是：

$$0.01 \times [0.66 \text{ 次泄漏}/(1000m \cdot \text{年})] \times 10m = 6.6 \times 10^{-5}/\text{年}$$

表 6-1　管道失效机理实例

失效模式	失效频率(每1000m·年)			
	原始 DOT 数据	修正数据 （排除不恰当的数据）	修正因子 （评价判断）	最终值
材料缺陷	0.21	0.07	1.0	0.07
腐蚀	0.32	0.05	1.0	0.05
外部作用	0.50	0.24①	2.0	0.48
自然危害	0.35	0.02	0.5	0.01
其他原因	0.06	0.05	1.0	0.55
总失效频率	1.44	0.43	—	0.66

① 此值适合于 8in 的管道。

步骤 5：验证频率。在英国，据英国油气公司报道在 1969～1977 年期间，在一个长 8400m 的露天管道运输过程中共发生了 75 起泄漏。这就给出了一个最终泄漏频率为 0.89/(1000m·年)，这和表 6-1 给出的数据基本是相符的。

6.2.3　讨论

(1) 优点

基于历史记录的事故频率估算法的主要优点是充分利用历史数据，这些数据中积累了大量的相关经验且具有很好的统计学意义，能够显著提升使用者对事故发生过程的认识。

(2) 缺点

其主要缺点是数据的准确性和适用性。随着技术改变，或者工厂的规模或设计（材料、化工过程、可再生能源）变化可能会让一些历史数据不再适用。

(3) 潜在错误的辨识和处理

常见的错误是历史数据不适用或数据太少无法给出有意义的统计结果。通常对于事件和故障有很多有用的数据，但很多故障发生的数据不足。对于这些情况，采取故障树分析是很有必要的。

(4) 实用性

这个方法应用起来并不难，尽管数据收集可能费时。但如果保持对数据的持续收集和更新，则基于历史数据估计事件频率的时间可以大大减少。

(5) 所需资源

基于历史记录的事故频率估算法应该由专业工程师完成。在应用前检查数据的适用性是特别重要的，数据分析专家能够帮助数据的收集与处理。对于特殊问题（特殊工艺、特殊环境条件等）可能需花费更多的时间和金钱请专业公司进行咨询。

6.3 故障树分析方法

故障树分析（Fault Tree Analysis，FTA）既可以作为风险辨识的工具（见第 4 章），又可以用于定量分析事故场景的可能性。

6.3.1 FTA 方法的分析步骤

FTA 方法通过对可能造成事故的各种因素进行分析，绘出故障树来确定事故发生途径及导致事故的各因素之间的关系，然后对故障树进行定性与定量分析，以导致事故的基本因素的发生概率为基础数据来计算事故的发生频率。

FTA 方法的一般分析程序如图 6-3 所示，具体分析步骤如下所述。

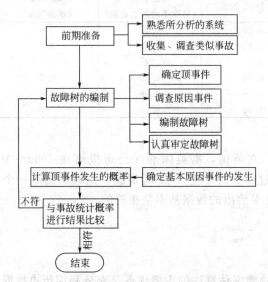

图 6-3 事故概率的 FTA 方法的分析程序

(1) 前期准备阶段

熟悉所分析的系统是故障树分析的基础和依据。对于已经确定的系统进行深入的调查研究，收集系统的有关资料与数据，包括系统结构、性能、工艺流程、运行条件、曾经发生过的事故和将来有可能发生的事故、维修情况、环境因素等。

收集、调查本单位与外单位、国内与国外同类系统曾发生的类似事故。

(2) 故障树的编制

确定故障树的顶事件。确定所要分析的对象事件，这里即所要求取概率的事故。

调查原因事件。从人、机、环境和信息等方面调查与故障树顶事件有关的所有事故原因，包括设备故障、机械故障、操作者的失误、管理和指挥错误、环境因素等，尽量详细查清原因和影响。

编制故障树。根据上述资料，从顶上事件起进行演绎分析，逐级找出所有直接原因事件，直到所要分析的深度，按照其逻辑关系，采用一些规定的符号，把故障树顶事件与引起顶事件的原因事件绘制成反映因果关系的树形图。

审定故障树。故障树在编绘过程中要不断进行检查，即检查故障树是否符合逻辑分析原则，检查逻辑门的连接状况，看上层事件是否是下层事件的必然结果，下层事件是否是上层事件的充分原因事件，并检查直接原因事件是否全部找齐。

(3) 计算顶事件发生的概率

根据所调查的情况和资料，确定基本原因事件的发生概率，并标在故障树上。根据这些基本数据，求出顶事件（事故）发生概率。计算顶事件发生概率的方法包括最小割集法、最小径集法、化相交集为不交集法以及各种近似计算方法等。

(4) 与事故统计概率进行结果比较

根据可维修系统和不可维修系统分别考虑。

对不可维修系统，求出顶事件发生概率即可。对可维修系统，根据以往的事故记录和同类系统的事故资料，进行统计分析，求出事故发生的频率。把求出的概率与通过统计分析得出的概率进行比较，如果二者不符，则必须重新研究，看原因事件是否齐全，故障树逻辑关系是否清楚，基本原因事件的数值是否设定得过高或过低等。

6.3.2 故障树的编制

6.3.2.1 故障树中的基本符号

故障树是由各种符号和其连接的逻辑门组成的。最简单、最基本的符号有事件符号、逻辑门符号和转移符号三大类。

(1) 事件符号

在故障树分析中各种非正常状态或不正常情况皆称故障事件，故障树中的每一个节点都表示一个事件。各事件符号代表意义如表 6-2 所示。

表 6-2　事件符号及其代表意义

序号	事件符号名称	符号形式	代表事件
1	矩形符号		顶事件或中间事件
2	圆形符号		基本原因事件
3	屋形符号		正常事件
4	菱形符号		省略事件
5	椭圆形符号		条件事件

矩形符号表示顶事件或中间事件。顶事件是故障树分析中所关心的结果事件，位于故障树的顶端，是所讨论故障树中逻辑门的输出事件，即所要求取概率的事故结果。顶事件应清楚明了，不能太笼统。例如"爆炸着火事故"，对此人们无法下手分析，而应当选择具体事故，如"甲醇储罐火灾爆炸"、"加热炉炉膛爆炸"等具体事故。

中间事件是位于事故树顶事件和底事件之间的结果事件，它既是某个逻辑门的输出事件，又是其他逻辑门的输入事件。

圆形符号表示基本原因事件，是导致顶事件发生的最基本的或不能再向下分析的原因或缺陷事件，可以是人的差错，也可以是设备、机械故障、环境因素等。例如，影响操作人员观察条件的"设备布置不合理，遮挡视线"、"照明不好"，操作人员本身问题影响装置安全的"酒后上岗"、"疲劳"等原因。

屋形符号表示正常事件，又称开关事件，是在正常工作条件下必然发生或必然不发生的事件，是系统在正常状态下发生的正常事件。如"装置进料"、"因切换至备用泵，关闭泵进出口手阀"等，将事件扼要记入屋形符号内。

菱形符号表示省略事件，是没有必要进一步向下分析或其原因不明确的原因事件。例如"天气不好"、"操作不当"等。另外，省略事件还表示二次事件，即不是本系统的原因事件，而是来自系统之外的原因事件。

椭圆形符号表示条件事件，是限制逻辑门开启的事件。

（2）逻辑门符号

逻辑门符号即连接各个事件，并表示逻辑关系的符号，主要有与门、或门、非门、特殊门。特殊门又包含条件与门、条件或门、异或门、表决门、禁门等。

① 与门　与门连接表示输入事件 E_1、E_2 同时发生的情况下，输出事件 E 才会发生的连接关系。二者缺一不可，表现为逻辑积的关系，即 $E = E_1 \bigcap E_2$。在有若干输入事件时，也是如此。与门符号如图 6-4(a) 所示。

② 或门　表示输入事件 E_1 或 E_2 中，任何一个事件发生都可以使事件 E 发生，表现为逻辑和的关系，即 $E = E_1 \bigcup E_2$。在有若干输入事件时，也是如此。或门符号如图 6-4(b) 所示。

③ 非门　表示输出事件是输入事件的对立事件。非门符号如图 6-4(c) 所示。

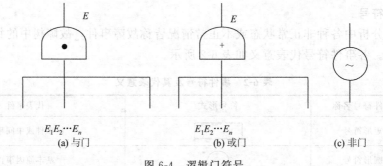

图 6-4　逻辑门符号

④ 特殊门

a. 条件与门：表示输入事件不仅同时发生，而且还必须满足条件 A，才会有输出事件发生。条件与门符号如图 6-5(a) 所示。

b. 条件或门：表示输入事件中至少有一个发生，在满足条件 A 的情况下，输出事件才发生。条件或门符号如图 6-5(b) 所示。

c. 异或门：表示仅当单个输入事件发生时，输出事件才发生。异或门符号如图 6-5(c) 所示。

d. 表决门：表示仅当输入事件有 $m(m \leqslant n)$ 个或 m 个以上事件同时发生时，输出事件才发生。表决门符号如图 6-5(d) 所示。显然，或门和与门都是表决门的特例。或门是 $m = 1$ 时的表决门；与门是 $m = n$ 时的表决门。

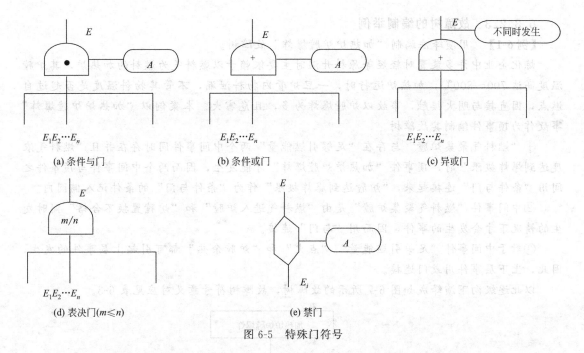

(a) 条件与门　　　　　　(b) 条件或门　　　　　　(c) 异或门

(d) 表决门(m≤n)　　　　　　　　　(e) 禁门

图 6-5　特殊门符号

e. 禁门：表示仅当条件事件发生时，输入事件的发生方能导致输出事件的发生。禁门符号如图 6-5（e）所示。

(3) 转移符号

当故障树规模很大或整个故障树中多处包含有相同的部分树图时，为了简化整个树图，这就要用转出和转入符号，以标出向何处转出和从何处转入。

① 转入符号　它表示从其他部分转入，△内记入从何处转入的标记，如图 6-6(a) 所示。

② 转出符号　它表示向其他部分转出，△内记入向何处转出的标记，如图 6-6(b) 所示。

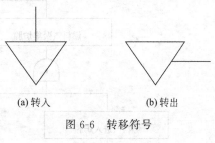

(a) 转入　　　　　　(b) 转出

图 6-6　转移符号

6.3.2.2　故障树的编制方法

故障树编制是 FTA 方法中最基本、最关键的环节。编制工作一般应由设计人员、操作人员和可靠性分析人员组成的编制小组来完成，经过反复研究，不断深入，才能趋于完善。故障树是否完善直接影响到概率计算的结果正确性。

编制故障树的基本规则如下：

① 明确建树的边界条件，明确规定被分析系统与其他系统的界面；

② 顶事件应严格定义，即确切地描述出事故的状态；

③ 故障树演绎过程首先寻找的是直接原因而不是基本原因事件；

④ 应从上而下逐级建树；

⑤ 建树时不允许逻辑门与逻辑门直接相连。

编制故障树经常采用演绎法，首先确定系统的顶事件，找出直接导致顶事件发生的各种可能因素或因素的组合即中间事件。在顶事件与其紧连的中间事件之间，根据其逻辑关系相应地画上逻辑门。然后再对每个中间事件进行类似的分析，找出其直接原因，逐级向下演绎，直到不能分析的基本事件为止。这样就可得到用基本事件符号表示的故障树。

6.3.2.3 故障树的编制举例

【例6-1】 用演绎法编制"加热炉炉膛爆炸"故障树。

炼化企业中许多装置对轻烃等原料升温时主要依赖于以燃料气为燃料的加热炉,其炉膛温度高达700~800℃,加热炉运行时,一旦炉管内物料泄漏,不管其物料温度是否超过自燃点,因直接与明火接触,事故以炉膛爆炸为多,且危害大。本案例以"加热炉炉膛爆炸"事故作为顶事件编制其故障树。

①"燃料气聚集炉膛"与存在"足够引燃能量"两个中间事件同时存在并且"燃料气浓度达到爆炸极限"时,顶事件"加热炉炉膛爆炸"才能发生,因而两个中间事件与顶事件之间用"条件与门"连接起来,"炉膛达到爆炸极限"作为"条件与门"的条件记入椭圆内。

②中间事件"燃料气聚集炉膛"是由"燃料气进入炉膛"和"炉膛置换不合格"同时发生的情况下才会发生的事件,因而用"与门"连接。

③对于中间事件"足够引燃能量"、"点火"和"炉膛余热"都可引起上层事件的发生,因此,上下层事件用或门连接。

以此逐级向下演绎成如图6-7所示的故障树,故障树符号意义对应见表6-3。

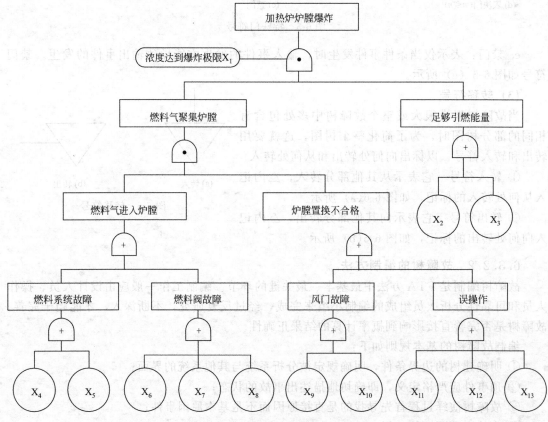

图6-7 "加热炉炉膛爆炸"故障树

表6-3 "加热炉炉膛爆炸"故障树符号意义对应表

符 号	意 义	符 号	意 义
X_1	浓度达到爆炸极限	X_3	炉膛余热
X_2	点火	X_4	压力高熄火

符　号	意　义	符　号	意　义
X_5	压力低熄火	X_{10}	风门误关
X_6	阀门内漏	X_{11}	置换时间短
X_7	阀门关不严	X_{12}	未置换
X_8	阀门未关	X_{13}	未分析
X_9	风量小		

6.3.3　计算事故发生的概率

6.3.3.1　布尔代数运算定律

F 称为逻辑函数。布尔代数系统是建立在集合 $\{0，1\}$ 上的运算和规则，其定义域和值域只有"0"和"1"，布尔代数的数字函数表达式：$Y=F(A_1，A_2，\cdots，A_n)$，其中，$A_1，A_2，\cdots，A_n$ 称为输入变量；Y 叫做输出变量；运算只有三种："或"（用＋表示），"与"（用·表示），非（用－或$'$表示）。布尔表达式是布尔函数的一种表示方法。

布尔代数用于集的运算，与普通代数运算法则不同。布尔代数运算定律如下：

结合律：$(A+B)+C=A+(B+C)$

$\qquad\qquad (A\cdot B)\cdot C=A\cdot (B\cdot C)$

交换律：$A+B=B+A$

$\qquad\qquad A\cdot B=B\cdot A$

分配律：$A\cdot (B+C)=(A\cdot B)+(A\cdot C)$

$\qquad\qquad A+(B\cdot C)=(A+B)\cdot (A+C)$

等幂律：$A+A=AA\cdot A=A$

吸收律：$A+(A\cdot B)=A\cdot (1+B)=A$

互补律：$A+A'=1$　　　$A\cdot A'=0$

对合律：$(A')'=A$

摩根定律：$(A+B)'=A'\cdot B$

$\qquad\qquad (A\cdot B)'=A'+B'$

重叠律：$A+A'\cdot B=A+B=A\cdot B'+B$

6.3.3.2　事故发生概率的计算方法

故障树的定量分析首先是确定基本事件的发生概率，然后求出故障树顶事件的发生概率。在进行故障树定量计算时，一般做以下几个假设：

① 基本事件之间相互独立；

② 基本事件和顶事件都只考虑两种状态；

③ 假定故障分布为指数函数分布。

如果故障树中不含有重复的或相同的基本事件，各基本事件又都是相互独立的，在已知基本事件发生概率的前提条件下，可根据故障树的结构用式（6-1）及式（6-2）直接求得顶事件的概率。

用"与门"连接的顶事件的发生概率为：

$$P(T) = \prod_{i=1}^{n} q_i \tag{6-1}$$

用"或门"连接的顶事件的发生概率为：

$$P(T) = 1 - \prod_{i=1}^{n} (1 - q_i) \tag{6-2}$$

式中　q_i ——第 i 个基本事件的发生概率 $(i=1,2,\cdots,n)$。

如图 6-8 所示的故障树。若已知各基本事件的发生概率 $q_1 = q_2 = q_3 = 0.1$，则顶事件的发生概率为：

$$P(T) = q_1[1 - (1 - q_2)(1 - q_3)] = 0.1 \times [1 - (1 - 0.1) \times (1 - 0.1)] = 0.019$$

但当故障树中含有重复出现的基本事件，或故障树结构复杂时多采用最小割集、最小径集法、化相交集法为不交集法等进行计算。

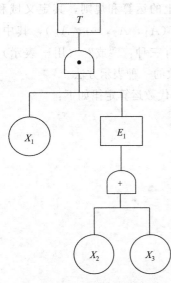

图 6-8　简单与或门结构故障树

6.3.3.3　最小割集法

(1) 最小割集的定义

在故障树中，如果所有的基本事件都发生则顶上事件必然发生。但是在很多情况下并非如此，往往是只要某个或几个事件发生顶上事件就能发生。在故障树中，把凡是能导致顶上事件发生的基本事件的集合叫割集。割集也就是系统发生故障的模式。

在一棵故障树中，割集数目可能有很多，而在内容上可能有相互包含和重复的情况，甚至有多余的事件出现，必须把它们除去，除去这些多余事件的割集叫最小割集。也就是说最小割集是能导致顶事件发生的最低限度的基本事件的集合，在最小割集里，任意去掉一个基本事件后就不是割集。所以，最小割集是引起顶事件发生的充分必要条件。故障树中最小割集越多，顶上事件发生的可能性就越多，系统就越危险。

(2) 布尔代数法求最小割集

求最小割集最常用的方法为布尔代数法。任何一个故障树都可以用布尔表达式来描述，化简布尔表达式，其最简析取标准式中每个最小项所属变元构成的集合，便是最小割集。若最简析取标准式中含有 m 个最小项，则该故障树有 m 个最小割集。

① 建立故障树的布尔表达式　建立故障树的布尔表达式，一般从故障树的顶事件（即第一层事件）开始，用下一层事件代替上一层事件，"或门"的输入事件用逻辑加表示，"与门"的输入事件用逻辑积表示，再用第三层事件代替第二层事件，然后用第四层事件代替第三层事件，一层一层，直至顶事件被所有基本事件代替为止。

【例 6-2】　建立图 6-9 示故障树的布尔表达式。

$$\begin{aligned} T &= A_1 A_2 \\ &= (X_1 + B_1)(X_2 + B_2) \\ &= (X_1 + X_3 X_4)(X_2 + X_5 C_1) \\ &= (X_1 + X_3 X_4)[X_2 + X_5(X_1 + X_3)] \end{aligned}$$

② 将布尔表达式化为析取标准式 根据布尔代数的性质，可把任何布尔表达式化为析取标准形式。

析取标准形式为：

$$f = E_1 + E_2 + \cdots + E_n = \sum_{i=1}^{n} E_i$$

可以证明，E_i 是故障树的割集。

【例 6-3】 图 6-9 所示故障树的布尔表达式化为析取标准式。

$$
\begin{aligned}
T &= (X_1 + X_3 X_4)[X_2 + X_5(X_1 + X_3)] \\
&= X_1 X_2 + X_1 X_1 X_5 + X_1 X_3 X_5 + X_2 X_3 X_4 + X_1 X_3 X_4 X_5 + X_3 X_3 X_4 X_5 \\
&= X_1 X_2 + X_1 X_5 + X_1 X_3 X_5 + X_2 X_3 X_4 + X_1 X_3 X_4 X_5 + X_3 X_4 X_5
\end{aligned}
$$

③ 化析取标准式为最简析取标准式

如果定义析取标准式的布尔项之和中各项之间不存在包含关系，即其中任意一项基本事件布尔积不被其他基本事件布尔积所包含，则该析取标准式为最简析取标准式，那么 A_i 为布尔函数 f 的最小割集。同理，可以直接利用最简合取标准式求取故障树的最小径集。

化简析取标准式最普通的方法是，当求出割集后，对所有割集逐个进行比较，使之满足最简析取标准式的条件。但当割集的个数及割集中的基本事件个数较多时，这种方法不但费时，而且效率低。

素数法是常用的化简方式之一。素数法化析取标准式为最简析取标准式的基本步骤如下：将每一个割集中的基本事件用一个素数表示，该割集用所属基本事件对应的素数的乘积表示，则一个故障树若有 N 个割集，就对应有 N 个数。把这 N 个数按数值从小到大排列，按以下顺序求最小割集：

a. 素数表示的割集是最小割集，与该素数成倍的数所表示的割集不是最小割集。

b. 在 N 个割集中去掉上面确定的最小割集和非最小割集后，再找素数乘积的最小数，该数表示的割集为最小割集，与该最小数成倍的数所表示的割集不是最小割集。

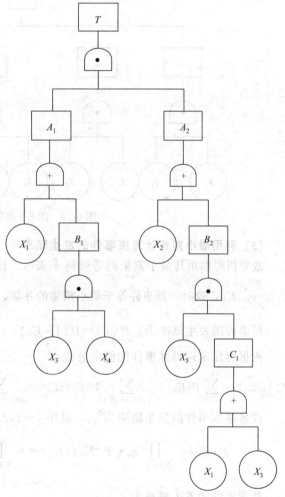

图 6-9 故障树举例

c. 重复上述步骤，直至在 N 个割集中找到 N_1 个最小割集（$N_1 \neq 0$，$N_1 \leqslant N$），N_2 个非最小割集（$0 \leqslant N_2 \leqslant N - N_1$），且 $N_1 + N_2 = N$ 为止。

【例 6-4】 用素数法化图 6-9 所示故障树的析取标准式为最简析取标准式，求出最小割集。

解 $T = X_1X_2 + X_1X_5 + X_1X_3X_5 + X_2X_3X_4 + X_1X_3X_4X_5 + X_3X_4X_5$

分别对基本事件 $(X_1, X_2, X_3, X_4, X_5)$ 赋予以下素数 $(2, 3, 5, 7, 11)$，则 5 个割集分别对应 5 个数，根据以上素数法化析取标准式为最简析取标准式的基本步骤化出最简析取标准式。

$$T = X_1X_2 + X_1X_5 + X_2X_3X_4 + X_3X_4X_5$$

该故障树有四个最小割集：$\{X_1, X_2\}$，$\{X_1, X_5\}$，$\{X_2, X_3, X_4\}$，$\{X_3, X_4, X_5\}$。

根据最小割集的定义，原故障树可以化简为如图 6-10 所示的等效故障树。

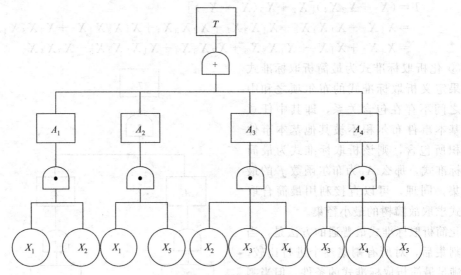

图 6-10　图 6-9 的等效故障树

(3) 利用最小割集计算顶事件的发生频率

故障树可以用其最小割集的等效树来表示。设某故障树有 k 个最小割集：E_1、E_2、$\cdots$、E_r、$\cdots$、E_k，这时，顶事件等于最小割集的并集，即 $T = \bigcup\limits_{r=1}^{k} E_r$。

顶事件的发生概率为：$P(T) = P\{\bigcup\limits_{r=1}^{k} E_r\}$

根据容斥定理得并事件的概率公式：

$$P\{\bigcup_{r=1}^{k} E_r\} = \sum_{r=1}^{k} P\{E_r\} - \sum_{1 \leqslant r < s < t \leqslant k} P\{E_r \cap E_s\} + \sum_{1 \leqslant r < s < t \leqslant k} P\{E_r \cap E_s \cap E_t\} + \cdots + (-1)^{k-1} P\{\bigcap_{r=1}^{k} E_r\}$$

设各基本事件的发生概率为 q_i，其中 $i = 1, 2, \cdots, n$，则有：

$$P\{E_r\} = \prod_{X_i \in E_r} q_i; \quad P\{E_r \cap E_s\} = \prod_{X_i \in E_r \cup E_s} q_i; \quad P\{\bigcap_{r=1}^{k} E_r\} = \prod_{\substack{r=1 \\ X_i \in E_r}}^{k} q_i$$

故顶事件的发生概率为：

$$P(T) = \sum_{r=1}^{k} \prod_{X_i \in E_r} q_i - \sum_{1 \leqslant r < s \leqslant k} \prod_{X_i \in E_r \cup E_s} q_i + \cdots + (-1)^{k-1} \prod_{\substack{r=1 \\ X_i \in E_r}}^{k} q_i \qquad (6\text{-}3)$$

式中　r、s、t——最小割集的序数，$r < s < t$；

　　　　i——基本事件的序号，$X_i \in E_r$；

　　　　k——最小割集数；

$1 \leqslant r < s \leqslant k$——$k$ 个最小割集中第 r、s 两个最小割集的组合顺序；

$X_i \in E_r$——属于第 r 个最小割集的第 i 个基本事件；

$X_i \in E_r \cup E_s$——属于第 r 个或第 s 个最小割集的第 i 个基本事件。

【例 6-5】 用最小割集法计算图 6-9 故障树顶事件的发生概率。

解 该故障树有 4 个最小割集：

$$E_1 = \{X_1, X_2\}, E_2 = \{X_1, X_5\}, E_3 = \{X_2, X_3, X_4\}, E_4 = \{X_3, X_4, X_5\}$$

设各基本事件的发生概率为：

$$q_1 = 0.01; q_2 = 0.02; q_3 = 0.03; q_4 = 0.04; q_5 = 0.05$$

由式（6-3）得顶事件的发生概率：

$$
\begin{aligned}
P(T) =& q_1 q_2 + q_1 q_5 + q_2 q_3 q_4 + q_3 q_4 q_5 - q_1 q_2 q_5 - q_1 q_2 q_3 q_4 - q_1 q_2 q_3 q_4 q_5 - \\
& q_1 q_2 q_3 q_4 q_5 - q_1 q_3 q_4 q_5 - q_2 q_3 q_4 q_5 + q_1 q_2 q_3 q_4 q_5 + q_1 q_2 q_3 q_4 q_5 + q_1 q_2 q_3 q_4 q_5 - \\
& q_1 q_2 q_3 q_4 q_5 - q_1 q_2 q_3 q_4 q_5 \\
=& q_1 q_2 + q_1 q_5 + q_2 q_3 q_4 + q_3 q_4 q_5 - q_1 q_2 q_5 - q_1 q_2 q_3 q_4 - q_1 q_3 q_4 q_5 - q_2 q_3 q_4 q_5 + \\
& q_1 q_2 q_3 q_4 q_5
\end{aligned}
$$

代入各基本事件的发生概率得 $P(T) = 0.000771972$。

6.3.3.4 最小径集法

(1) 最小径集的定义

在故障树中，当所有基本事件都不发生时，顶事件肯定不会发生。然而，顶事件不发生常常并不要求所有基本事件都不发生，而只要某些基本事件不发生顶事件就不会发生。这些不发生的基本事件的集合称为径集，也称通集或路集。在同一故障树中，不包含其他径集的径集称为最小径集。如果最小径集中任意去掉一个基本事件后就不再是径集。所以，最小径集是保证顶事件不发生的充分必要条件。

(2) 求最小径集的方法

① 对偶树法 对偶树法求最小径集是利用最小径集与最小割集的对偶性，首先画故障树的对偶树，即成功树。求成功树的最小割集，就是原故障树的最小径集。

成功树的画法是将故障树的"与门"全部换成"或门"，"或门"全部换成"与门"，并把全部事件的发生变成不发生，就是在所有事件上都加"′"，使之变成原事件补的形式。经过这样变换后得到的树形就是原故障树的成功树。

【例 6-6】 用对偶树法求图 6-9 故障树的最小径集。

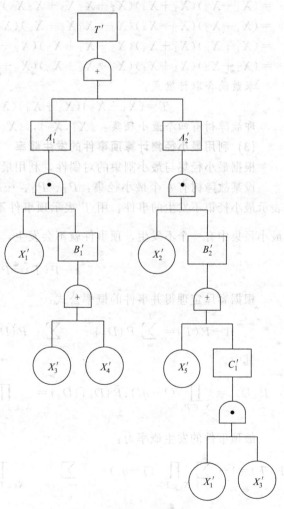

图 6-11　图 6-9 故障树的对偶树——成功树

首先将图 6-9 的故障树变换为如图 6-11 所示的成功树。

求图 6-11 成功树的最小割集为：$\{X_1',X_3'\}$，$\{X_1',X_4'\}$，$\{X_2',X_5'\}$，$\{X_1',X_2',X_3'\}$，所以图 6-9 故障树的最小径集为：$\{X_1，X_3\}$，$\{X_1，X_4\}$，$\{X_2，X_5\}$，$\{X_1，X_2，X_3\}$。

② 布尔代数法　根据布尔代数的性质，可把任何布尔表达式化为合取标准形式。合取标准形式为：

$$f = D_1 \cdot D_2 \cdot \cdots \cdot D_n = \prod_{i=1}^{n} D_i$$

可以证明，D_i 是故障树的径集。

将故障树的布尔代数式化简成最简合取标准式，最简合取标准式中各乘数项便是最小径集。若最简合取标准式中含有 m 个乘数项，则该故障树便有 m 个最小径集。该方法的计算与计算最小割集的方法类似。

【例 6-7】　用布尔代数法求图 6-9 故障树的最小径集。

图 6-9 所示故障树的布尔表达式为：

$$T = (X_1 + X_3 X_4)[X_2 + X_5(X_1 + X_3)]$$

化布尔表达式为合取标准式：

$$\begin{aligned}
T &= (X_1 + X_3 X_4)[X_2 + X_5(X_1 + X_3)] \\
&= (X_1 + X_3)(X_1 + X_4)(X_2 + X_1 X_5 + X_3 X_5) \\
&= (X_1 + X_3)(X_1 + X_4)(X_2 + X_1 X_5 + X_3)(X_2 + X_1 X_5 + X_5) \\
&= (X_1 + X_3)(X_1 + X_4)(X_2 + X_1 + X_3)(X_2 + X_5 + X_3)(X_2 + X_1 + X_5)(X_2 + X_5 + X_5) \\
&= (X_1 + X_3)(X_1 + X_4)(X_1 + X_2 + X_3)(X_2 + X_3 + X_5)(X_1 + X_2 + X_5)(X_2 + X_5)
\end{aligned}$$

求最简合取标准式：

$$T = (X_1 + X_3)(X_1 + X_4)(X_2 + X_5)(X_1 + X_2 + X_3)$$

即故障树有四个最小径集：$\{X_1,X_3\}$，$\{X_1,X_4\}$，$\{X_2,X_5\}$，$\{X_1,X_2,X_3\}$。

(3) 利用最小径集计算顶事件的发生频率

根据最小径集与最小割集的对偶性，利用最小径集同样可求出顶事件的发生概率。

设某故障树有 k 个最小径集：P_1、P_2、$\cdots$、P_r、$\cdots$、P_k。用 D_r（$r = 1, 2, \cdots, k$）表示最小径集不发生的事件，用 T' 表示顶事件不发生。由最小径集的定义可知，只要 k 个最小径集中有一个不发生，顶事件就不会发生，则：$T' = \bigcup\limits_{r=1}^{k} D_r$，即：

$$1 - P(T) = P\left\{\bigcup_{r=1}^{k} D_r\right\}$$

根据容斥定理得并事件的概率公式：

$$1 - P(T) = \sum_{r=1}^{k} P\{D_r\} - \sum_{1 \leq r < s \leq k} P\{D_r \bigcap D_s\} + \cdots + (-1)^{k-1} P\left\{\bigcap_{r=1}^{k} D_r\right\}$$

其中，

$$P\{D_r\} = \prod_{X_i \in P_r} (1-q_i); P\{D_r \bigcap D_s\} = \prod_{X_i \in P_r \cup P_s} (1-q_i); P\left\{\bigcap_{r=1}^{k} D_r\right\} = \prod_{\substack{r=1 \\ X_i \in P_r}}^{k} (1-q_i)$$

故顶事件的发生概率为：

$$P(T) = 1 - \sum_{r=1}^{k} \prod_{X_i \in P_r} (1-q_i) - \sum_{1 \leq r < s \leq k} \prod_{X_i \in P_r \cup P_s} (1-q_i) - \cdots - (-1)^{k-1} \prod_{\substack{r=1 \\ X_i \in P_r}}^{k} (1-q_i)$$

$$\text{(6-4)}$$

式中 P_r——最小径集（$r=1, 2, \cdots, k$）

r、s——最小径集的序数，$r<s$；

k——最小径集数；

$(1-q_i)$——第 i 个基本事件不发生的概率；

$X_i \in P_r$——属于第 r 个最小径集的第 i 个基本事件；

$X_i \in P_r \cup P_s$——属于第 r 个或第 s 个最小径集的第 i 个基本事件。

【例 6-8】 用最小径集法计算图 6-9 故障树顶事件的发生概率。

解 该故障树有四个最小径集：

$P_1=\{X_1, X_3\}$，$P_2=\{X_1, X_4\}$，$P_3=\{X_2, X_5\}$，$P_4=\{X_1, X_2, X_3\}$

设备基本事件的发生概率为：

$q_1=0.01$；$q_2=0.02$；$q_3=0.03$；$q_4=0.04$；$q_5=0.05$

令 $q_i'=1-q_i$，（其中 $i=1, 2, 3, 4, 5$），则：

$q_1'=0.99$；$q_2'=0.98$；$q_3'=0.97$；$q_4'=0.96$；$q_5'=0.95$

由式（6-4）得顶事件的发生概率：

$$
\begin{aligned}
P(T)=&1-(q_1'q_3'+q_1'q_4'+q_2'q_5'+q_1'q_2'q_3')+(q_1'q_3'q_4'+q_1'q_2'q_3'q_5'+\\
&q_1'q_2'q_3'+q_1'q_2'q_4'q_5'+q_1'q_2'q_3'q_4'+q_1'q_2'q_3'q_5')-(q_1'q_2'q_3'q_4'q_5'+\\
&q_1'q_2'q_3'q_4'+q_1'q_2'q_3'q_4'q_5'+q_1'q_2'q_3'q_5')+q_1'q_2'q_3'q_4'q_5'\\
=&1-(q_1'q_3'+q_1'q_4'+q_2'q_5')+(q_1'q_3'q_4'+q_1'q_2'q_3'q_5'+q_1'q_2'q_4'q_5')\\
&-q_1'q_2'q_3'q_4'q_5'\\
=&0.000771972
\end{aligned}
$$

在上述最小割集法和最小径集法两种顶事件发生概率的精确算法中，一般来说，故障树的最小割集往往多于最小径集，所以最小径集法的实用价值更大些。但在基本事件发生概率非常小的情况下，由于计算机有效位有限。$(1-q_i)$ 的结果会出现较大误差，对此应引起注意。从两种方法的计算项数看，两式的和差项数分别为 (2^k-1) 与 2^k 项。当 k 足够大时，就会产生"组合爆炸"问题。如 $k=40$，则计算 $P(T)$ 的式（6-3）共有 $2^{40}-1=1.1\times 10^{12}$，每一项又是许多数的连乘积，即使计算机也难以胜任。解决的办法就是化相交和为不交和，再求顶事件发生概率的精确解。

6.3.3.5 化相交集为不交集法求顶上事件发生概率

某故障树有 k 个最小割集：$E_1, E_2, \cdots, E_r, \cdots, E_k$，一般情况下它们是相交的，即最小割集之间可能含有相同的基本事件。由文氏图可以看出，$E_r \cup E_s$ 为相交集合，$E_r + E_r' E_s$ 为不相交集合，如图 6-12 所示。

则有相交集合化为不相交集合如下：

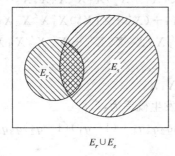
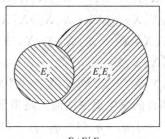

$E_r \cup E_s$ $E_r + E_r' E_s$

图 6-12 文氏图表示相交集合与不交集合

$$E_r \cup E_s = E_r + E_s = E_r + E'_r E_s \qquad (6\text{-}5)$$

同理，$E'_r \cup E'_s = E'_r + E'_s = E'_r + E_r E'_s$

式中　　$\cup$——集合并运算；

　　　　$+$——不交和运算。

所以，$P(E_r \cup E_s) = P(F_r) + P(F'_r F_r)$

由式（6-5）可以推广到一般式：

$$T = \bigcup_{r=1}^{k} E_r = E_1 + E'_1 E_2 + E'_1 E'_2 E_3 + \cdots + E'_1 E'_2 E'_3 \cdots E'_{k-1} E_k \qquad (6\text{-}6)$$

当求出一个故障树的最小割集后，可直接运用布尔代数的运算定律及式（6-6）将相交和化为不交和。但当故障树的结构比较复杂时，利用这种直接不交化算法还是相当烦琐。而用以下不交积之和定理可以简化计算，特别是当故障树的最小割集彼此间有重复事件时更具优越性。

不交积之和定理：

命题 1 集合 E_r 和 E_s 如不包含共同元素，则 $E'_r E_s$ 可用不交化规则直接展开。

命题 2 若集合 E_r 和 E_s 包含共同元素，则

$$E'_r E_s = E'_{r \leftarrow s} E_s$$

式中，$E_{r \leftarrow s}$ 表示 E_r 中有的而 E_s 中没有的元素的布尔积。

命题 3 若集合 E_r 和 E_s 包含共同元素，E_s 和 E_t 也包含共同元素，则：

$$E'_r E'_s E_t = E'_{r \leftarrow t} E'_{s \leftarrow t} E_t$$

命题 4 若集合 E_r 和 E_t 包含共同元素，E_s 和 E_t 也包含共同元素，而且 $E_{r \leftarrow t} \subset E_{s \leftarrow t}$，则：

$$E'_r E'_s E_t = E'_{s \leftarrow t} E_t$$

【例 6-9】 用不交积之和定理进行不交化运算，计算图 6-9 故障树顶事件的发生概率。

解 故障树的最小割集为：

$E_1 = \{X_1, X_2\}$, $E_2 = \{X_1, X_5\}$, $E_3 = \{X_2, X_3, X_4\}$, $E_4 = \{X_3, X_4, X_5\}$

$E_{1 \leftarrow 2} = X_2$, $E_{1 \leftarrow 3} = X_1$, $_1 E_{2 \leftarrow 4} = X_1$, $E_{3 \leftarrow 4} = X_2$

根据式（6-6）和命题 1、命题 2、命题 3，得：

$$T = \bigcup_{r=1}^{k} E_r = E_1 + E'_1 E_2 + E'_1 E'_2 E_3 + E'_1 E'_2 E'_3 E_4$$

$$= E_1 + E'_{1 \leftarrow 2} E_2 + E'_2 E'_{1 \leftarrow 3} E_3 + E'_1 E'_{2 \leftarrow 4} E'_{3 \leftarrow 4} E_4$$

$$= X_1 X_2 + X'_2 X_1 X_5 + (X_1 X_5)' X'_1 X_2 X_3 X_4 + (X_1 X_2)' X'_1 X'_2 X_3 X_4 X_5$$

$$= X_1 X_2 + X_1 X'_2 X_5 + (X'_1 + X'_5) X'_1 X_2 X_3 X_4 + (X'_1 + X'_2) X'_1 X'_2 X_3 X_4 X_5$$

$$= X_1 X_2 + X_1 X'_2 X_5 + (X'_1 + X_1 X'_5) X'_1 X_2 X_3 X_4 + (X'_1 + X_1 X'_2) X'_1 X'_2 X_3 X_4 X_5$$

$$= X_1 X_2 + X_1 X'_2 X_5 + X'_1 X_2 X_3 X_4 + X_1 X'_1 X_2 X_3 X_4 X'_5 + X'_1 X'_2 X_3 X_4 X_5$$

$$\quad + X_1 X'_1 X'_2 X_3 X_4 X_5$$

$$= X_1 X_2 + X_1 X'_2 X_5 + X'_1 X_2 X_3 X_4 + X'_1 X'_2 X_3 X_4 X_5$$

设备基本事件的发生概率同前，则顶事件的发生概率为：

$$P(T) = q_1 q_2 + q_1(1-q_2) q_5 + (1-q_1) q_2 q_3 q_4 + (1-q_1)(1-q_2) q_3 q_4 q_5$$

$$= 0.000771972$$

与最小割集法和最小径集法两种精确算法相比，该法要简单得多。

6.3.4 顶事件发生概率的近似计算

如前所述，按式（6-3）和式（6-4）计算顶事件发生概率的精确解，当故障树中的最小割集较多时会发生组合爆炸问题，即使用直接不交化算法或不交积之和定理将相交和化为不交和，计算量也是相当大的。但在许多工程问题中，这种精确计算是不必要的，这是因为统计得到的基本数据往往是不很精确的，因此，用基本事件的数据计算顶事件发生概率值时精确计算没有实际意义。所以，实际计算中多采用近似算法。

（1）最小割集逼近法

在式（6-3）中，设：

$$\sum_{r=1}^{k} \prod_{X_i \in E_r} q_i = F_1$$

$$\sum_{1 \leqslant r < s \leqslant k} \prod_{X_i \in E_r \cup E_s} q_i = F_2$$

$$\vdots$$

$$\prod_{\substack{r=1 \\ X_i \in E_r}}^{k} q_i = F_k$$

则得到用最小割集求顶事件发生概率的逼近公式，即：

$$
\begin{aligned}
P(T) &\leqslant F_1 \\
P(T) &\geqslant F_1 - F_2 \\
P(T) &\leqslant F_1 - F_2 + F_3 \\
&\vdots
\end{aligned}
\tag{6-7}
$$

式（6-7）中的 F_1，$F_1 - F_2$，$F_1 - F_2 + F_3$，…，依次给出了顶事件发生概率 $P(T)$ 的上限和下限，可根据需要求出任意精确度的概率上、下限。

【**例 6-10**】 用最小割集逼近法求解例 6-5 顶事件的发生概率。

解 由式（6-7）可得：

$$F_1 = \sum_{r=1}^{k} \prod_{X_i \in E_r} q_i = q_1 q_2 + q_1 q_5 + q_2 q_3 q_4 + q_3 q_4 q_5 = 0.000784$$

$$
\begin{aligned}
F_2 &= \sum_{1 \leqslant r < s \leqslant k} \prod_{X_i \in E_r \cup E_s} q_i = q_1 q_2 q_5 + q_1 q_2 q_3 q_4 + q_1 q_2 q_3 q_4 q_5 + q_1 q_2 q_3 q_4 q_5 + q_1 q_3 q_4 \\
&\quad q_5 + q_2 q_3 q_4 q_5 \\
&= 0.000012064
\end{aligned}
$$

$$
\begin{aligned}
F_3 &= \sum_{1 \leqslant r < s < t \leqslant k} \prod_{X_i \in E_r \cup E_s \cup E_t} q_i = q_1 q_2 q_3 q_4 q_5 + q_1 q_2 q_3 q_4 q_5 + q_1 q_2 q_3 q_4 q_5 + q_1 q_2 q_3 q_4 q_5 \\
&= 0.000000048
\end{aligned}
$$

$$F_4 = \prod_{\substack{r=1 \\ X_i \in E_r}}^{k} q_i = q_1 q_2 q_3 q_4 q_5 = 0.000000012$$

则有：

$$P(T) \leqslant F_1 = 0.000784$$

$$P(T) \geqslant F_1 - F_2 = 0.000771936$$

$$P(T) \leqslant F_1 - F_2 + F_3 = 0.000771984$$

$$P(T) \geqslant F_1 - F_2 + F_3 - F_4 = 0.000771972$$

从中可取任意近似区间。

近似计算结果与精确计算结果的相对误差列于表 6-4 中。

由表可知，当以 F_1 作为顶事件发生概率时，误差为 1.558%，以 F_1-F_2 作为顶事件发生概率时，误差仅有 0.00466%。实际应用中，以 F_1（称作首项近似法）或 F_1-F_2 作为顶事件发生概率的近似值，就可达到基本精度要求。

表 6-4　顶事件发生概率近似计算及相对误差

计算项目		顶事件发生概率的近似计算		
项目	数值	取值范围	计算值 $P(T)$	相对误差/%
F_1	0.000784	F_1	0.000784	1.558
F_2	0.000012604	F_1-F_2	0.000771936	0.00466
F_3	0.00000048	$F_1-F_2+F_3$	0.000771984	0.00155
F_4	0.000000012	$F_1-F_2+F_3-F_4$	0.000771972	0

(2) 最小径集逼近法

与最小割集法相似，利用最小径集也可以求得顶事件发生概率的上、下限。在式（6-4）中，设：

$$\sum_{r=1}^{k} \prod_{X_i \in P_r} (1-q_i) = S_1$$

$$\sum_{1 \leqslant r < s \leqslant k} \prod_{X_i \in P_r \cup P_s} (1-q_i) = S_2$$

$$\vdots$$

$$\prod_{\substack{r=1 \\ X_i \in P_r}}^{k} (1-q_i) = S_k$$

$$P(T) \geqslant 1 - S_1$$

则：
$$
\begin{aligned}
P(T) &\leqslant 1 - S_1 + S_2 \\
P(T) &\geqslant 1 - S_1 + S_2 - S_3 \\
&\vdots
\end{aligned}
\tag{6-8}
$$

式（6-8）中的 $1-S_1$，$1-S_1+S_2$，$1-S_1+S_2-S_3$，…，依次给出了顶事件发生概率的上、下限。从理论上讲，式（6-7）和式（6-8）的上、下限数列都是单调无限收敛于 $P(T)$ 的，但是在实际应用中，因基本事件的发生概率较小，而应当采用最小割集逼近法，以得到较精确的计算结果。

(3) 平均近似法

为了使近似算法接近精确值，计算时保留式（6-3）中第一、二项，并取第二项的 1/2 值，即：

$$P(T) = \sum_{r=1}^{k} \prod_{X_i \in E_r} q_i - \frac{1}{2} \sum_{1 \leqslant r < s \leqslant k} \prod_{X_i \in E_r \cup E_s} q_i \tag{6-9}$$

这种算法，称为平均近似法。

(4) 独立事件近似法

若最小割集 E_r（$r=1,2,\cdots,k$）相互独立，可以证明其对立事件 E'_r 也是独立事件，则有：

$$P(T) = P\left\{\bigcup_{r=1}^{k} E_r\right\} = 1 - P\left\{\bigcup_{r=1}^{k} E'_r\right\} = 1 - \prod_{r=1}^{k} P\{E'_r\}$$

$$= 1 - \prod_{r=1}^{k}(1 - P\{E_r\}) = 1 - \prod_{r=1}^{k}\left[1 - \prod_{X_i \in E_r} q_i\right]$$

(6-10)

对于式（6-10），由于 $X_i = 0$（不发生）的概率接近于1，故不适用于最小径集的计算，否则误差较大。

6.3.5 故障树的模块分割和早期不交化

一般的故障树分析可用布尔代数化简法化简后进行计算。但对于一个大型复杂的故障树，无论是编制故障树，还是求最小割集、计算顶事件的发生概率，其工作量都非常巨大，即产生所谓"组合爆炸"问题。为了减少故障树的计算量，能利用计算机顺利进行故障树分析，对于规模较大的故障树常采用以下方法进行化简。

(1) 故障树的模块分割

所谓模块是至少包含两个基本事件的集合，这些事件向上可以到达同一逻辑门（称为模块的输出或模块的顶点），且必须通过此门才能达到顶事件。模块没有来自其余部分的输入，也没有与其余部分重复的事件。

故障树的模块可以从整个故障树中分割出来，单独地计算最小割集和事故概率。这些模块的最小割集是众多基本事件最小割集的分组代表。在原故障树中可用一个"准基本事件"代替分割出来的模块，"准基本事件"的概率为这个模块的概率。这样经过模块分解后，其规模比原故障树小，从而减少了计算量，提高了分析效率。

简而言之，模块分割就是将一复杂完整的故障树分割成数个模块和基本事件的组合，这些模块中所含的基本事件不会在其他模块中重复出现，也不会在分割后剩余的基本事件中出现。若分离出的模块仍然较复杂的话，则可对模块重复上述模块分割步骤。一般地说，没有重复事件的故障树可以任意分解模块以减少规模，简化计算。当存在重复事件时可采用分割顶点的方法，最有效的方法是进行故障树的早期不交化。

(2) 故障树的早期不交化

重复事件对于FTA有很大的破坏性，使模块分割无能为力。但是，早期不交化恰恰有利于消除重复事件的影响。所以将布尔化简、模块分割、早期不交化相结合，在大多数情况下可以显著减少FTA的组合爆炸。

所谓故障树的早期不交化，就是对给定的任一故障树在求解之前先进行不交化，得到与原故障树对应的不交故障树。不交故障树反映在结构上，就是对原故障树的结构函数不交化，得到不交化的结构函数式，这种分析方法称为故障树的早期不交化。而常规途径的故障树分析方法是一种晚期不交化，晚期不交化是建立在故障树的最小割集求解之后进行不交化，求解工作量很大，尤其是当最小割集个数很多时，不仅手工难以完成，计算机运算也很困难。两种故障树分析方法的比较如图6-13所示。

① 不交故障树的编制规则　不交故障树的编制规则是：遇到原故障树中的"与门"，其输入、输出均不变；遇到"或门"则对其输入进行不交化。

设某一"或门"为 G_i（$i = 1, 2, \cdots, m$），G_i 下有 n 个输入，其中有 k 个基本事件，$n-k$ 个门。

对 G_i 的输入实行不交化后，G_i 的输入仍然为 n 个，但除第1个输入 X_{i1} 保持不变外，

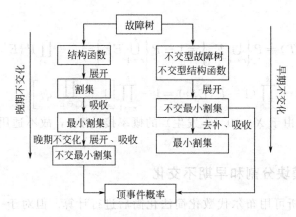

图 6-13 求解故障树的两种途径比较

其余 $n-1$ 个输入变为新加的 $n-1$ 个"与门"，这些"与门"的输入分别为：

$$(X'_{i_1}X_{i_2}), (X'_{i_1}X'_{i_2}X_{i_3}), \cdots, (X'_{i_1}\cdots X'_{i_{k-1}}X_{i_k}), (X'_{i_1}\cdots X'_{i_k}, G_{i_{k+1}})$$

$$(X'_{i_1}\cdots X'_{i_k}G'_{i_{k+1}}, G_{i_{k+2}}), \cdots, (X'_{i_1}\cdots X'_{i_k}, G'_{i_{k+1}}, \cdots, G'_{i_{n-1}}, G_{i_n})$$

因此，

$$G_i = X_{i_1} \bigcup X_{i_2} \bigcup \cdots \bigcup X_{i_k} \bigcup G_{i_{k+1}} \bigcup \cdots \bigcup G_{i_n}$$

$$= X_{i_1} \bigcup X'_{i_1}X_{i_2} \bigcup \cdots \bigcup X'_{i_1}X'_{i_2}\cdots X'_{i_{k-1}}X_{i_k} \bigcup X'_{i_1}\cdots X'_{i_k}G_{i_{k+1}} \bigcup \cdots \bigcup X'_{i_1}\cdots X'_{i_k}G'_{i_{k+1}}\cdots$$

$$G'_{i_{n-1}}G_{i_n}$$

上式右端共有 n 项，这样变换后得到的就是不交故障树，或称为不交型结构函数。

② 不交故障树的性质与特点

a. 顶事件与基本事件的逻辑关系及其概率特征与原故障树等价。

b. 展开不交故障树后，所得到的割集即为原故障树的不交集之和，这些不交项的概率之和就是顶事件发生的概率。

c. 将所得到的割集去补、吸收化简后，即可得到原故障树的最小割集。

图 6-13 表示的两种求解故障树的方法，不同之处在于不交化的位置，表面看来，仅仅先后次序不同，但给计算工作量带来很大的变化。早期不交化具有以下明显优点：

a. 不管故障树多么复杂，故障树的不交化（即故障树结构函数不交化）只是一种简单的逻辑门的替换，即"与门"不变，仅"或门"按上述准则变换。反映在结构函数上，只对结构函数中所有的布尔和按上述准则实现不交化，并不需要展开、归并为不交积之和，这就实现了不交化。

b. 晚期不交化要先展开，求割集，吸收化简求最小割集，再对最小割集不交化展开，归并为不交积之和，这时才完成不交化。后者比前者多一次展开过程，这个过程的计算工作量很大，所以早期不交化省时省工。

c. 早期不交化可以有效地处理重复事件，当重复事件出现在与、或门的情况下，由于早期不交化引入了补事件，使 $XX'=0$，就等效于消除了重复事件的影响。这种早期消除重复事件影响的方法，在重复事件很多时效果最好。

d. 采用不交故障树，并非真的画出不交故障树，只是将其中的布尔和变成不交布尔积即可，方法简单，适宜手算。若用计算机计算，只需对原输入表按"或门"不交化准则补充修改即可。

当然，如果完全没有重复事件时进行早期不交化，引入补事件，特别是遇到门取补时，反而添麻烦，这时可以通过模块分割来简化计算。所以，一般要把布尔化简、模块分割、早期不交化结合起来使用，可以显著改善故障树分析的组合爆炸问题。

【例 6-11】 用不交故障树法计算图 6-9 故障树顶事件的发生概率。

解 由图 6-9 得：

$$T=(X_1+X_3X_4)[X_2+(X_1+X_3)X_5]$$
$$=(X_1+X'_1X_3X_4)[X_2+X'_2(X_1+X_3)X_5]$$
$$=(X_1+X'_1X_3X_4)[X_2+X'_2(X_1+X'_1X_3)X_5]$$
$$=(X_1+X'_1X_3X_4)[X_2+X_1X'_2X_5+X'_1X'_2X_3X_5]$$
$$=X_1X_2+X_1X_1X'_2X_5+X_1X'_1X'_2X_3X_5+X'_1X_2X_3X_4+X_1X'_1X'_2X_3X_4X_5+$$
$$X'_1X'_2X_3X_4X_5$$
$$=X_1X_2+X_1X'_2X_5+X'_1X_2X_3X_4+X'_1X'_2X_3X_4X_5$$

以上得到不交积之和表达式，可以直接计算顶事件概率 $P(T)$，其结果与常规途径相同。

$$P(T)=q_1q_2+q_1(1-q_2)q_5+(1-q_1)q_2q_3q_4+(1-q_1)(1-q_2)q_3q_4q_5$$
$$=0.000771972$$

从上面的不交型结构函数去补、吸收可得到最小割集为：$\{X_1,X_2\}$，$\{X_1,X_5\}$，$\{X_2,X_3,X_4\}$，$\{X_3,X_4,X_5\}$，结果与常规途径完全相同。

6.3.6 基本事件的辨识

基本事件也即基本原因事件。FMEA 失效模式分析能够非常有效地帮助识别 FTA 中的基本事件。ISO 14224—2009《石油天然气设备可靠性与维修数据收集与交换》中列举了在石油天然气行业设备的主要失效模式与失效机理。

基本事件的另一种划分方法是将其分为不同类型：外部事件、设备失效、人的失效，见图 6-14。

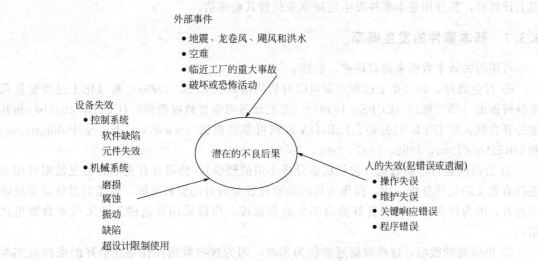

图 6-14 基本事件的类型

(1) 外部基本事件

外部基本事件包括自然现象，如地震、龙卷风、洪水，邻近设施火灾或爆炸引起的"连锁事件"，以及第三方破坏，如机械设备、机动车辆或建筑设备的破坏。

(2) 设备失效基本事件

与设备有关的基本事件可以被进一步分为控制系统失效和机械故障。

控制系统失效包括（但不限于）：

① 基本过程控制系统元件失效；

② 软件失效或崩溃；

③ 控制支持系统失败（例如电力系统、仪表风系统）等。

机械故障包括（但不限于）：

① 磨损、疲劳或腐蚀造成的容器或管道失效；

② 超压造成的容器或管道失效（例如热膨胀、清管/吹扫）或低压（真空导致崩塌）；

③ 高温（如火灾暴露、冷却失效）或低温，以及脆性断裂（如自冷、低环境气温）引起的失效；

④ 湍流或水击引起的失效；

⑤ 内部爆炸、分解或其他失控反应造成的失效等。

与设备有关的初始原因清单可参阅 *Guidelines for Design Solutions for Process Equip-ment Failures*（CCPS，1998）。

(3) 与人的失效有关的基本事件

与人的失效相关的原因是疏忽或者是犯错误。其中包括（但不限于）：

① 未能按正确的顺序执行任务步骤，或遗漏了一些步骤（有些行动没有执行）。

② 未能正确观察或响应过程或系统给出的条件或其他提示（有些行动错误执行）。

虽然无效的管理系统往往是人员失效的根本原因，但是管理系统通常不作为潜在的基本事件。与人员失误和程序有关的讨论可参阅 *Guidelines for Preventing Human Error in Process Safety*（CCPS，2004）或其他公开资料。

基本事件的发生概率包括系统的单元（部件或元件）故障概率及人的失误概率等，在工程上计算时，往往用基本事件发生的频率来代替其概率值。

6.3.7 基本事件的发生概率

可用的失效率数据来源有许多，包括：

① 行业数据，如《化工过程定量风险分析指南》（CCPS，1989a）和《化工过程定量风险分析指南（第二版）》（CCPS，1999）、《工艺设备可靠性数据指南》（CCPS，1989b）和其他公开数据，如 IEEE（1984）、EsReDA 欧洲可靠性数据（www. esreda. org/Publications）和 OREDA（1989，1992，1997，2002，2009）。

② 公司的运行经验数据（包括危害分析小组的经验），公司具有充足的历史数据可用来进行有意义的统计分析（注：操作人员的经验往往是较好的资料来源，但是对总体设备故障率而言，因为许多公司没有良好的内部失效数据库，所以采用普通的工业失效率数据更适用）。

③ 供应商的数据，这些数据通常较为乐观，因为这些数据往往是在最好的条件或实验室中获得的，或基于返回给供应商的元件（实际中多数失效的元件直接被扔掉了，而不是返回给供应商）开发的。

目前，许多工业发达国家都建立了故障率数据库，为系统安全和可靠性分析提供了良好的条件。我国已有少数行业开始进行建库工作，但数据还相当缺乏。为此，在工程实践中可以通过系统长期的运行情况统计其正常工作时间、修复时间及故障发生次数等原始数据，近似求得系统的单元故障概率。表 6-5 列出了液化天然气工厂的部分故障率数据。

表 6-5 液化天然气工厂的部分故障率数据

项目	操作时间/h	主要故障次数	MTBF/h
气体预处理	675000	25	27000
换热器	2837000	16	177000
汽化器	188000	26	7200
低温储罐	1809000	2	904500
低温储存系统	1809000	4	452000
压缩系统	2256000	116	19000
低温泵	366000	86	4000
低温阀门	6287000	4	1569000
低温管线	1164000000[1]	2	582000000[1]
管道保温	SD[5]	SD[5]	SD
设备保温	SD	SD	SD
过程控制系统	1505000	9	167000
人为失误	4779000[2]	19	252000[2]
外溢和泄漏	1626000	11	148000
汽车装卸	1156000	0	＞1156000
消防系统	1450000[3]	24[4]	60000[3]
消防水系统	1450000[3]	14	104000[3]
干粉灭火器系统	1423000[3]	2	712000[3]
蒸汽灭火系统	364000[3]	2	182000[3]
泡沫灭火系统	88000[3]	0	＞88000[3]
危害监测系统	16703000	76[4]	220000
气体监测	16703000	44	380000(SD)
低温监测	2631000	2	1315000
火焰监测	10570000	12	881000
高温监测	8418000	0	＞8418000

① 每英尺·运行小时。

② 每人工时。

③ 在运行时间内。

④ 正常情况。

⑤ SD 为根据运行经验而定。

注：本表数据来自于 *Guidelines for process equipment reliability data with data tables*（CCPS,1989）。

选择失效率时应注意以下问题：

① 失效率应与设施的基础设计相一致；

② 使用的所有失效率数据应该来自数据范围（例如上界、下界或中点）相似的位置，在整个过程中保持程度一致；

③ 选择的失效率数据应具有行业代表性或能代表操作条件。如果有历史数据，则只有该历史数据为足够长时期内的充足的数据，并具有统计意义时才能使用。如果使用普通的行

业数据，需要对数据进行调整（通常考虑有限的工厂数据和专家意见），以反映具体的条件和情形。如果没有行业数据，则必须判断哪些外部数据资源更适用于该情形。

④ 选择的失效概率数据中也包含了内在的假设，通常包括操作参数范围、处理的具体化学品、基本测试和检查频率、员工与维护与培训程序以及设备设计质量等。因此，确保过程中使用的失效率数据与数据内在的基本假设相一致非常重要。

表 6-6 为基本事件的典型频率值举例，以及某公司的选择值。

表 6-6　基本事件的典型频率值

序号	基本事件	来自文献的概率范围/a^{-1}	某公司的选择值/a^{-1}
	压力容器疲劳失效	$10^{-5} \sim 10^{-7}$	1×10^{-6}
	管道疲劳失效-全部断裂,每 100m	$10^{-5} \sim 10^{-6}$	1×10^{-5}
	管线泄漏(10%管径截面积)每 100m	$10^{-3} \sim 10^{-4}$	1×10^{-4}
	常压储罐失效	$10^{-3} \sim 10^{-5}$	1×10^{-3}
	垫片/填料失效	$10^{-2} \sim 10^{-6}$	1×10^{-3}
	涡轮/柴油发动机超速,缸体破裂	$10^{-3} \sim 10^{-4}$	1×10^{-4}
	第三方破坏(挖掘机、车辆等外部影响)	$10^{-2} \sim 10^{-4}$	1×10^{-4}
	起重机落物	$10^{-3} \sim 10^{-4}$/起吊	1×10^{-4}/起吊
	雷击	$10^{-3} \sim 10^{-4}$	1×10^{-3}
	安全阀误开启	$10^{-2} \sim 10^{-4}$	1×10^{-2}
	冷却水失效	$1 \sim 10^{-2}$	1×10^{-1}
	泵密封失效	$10^{-1} \sim 10^{-2}$	1×10^{-1}
	卸载/装载软管失效	$1 \sim 10^{-2}$	1×10^{-1}
	BPCS 仪表控制回路失效 注:IEC61511 的限制是大于 1×10^{-5}/h 或 8.76×10^{-2}/a(IEC,2001)	$1 \sim 10^{-2}$	1×10^{-2}
	调节器失效	$1 \sim 10^{-1}$	1×10^{-1}
	小的外部火灾(多因素)	$10^{-1} \sim 10^{-2}$	1×10^{-1}
	大的外部火灾(多因素)	$10^{-2} \sim 10^{-3}$	1×10^{-2}
	LOTO(锁定、标定)程序失效 (多个元件的总失效)	$10^{-3} \sim 10^{-4}$/次	1×10^{-3}/次
	操作员失误(操作常规程序, 假设得到较好的培训,不紧张、不疲劳)	$10^{-1} \sim 10^{-3}$/次	1×10^{-3}/次

6.3.8　人的失误概率

人的失误概率也就是人的不可靠度。一般根据人的不可靠度与人的可靠度互补的规则，获得人的失误概率。影响人失误的因素很复杂，现在能被大多数人接受的是 1961 年 *Swda* 和 *Rock* 提出的 "人的失误率预测方法"（T-HERP）。这种方法的分析步骤如下：

① 调查被分析者的作业程序；

② 把整个程序分解成单个作业；

③ 再把每一单个作业分解成单个动作；

④ 根据经验和实验，适当选择每个动作的可靠度（常见的人的行为可靠度见表 6-7）；

⑤ 用单个动作的可靠度之积表示每个操作步骤的可靠度，如果各个动作中存在非独立事件，则用条件概率计算；

⑥ 用各操作步骤可靠度之积表示整个程序的可靠度；

⑦ 用可靠度之补数（1减可靠度）表示每个程序的不可靠度，这就是该程序人的失误概率。

人在人机系统中的功能主要是接受信息（输入）、处理信息（判断）和操纵控制机器将信息输出。因此，就某一动作而言，作业者的基本可靠度为：

$$R = R_1 R_2 R_3$$

式中　R_1——与输入有关的可靠度；

R_2——与判断有关的可靠度；

R_3——与输出有关的可靠度。

R_1、R_2、R_3的参考值见表 6-8。由于受作业条件、作业者自身因素及作业环境的影响，基本可靠度还会降低。例如，有研究表明人的舒适温度一般是 $19 \sim 22 \, ℃$，环境温度超过 $27 \, ℃$ 时，人的失误概率大约会上升 40%。因此，还需要用修正系数 k 加以修正，从而得到作业者单个动作的失误概率为：

$$q = k(1 - R)$$

式中　k——修正系数，$k = abcde$；

a——作业时间系数；

b——操作频率系数；

c——危险状况系数；

d——心理、生理条件系数；

e——环境条件系数。

a、b、c、d、e 的取值见表 6-9。

表 6-7　人的行为可靠度举例

序号	人的行为类型	可靠度	序号	人的行为类型	可靠度
1	阅读技术说明书	0.9918	14	上紧螺母、螺钉和销子	0.9970
2	读取时间(扫描记录仪)	0.9921	15	连接电缆(安装螺钉)	0.9972
3	读取电流计或流量计	0.9945	16	阅读记录	0.9966
4	确定多位置电气开关的位置	0.9957	17	确定双位置开关	0.9985
5	在元件位置上标注符号	0.9958	18	关闭手动阀门	0.9983
6	分析缓变电压或电平	0.9955	19	开启手动阀门	0.9985
7	安装垫圈	0.9962	20	拆除螺母、螺钉和销子	0.9988
8	分析锈蚀	0.9963	21	对一个报警器的响应能力	0.9999
9	把阅读信息记录下来	0.9966	22	读取数字显示器	0.9990
10	分析凹陷、裂纹或划伤	0.9967	23	读取大量参数的打印记录	0.9500
11	读取压力表	0.9969	24	安装安全锁线	0.9961
12	安装 O 形环状物	0.9965	25	安装鱼形夹	0.9961
13	分析老化的防护罩	0.9969			

表 6-8 R_1、R_2、R_3 的参考值

序号	类别	影响因素	R_1	R_2	R_3
1	简单	变量不超过几个 人机工程上考虑全面	0.9995~0.9999	0.9990	0.9995~0.9999
2	一般	变量不超过 10 个	0.9990~0.9995	0.9950	0.9990~0.9995
3	复杂	变量超过 10 个 人机工程上考虑不全面	0.9900~0.9990	0.9900	0.9900~0.9990

表 6-9 a、b、c、d、e 的取值范围

序号	符号	项目	内容	取值范围
1	a	作业时间	有充足的富余时间,没有充足的富余时间,完全没有富余时间	1.0,1.0~3.0,3.0~10.0
2	b	操作频率	频率适当,连续操作,很少操作	1.0,1.0~3.0,3.0~10.0
3	c	危险状况	即使误操作也安全,误操作时危险性大,误操作时产生重大灾害的危险	1.0,1.0~3.0,3.0~10.0
4	d	心理、生理条件	教育、训练、健康状况、疲劳、愿望等综合条件较好,综合条件不好,综合条件很差	1.0,1.0~3.0,3.0~10.0
5	e	环境条件	综合条件较好,综合条件不好,综合条件很差	1.0,1.0~3.0,3.0~10.0

6.4 事件树分析法

与故障树从顶事件逆向演绎推理基本事件不同,事件树分析（Event Tree Analysis）是一种正向归纳,由初始事件逐步分析归纳演算最终结果的一种事故分析方法。其实质是利用逻辑思维的初步规律和形式,分析事故形成过程。通过该方法能够演算得到某初始事件诱发的各种潜在场景的发生频率。

6.4.1 事件树分析过程

事件树分析通常包括 6 步。

（1）初始事件的识别

在大部分风险分析中,初始事件是一个对应产品材料失效的事件。当然,这种初始事件是被一些鉴定方法确定过的。这种初始事件可能对应着管道泄漏、阀门破裂等,初始事件的频率由历史记录或故障树 FTA 中确定。事件树通常用明显的后续事件跟踪初始事件,所以对于拥有很少后续事件的初始事件,它的事件树是很简单的,但是,易燃性物料和毒性物料的释放有很多的可能结果。

（2）辨识安全功能（措施）并确定输出结果

安全功能设施有许多形式,但是大部分是根据所需要的成功或失败的结果来表明其特征,如自动安全系统、危险运行警报等;促进危险因素也比较多样,包括:释放后的点火与未点火、暴露或闪火、液体溢出堤防或未溢出堤防、日间或晚间、气象条件。分析时必须考虑以上情形是否会影响事件树的输出结果。

（3）编制事件树

编制事件树的第一步是写出初始事件和用于分析的安全功能（措施）,初始事件列在左

边，安全功能（措施）写在顶部（格内）。图 6-15 表示常见事件树的第一步。

初始事件后面的下边一条线代表初始事件发生后，虽然采取安全功能（措施）事故仍继续发展的那一条（路）。

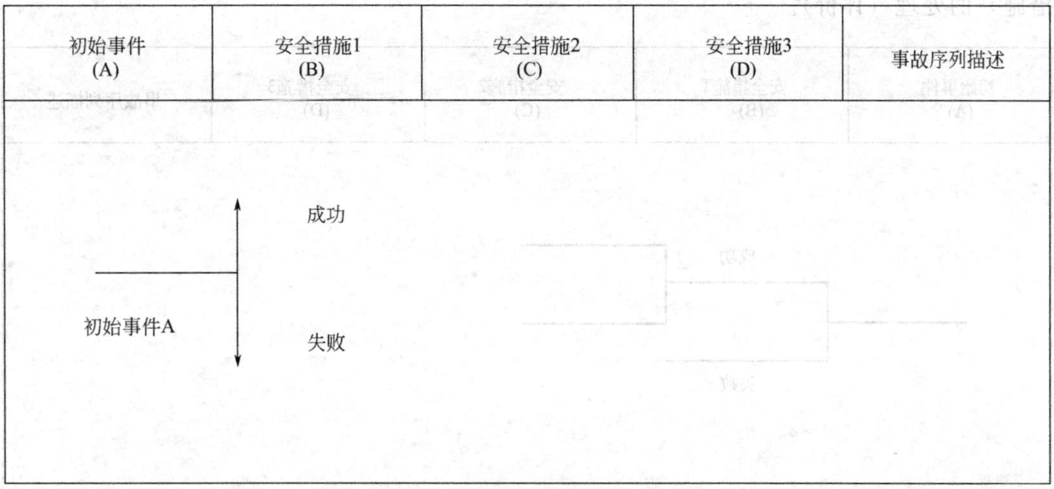

初始事件 (A)	安全措施1 (B)	安全措施2 (C)	安全措施3 (D)	事故序列描述

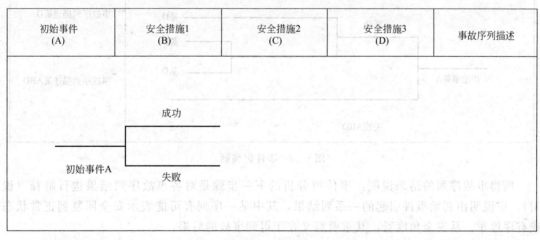

图 6-15　编制事件树的第一步

第二步是评价安全功能（措施）。通常只考虑两种可能：安全措施成功或失败。假设初始事件已经发生，分析人员须确定所采用的安全措施成功或失败的判定标准；接着判断如果安全措施成功或失败了，对事故的发生有什么影响。如果对事故有影响，则事件树要分成两支，分别代表安全措施成功和安全措施失败。如果该安全措施对事故的发生没有什么影响，则不需分叉（分支），可进行下一项安全措施。用字母标明成功的安全措施（如 A、B、C、D），用字母上面加一横代表失败的安全措施（如 $\overline{A}$、$\overline{B}$、$\overline{C}$、$\overline{D}$）。就此例来说，设第一个安全措施对事故发生有影响，则在节点处分叉（分支），如图 6-16 所示。

初始事件 (A)	安全措施1 (B)	安全措施2 (C)	安全措施3 (D)	事故序列描述

图 6-16　第一安全措施的展开

展开事件树的每一个分叉（节点）都会导致新的事故，都必须对每一项安全功能（措施）依次进行评价。当评价某一事故支（路）的安全功能（措施）时，必须假定本支（路）前面的安全功能（措施）成功或失败已经发生，这一点可在所举的例子（当评价第二项安全功能时）看出来（图 6-17）。因为（上面第一支）第一项安全功能（措施）是成功的，所以上面那一支需要有分叉（节点），而第二安全功能（措施）仍可能对事故发生产生影响。如果第一项安全功能（措施）失败了，则下面那一支（路）中第二项安全功能（措施）就不会有机会（再去）影响事故的发生了，故而下面那一支（路）可能直接进入第三项安全功能（措施）的处理（评价）。

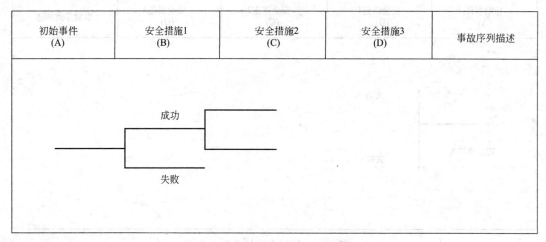

图 6-17　事件树中第二安全措施的展开

图 6-18 表示此例子的完整事件树。最上面那一支（路）对第三项安全功能（措施）没有分叉（节点），这是因为本系统的设计中，如果第一、第二两项安全功能是成功的，就不需要第三项安全功能（措施）有分叉（节点），因为它对事故的出现没有影响。

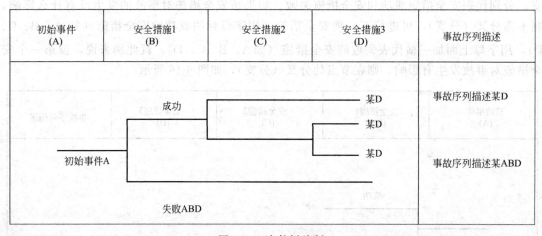

图 6-18　事件树编制

所得事故序列的结果说明：事件树分析的下一步骤是对各事故序列结果进行解释（说明）。应说明由初始事件引起的一系列结果，其中某一序列有可能表示安全回复到正常状态或有序停车。从安全角度看，其重要意义在于得到事故的后果。

（4）描述事故序列并分类

构造事件树的目的是确定那些对 QRA 分析有重要影响的事件，但是不同分支的许多结果是相同的，对这些不同的分支进行描述，以表明事件的发生序列，同时根据后果的类型对这些序列进行分类。

（5）确定每个事件树分支的可能性大小

这些数据的来源可能是历史数据、工厂的流程数据、化学数据、环境数据、设备的可靠性数据、人员的可靠性数据，甚至是专家经验的应用。但是对于大型复杂的系统，可能要用到故障树来确定这些数据是否对事件分析有用。

（6）对结果进行评估

各个结果的频率可能被确定了，但是作为检查，所有结果的总和必须能够确定初始事件的频率。

6.4.2 事件树示例

【例6-12】 将"氧化反应器的冷却水断流"作为初始事件。设计了如下安全功能（措施）来应对初始事件：（1）氧化反应器高温报警，向操作工作提示报警温度 t_1；（2）操作工重新向反应器通冷却水；（3）在高温达到 t_2 时，反应器自动停车。

报警和停车都有各自的传感器，温度报警仅仅是为了使操作工对这一问题（高温）提起注意。

图 6-19 表示"氧化反应器的冷却水断流"初始事件和安全功能（措施）的事件树。

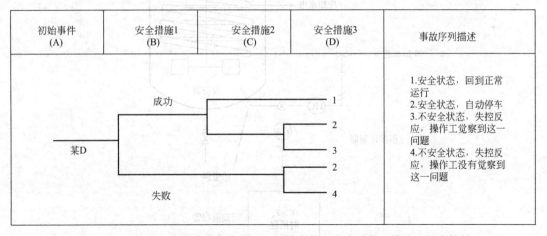

图 6-19　"氧化反应器的冷却水断流"初始事件和安全功能（措施）的事件树

如果高温报警器运行正常的话，第一项安全功能（措施）（高温报警）就能通过向操作工提供警告而对事故的发生产生影响。第一项安全功能（措施）应该有一分叉（节点）。因为操作工对高温报警可能做出反应，所以在（高温报警功能）成功的那一支（路）上为第二项安全功能（措施）确定一个分叉（节点）；若高温报警仪没有工作，则操作工不可能对初始事件做出反应，所以，安全功能（高温报警）失败那一支（路）上就不应该有第二安全功能的分叉（节点），而应直接进行第三功能的分析。关于第三功能，最上面的一支（路）没有第三安全功能（自动停车）的分叉点，这是因为报警器和操作工两者均成功了，第三项安全功能已没有必要。若头两项安全功能（报警器和操作工）全都失败了，则需要编入第三项安全功能，下面的几支应该都有节点，因为停车系统对这几支的结果都有影响。

分析人员应仔细检查一下每一序列（支、节点）的"成功"和"失败"，并要对预期的结果提供准确说明。该说明应尽可能详尽地对事故进行描述。图 6-19 对本例事件树的每一事件枝给出了一些说明，该图还示出了事件树分析中常用的简化字符，图中用一个字符表示某一事件成功或事件失败。

用一组字符表示一个故障序列（这组符号指出了由成功事件和可能导致事故的失败事件构成的故障序列）。例如，在图 6-19 中，最上面的那个序列简化地用 A 表示，这个序列是表示"初始事件发生——安全功能（措施）B 和 C 运行成功"。

一旦故障序列描述完毕，分析人员就能按照故障类型和数目以及后果对事故进行排序。事件树的结构可清晰地显示事故的发展过程，可帮助分析人员判断哪些补充措施或安全系统对预防事故是有效的。

【例 6-13】 考虑图 6-20 所示的化学反应系统，将冷却剂损失作为初始事件的事件树，如图 6-21 所示。确认出具有四种安全功能设施（措施）。这些设施写在图 6-21 所示的事件树上部。第一个安全功能设施是高温报警器，第二个安全功能措施是正常检查期间操作员注意较高的反应器温度，第三个安全措施是操作员通过及时纠正问题，恢复冷却液的流量，最后是操作者对反应器进行紧急关闭，这些安全功能以它们逻辑上发生的顺序写在纸上。

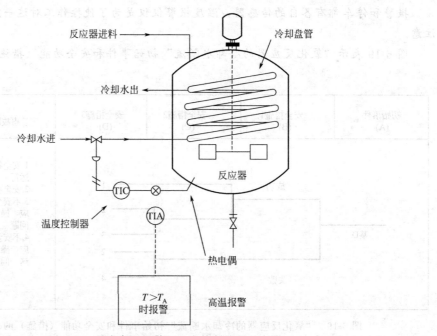

图 6-20 具有高温报警和温度控制器的反应器

事件树从左向右写。首先将初始事件写在纸张的中间靠左边的位置上。从初始事件开始，向第一个安全功能划直线。在该点处安全功能可能成功，也可能失效。根据惯例，成功的操作向上划直线，而失败的操作向下划直线。从这两种状态向下一个安全功能划水平线。

如果没有应用安全功能，水平线将延续穿过安全功能，没有任何分支。对于该实例，上面的分支继续穿过第二个功能，操作者会注意到高温。如果高温报警器工作正确，操作者就能意识到高温情况。序列描述和后果将在事件树的右边做简要的说明。空白的圆表明了安全情况，圆里面划叉代表不安全情况。

序列描述栏中的文字符号对于确定详细的事件是有用的。字母表示了安全系统失效的顺序。初始事件通常被包括进来，并作为符号中的首字母。研究中对于以不同初始事件绘制的事件树，使用不同的字母。例中，字母顺序 ADE 代表初始事件 A，接下来是安全功能 D 和 E 的失效。

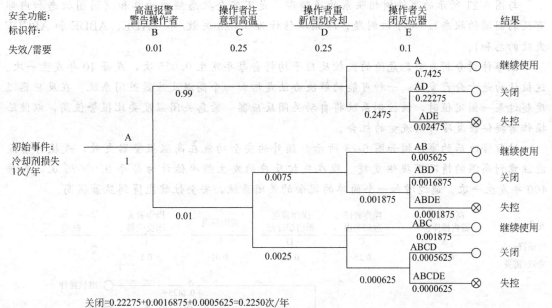

安全功能:	高温报警 警告操作者	操作者注 意到高温	操作者重 新启动冷却	操作者关 闭反应器	结果
标识符:	B	C	D	E	
失效/需要	0.01	0.25	0.25	0.1	

关闭=0.22275+0.0016875+0.0005625=0.2250次/年
失控=0.2475+0.0001875+0.0000625=0.2500次/年

图 6-21　冷却剂损失的事件树分析

如果可以得到有关安全功能的失效率和初始事件发生率的话，可以定量地使用事件树。对于这个例子，假设冷却剂损失这一事件每年发生一次。首先假设硬件安全功能在需要它们的时间内，有1‰的时间是处于故障状态的，失效率为 0.01 失效/需要。同时，也假设操作人员每 4 次就能发现 3 次反应器处于高温，以及操作员每 4 次能 3 次成功地重新恢复冷却液的流量。这两种情况都说明失效率为每 4 次中失效 1 次，即 0.25 失效/需要。最后，估计操作者每 10 次有 9 次能成功地关闭系统，失效率为 0.1 失效/需要。

安全功能的失效率写在标题栏的下方，初始事件的发生频率写在初始事件的直线下方。

每一个连接处所完成的计算顺序，如图 6-22 所示。此外，按照惯例，上面的分支代表成功的安全功能，下面的分支代表失效。与下面的分支相联系的频率，通过将安全功能的失效率与进入该分支的频率相乘计算得到。与上面的分支相联系的频率，通过从 1 中减去安全功能的失效率计算（假设给出了安全功能的成功率），然后与进入分支的频率相乘。

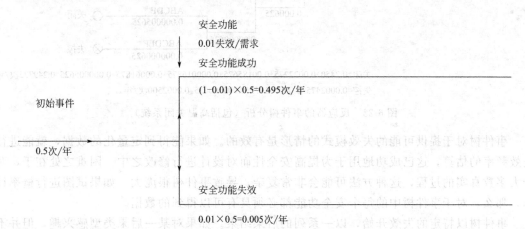

图 6-22　事件树中穿越安全功能的计算顺序

与图 6-21 所示的事件树相联系的净频率，是不安全状态频率的总和（圆圈状态和内部有叉的圆圈的状态）。对于该例题，净频率估计为 0.025 失效/年（ADE、ABDE 和 ABCDE 失效的总和）。

该事件树分析表明，危险的失控反应平均将会每年发生 0.025 次，或每 40 年发生一次。这被认为是十分严重的。一种可能的解决办法是增加一个高温反应器关闭系统。在反应器温度超过某一固定值时，该控制系统将自动关闭反应器。紧急关闭温度要比报警值高，以便给操作者提供恢复冷却剂流量的机会。

过程修改后的事件树如图 6-23 所示。额外的安全功能在高温报警器失效，或操作者没能注意到高温的情况下提供支援。现在失控反应的发生频率估计为每年 0.00025 次，或每 400 年发生一次。通过增加一个简单的冗余的关闭系统，安全性就能得到显著提高。

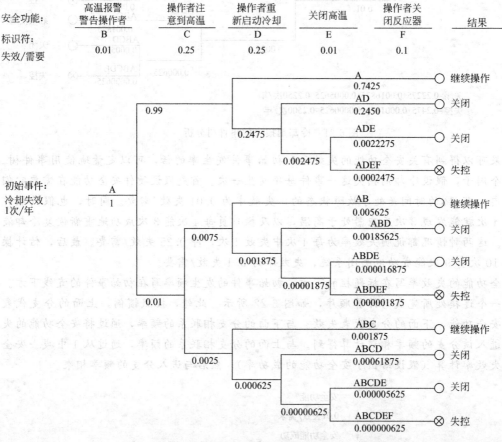

关闭=0.2450+0.0022275+0.00185625+0.000016875+0.00061875+0.000005625=0.249725次/年
失控=0.0002475+0.000001875+0.000000625=0.0002500次/年

图 6-23 反应器的事件树分析（包括高温关闭系统）

事件树对于提供可能的失效模式的情形是有效的。如果能得到定量化的数据，就能进行失效频率的估算，这已成功地用于为提高安全性而对设计进行修改之中。困难之处在于，对于大多数真实的过程，这种方法可能会非常复杂，导致事件树很庞大。如果试图进行概率计算，那么，对于事件树中的每个安全功能都必须具有可以得到的数据。

事件树以特定的失效开始，以一系列的后果结束。如果对某一后果类型感兴趣，但并不能确定所选择的失效能得到感兴趣的后果，这是事件树的主要不足之处。

6.5 LOPA 分析方法

一个典型的化工过程往往包含各种保护层，如过程设计（包含本质更安全理念）、基本过程控制系统、安全仪表系统、被动防护设施（如防火堤、防爆墙等）、主动防护设施以及人员干预等，发生不期望后果或灾难性事故通常是由于预防、防止事故发生的层层保护措施相继失效所造成的。通过对这些保护层进行有效控制能够降低事故发生的概率。典型的保护层如图 6-24 所示。

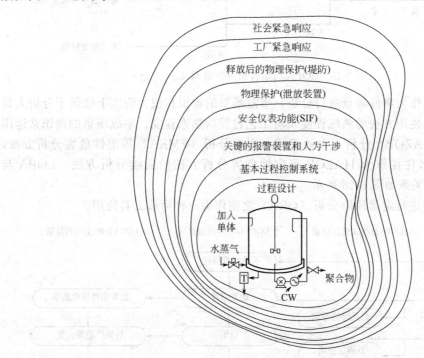

图 6-24　降低特定事故场景发生概率的保护层

保护层分析（LOPA）是建立在上述理论基础上的一种风险分析方法，用于确定危险场景的危险程度，定量计算危害发生的概率，分析已有保护层的保护能力及失效概率，从而推算得到系统的风险。显然，也可以通过反向分析，即根据期望的风险水平来设计各保护层的可靠性。目前 LOPA 分析技术已经被作为安全仪表系统（SIS）设计的重要支持技术。

6.5.1　LOPA 与其他风险分析方法的关系

LOPA 是一种简化了的风险分析方法，其分析结果也可以是半定量的。与事件树从一个初始事件归纳得出多个事件序列，从而全面分析该初始事件风险的过程不同，LOPA 仅限于评估已经确定了的"单一原因——后果"事件序列的风险。其与事件树分析内容的对比可用图 6-25 表示。

LOPA 的基本特点是基于事故场景进行风险研究。基于事故场景是指在运用保护层分析方法进行风险评价时，首先要辨识工艺过程中所有可能的事故场景及其发生的后果和可能性。事故场景是发生事故的事件链，包括起始事件、一系列中间事件和后果事件。一般情况

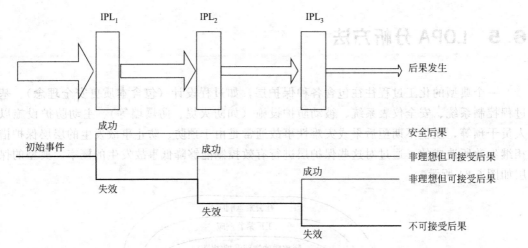

图 6-25 LOPA 与事件树分析的对比

下，后果严重的事件作为事故场景进行分析，事故场景的辨识在很大程度上依赖于分析人员的经验、知识水平、使用方法的熟练程度及对工艺过程的熟悉程度。事故场景的辨识常运用危险与可操作性（HAZOP）分析、失效模式与影响分析（FMEA）等定性危害分析方法，因此 LOPA 分析技术往往作为 HAZOP 等定性危害分析方法的后续分析方法。LOPA 与HAZOP 之间的相互关系如图 6-26 所示。

LOPA 也可以在进行定量风险分析（QRA）之前作为一种筛选工具使用。

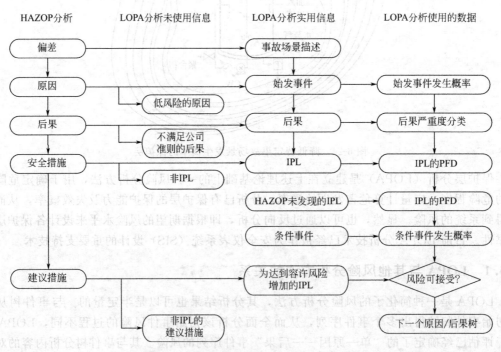

图 6-26 LOPA 方法与 HAZOP 方法的关系

6.5.2 LOPA 分析步骤

LOPA 由一个小组完成。LOPA 小组成员可包括但不限于以下人员：

① 组长；

② 记录员；

③ 操作人员；

④ 工艺人员；

⑤ 仪表工程师；

⑥ 安全工程师。

根据需要，可要求以下人员参加 LOPA：

① 工艺包供应商；

② 设备工程师；

③ 公用工程工程师；

④ 管道/机械/电气/催化剂专家；

⑤ 其他专业工程师。

如果 LOPA 是基于 HAZOP 分析的结果，LOPA 小组人员组成宜包括 HAZOP 分析小组成员。

保护层分析的基本程序如图 6-27 所示：

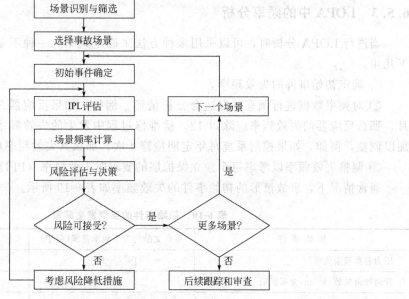

图 6-27　保护层分析的基本程序

LOPA 分析步骤一般分为 6 步：

① 熟悉所分析的工艺过程并收集资料，包括危险与可操作性（HAZOP）分析资料、设计资料、运行记录、泄压阀设计和检测报告等。

② 利用 HAZOP 等的分析结果将可能发生的严重事故作为事故场景（例如高压引起的管线破裂等）。

③ 确定事故场景的后果。确定当前事故场景的后果等级。后果分析不仅包括短期或现场影响，而且还包括事故对人员、环境和设备的长期影响。

④ 辨识事故场景的起始事件、中间事件和后果事件，根据后果的严重程度以及发生频率，确定潜在事故的风险等级。

⑤ 列举所有的独立保护层（Independent Protection Layer，IPL）措施，确定其要求时失效概率（Probability of Failure on Demand，PFD）。根据独立保护层的要求时失效概率，确定剩余风险等级。需要特别指出的是，如果某个独立保护层失效作为起始事件，那么该独立保护层不应作为安全保护措施。例如工艺控制回路失效为事故的起始事件，那么由工艺控制产生的报警不应作为降低风险的独立保护层措施。

独立保护层应符合以下原则：

a. 有效性　保护层对于特定场景是能够有效地能起到保护作用，能够降低风险至少一个数量级；

b. 独立性　保护层应独立于其他安全措施和始发事件，既不受其他安全措施失效的影响，又不会引起其他安全措施失效；独立保护层不会防止初始事件的发生，初始事件一旦发生，独立保护层就会发生作用；

c. 可审查　IPL 是可以审查的，IPL 的 PFD 必须能够确认，包括检查、测试和文档资料。

⑥ 根据剩余风险等级，提出切实可行的安全对策措施，直至达到可承受的风险。评价小组应尽可能地提出多种安全对策措施，为找出最佳方案提供帮助。

6.5.3　LOPA 中的频率分析

当进行 LOPA 分析时，可以采用多种方法来确定频率。一种不是很精确的方法包括以下几步。

① 确定初始事件的失效频率。

② 对频率数据进行调整，以适合分析情形。例如，如果反应器在一年当中仅使用 1 个月，那么反应器的失效频率应除以 12。检维修过程中发生的失效频率也应该根据实际情况加以调整，例如，如果控制系统每年定期检修 4 次，那么其失效频率应该除以 4。

③ 调整失效频率以考虑每个独立保护层的要求时失效概率（PFD）。

通常情况下，事故情形的初始事件的失效频率如表 6-10 所示。

表 6-10　初始事件的典型发生频率

初 始 事 件	来自文献的发生频率范围(每年)	LOPA 使用中的选择值
压力容器残余失效	$10^{-5} \sim 10^{-7}$	1×10^{-6}
管道残余失效,100m,全部破裂	$10^{-5} \sim 10^{-6}$	1×10^{-5}
管道泄漏(10%截面),100m	$10^{-3} \sim 10^{-4}$	1×10^{-3}
空气罐失效	$10^{-3} \sim 10^{-5}$	1×10^{-3}
垫圈/包装冒气	$10^{-2} \sim 10^{-6}$	1×10^{-2}
缸体破裂的涡轮机/柴油机引擎超速	$10^{-3} \sim 10^{-4}$	1×10^{-3}
第三方的干涉(挖土机、车辆等外部的作用)	$10^{-2} \sim 10^{-4}$	1×10^{-2}
起重机吊装物下落	$10^{-3} \sim 10^{-4}$/吊装	1×10^{-4}/吊装
雷击	$10^{-3} \sim 10^{-4}$	1×10^{-3}
安全阀错误地起跳	$10^{-2} \sim 10^{-4}$	1×10^{-2}
冷却水失效	$1 \sim 10^{-2}$	1×10^{-1}
泵的密封垫失效	$10^{-1} \sim 10^{-2}$	1×10^{-1}

初 始 事 件	来自文献的发生频率范围(每年)	LOPA 使用中的选择值
卸载/装载软管失效	$1 \sim 10^{-2}$	1×10^{-1}
BPCS 仪器线圈失效	$1 \sim 10^{-2}$	1×10^{-1}
调节器失效	$1 \sim 10^{-1}$	1×10^{-1}
小的外部火灾(多因素)	$10^{-1} \sim 10^{-2}$	1×10^{-1}
大的外部火灾(多因素)	$10^{-2} \sim 10^{-3}$	1×10^{-2}
LOTO(停车)程序失效(多种元件过程的总失效)	$10^{-3} \sim 10^{-4}$/次	1×10^{-3}/次
操作者的失误(没有完成日常的程序、没有得到很好的培训、很疲劳)	$10^{-1} \sim 10^{-3}$/次	1×10^{-2}/次

注：个人公司可以自行选择这些数值，但应该与公司的保守程度或风险容忍标准相一致。失效率也受到预防性维护计划的巨大影响。

每个独立保护层（IPL）的 PFD 在 $10^{-5} \sim 10^{-1}$ 之间变化，PFD 的经验取值为 10^{-2}，除非经验表明此值更大或者更小。CCPS 推荐的 PFD 见表 6-11 和表 6-12 所示。可以采用三个准则来对某一系统的 IPL 的作用进行分类。

表 6-11 被动 IPL 的 PFD

被动的 IPL	注释(假设具有充分的设计基础,检查和维护程序)	来自工业的 PFD	来自 CCPS 的 PFD
围堰	减少储罐满溢、破裂、溢出等造成重大后果的发生频率	$1 \times 10^{-3} \sim 1 \times 10^{-2}$	1×10^{-2}
地下排水系统	减少储罐满溢、破裂、溢出等造成重大后果的发生频率	$1 \times 10^{-3} \sim 1 \times 10^{-2}$	1×10^{-2}
敞开的通风口(没有阀门)	防止超压	$1 \times 10^{-3} \sim 1 \times 10^{-2}$	1×10^{-2}
防火	减少热量输入率并为减压和消防提供额外的时间	$1 \times 10^{-3} \sim 1 \times 10^{-2}$	1×10^{-2}
抗爆墙或掩体	通过限制爆炸冲击和保护设备、建筑物等来减少爆炸导致的重大后果的发生频率	$1 \times 10^{-3} \sim 1 \times 10^{-2}$	1×10^{-3}
本质安全设计	如果正确地执行,能够消除这种场景或大大地减少与这场景相联系的后果	$1 \times 10^{-6} \sim 1 \times 10^{-1}$	1×10^{-2}
阻火器	如果正确地进行设计、安装和维护,能够消除潜在的通过管道系统进入容器或储罐的快速回火	$1 \times 10^{-3} \sim 1 \times 10^{-1}$	1×10^{-2}

表 6-12 主动 IPL 和人员行为的 PFD

IPL 或人员行为	注释[假设具体足够的设计基础、检查和维护程序(主动的 IPL)和充足的文档材料,培训和测试程序(人员行为)]	来自工业的 PFD	来自 CCPS 的 PFD
安全阀	防止系统超出指定的超压,该设备的效果对于服务和经验很敏感	$1 \times 10^{-5} \sim 1 \times 10^{-1}$	1×10^{-2}
爆破片	防止系统超出指定的超压,该设备的效果对于服务和经验很敏感	$1 \times 10^{-5} \sim 1 \times 10^{-1}$	1×10^{-2}
基本的过程控制系统	如果与所考虑的初始事件没有联系,那么就将其作为 IPL 来信任,见 IEC 61508—2010	$1 \times 10^{-2} \sim 1 \times 10^{-1}$	1×10^{-1}

IPL 或 人员行为	注释[假设具体足够的设计基础、检查和 维护程序(主动的 IPL)和充足的 文档材料,培训和测试程序(人员行为)]	来自工业的 PFD	来自 CCPS 的 PFD
小于 10min 反应时间的 操作人员行为	具有所需的编制完好的简单、清楚、可靠的 文档	$1\times10^{-1}\sim1$	1×10^{-1}
大于 10min 反应时间的 操作人员行为	具有所需的编制完好的简单、清楚、可靠的 文档	$1\times10^{-2}\sim1\times10^{-1}$	1×10^{-2}

指定情形的后果发生频率,由下式计算

$$f_i^C=f_i^I\times\prod_{j=1}^i \mathrm{PFD}_{ij} \tag{6-11}$$

式中,f_i^C 为对于初始事件 i 特定的后果 C 减轻后的后果发生频率;f_i^I 为初始事件 i 的发生频率;PFD_{ij} 为防止发生指定后果和特定初始事件 i 的第 j 个 IPL 的失效概率。如前所述,PFD 通常为 10^{-2}。

当同一后果具有多种情形时,每种情形可用上式来单独计算。后果的发生频率可由下式来确定:

$$f^C=\sum_{i=1}^I f_i^C \tag{6-12}$$

式中,f_i^C 为对于初始事件 i 特定后果 C 减轻后的后果发生频率;I 为具有相同后果的初始事件的总数。

【例 6-14】 如果某冷却水系统设计有两个 IPL,那么请计算该系统失效的后果发生频率。IPL 是与操作人员相互影响的,且具有 10min 反应时间和基本过程控制系统。

解 冷却水失效的发生频率由表 6-10 中得到,为 10^{-1}。PFD 由表 6-11 和表 6-12 进行估算。人员影响的 PFD 为 10^{-1},基本过程控制系统的 PFD 为 10^{-1}。由式 (6-11) 计算后果发生频率:

$$f_1^C=f_1^i\times\prod_{j=1}^2 \mathrm{PFD}_{1j}=10^{-1}\times10^{-1}\times10^{-1}=10^{-3}失效/年$$

从上例可以看出,失效发生频率可以很容易地使用这种方法确定。完整的 LOPA 分析在求得特定场景的发生频率后,结合当前场景的后果严重度分析现有发生频率值是否足够低(每个工厂都会有一个自己的风险矩阵),如果不够的话,还需要考虑添加额外的独立保护层,安全仪表往往是考虑的重点对象。

● 习题

1. 阐述基于历史记录的事故频率估算法的主要原理及其优缺点。

2. 阐述事件树分析法和故障树分析法的异同点。

3. 石油化工及油品储存企业均涉及油品的储存,油品储罐泄漏可发生火灾爆炸,造成财产损失和人员伤害。汽油储罐内所储介质为汽油,泄漏或挥发产生的油蒸气在达到爆炸极限并满足点火热能要求时,将发生燃爆事故,如果扑救不及时,将可能造成灾难性后果,试以"汽油储罐发生爆炸燃烧"作为顶上事件,编制故障树。

4. 已知如图所示故障树,设图中各基本事件的发生概率分别为:

$q_1=0.01$;$q_2=0.02$;$q_3=0.03$;$q_4=0.04$;$q_5=0.05$;$q_6=0.06$

(1) 试用最小割集法、最小径集法、化相交集为不交集法和早期不交化(即不交故障树)法分别计算顶事件发生的概率精确值。

（2）用最小割集逼近法、最小径集逼近法、平均近似法分别计算顶事件发生的概率近似值，并与顶事件发生的概率精确值进行比较。

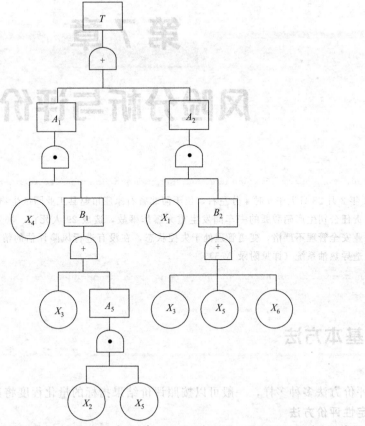

5. 阐述 LOPA 分析法在工程应用中与事件树分析法、HAZOP 分析法等之间的相互关系。

参考文献

[1] CCPS. Guidelines for Chemical Process Quantitative Risk Analysis, 2nd. New York: AIChE, 2000.
[2] 汪元辉. 安全系统工程. 天津: 天津大学出版社, 2005.
[3] 蒋军成. 安全系统工程学. 北京: 化学工业出版社, 2004.
[4] 陈宝智. 安全原理. 北京: 冶金工业出版社, 1995.
[5] 肖爱名. 安全系统工程学. 北京: 中国劳动出版社, 1992.
[6] [美] CCPS 编著. 保护层分析-简化的过程风险评估. 白永忠, 党文义, 于安峰译. 北京: 中国石化出版社, 2010.
[7] IEC 61508. 电气/电子/可编程电子安全系统的功能安全, 2010.
[8] IEC 61511. 过程工业领域安全仪表系统的功能安全, 2003.
[9] U. S. Department of Transportation Pipeline and Hazardous Materials Safety Administration. Gas Transmission & Gathering Pipeline Annual Report Form, 2012.
[10] IEC 61025. Fault tree analysis (FTA), 2006.

第7章

风险分析与评价

2012 年 2 月 28 日上午 9 时 4 分左右，位于河北省石家庄市赵县工业园区生物产业园内的河北克尔化工有限责任公司生产硝酸胍的一车间发生重大爆炸事故，造成 29 人死亡、46 人受伤。事故原因之一就是企业安全管理不严格，变更管理处于失控状态，在没有进行风险评估的情况下，擅自改变生产原料、改造导热油系统（详见附录 A.5）。

7.1 基本方法

风险评价方法多种多样，一般可以按照评价结果指标的量化程度将其划分为 3 种类型。

（1）定性评价方法

定性评价方法一般指由具有不同专业知识并且熟悉评价系统的专家，凭借各自的理论知识和实践经验，以及掌握的同类或类似系统事故资料，对系统的危险性、事故或故障发生的可能性及其后果的影响进行讨论分析的方法。这种评价方法在实际应用时易受经验、分析判断能力以及可获取资料等的影响，评价结果的准确性相对较差。但在系统全面分析初期或缺乏可靠数据的情况下，可通过定性评价方法粗略地了解系统的安全程度，找出存在的事故隐患和危险因素，对后续的风险分析、制定安全对策和隐患整改都有一定的益处。常见的定性评价方法包括安全检查表法、What-if 方法、JHA 方法、FMEA 方法、HAZOP 方法等。上述方法常用于风险辨识，其介绍可参见本书第 4 章。

（2）半定量评价方法

半定量评价方法是指通过对某类系统进行长期研究后建立的，以系统中各类危险有害因素或影响条件为主要影响变量的数学模型或方法。这类方法通常先按照一定的原则给予各种危险有害因素或影响条件适当的指数（或点数），然后通过计算得到子系统或系统的指数（或点数），再根据计算得到的指数或所属等级来确定其安全程度。定量 FMEA 方法、LOPA 分析方法（参见第 6 章）、道化学公司的"火灾、爆炸危险指数评价法"、英国帝国化学公司的"蒙德火灾、爆炸、毒性指标评价法"以及日本劳动省的"化工厂安全评价六阶段法"等都属于半定量评价方法。

半定量评价法大都建立在实际经验的基础上，合理打分，根据最后的分值或概率与严重度的乘积进行分级。其可操作性强，还能依据分值有一个明确的级别。但如果系统非常复

172 | 化工过程安全

杂、不确定性因素太多、对于人员失误的概率估计困难，则难以应用。

（3）定量评价方法

定量评价方法通常以系统发生事故的概率和事故后果为基础计算出风险，再以风险的大小来衡量系统的安全可靠程度。这种方法的评价结果是以大量数据统计资料经科学计算得到的，能够准确地描述系统危险性大小。定量评价方法是一种理想的风险评价方法，对系统的决策和设计都具有很好的参考价值，在航天航空、核电站、化工行业等危害后果比较严重的系统的风险评价中已经得到了广泛应用。目前常见的定量评价方法包括事件树分析方法（参见第6章）、故障树分析方法（参见第6章）、定量风险分析（QRA）等。

对一个系统进行全面风险评价的过程中，需要根据系统的特点及复杂性合理地选择风险评价方法。在大多数的评价中，往往需要定性、半定量及定量多种评价方法的配合使用（见图7-1）。一般首先采用定性评价方法进行全系统的风险辨识，确定潜在的事故场景，然后根据定性评价的结果采用半定量评价方法对判定为风险等级较高的危害因素或事故场景进行评价，最后根据半定量评价结果选出风险高的危害因素或事故场景进行定量风险评价。在本书的其他章节对常见的定性评价方法、半定量评价方法，以及ETA、FTA及LOPA等评价方法已有介绍。本章后续内容将重点介绍流程工业中的定量风险分析（QRA）。

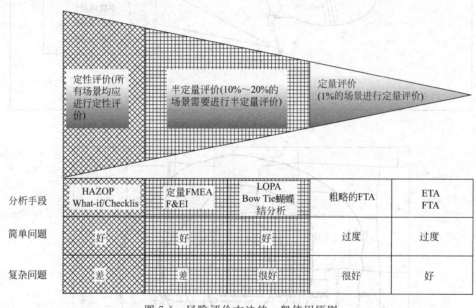

图7-1　风险评价方法的一般使用原则

7.2　定量风险分析

7.2.1　概述

定量风险分析（QRA）是指对某一设施或作业活动中发生事故的频率和后果进行定量分析，并与风险可接受标准相比较的系统方法。其核心是基于事故后果模型和概率分析模型，并结合系统或装置的布局、人员/设备分布等信息，对系统内的显著事故场景进行全面分析，计算得到关注区域范围内各位置人员/设备的伤害/损伤概率（个体风险）及区域内人员死亡/设备损伤的整体风险（社会风险）。QRA 的应用可以为工厂选址、厂内布局规划、工程审批等提供直接的指导依据。

系统内可能存在多个危险设施，每个危险设施又可能存在多种事故场景，每种事故场景均有一定的事故发生概率。在讨论系统中某个位置的人员死亡风险时，应综合考虑所有危险设施的各事故场景对该点的风险贡献，分析每个事故场景造成目标位置人员死亡的风险，然后将所有的风险值（衡量个体风险时，常以次死亡/年作为风险表征单位）相加，得到该点的综合风险，亦即该点的个体风险值。图 7-2 给出了个体风险计算的示意图，图 7-3 为个体风险计算的最终效果图（个体风险等值线）。

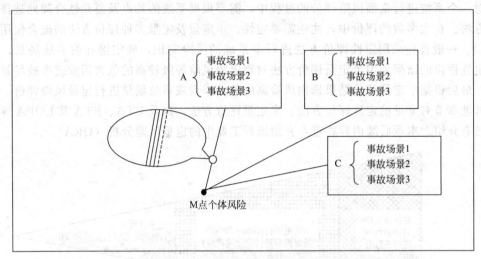

图 7-2　个体风险计算示意图

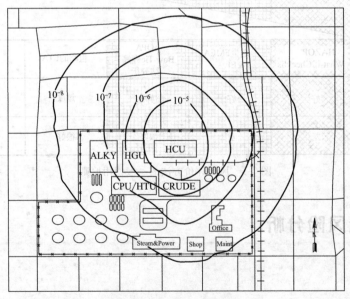

图 7-3　个体风险等值线

在个体风险计算的基础上，结合实际的人员分布情况、人员受保护情况，可以得到各个事故情景导致的潜在死亡人数，对各个情景导致的死亡人员数量进行从大到小排序后，求取导致不同死亡人数以上事故情景的累计频率，以死亡人数为横坐标，事故情景累积频率为

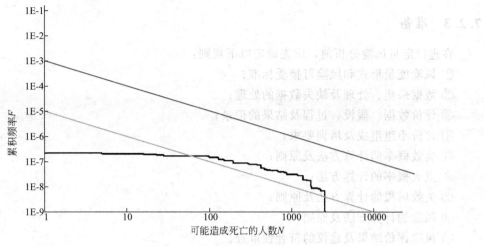

图 7-4　社会风险 F-N 曲线

纵坐标，即可得到如图 7-4 所示的社会风险曲线，简称 F-N 曲线。F-N 曲线上某点的解读为"可造成 ** 人以上的事故情景累积频率为 **"。

从前面的阐述中可以得知，定量风险评价应首先对装置内所有设施进行危害辨识，分析得到所有潜在的事故场景并估算各场景的发生频率，确定各场景的计算参数，然后应用各种事故后果模型结合人员伤亡理论对区域内的各个位置进行个体风险的叠加计算，再根据个体风险计算结果结合人员分布等信息计算社会风险值。整个分析计算过程十分复杂，需要进行事故场景筛选、区域网格划分等适当的简化才能实施，具体的 QRA 步骤见 7.2.2。尽管如此，简化后的 QRA 过程工作量仍然十分巨大，人力手工计算往往难以实施，一般需要借助一些计算软件才能实施。

7.2.2　定量风险分析步骤

完整的 QRA 流程包括以下步骤，如图 7-5 所示。

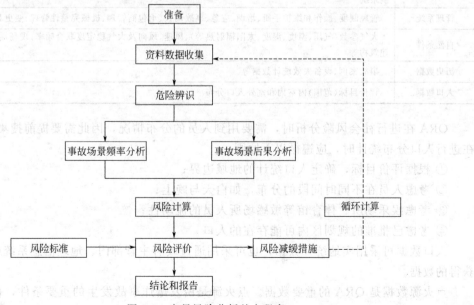

图 7-5　定量风险分析基本程序

7.2.3 准备

在进行定量风险分析前，应先确定以下规则：

① 风险度量形式和风险可接受标准；

② 数据采集、处理及缺失数据的处理；

③ 评价数据、假设、过程及结果的记录；

④ 评价小组组成及培训要求；

⑤ 失效概率的计算方法及原则；

⑥ 点火概率的计算方法；

⑦ 失效后果的计算方法及原则；

⑧ 风险的计算方法及原则；

⑨ 风险评价结果及建议的符合性审查。

在开展 QRA 前，宜对定量风险分析小组成员进行培训，明确小组成员所需的技能及在团队中的职责。小组成员包括但不限于风险分析项目经理、企业主管、工艺/设备工程师、安全工程师/风险分析师及风险分析技术专家等。

7.2.4 资料数据收集

在 QRA 开始前，应根据评价的目标和深度确定所需收集的资料数据，包括但不限于表 7-1列出的资料数据。

表 7-1 QRA 收集的资料数据

类 别	一般资料数据
危害信息	危险物质存量、危险物质安全技术说明书(MSDS)、现有的工艺危害分析(如 HAZOP)的结果、点火源等
设计和运行数据	区域位置图、平面布置图、设计说明、工艺技术规程、安全操作规程、工艺流程图(PFD)、管道和仪表流程图(P&ID)、设备数据、管道数据、运行数据等
减缓控制系统	探测和隔离系统(可燃气体和有毒气体检测、火焰探测、电视监控、联锁切断等)、消防、喷淋等减缓控制系统
管理系统	管理制度、操作和维护手册、培训、应急、事故调查、承包商管理、机械完整性管理、变更和作业程序等
自然条件	大气参数(气压、温度、湿度、太阳辐射热等)、风速、风向及大气稳定度联合频率；现场周边地形、现场建筑物等
历史数据	事故案例、设备失效统计数据等
人口数据	评价目标(范围)内室内和室外人口分布

QRA 在进行社会风险分析时，需要用到人员的分布情况，因此需要提前搜集相关数据。在进行人口分布统计时，应遵循以下原则：

① 根据评价目标，确定人口统计的地域边界；

② 考虑人员在不同时间段的分布，如白天与晚上；

③ 考虑娱乐场所、体育馆等敏感场所人员的流动性；

④ 考虑已批准的规划区内可能存在的人口。

人口数据可采用实地统计数据，也可采用通过政府主管部门、地理信息系统或商业途径获得的数据。

点火源数据是 QRA 的重要数据。点火源是诱发爆炸事故发生的重要条件，化工企业典型点火源分为：

① 点源，如加热炉（锅炉）、机车、火炬、人员等；

② 线源，如公路、铁路、输电线路等；

③ 面源，如厂区外的化工厂、冶炼厂等。

在进行 QRA 时，应对评价单元的工艺条件、设备（设施）、平面布局等资料进行分析，结合现场调研，确定最坏事故场景影响范围内的潜在点火源，并统计点火源的名称、种类、位置、数量以及出现的概率等要素。

7.2.5　危险辨识

危险辨识主要是通过各种方法找出系统中的各类危险因素，识别系统中可能对人员造成急性伤亡或对物造成突发性损坏的危险，确定其存在的部位、方式以及发生作用的途径和变化规律。常用的危险辨识方法包括预先危险分析（PHA）、故障假设（What-if）分析、危险与可操作性分析（HAZOP）、故障模式和影响分析（FMEA）、故障树分析（FTA）和事件树分析（ETA）等。相关内容参见第 4 章。

7.2.6　评价单元划分与筛选

进行危险辨识得到各单元可能存在的危害后，应根据评价目的对相关单元进行筛选，以去除与评价目的不相符或不必要进行进一步分析的单元，如当定量风险分析的目的是为厂外设施选址提供依据时，则不需要考虑事故影响范围不超过厂界的单元。目前常用的评价单元筛选方法包括设备选择数法、危险度评价法等，本章重点介绍设备选择数法，而危险度评价法作为一个单独的风险评价方法，本章不再赘述。

设备选择数法主要依据单元中危险物质的量和工艺条件来确定该单元的相对危险性，其流程示意图见图 7-6。具体步骤如下：

① 将评价对象划分为独立的单元；

② 计算单元的指示数 A，它表征了单元的固有危险，$A = f$（危险物质的质量，工艺条件，物质属性）；

③ 计算评价对象周边系列点上单元造成的危险。该点的危险用选择数 S 来表征，它是指示数 A 和该点与单元的距离 L 的函数，$S = f(A, L)$；

④ 根据选择数 S 的相对大小，选择需进行定量风险分析的单元。

（1）单元划分

划分单元的主要原则如下：

①"独立单元"是指该单元内物质的泄漏不会导致相邻其他单元的物质大量释放。如果事故发生时，两个单元能够在非常短的时间内切断，则它们可划分为相互独立的单元。

② 区分工艺单元和储存单元。对于储罐等储存单元，即使储罐包含循环系统和热交换系统，仍作为一个独立的储存单元对待。

（2）计算指示数 A

指示数 A 为无量纲量，由式（7-1）计算，表征了单元的固有危险。

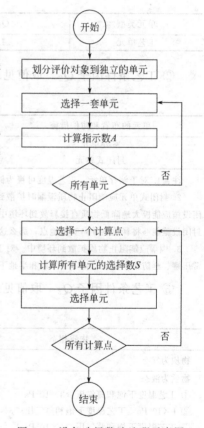

图 7-6　设备选择数法流程示意图

$$A = f(Q, Q_1, Q_2, Q_3, G) = \frac{QQ_1Q_2Q_3}{G} \tag{7-1}$$

式中　Q——单元中物质的质量，kg；

　　　Q_1——工艺条件因子，用以表征单元的类型，即工艺单元或储存单元；

　　　Q_2——工艺条件因子，用以表征单元的布局以及防止物质扩散到环境的措施；

　　　Q_3——工艺条件因子，用以表征单元中物质释放后，气相物质的量（基于单元的工艺温度、物质常压沸点、物质的相态和环境温度）；

　　　G——阈值，它表征了物质的危险度，由物质的物理属性和毒性、燃烧爆炸性所决定，kg。

　　工艺条件因子只适用于有毒物质和可燃物质，对于爆炸物质（炸药、火药等），$Q_1 = Q_2 = Q_3 = 1$，则 $A = Q/G$。

　　① 工艺条件因子 Q_1　取值见表7-2。

表7-2　Q_1取值一览表

单元类型	Q_1	单元类型	Q_1
工艺单元	1	储存单元	0.1

　　② 工艺条件因子 Q_2　取值见表7-3。

表7-3　Q_2取值一览表

单元的布置和防护措施	Q_2	单元的布置和防护措施	Q_2
室外单元	1.0	单元有围堰,工艺温度 $T_p \leqslant$ 沸点 $T_{bp}+5$ ℃	1
封闭式单元	0.1	单元有围堰,工艺温度 $T_p >$ 沸点 $T_{bp}+5$ ℃	0.1

　　注：1. 对于储存单元，工艺温度可视为储存温度。

　　2. 封闭式单元应能阻止物质泄漏时扩散到环境中。它要求封闭设施能承受装置物质瞬时释放的物理压力，此外封闭设施应能极大地降低物质直接释放到环境中。如果封闭设施能够使释放到大气环境中的物质数量降低5倍以上，或者封闭设施能够将释放物导向安全地点，那么这样的单元可以考虑为封闭的，否则它应该作为一个室外单元。

　　3. 围堰应能阻止物质扩散到环境中。对于能够容纳液体，并能承受载荷的双层封闭设施，可作为围堰考虑，如双防常压罐、全防常压储罐、地下常压罐和半地下常压罐。

　　③ 工艺条件因子 Q_3　取值见表7-4。

表7-4　Q_3取值一览表

物质相态	Q_3
物质为气态	10
物质为液态	
① 工艺温度下饱和蒸气压 $\geqslant 3 \times 10^5$ Pa	10
② 1×10^5 Pa $\leqslant$ 工艺温度下饱和蒸气压 $< 3 \times 10^5$ Pa	$X + \Delta$
③ 工艺温度下饱和蒸气压 $< 1 \times 10^5$ Pa	$p_i + \Delta$
物质为固态	0.1

　　注：1. 表中压力为绝对压力。

　　2. $X = 45 p_{sat} - 3.5$

　　式中，p_{sat} 为饱和蒸气压，MPa；p_i 为工艺温度下物质的蒸气分压。

　　3. Δ 表征环境与液池之间的热传导致的液池蒸发增量。Δ 由常压沸点 T_{bp} 决定，Δ 取值见表7-5。对危险物质混合物应该使用10%蒸馏温度点作为常压沸点，即在此温度下混合物的10%被蒸馏掉。

　　4. 对于溶解在非危险性溶剂里的危险物质，应使用工艺温度下饱和蒸气压中的危险物质的分压。

　　5. $0.1 \leqslant Q_3 \leqslant 10$。

表 7-5　Δ取值一览表

T_{bp}	Δ	T_{bp}	Δ
$-25\ ℃≤T_{bp}$	0	$-125\ ℃≤T_{bp}<-75\ ℃$	2
$-75\ ℃≤T_{bp}<-25\ ℃$	1	$T_{bp}<-125\ ℃$	3

④ 阈值 G

有毒物质的阈值：有毒物质的阈值由致死浓度 LC_{50}（老鼠吸入 1h 半数死亡的浓度）和 25 ℃下物质的相态决定，取值见表 7-6。

表 7-6　有毒物质阈值

$LC_{50}/(mg/m^3)$	25 ℃时物质的相态	阈值 G /kg
$LC_{50}≤100$	气相	3
	液相(L)	10
	液相(M)	30
	液相(H)	100
	固态	300
$100<LC_{50}≤500$	气相	30
	液相(L)	100
	液相(M)	300
	液相(H)	1000
	固态	3000
$500<LC_{50}≤2000$	气相	300
	液相(L)	1000
	液相(M)	3000
	液相(H)	10000
	固态	∞
$2000<LC_{50}≤20000$	气相	3000
	液相(L)	10000
	液相(M)	∞
	液相(H)	∞
	固态	∞
$LC_{50}>20000$	所有相	∞

注：1. 液相（L）表示，25 ℃≤物质常压沸点<50 ℃；

2. 液相（M）表示，50 ℃<物质常压沸点≤100 ℃；

3. 液相（H）表示，物质常压沸点>100 ℃。

可燃物的阈值：可燃物是指在系统中工艺温度不小于其闪点的可燃物质。可燃物的阈值 $G=1×10^4$ kg。

爆炸物质的阈值：爆炸物质的阈值等于 1000kg TNT 当量的爆炸物的质量。

计算指示数 A：对于单元中物质 i 的指示数 A_i，由式（7-2）计算。

$$A_i=\frac{Q_iQ_1Q_2Q_3}{G_i} \tag{7-2}$$

式中　Q_i——单元中物质 i 的质量，kg；

G_i——物质 i 的阈值，kg。

如果单元中出现多种物质和工艺条件，则必须对每种物质和每种工艺条件进行计算，计算时应将物质划分为可燃物、有毒物质和爆炸物质三类，分别计算可燃指示数 A^F、毒性指示数 A^T 和爆炸指示数 A^E，计算公式见式（7-3）~式（7-5）。

$$A^T = \sum_{i,P} A_{i,P} \qquad\qquad (7\text{-}3)$$

$$A^F = \sum_{i,P} A_{i,P} \qquad\qquad (7\text{-}4)$$

$$A^E = \sum_{i,P} A_{i,P} \qquad\qquad (7\text{-}5)$$

式中，i 表示各类物质；P 表示工艺条件。一个单元可能有三个不同的指示数。此外，如该物质既属于可燃物又有毒性，则应分别计算该物质的 A^T、A^F。

(3) 计算选择数 S

选择数 S 由式（7-6）～式（7-8）进行计算：

有毒物质
$$S^T = \left(\frac{100}{L}\right)^2 A^T \qquad\qquad (7\text{-}6)$$

可燃物质
$$S^F = \left(\frac{100}{L}\right)^3 A^F \qquad\qquad (7\text{-}7)$$

爆炸物质
$$S^E = \left(\frac{100}{L}\right)^3 A^E \qquad\qquad (7\text{-}8)$$

式中，L 表示计算点离单元的实际距离，单位为 m，最小值为 100m。

对于每个单元，应至少在评价对象边界上选择 8 个计算点进行选择数计算，相邻两点的距离不能超过 50m。除计算评价对象边界上的选择数外，对于最靠近单元的、已存在的或计划修建的社区，也应计算选择数 S。

(4) 选择单元

如果满足下列条件之一的单元，则应进行定量风险分析：

① 对于评价对象边界上某点，该单元的选择数较大，并大于该点最大选择数的 50%；

② 某单元对附近已存在或计划修建的社区的选择数大于其他单元的选择数；

③ 有毒物质单元的选择数与最大的选择数处于同一数量级。

【例 7-1】 设备选择计算实例

设施中包含 5 个单独的装置，设施区域为矩形，对角线坐标分别为（−400m，−200m）和（+300m，+300m），在设施北部距离设施中心 400m 处有一居民区。

表 7-7 中列举了装置 I.i 的基本信息。

图 7-7 为厂区及居民区的布局示意图。

表 7-7　设施中装置 I.i

序号	位置	过程
I.1	(200,200)	建筑内生产装置,装置中有 2100kg 纯氯,过程温度为 35℃(该过程温度下氯的蒸气压力为 1MPa)
I.2	(0,0)	室外生产装置,在不同的过程中包含有很多易燃物质: 乙烯　　数量 200000kg　　−30℃液体(蒸气压 2MPa) 乙烷　　数量 100000kg　　80℃气体 丁烷　　数量 10000kg　　30℃气体 丙烯　　数量 10000kg　　−35℃液体(蒸气压 0.175MPa) 丙烷　　数量 50000kg　　80℃液体(蒸气压 3.1MPa)
I.3	(−300,−150)	内装浓度为 30% 的盐酸溶液的储存装置,该装置在室外,共有 1500000kg 溶液,储存温度为 25℃(蒸气分压为 0.002MPa)
I.4	(200,100)	与储罐相连的过程装置,安装在室内,总物料量为 300000kg 浓度为 30% 的盐酸溶液,过程温度为 100℃(液体,蒸气分压 $p_i = 0.11$MPa)
I.5	(−300,−125)	室外过程装置,包含 12000kg 纯净气态氨、浓度为 60% 的氨水溶液(9000kg,43℃,蒸气分压 $p_i = 0.94$MPa),在此装置中还使用了 150℃下的汽油 1000kg

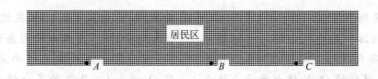

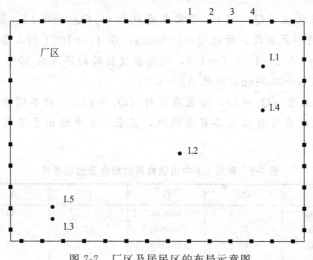

图 7-7 　厂区及居民区的布局示意图

图 7-7 显示了居民区与各装置最近的点 (A—C)，实心圆点显示的是装置的位置 (I.1—I.5)，实心方块为选择数计算所选择的点。点 1，2，3…以及 A—C 的位置与表 7-7 中的数据一一对应。

指示数 A 的计算

装置 I.1 是一个过程装置 ($Q_1=1$)，安装在建筑物内 ($Q_2=0.1$)，一种物质——氯，数量 Q 为 2100kg，因为氯的蒸气压大于 0.3MPa，所以 $Q_3=10$。氯是毒性物质，在 25℃ 下保持气相；LC_{50} （大鼠吸入，1h）$=293\times10^{-6}$ （850.84mg/m³），阈值 $G=300$kg，因此 $A_1^T=7$。

装置 I.2 是一个过程装置 ($Q_1=1$)，安装在室外 ($Q_2=1$)，5 种不同物质组合及过程条件均已给出，见表 7-8。

表 7-8 　装置 I.2 中出现物质的组合及过程条件

物质	Q	Q_3	G	A^F	注
乙烯	200000kg	10	10000kg	200	1
乙烷	100000kg	10	10000kg	100	2
丁烷	10000kg	10	10000kg	10	3
丙烯	10000kg	5.4	10000kg	5.4	4
丙烷	50000kg	10	10000kg	50	5

注：1. 乙烯是一种易燃物质，在过程条件下蒸气压大于 0.3MPa。

2. 乙烷是一种易燃物质，在过程条件下为气相。

3. 丁烷是一种易燃物质，在过程条件下为气相。

4. 丙烯是一种易燃物质，在过程温度 $T_p=-35℃$ 下蒸气压为 0.175MPa，因此 $X=4.5\times1.75-3.5=4.4$，沸点 $T_{bp}=-48℃$，因此 $\Delta=1$，从而 $Q_3=5.4$。

5. 丙烷是一种易燃物质，在过程条件下蒸气压大于 0.3MPa。

装置 I.3 是储存装置（$Q_1 = 0.1$），安装在建筑物内（$Q_2 = 1$），氢氯酸以 30% 浓度 1500000kg 盐酸溶液的形式出现，所以 $Q = 450000$kg，30% 浓度盐酸的形态为液体，危险物质氢氯酸的蒸气压 $p_i = 0.002$MPa，因此 $X = 0.02$，30% 浓度盐酸的沸点为 57℃，所以 $\Delta = 0$，这样得到的 Q_3 的值小于最小值 0.1，取 $Q_3 = 0.1$，氢氯酸是一种毒性物质，在 25℃ 为气态，LC_{50}（大鼠吸入，1h）$= 3124 \times 10^{-6}$（4663.64mg/m³），阈值 $G = 3000$kg，因此 $A_3^T = 1.5$。

装置 I.4 是过程装置（$Q_1 = 1$），安装在建筑物内（$Q_2 = 0.1$），氢氯酸以 30% 浓度 300000kg 盐酸溶液的形式出现，所以 $Q = 90000$kg，在 $T_p = 100℃$ 时，氢氯酸蒸气分压 $p_i = 0.11$MPa，系数 $X = 4.5 \times 1.1 - 3.5 = 1.5$，30% 浓度盐酸的沸点为 57℃，所以 $\Delta = 0$，这样得到 $Q_3 = 1.5$，阈值 $G = 3000$kg，因此 $A_4^T = 4.5$。

装置 I.5 是过程装置（$Q_1 = 1$），安装在室外（$Q_2 = 1$），3 种不同物质组合及过程条件均已给出，另外，氨既具有毒性又具有易燃性，在表 7-9 中给出了不同物质的组合及过程条件。

表 7-9　装置 I.5 中出现物质的组合及过程条件

物质	Q	Q_3	G	A^F	A^T	注
纯氨	12000kg	10	3000kg		40	1.
纯氨	12000kg	10	10000kg	12		1.
氨,溶液	5400kg	10	3000kg		18	2.
氨,溶液	5400kg	10	10000kg	5.4		2.
汽油	1000kg	10	10000kg	1		3.

注：1. 过程条件下氨为气态，考虑其毒性，则阈值为 3000kg，因为 25℃ 时，气态氨的 LC_{50}（大鼠吸入，1h）$= 11590$mg/m³；当考虑其易燃性时，阈值为 10000kg。

2. 在 9000kg 60% 氨溶液中的氨的数量 $Q = 5400$kg，因为其蒸气分压超过 0.3MPa，所以 $Q_3 = 10$，考虑其毒性，则阈值为 3000kg，因为 25℃ 时，气态氨的 LC_{50}（大鼠吸入，1h）$= 11590$mg/m³；当考虑其易燃性时，阈值为 10000kg。

3. 汽油是易燃物质，过程温度超过了 10% 蒸馏温度点，在 150℃ 时的蒸气压是确定的，认为超过 0.3MPa，所以 $Q_3 = 10$。

表 7-10 中给出了指示数 A 的汇总情况，其中：

装置 I.1　　　　$A^T = 7$

装置 I.2　　　　$A^F = 365$

装置 I.3　　　　$A^T = 1.5$

装置 I.4　　　　$A^T = 4.5$

装置 I.5　　　　$A^T = 58$，$A^F = 18.4$

表 7-10　装置的指示数

装置	物质	类型	Q_1	Q_2	Q_3	Q	G	A_i
I.1	氯	T	1	0.1	10	2100kg	300kg	7
	乙烯	F	1	1	10	200000kg	10000kg	200
	乙烷	F	1	1	10	100000kg	10000kg	100
I.2	丁烷	F	1	1	10	10000kg	10000kg	10
	丙烯	F	1	1	5.4	10000kg	10000kg	5.1
	丙烷	F	1	1	10	50000kg	10000kg	50
I.3	30%-HCl	T	0.1	1	0.1	450000kg	3000kg	1.5
I.4	30%-HCl	T	1	0.1	1.5	90000kg	3000kg	4.5

装置	物质	类型	Q_1	Q_2	Q_3	Q	G	A_i
	氨(g)	T	1	1	10	12000kg	3000kg	40
	氨(s)	T	1	1	10	5400kg	3000kg	18
I.5	氨(g)	F	1	1	10	12000kg	10000kg	12
	氨(s)	F	1	1	10	5400kg	10000kg	5.4
	汽油	F	1	1	10	1000kg	10000kg	1

选择数的计算

选择数的计算需要采用边界及居民区上的点，在边界上每隔50m取点，共计48个（见图7-7），另外，对每个装置还选择了居民区与其最靠近的一些点，选择数的计算使用每个点与装置之间的距离（最小100m），表7-11显示了计算结果，其中装置I.1，I.2，I.5需要被纳入QRA中。

表 7-11 选择位置的选择数

序号	x	y	S_1	S_2	S_3	S_4	S_5^T	S_5^F	选择
1	25	300	1.7	13.4	0.0	0.6	2.0	0.1	I.2
2	75	300	2.7	12.3	0.0	0.8	1.8	0.1	I.2
3	125	300	4.5	10.6	0.0	1.0	1.6	0.1	I.2
4	175	300	6.6	8.7	0.0	1.1	1.4	0.1	I.1,I.2
5	225	300	6.6	6.9	0.0	1.1	1.3	0.1	I.1,I.2
6	275	300	4.5	5.4	0.0	1.0	1.2	0.0	I.1,I.2
7	300	275	4.5	5.4	0.0	1.1	1.1	0.0	I.1,I.2
8	300	225	6.6	6.9	0.0	1.8	1.2	0.1	I.1,I.2
9	300	175	6.6	8.7	0.0	2.9	1.3	0.1	I.1,I.2
10	300	125	4.5	10.6	0.0	4.2	1.4	0.1	I.2
11	300	75	2.7	12.3	0.0	4.2	1.5	0.1	I.2
12	300	25	1.7	13.4	0.0	2.9	1.5	0.1	I.2
13	300	−25	1.2	13.4	0.0	1.8	1.6	0.1	I.2
14	300	−75	0.8	12.3	0.0	1.1	1.6	0.1	I.2
15	300	−125	0.6	10.6	0.0	0.7	1.6	0.1	I.2
16	300	−175	0.5	8.7	0.0	0.5	1.6	0.1	I.2
17	275	−200	0.4	9.3	0.1	0.5	1.7	0.1	I.2
18	225	−200	0.4	13.4	0.1	0.5	2.1	0.1	I.2
19	175	−200	0.4	19.4	0.1	0.5	2.5	0.2	I.2
20	125	−200	0.4	27.8	0.1	0.5	3.1	0.2	I.2
21	75	−200	0.4	37.5	0.1	0.4	4.0	0.3	I.2
22	25	−200	0.4	44.6	0.1	0.4	5.2	0.5	I.2
23	−25	−200	0.3	44.6	0.2	0.3	7.1	0.8	I.2
24	−75	−200	0.3	37.5	0.3	0.3	10.3	1.3	I.2
25	−125	−200	0.3	27.8	0.5	0.2	16.0	2.6	I.2,I.5
26	−175	−200	0.2	19.4	0.8	0.2	27.3	5.8	I.2,I.5
27	−225	−200	0.2	13.4	1.5	0.2	51.6	15.1	I.5
28	−275	−200	0.2	9.3	1.5	0.1	58.0	18.0	I.5
29	−325	−200	0.2	6.6	1.5	0.1	58.0	18.0	I.5
30	−375	−200	0.1	4.8	1.5	0.1	51.6	15.1	I.5
31	−400	−175	0.1	4.4	1.4	0.1	46.4	12.9	I.5
32	−400	−125	0.2	5.0	1.4	0.1	58.0	18.0	I.5
33	−400	−75	0.2	5.4	1.0	0.1	46.4	12.9	I.5
34	−400	−25	0.2	5.7	0.6	0.1	29.0	6.4	I.5

序号	x	y	S_1	S_2	S_3	S_4	S_5^T	S_5^F	选择
35	−400	25	0.2	5.7	0.4	0.1	17.8	3.1	I.5
36	−400	75	0.2	5.4	0.2	0.1	11.6	1.6	I.5
37	−400	125	0.2	5.0	0.2	0.1	8.0	0.9	I.2,I.5
38	−400	175	0.2	4.4	0.1	0.1	5.8	0.6	I.2,I.5
39	−400	225	0.2	3.8	0.1	0.1	4.4	0.4	I.2,I.5
40	−400	275	0.2	3.2	0.1	0.1	3.4	0.3	I.2,I.5
41	−375	300	0.2	3.3	0.1	0.1	3.1	0.2	I.2,I.5
42	−325	300	0.2	4.2	0.1	0.1	3.2	0.2	I.2,I.5
43	−275	300	0.3	5.4	0.1	0.2	3.2	0.2	I.2,I.5
44	−225	300	0.4	6.9	0.1	0.2	3.1	0.2	I.2
45	−175	300	0.5	8.7	0.1	0.2	3.0	0.2	I.2
46	−125	300	0.6	10.6	0.1	0.3	2.7	0.2	I.2
47	−75	300	0.8	12.3	0.1	0.4	2.5	0.2	I.2
48	−25	300	1.2	13.4	0.1	0.5	2.3	0.1	I.2
C	200	400	1.8						I.1
B	0	400		5.7					I.2
A	−300	400			0.0				
C	200	400				0.5			
A	−300	400					2.1	0.12	I.5

7.2.7 事故场景确定

选定评价单元后,需要确定可能存在的各种事故场景。事故场景的确定应根据单元设备的实际情况进行针对性的详细分析,以下针对各类典型设备给出了推荐性的物料泄漏(LOC)场景及相关的失效数据,可以以这些数据为基础,根据实际情况进行调整。

物料泄漏场景根据泄漏孔径的大小可分为完全破裂和孔泄漏两大类,有代表性的泄漏场景见表 7-12。当设备(设施)直径小于 150mm 时,取小于设备(设施)直径的孔泄漏和完全破裂两种场景。

表 7-12 泄漏场景

泄漏场景	范围/mm	代表值/mm
小孔泄漏	0~5	5
中孔泄漏	5~50	25
大孔泄漏	50~150	100
完全破裂	>150	设备(设施)完全破裂或泄漏孔径>150 全部存量瞬时释放

泄漏场景的选择应考虑设备(设施)的工艺条件、历史事故和实际的运行环境。

(1) 管线

管线泄漏场景如表 7-12 所示,并满足以下要求:

① 对于完全破裂场景,如果泄漏位置严重影响泄漏量或泄漏后果,应至少分别考虑三个位置的完全破裂:管线前端、管线中部、管线末端。

② 对于长管线,应沿管线选择一系列泄漏点,泄漏点的初始间距可取为 50m,泄漏点数应确保当增加泄漏点数量时,风险曲线不会发生显著变化。

（2）常压储罐

常压储罐的泄漏场景见表 7-13。

表 7-13　常压储罐泄漏场景

储罐类型	泄漏到环境中				泄漏到外罐中			
	5mm孔径泄漏	25mm孔径泄漏	100mm孔径泄漏	完全破裂	5mm孔径泄漏	25mm孔径泄漏	100mm孔径泄漏	完全破裂
单层罐	√	√	√	√				
双层罐					√	√	√	√
全容罐				√				
地下储罐	注 1.							

注：1. 对于地下储罐，如果设有限制液体蒸发到环境中的封闭设施，则泄漏场景应考虑地下储罐完全破裂以及封闭设施失效引发的液池蒸发。反之，应根据地下储罐类型，考虑为单层罐、双层罐或全容罐的泄漏场景。

2. 如果储罐的储存液位变化较大，且对风险计算结果产生重大影响时，可考虑不同液位的概率。

3. 对于其他类型的储罐，可根据实际情况选择表 7-13 中的场景。

（3）压力储罐

压力储罐泄漏场景见表 7-12。对于储存压缩液化气体的压力储罐，当储存液位变化较大，且对风险计算结果产生重大影响时，可考虑不同液位的概率。

（4）工艺容器和反应容器

工艺容器和反应容器的定义见表 7-14，其泄漏场景见表 7-12。对于蒸馏塔附属的再沸器、冷凝器、泵、回流罐、工艺管线等其他相关部件的泄漏场景可按照各自的设备类型考虑。

表 7-14　工艺容器和反应容器定义

类型	定　义	例　子
工艺容器	容器内物质只发生物理性质（如温度或相态）变化的容器（不包括表 7-15 中的换热器）	蒸馏塔、过滤器等
反应容器	容器内物质发生了化学变化的容器。如果在一个容器内发生了物质混合放热，则该容器也应作为一个反应容器	通用反应器、釜式反应器、床式反应器等

（5）泵和压缩机

泵和压缩机泄漏应按吸入管线泄漏的场景考虑，见表 7-12；当泵或压缩机的吸入管线直径小于 150mm 时，则最后一种泄漏场景的孔尺寸为吸入管线的直径。

（6）换热器

换热器泄漏场景见表 7-15。

表 7-15　换热器泄漏场景

换热器类型	具体分类	泄漏位置	场　景			
			泄漏场景 1	泄漏场景 2	泄漏场景 3	泄漏场景 4
板式换热器	1. 危险物质在板间通道内	板间危险物质泄漏	5mm孔径泄漏	25mm孔径泄漏	100 mm孔径泄漏	破裂
管式换热器	2. 危险物质在壳程	壳程内危险物质泄漏	5 mm孔径泄漏	25 mm孔径泄漏	100 mm孔径泄漏	破裂
	3. 危险物质在管程，壳程设计压力＞管程危险物质的最大压力	管程内危险物质泄漏				10 条管道破裂

换热器类型	具体分类	泄漏位置	场景			
			泄漏场景1	泄漏场景2	泄漏场景3	泄漏场景4
管式换热器	4. 危险物质在管程，壳程设计压力≤管程危险物质的最大压力	管程内危险物质泄漏	一条管道5mm孔径泄漏	一条管道25mm孔径泄漏	一条管道破裂	10条管道破裂
	5. 管程和壳程内同时存在危险物质，壳程的设计压力＞管程危险物质的最大压力	壳程内危险物质泄漏	5mm孔径泄漏	25mm孔径泄漏	100mm孔径泄漏	破裂
		管程内危险物质泄漏				10条管道破裂
	6. 管程和壳程内同时存在危险物质，壳程的设计压力≤管程危险物质的最大压力	壳程内危险物质泄漏	5mm孔径泄漏	25mm孔径泄漏	100mm孔径泄漏	破裂
		管程内危险物质泄漏	一条管道5mm孔径泄漏	一条管道25mm孔径泄漏	一条管道破裂	10条管道破裂

注：1. 假设泄漏物质直接泄漏到大气环境中。

2. 其他换热器可按表7-15的具体分类进行泄漏场景设置。

(7) 压力释放设施

当压力释放设施的排放气直接排入大气环境中时，应考虑压力释放设施的风险，其场景可取压力释放设施以最大释放速率进行排放。

(8) 化学品仓库

化学品仓库宜考虑物料在装卸和存储等处理活动中，由毒性固体的释放、毒性液体的释放或火灾造成的毒性风险。

(9) 爆炸物品储存

爆炸物品储存应考虑储存单元发生爆炸和火灾两种场景。在储存单元内发生爆炸，采用储存单元爆炸场景。如果爆炸不会发生，则采用储存单元火灾场景。

(10) 公路槽车或铁路槽车

企业内部公路槽车或铁路槽车的泄漏场景应考虑两种情况：由槽车自身失效引起的泄漏和由装卸活动导致的泄漏。泄漏场景见表7-16。

表7-16 公路槽车或铁路槽车泄漏场景

设备(设施)	泄漏场景
公路槽车或铁路槽车	(1)孔泄漏，孔直径等于槽车最大接管直径 (2)槽车破裂
装卸软管	见表7-12
装卸臂	见表7-12

(11) 运输船舶

企业内部码头运输船舶的泄漏事件应考虑装卸活动和外部影响（冲击），泄漏场景见表7-17。

表7-17 运输船舶泄漏场景

设备(设施)	泄漏场景	备注
装卸臂	见表7-12	装卸活动
压力式气体罐	见表7-12	外部影响（冲击）
半冷冻式罐	见表7-12	外部影响（冲击）

设备（设施）	泄漏场景	备　注
单层液体罐	见表 7-12	外部影响（冲击）
双层液体罐	见表 7-12	外部影响（冲击）

注：1. 外部影响（如船舶碰撞引起的泄漏）由具体情况确定，可不考虑罐体完全破裂。如果船停泊在港口外，外部碰撞造成的泄漏可不考虑。

2. 如果装卸臂由多根管道组成，装卸臂的完全破裂相当于所有管道同时完全破裂。

7.2.8　事故场景频率分析

本书第 6 章给出了常见的事故频率分析方法，这些分析方法以泄漏频率为基础。泄漏频率可使用以下数据来源：

① 适用于化工行业的失效数据库；

② 企业历史统计数据；

③ 基于可靠性的失效概率模型；

④ 其他数据来源。

在进行泄漏频率数据选择时应考虑以下事项：

① 应确保使用的失效数据与数据内在的基本假设相一致；

② 使用化工行业数据库时，应考虑减薄、衬里、外部破坏、应力腐蚀开裂、高温氢腐蚀、机械疲劳（对于管线）、脆性断裂，及其他引起泄漏的危害因素对泄漏频率造成的影响；

③ 如果使用企业历史统计数据，则只有数据充足并具有统计意义时才能使用。

AQ/T 3046《化工企业定量风险评价导则》等相关文献资料中已经给出了定量风险分析过程中常规使用到的各类失效场景的发生频率统计数据，可作为事故场景频率分析的基础数据。在获得泄漏（初始事件）频率后，为了进一步计算池火、闪火、爆炸及毒性物质扩散等各类事故的发生频率，往往结合点火概率等统计数据进行进一步分析，具体参见本章 7.2.9 中点火概率部分。

在进行事故场景频率分析时，如考虑企业工艺安全管理水平对泄漏频率的影响，可采用 SY/T 6714《基于风险检验的基础方法》中 8.4 条的规定进行修正。当泄漏场景发生的频率小于 10^{-8} 次/年或事故场景造成的死亡概率小于 1% 时，在定量风险分析时可不考虑这种场景。

7.2.9　事故场景后果分析

在 QRA 中，通常需要考虑的事故类型包括：泄漏（释放）、闪蒸和液池蒸发、射流和气云扩散、火灾及爆炸等。各类型事故后果模型参见本书第 5 章，可以根据实际情况进行模型选择，相关的计算参数可从事故场景确定步骤中获取，部分参数的确定过程如下。

(1) 泄漏模拟计算相关参数的确定

在考虑泄漏场景时，泄漏位置和泄漏方向应根据设备（设施）的实际情况而确定。例如，在工艺容器或反应容器内同时存在气相和液相时，应对气相泄漏和液相泄漏两种场景进行模拟。如果没有准确的信息，泄漏方向宜设为水平方向，与风向相同。对于埋地管道，泄漏方向宜为垂直向上。泄漏一般考虑为无阻挡释放，以下两种情况应考虑泄漏位置附近的地面或者物体的阻挡作用。

① L_o/L_j 小于 0.33，L_o 为泄漏点到阻挡物的距离，L_j 为自由喷射长度，见式（7-9）：

$$L_j = 12u_0b_0/u_{air} \tag{7-9}$$

式中　u_0——源处的喷射速度，m/s；

　　　b_0——源半径，m；

　　　u_{air}——平均环境风速，m/s，通常取 5 m/s。

② 对所有可能的释放方向，L_o/L_j 小于 0.33 的概率 P_i 大于 0.5。在这种情况下，频率为 f 的泄漏场景应分成两个独立的泄漏场景：频率 $P_i f$ 的有阻挡释放和频率为 $(1-P_i)f$ 的无阻挡释放。

在考虑最大可能泄漏量时，取以下两种情况中的较小值：

① 泄漏设备单元中的物料加上相连设备截断前可流入到泄漏设备单元中的物料，设定流入速度等于泄漏速度；

② 泄漏设备及相连单元内所有的物料量。泄漏设备及相连单元内所有的物料量应根据实际运行数据确定，当缺乏数据时可采用 SY/T 6714《基于风险检验的基础方法》中 7.4 条推荐的方法进行估算。

在确定有效泄漏时间时，应考虑如下因素：

① 设备和相连系统中的存量；

② 探测和隔离时间；

③ 可能采取的任何反应措施。

此外，还应对每个泄漏场景的有效泄漏时间进行逐个确认，有效泄漏时间可取如下三项中的最小值：

① 60 min；

② 最大可能泄漏量与泄漏速率的比值；

③ 基于探测及隔离系统等级的泄漏时间。

(2) 闪蒸和液池蒸发

液池扩展应考虑地面粗糙度、障碍物以及液体收集系统等影响，如果存在围堰、防护堤等拦蓄区，且泄漏的物质不溢出拦蓄区时，液池最大半径为拦蓄区的等效半径。

(3) 扩散

在计算扩散时，应至少考虑以下两种情况：

① 射流。对于射流需确定喷射高度或距离。

② 大气扩散。大气扩散计算应考虑实际气体特性，根据扩散气体的初始密度、Richardson 数等条件选择重气扩散或非重气扩散。

室内的容器、油罐和管道等设备泄漏，应考虑建筑物对扩散的影响，选择模型时应考虑以下情况：

① 建筑物不能承受物质泄漏带来的压力，可设定物质直接释放到大气中。

② 建筑物可承受物质泄漏带来的压力，则室外扩散源项应考虑建筑物内的源项以及通风系统的影响。

在计算扩散时，宜选择稳定、中等稳定、不稳定、低风速、中风速和高风速等多种天气条件。当使用 Pasquill 大气稳定度（参见表 5-5）时，可选择以下 6 种天气等级，见表 7-18。

表 7-18　选择的天气条件

大气稳定度	风速/(m/s)	大气稳定度	风速/(m/s)
B	中风速：3～5	D	高风速：8～9
D	低风速：1～2	E	中风速：3～5
D	中风速：3～5	F	低风速：1～2

在进行扩散计算时，应考虑当地的风速、风向及稳定度联合频率，宜选择 16 种风向。气象统计资料宜采用评价单元附近气象站的气象统计数据。

（4）火灾和爆炸

对于可燃气体或液体泄漏（释放）应考虑发生沸腾液体扩展蒸气爆炸（BLEVE）和（或）火球、喷射火、池火、蒸气云爆炸及闪火等火灾爆炸场景。具体场景与物质特性、储存参数、泄漏类型、点火类型等有关，可在可燃气体或液体泄漏（初始事件）发生概率的基础上采用事件树方法确定各种可燃物质释放后，各种事件发生的类型及概率。

① 点火类型　点火分为立即点火和延迟点火。

② 点火概率　立即点火的点火概率应考虑设备类型、物质种类和泄漏形式（瞬时释放或者连续释放）。可根据数据库统计或通过概率模型计算获得。可燃物质泄漏后立即点火的概率参见表 7-19。

表 7-19　固定装置可燃物质泄漏后立即点火概率

物质分类	连续释放/(kg/s)	瞬时释放/kg	立即点火概率
类别 0(中/高活性)	<10	<1000	0.2
	10 ～100	1000～10000	0.5
	>100	>10000	0.7
类别 0(低活性)	<10	<1000	0.02
	10 ～100	1000～10000	0.04
	>100	>10000	0.09
类别 1	任意速率	任意量	0.065
类别 2	任意速率	任意量	0.01
类别 3,4	任意速率	任意量	0

注：类别 0：极度易燃，①闪点小于 0℃，沸点≤35℃的液体；②暴露于空气中，在正常温度和压力下可以点燃的气体。
类别 1：高可燃性，闪点<21℃的液体，但不是极度易燃的。
类别 2：可燃，21℃≤闪点≤55℃的液体。
类别 3：可燃，55℃<闪点≤100℃的液体。
类别 4：可燃，闪点>55℃的液体。

延迟点火的点火概率应考虑点火源特性、泄漏物特性以及泄漏发生时点火源存在的概率，可按式（7-10）计算：

$$P(t) = P_{present}(1 - e^{-\omega t}) \tag{7-10}$$

式中　$P(t)$——0~t 时间内发生点火的概率；

$P_{present}$——点火源存在的概率；

ω——点火效率，s^{-1}，与点火源特性有关；

t——时间，s。

常见点火源在 1 min 内的点火概率参见表 7-20。

表 7-20　点火源在 1min 内的点火概率

点火源	1min 内的点火概率	点火源	1min 内的点火概率
点源		室内锅炉	0.23
机动车辆	0.4	船	0.5
火焰	1.0	危化品船	0.3
室外燃烧炉	0.9	捕鱼船	0.2
室内燃烧炉	0.45	游艇	0.1
室外锅炉	0.45	内燃机车	0.4

点火源		1min 内的点火概率	点火源	1min 内的点火概率
线源	电力机车	0.8	炼油厂	0.9 /座
			重工业区	0.7 /座
	输电线路	0.2/100m	轻工业区	按人口计算
	公路	注1	**人口活动**	
	铁路	注1	居民	0.01 /人
面源			工人	0.01 /人
	化工厂	0.9 /座		

注：1. 发生泄漏事故地点周边的公路或铁路的点火概率与平均交通密度 d 有关。平均交通密度 d 的计算公式为：

$$d = NE/V$$

式中　N——每小时通过的汽车数量，h^{-1}；

　　　E——道路或铁路的长度，km；

　　　V——汽车平均速度，$km \cdot h$。

如果 $d \leqslant 1$，则 d 的数值就是蒸气云通过时点火源存在的概率，此时

$$P(t) = d(1 - e^{-\omega t})$$

式中，ω 为单辆汽车的点火效率，s^{-1}。

如果 $d \geqslant 1$，则 d 表示当蒸气云经过时的平均点火源数目；则在 $0 \sim t$ 时间内发生点火的概率为：

$$P(t) = 1 - e^{-d\omega t}$$

式中，ω 为单辆汽车的点火效率，s^{-1}。

2. 对某个居民区而言，$0 \sim t$ 时间内的点火概率可由下式给出：

$$P(t) = 1 - e^{-n\omega t}$$

式中，ω 为每个人的点火效率，s^{-1}；n 为居民区中存在的平均人数。

3. 如果其他模型中采用不随时间变化的点火概率，则该点火概率等于 1min 内的点火概率。

压缩液化气体或压缩气体瞬时释放时，应考虑 BLEVE 或火球的影响。

可燃有毒物质在点火前应考虑毒性影响，在点火后应考虑燃烧影响。可进行如下简化：

① 对低活性物质，假设不发生点火过程，仅考虑有毒物释放影响。

② 对中等活性及高活性物质，宜分成可燃物释放和有毒物释放两种独立事件进行考虑。

对于喷射火，其方向为物质的实际泄漏方向；如果没有准确的信息，宜考虑垂直方向喷射火和水平方向喷射火。

气云延迟点火发生闪火和爆炸时，可将闪火和爆炸考虑为两个独立的过程。

气云爆炸产生的冲击波超压计算应考虑气云的受约束或阻碍状况。

(5) 减缓控制系统

应考虑不同种类的减缓控制系统对危险物质释放及其后果的影响。如果能够确定减缓控制系统的效果，应采用下列步骤反映减缓控制系统的作用。

① 确定系统起作用需要的时间 t；

② 确定系统的效果；

③ 0 到 t 时间内不考虑减缓控制作用；

④ t 时间后的源项值应考虑减缓控制系统的效果并进行修正；

⑤ 应考虑减缓控制系统的失效概率。

通过计算模型得到各事故场景的事故后果（如不同位置处的毒物浓度、热辐射强度、冲击波强度等）后，还需要结合暴露影响相关理论来评估人员目标可能的死亡概率。具体内容参见 7.2.10。

7.2.10 死亡概率计算

(1) 给定暴露场景

给定暴露场景下死亡概率可采用概率函数法计算，死亡概率 P_d 与相应的概率值 P_r 函数关系见下式，P_d 和 P_r 的对应关系见表7-21。

$$P_d = 0.5 \times \left[1 + \text{erf}\left(\frac{P_r - 5}{\sqrt{2}}\right)\right] \qquad (7\text{-}11)$$

$$\text{erf}(x) = \frac{2}{\sqrt{\pi}} \int_0^x e^{-t^2} \, dt \qquad (7\text{-}12)$$

式中　t——暴露时间，s。

表 7-21　P_d 和 P_r 的对应关系

P_d/%	0	1	2	3	4	5	6	7	8	9
0		2.67	2.95	3.12	3.25	3.36	3.45	3.52	3.59	3.66
10	3.72	3.77	3.82	3.87	3.92	3.96	4.01	4.05	4.08	4.12
20	4.16	4.19	4.23	4.26	4.29	4.33	4.36	4.39	4.42	4.45
30	4.48	4.50	4.53	4.56	4.59	4.61	4.64	4.67	4.69	4.72
40	4.75	4.77	4.80	4.82	4.85	4.87	4.90	4.92	4.95	4.97
50	5.00	5.03	5.05	5.08	5.10	5.13	5.15	5.18	5.20	5.23
60	5.25	5.28	5.31	5.33	5.36	5.39	5.41	5.44	5.47	5.50
70	5.52	5.55	5.58	5.61	5.64	5.67	5.71	5.74	5.77	5.81
80	5.84	5.88	5.92	5.95	5.99	6.04	6.08	6.13	6.18	6.23
90	6.28	6.34	6.41	6.48	6.55	6.64	6.75	6.88	7.05	7.33
99	0.0	0.1	0.2	0.3	0.4	0.5	0.6	0.7	0.8	0.9
	7.33	7.37	7.41	7.46	7.51	7.58	7.58	7.65	7.88	8.09

通过上表，可以完成 P_r 和 P_d 之间的转换，表中白色底纹表格内容是 P_r 值，其对应的 P_d 值为当前单元格对应的横纵两个方向灰色底纹单元格的数值相加。当由 P_r 值推算 P_d 值时，如果不能在表中找到完全对应的数值，可以采用插值的方法求取近似值。

【例 7-2】　通过计算得到某个目标点人员受到某种事故伤害的概率值 P_r 为 6.58，试计算对应的死亡概率 P_d。

解　首先从表 7-21 中查找与 6.58 最接近的 P_r 数值，其处于第 10 行（90）的第 4(4)列及第 5(5) 列之间，因此，推理得到该值对应的 P_d 值介于 94%、95% 之间，根据插值推算，可得 P_d 的近似值约为 94.3%。

(2) 中毒

毒性暴露下概率值 $P_{r毒}$ 可按下式计算：

$$P_{r毒} = a + b \ln(C^n t) \qquad (7\text{-}13)$$

式中　$P_{r毒}$——毒性暴露下的概率值；

　　　a，b，n——描述物质毒性的常数，见表7-22；

　　　C——浓度，mg/m^3，毒性物质在大气中的扩散浓度计算参见第5章；

　　　t——暴露于毒物环境中的时间，min，最大值为 30min。

表 7-22　常用物质毒性常数 a、b、n

物质	a	b	n	物质	a	b	N
丙烯醛	−4.1	1	1	氟化氢	−8.4	1	1.5
丙烯腈	−8.6	1	1.3	硫化氢	−11.5	1	1.9
烯丙醇	−11.7	1	2	溴甲烷	−7.3	1	1.1
氨	−15.6	1	2	异氰酸盐钾	−1.2	1	0.7
谷硫磷	−4.8	1	2	二氧化氮	−18.6	1	3.7
溴	−12.4	1	2	对硫磷	−6.6	1	2
二氧化碳	−7.4	1	1	光气（碳酰氯）	−10.6	2	1
氯	−6.35	0.5	2.75	磷胺（大灭虫）	−2.8	1	0.7
乙烯	−6.8	1	1	磷化氢	−6.8	1	2
氯化氢	−37.3	3.69	1	二氧化硫	−19.2	1	2.4
氰化氢	−9.8	1	2.4	四乙基铅	−9.8	1	2

（3）热辐射危害

火球、池火及喷射火的死亡概率值可按下式计算：

$$P_{r热} = -36.38 + 2.56 \ln(Q^{4/3} t) \tag{7-14}$$

式中　$P_{r热}$——热辐射暴露下的概率值；

　　　Q——热辐射强度，W/m^2，计算方法参见第 5 章；

　　　t——暴露时间，s，最大值为 20s。

在计算热辐射暴露死亡概率时，处于火球、池火及喷射火火场中或热辐射强度不小于 37.5 kW/m^2 时，人员的死亡概率为 100%。

（4）闪火和爆炸

闪火的火焰区域等于点燃时可燃云团 LFL 的范围。闪火火焰区域内，人员的死亡概率值为 100%；闪火火焰区域外，人员的死亡概率值为 0。

对于蒸气云爆炸，在 0.03MPa 超压影响区域内，人员的死亡概率为 100%；在 0.01 MPa 超压影响区域外，人员的死亡概率为 0。

7.2.11　风险计算

在计算个体风险和社会风险时，由于需要考虑区域内多个事故场景在同一地点的风险叠加并绘制个体风险等值线，为方便计算，往往需要对评价区域进行计算网格划分，遵循的原则为：

① 网格单元的划分应考虑当地人口密度和事故影响范围，网格尺寸不应影响计算结果；

② 确定每个网格单元的人员数量时，可假设网格单元内部有相同的人口密度；

③ 将点火概率分配到每一个网格单元，如果网格中有多个点火源，则将所有的点火源合并成处于网格单元中心的单个点火源。

个体风险和社会风险的表现形式应满足：

① 个体风险应在标准比例尺地形图上以等值线的形式给出，同时应表示出频率不小于 10^{-8}/年的个体风险等值线，如图 7-3 所示。

② 社会风险应绘制 $F\text{-}N$ 曲线，如图 7-4 所示。

个体风险的计算应考虑人员处于室外的情况，社会风险应考虑人员处于室外和室内两种情况。在计算个体风险和社会风险时，可按下式进行修正：

$$P_{个体风险} = \beta_{个体风险} P_d \tag{7-15}$$

$$P_{社会风险} = \beta_{社会风险} P_d \qquad (7\text{-}16)$$

式中　P_d——人员的死亡概率；

　$P_{个体风险}$——个体风险计算时的死亡概率；

　$P_{社会风险}$——社会风险计算时的人口死亡百分比；

　$\beta_{个体风险}$——个体风险计算时的死亡概率修正因子；

　$\beta_{社会风险}$——社会风险计算时的人口死亡百分比修正因子。β 取值见表 7-23。

表 7-23　修正因子 β 取值

场景		$\beta_{个体风险}$	$\beta_{社会风险}$	
		室外	室外	室内
爆炸	爆炸超压≥0.03MPa	1	1	1
	0.01 MPa＜爆炸超压＜0.03MPa		①	
	爆炸超压≤0.01MPa	0	0	0
闪火范围内		1	1	1
闪火范围外		0	0	0
热辐射强度＜37.5kW/m²	火球	1	0.14②	0
	喷射火	1	0.14②	0
	池火	1	0.14②	0
热辐射强度≥37.5kW/m²	火球	1	1	1
	喷射火	1	1	1
	池火	1	1	1
毒性		1	1	1③

① 爆炸超压 0.01～0.03MPa 半径区域的室外人员的死亡概率为 0；在计算社会风险时，室内人员需考虑建筑物破坏的影响，死亡百分比为 2.5%。

② 当计算社会风险时，通常认为在衣服着火以前，室外人员因受到衣服的保护而减弱了热辐射的影响，与没有衣服保护相比，其死亡百分比减小至 0.14 倍，因此修正因子为 0.14。

③ 计算室内人员的死亡百分比时应考虑室内真实毒性剂量，室内毒性剂量与毒性气团的通过时间和房间通风率有关，在没有具体参数时，可取同样剂量下室外人员死亡概率的 0.1 倍。

个体风险计算程序见图 7-8，步骤如下：

① 选择一个泄漏场景（LOC），确定 LOC 的发生频率 f_S；

② 选择一种天气等级 M（见表 7-18）和该天气等级下的一种风向 ϕ（共 16 种，分别为东 E、东东南 ESE、东南 SE、南东南 SSE、南 S、南西南 SSW、西南 SW、西西南 WSW、西 W、西西北 WNW、西北 NW、北西北 NNW、北 N、北东北 NNE、东北 NE、东东北 ENE），给出天气等级 M 和风向 ϕ 同时出现的联合概率 $P_M P_\phi$；

③ 如果是可燃物释放，选择一个点火事件 i 并确定点火概率 P_i。如果考虑物质毒性影响，则不考虑点火事件；

④ 计算在特定的 LOC、天气等级 M、风向 ϕ 及点火事件 i（可燃物）条件下网格单元上的死亡概率 $P_{个体风险}$，计算中参考高度取 1m；

⑤ 计算（LOC、M、ϕ、i）条件下对网格单元个体风险的贡献；

$$\Delta IR_{S,M,\phi,i} = f_S P_M P_\phi P_i P_{个体风险} \qquad (7\text{-}17)$$

⑥ 对所有的点火事件，重复③～⑤步的计算；对所有的天气等级和风向，重复②～⑤步的计算；对所有的 LOC，重复①～⑤步的计算，则网格点处的个体风险由下式计算。

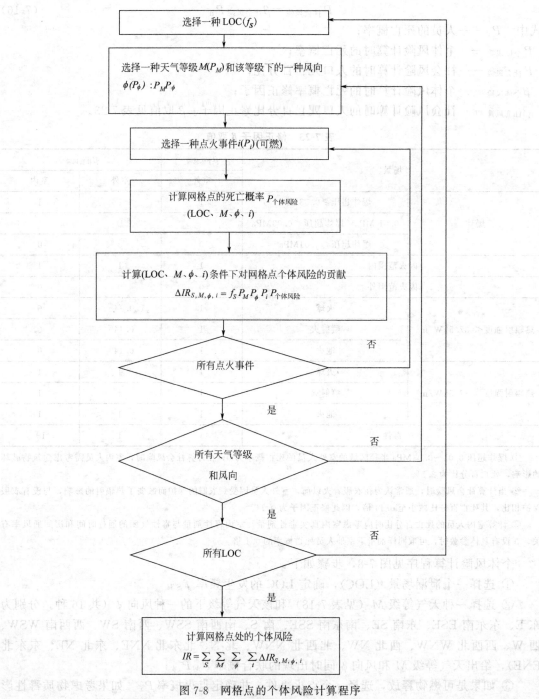

图 7-8　网格点的个体风险计算程序

$$IR = \sum_S \sum_M \sum_\phi \sum_i \Delta IR_{S,M,\phi,i} \qquad (7\text{-}18)$$

社会风险计算程序见图 7-9，步骤如下：

① 首先确定以下条件：

a. 确定 LOC 及其发生频率 f_s；

b. 选择天气等级 M，概率为 P_M；

c. 选择天气等级 M 下的一种风向 ϕ，概率为 P_ϕ；

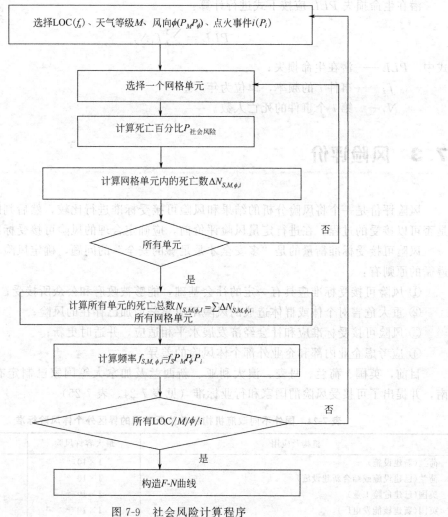

图 7-9 社会风险计算程序

d. 对于可燃物，选择条件概率为 P_i 的点火事件 i。

② 选择一个网格单元，确定网格单元内的人数 N_{cell}；

③ 计算在特定的 LOC、M、ϕ 及 i 下，网格单元内的人口死亡百分比 $P_{社会风险}$，计算中参考高度取 1m；

④ 计算在特定的 LOC、M、ϕ 及 i 下的网格单元的死亡人数 $\Delta N_{S,M,\phi,i}$；

$$\Delta N_{S,M,\phi,i} = P_{社会风险} N_{cell} \tag{7-19}$$

⑤ 对所有网格单元，重复②～④步的计算，对 LOC、M、ϕ 及 i，计算死亡总人数 $N_{S,M,\phi,I}$；

$$N_{S,M,\phi,I} = \sum_{所有网格单元} \Delta N_{S,M,\phi,i} \tag{7-20}$$

⑥ 计算 LOC、M、ϕ 及 i 的联合频率 $f_{S,M,\phi,i}$；

$$f_{S,M,\phi,i} = f_S P_M P_\phi P_i \tag{7-21}$$

对所有的 LOC(f_S)、M、ϕ 及 i，重复①～⑥步的计算，用累积死亡总人数 $N_{S,M,\phi,i} \geqslant N$ 的所有事故发生的频率 $f_{S,M,\phi,i}$ 构造 F-N 曲线。

$$F_N = \sum_{S,M,\phi,i} f_{S,M,\phi,i} \rightarrow N_{S,M,\phi,i} \geqslant N \tag{7-22}$$

潜在生命损失 PLL 应按下式进行计算：

$$PLL = \sum_{i=1}^{n} f_i N_i \qquad (7-23)$$

式中　PLL——潜在生命损失；

　　　　f_i——事件 i 的频率，单位为年$^{-1}$；

　　　　N_i——第 i 个事件的死亡人数。

7.3　风险评价

风险评价是一个将风险分析的结果和风险可接受标准进行比较，然后判断实际风险水平是否可以接受的过程。在进行定量风险评价前，应确定合理的风险可接受标准。

风险可接受标准衡量的是"多安全才是足够的安全"的问题，确定风险可接受标准时应遵循的原则有：

① 风险可接受标准应具有一定的社会基础，能够被政府和公众所接受；

② 重大危害对个体或群体造成的风险不应显著增加已存在的风险；

③ 风险可接受标准应和社会经济发展水平相适应，并适时更新；

④ 应考虑企业内部和企业外部个体风险的差异。

目前，英国、荷兰、丹麦、澳大利亚、新西兰及加拿大等国家已制定有风险管理的指南，并提出了可接受风险的国家和行业标准（见表 7-24、表 7-25）。

表 7-24　国外不同政府机构和单位所采用的界区外个体风险标准

机构及应用	最大容许风险	广泛接受
荷兰(新建设施)	1×10^{-6}	1×10^{-8}
荷兰(已建设施或结合新建设施)	1×10^{-5}	1×10^{-8}
英国(已建危险工业)	1×10^{-4}	1×10^{-6}
英国(新建核能发电厂)	1×10^{-5}	1×10^{-6}
英国(靠近已建设施的新民宅)	3×10^{-6}	3×10^{-7}
加利福尼亚，美国(新建设施)	1×10^{-5}	1×10^{-7}

表 7-25　国外不同政府机构和公司所采用的界区内个体风险标准

机构及应用	最大容许风险	广泛接受
英国 HSE(现有危险性设施)	1×10^{-3}	1×10^{-6}
壳牌石油公司(陆上和海上设施)	1×10^{-3}	1×10^{-6}
英国石油公司(陆上和海上设施)	1×10^{-3}	1×10^{-5}

英国健康与安全执委会（UK's health and safety executive，HSE）对个体风险分为不可接受、可容忍和广泛接受三类，HSE 在 2001 年发布的文件"Reducing Risks，Protecting People"（R2P2）中确定的个体风险接受准则为：10^{-6} 是广泛可接受的风险，对于不同行业不同人群不同地点也规定了不可接受的个体风险标准。

在荷兰个体风险应用于衡量危险设施、道路运输以及机场的风险。个体风险被绘制成风险等值线图以便土地规划使用，如果个体风险高于 10^{-6}/年，则应将其水平降低至符合最低合理可行（ALARA）原则的水平。该准则是荷兰有关危险设施设置地点的强制性标准。

我国个体风险可接受标准值（见表 7-26）和社会风险可接受标准值应满足安全生产监督管理总局令（第 40 号）的相关要求。我国标准基于 ALARP 原则通过两个风险分界线将风险划分为 3 个区域，即：不可容许区、尽可能降低区（ALARP）和可容许区。

表 7-26　中国个体风险标准

危险化学品单位周边重要目标和敏感场所类别	可容许风险
1. 高敏感场所（如学校、医院、幼儿园、养老院等）； 2. 重要目标（如党政机关、军事管理区、文物保护单位等）； 3. 特殊高密度场所（如大型体育场、大型交通枢纽等）	$<3\times10^{-7}$/年
1. 居住类高密度场所（如居民区、宾馆、度假村等）； 2. 公众聚集类高密度场所（如办公场所、商场、饭店、娱乐场所等）	$<1\times10^{-6}$/年

中国社会风险标准要求如图 7-10。

风险评价应遵循 ALARP 原则，即如果计算出来的风险水平超过容许上限，则该风险不能被接受；如果风险水平低于容许下限，则该风险可以被接受；如果风险水平在容许上限和下限之间，可考虑风险的成本效益分析（Cost Benefit Analysis，CBA），采取降低风险的措施，使风险水平"尽可能低"。

CBA 的目的是比较不同的风险管理措施，并帮助决策，以选取其中成本效益最高的优化方案。可能采取的风险控制措施参见本书第 9 章。

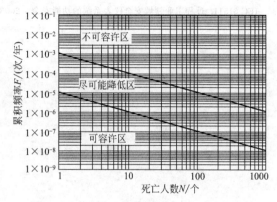

图 7-10　中国社会风险标准（F-N）曲线

挽救一个人的生命所需的成本为：

$$\mathrm{CSL}=\frac{C_\mathrm{A}-(ER_\mathrm{e}-ER_\mathrm{p})}{EL_\mathrm{e}-EL_\mathrm{p}} \tag{7-24}$$

式中　CSL——挽救一个人生命的成本；

C_A——采取风险管理措施的年费用；

ER_e——采取风险管理措施前年经济损失；

ER_p——采取风险管理措施后年经济损失；

EL_e——采取风险管理措施前的年生命损失，单位为人/年；

EL_p——采取风险管理措施后的年生命损失，单位为人/年；

可以在 QRA 中基于相同的风险计算模型，针对不同的风险管理措施备选方案（i 个方案）进行敏感性分析，分别计算各个不同方案的 CSL_i，即不同方案挽救一个人生命的成本。

企业应编制 CBA 执行程序与各类费用与效益标准，其中 CA 应考虑所采取措施的投入以及维护这些措施的费用。经济损失中应考虑厂内外人员伤亡的费用、生产中断的损失、设备及财产损失以及保险费率变化、罚金等多个因素。

● 习题

1. 阐述风险评价的概念及内涵。
2. 阐述风险评价方法的分类及适用的范围。

3. 阐述定量风险评价的流程。

4. 阐述个体风险、社会风险及潜在生命损失的含义。

5. 定量风险评价中事故场景筛选的原则是什么？

参 考 文 献

[1] ISO Guide 73. Risk management-Vocabulary. 2009.

[2] CCPS. Guidelines for Chemical Process Quantitative Risk Analysis, 2nd. New York：AIChE, 2000.

[3] CCPS编著. 保护层分析——简化的过程风险评估. 白永忠, 党文义, 于安峰译. 北京：中国石化出版社, 2010.

[4] P. A. M. Uijt de Haag, B. J. M. ALe. Guidelines for Quantitative Risk Assessment (Purple book). The Hague：Committee for the Prevention of Disasters, 2005.

[5] AQ/T 3046. 化工企业定量风险评价导则, 2013.

[6] SY/T 6714. 基于风险检验的基础方法, 2008.

[7] IEC 61508. 电气/电子/可编程电子安全系统的功能安全, 2010.

[8] IEC 61511. 过程工业领域安全仪表系统的功能安全, 2003.

化学反应过程热危险分析与评价

2007年12月19日下午1：30，美国佛罗里达州杰克森威尔镇北部一家生产化学品的公司（T2 Laboratories有限公司，简称T2公司）发生爆炸起火，并摧毁了该厂（图8-1）。爆炸产生的巨响15mile(1mile＝1.609km)外都能听到，事故导致该公司4名员工死亡（包括1名企业主），28名在周边临近企业工作的员工受伤。

图8-1 事故现场的航拍照片

2004年1月，该公司开始以间歇反应器生产MCMT。MCMT是一种有机锰化合物，为毒性很大的易燃液体，作为汽油改性剂用于增加辛烷值。该物质可以通过吸入或皮肤接触进入人体内。美国国家职业安全与健康研究所（NIOSH）给出的该物质暴露限值为10h以上平均浓度小于$1.2mg/m^3$（1.2×10^{-3} ppmV），OSHA给出的允许暴露限值（瞬间浓度）为$5mg/m^3$（5×10^{-3} ppmV）。该物质见光快速分解，美国环境署（EPA）认为其是极其危险的物质。

（1）部分生产设备与工艺

由于投资有限，公司购置了一些旧设备，包括容积为2450gal(1gal＝3.78dm³)的高压间歇反应器。该反应器1962年建成，耐压8.28MPa(1200psi)。T2公司购入后进行了改造，包括撤换、加装排管等，改造后反应器的工作压力降为4.14MPa(600psi)。为了进行超压保护，在直径10.16cm(4in)的爆破片前安装了一根4in呈双90°弯曲的泄压管，据工作人员描述，爆破片设定压力为2.76MPa(400psi)。在4in泄压管的下方另安装一根1in的泄压管和压力控制阀（图8-2）。

生产MCMT采取了3步工艺法，分别为金属化、取代、羰基化。

第一步反应（金属化反应）正常的工艺操作包括：工艺操作员将甲基环戊烷（MCPD）的二聚体与二乙二醇二甲醚混合物加入反应器，然后外操人员通过反应器顶部闸阀手工投入块状金属钠，然后关闭闸阀完成投料。内操人员开始通过热油系统加热混合物，设定反应器压力为0.345MPa(50psi)，热油温度控制在360℉(182.2℃)。

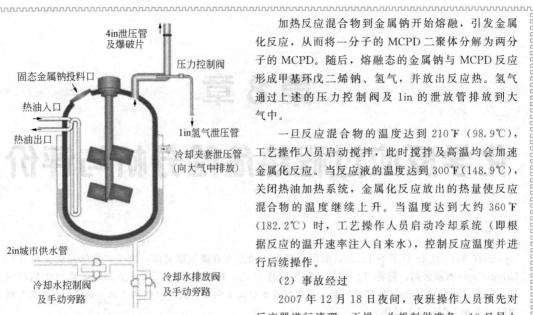

图 8-2 改造后的间歇反应器截面图

1in=0.0254m

加热反应混合物到金属钠开始熔融，引发金属化反应，从而将一分子的 MCPD 二聚体分解为两分子的 MCPD。随后，熔融态的金属钠与 MCPD 反应形成甲基环戊二烯钠、氢气，并放出反应热。氢气通过上述的压力控制阀及 1in 的泄放管排放到大气中。

一旦反应混合物的温度达到 210℉（98.9℃），工艺操作人员启动搅拌，此时搅拌及高温均会加速金属化反应。当反应液的温度达到 300℉（148.9℃），关闭热油加热系统，金属化反应放出的热量使反应混合物的温度继续上升。当温度达到大约 360℉（182.2℃）时，工艺操作人员启动冷却系统（即根据反应的温升速率注入自来水），控制反应温度并进行后续操作。

(2) 事故经过

2007 年 12 月 18 日夜间，夜班操作人员预先对反应器进行清理、干燥，为投料做准备。19 日早上 7：30，1 名白班操作人员（内操）进行第 175 批的生产，采用自动控制系统进行投料。1 名外操往反应器内手工加入块状的金属钠，然后封闭反应器。上午 11：00 许，操作人员开始加热反应器，熔化金属钠并引发反应，同时通过控制室（紧邻生产线）的控制屏监视反应器内的温度和压力。金属钠在 210℉（98.9℃）熔融后，启动搅拌使反应物料混合，从而提高反应速率并放热。反应物料在反应热及加热系统的作用下，持续升温。当反应温度达到 300℉（148.9℃）时，关闭加热系统，反应物料的温度在反应热的作用下继续升高。当温度升到 360℉（182.2℃）时，启动反应器夹套冷却。事故当日，上述操作均是按照操作规程进行的。然而，当冷却系统启动时，反应器的温度还在持续升高。

下午 1：23，内操告知外操，让他向企业主汇报冷却系统存在问题并请其来到现场。企业主（也是一名化学工程师）到达公司后直奔控制室，在协助搜索完问题之所在后，来到反应器旁。他告知一名外操人员现场可能起火，让操作人员撤离。然后，企业主回到控制室。1：33 时，反应器的泄放系统已经无法控制失控反应的温度及压力升高。据周边企业的目击者回忆，他们看到反应器顶部有东西泄放出来，并听到像喷气发动机一样的声音。随后，反应器发生猛烈的解体，物料发生爆炸。爆炸导致控制室（距离反应器 50ft）内 2 名人员（企业主及内操）、正在撤离的 2 名外操死亡，另外 1 名外操受伤。事故后的控制室残骸见图 8-3。

图 8-3 事故后的控制室残骸

事故中，T2 公司的 8 名员工中 4 名死于爆炸过程的钝力外伤。T2 公司及距反应器周边 1900ft 范围内 9 家周边企业的 28 名工作人员受伤。周边企业的人员伤亡及建筑物的破坏见图 8-4。

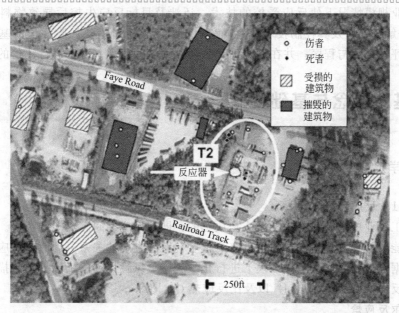

图 8-4　伤者及周边企业的位置

1ft＝0.3048m

（3）事故原因

根据美国化工安全与危险调查委员会（Chemical Safety and Hazard Investigation Board，CSB）的调查，认为 T2 公司没有认识到 MCMT 生产过程中存在的失控反应风险是导致这次事故的根本原因。而事故的直接原因在于：①冷却系统的设计缺乏冗余；②失控反应发生时，反应器的压力泄放系统能力不足，无法将系统超压及时泄放。

化工过程的根本目的和特点就是物质转化。一个化工过程可能包括物料粉碎与筛分、输送、化学反应、分离等多个化工单元，这些单元相互间彼此连接、彼此影响，物料在这些单元中将经历各种内部或外界激励条件的作用，包括化学作用、机械作用（摩擦与撞击）、热作用、静电作用等。处于不同单元、不同运行模式（间歇、半间歇、连续）以及不同内外部激励条件下的物料的行为是不一样的，对安全产生影响也是千差万别。然而，毫无疑问，反应过程是所有化工单元中风险最大的单元之一。正常的化学反应过程要在受控的反应器中进行，以使反应物、中间体、反应产物及过程本身处于规定的温度、压力等的安全范围之内。但正如本章事故案例所揭示的事实：化学反应本身受多种因素影响，若这些条件发生变化，以致温度升高、压力增大到无法控制，导致反应失控。反应失控即反应系统因反应放热而使温度升高，在经过一个"放热反应加速-温度再升高"，以至超过了反应器冷却能力的控制极限，形成恶性循环后，反应物、产物分解，生成大量气体，压力急剧升高，最后导致喷料，反应器破坏，甚至燃烧、爆炸的现象。这种反应失控的危险不仅可以发生在作业的反应器里，而且也可能发生在其他的操作单元甚至储存过程中。由此可见，化学反应过程的热安全问题是决定过程本质安全化的核心之一，本章中给出的事故案例从一个侧面很好地说明了化工过程热安全问题的重要性。

总体而言，化学反应过程的热安全不仅涉及热风险评价的理论、方法及实验技术，涉及目标反应（Desired Reactions）在不同类型反应器中按不同温度控制模式进行反应的热释放过程以及工业规模情况下使反应受控的技术，还涉及目标反应失控后导致物料体系的分解（称为二次分解反应）及其控制技术等。本章主要介绍化工过程热风险评价的基本概念、基本理论以及评估方法与程序，并在此基础上介绍利用这些概念、方法进行评价的案例。

8.1 基本概念与基础知识

8.1.1 化学反应的热效应

8.1.1.1 反应热

精细化工行业中的大部分化学反应是放热的，即在反应期间有热能的释放。显然，一旦发生事故，能量的释放量与潜在的损失（严重度）有着直接的关系。因此，反应热是其中的一个关键数据，这些数据是工业规模下进行化学反应热风险评估的依据。用于描述反应热的参数有摩尔反应焓 ΔH_r(kJ/mol) 以及比反应热 Q'_r(kJ/kg)。

（1）摩尔反应焓

摩尔反应焓是指在一定状态下发生了 1mol 化学反应的焓变。如果在标准状态下，则为标准摩尔反应焓。表 8-1 列出了一些典型的反应焓值。

表 8-1 反应焓的典型值

反应类型	摩尔反应焓 ΔH_r/(kJ/mol)	反应类型	摩尔反应焓 ΔH_r/(kJ/mol)
中和反应（HCl）	−55	环氧化	−100
中和反应（H_2SO_4）	−105	聚合反应（苯乙烯）	−60
重氮化反应	−65	加氢反应（烯烃）	−200
磺化反应	−150	加氢（氢化）反应（硝基类）	−560
胺化反应	−120	硝化反应	−130

反应焓也可以根据生成焓 ΔH_f 得到，生成焓可以参见有关热力学性质表：

$$\Delta H_r^{\ominus} = \sum_{产物} \Delta H_{f,i}^{\ominus} - \sum_{反应物} \Delta H_{f,i}^{\ominus} \tag{8-1}$$

生成焓可以采用 Benson 基团加和法计算得到。采用该方法计算得到的生成焓是假定分子处于气相状态中，因此，对于液相反应必须通过冷凝潜热来修正，这些值可以用于初步的、粗略的近似估算。

（2）比反应热

比反应热是单位质量反应物料反应时放出的热。比反应热是与安全有关的具有重要实用价值的参数，大多数量热设备直接以 kJ/kg 来表述。反应热和摩尔反应焓的关系如下：

$$Q'_r = \rho^{-1} c(-\Delta H_r) \tag{8-2}$$

式中，ρ 为反应物料的密度，kg/m^3；c 为反应物的浓度，mol/m^3；ΔH_r 为摩尔反应焓，kJ/mol。

显然，比反应热取决于反应物的浓度，不同的工艺、不同的操作方式均会影响比反应热的数值。对于有的反应来说，式（8-1）及式（8-2）中的摩尔反应焓也会随着操作条件的不同会在很大范围内变化。例如，根据磺化剂的种类和浓度的不同，磺化反应的反应焓会在−60～−150kJ/mol 的范围内变动。此外，反应过程中的结晶热和混合热也可能会对实际热效应产生影响。因此，建议尽可能根据实际条件通过量热设备测量反应热，一旦获得该参数，在工艺放大过程可以直接采用。

8.1.1.2 分解热

化工行业所使用的化合物中，有相当比例的化合物处于亚稳定状态（Meta-stable State）。其后果就是一旦有一定强度的外界能量的输入（如通过热作用、机械作用等），可能会使这样的化合物变成高能和不稳定的中间状态，这个中间状态通过难以控制的能量释放使其转化

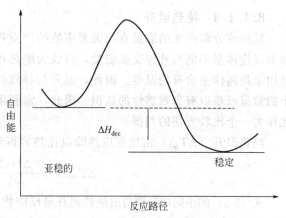

图 8-5　自由能沿反应路径的变化

成更稳定的状态。图 8-5 显示了这样的一个反应路径。沿着反应路径，能量首先增加，然后降到一个较低的水平，分解热（ΔH_d）沿着反应路径释放。它通常比一般的反应热数值高，但比燃烧热低。分解产物往往未知或者不易确定，这意味着很难由标准生成焓估算分解热。

8.1.1.3 热容

根据定义，体系的热容（Heat Capacity）是指体系温度上升 1K 时所需要的能量，单位 J/K。工程上常用单位质量物料的热容即比热容（Specific Heat Capacity）来计算和比较。比热容的量纲为 kJ/(K·kg)，用 c'_p 表示。典型物质的比热容见表 8-2。相对而言，水的比热容较高，无机化合物的比热容较低，有机化合物比较适中。混合物的比热容可以根据混合规则由不同化合物的比热容估算得到：

$$c'_p = \frac{\sum_i M_i c'_{pi}}{\sum_i M_i} \tag{8-3}$$

表 8-2　典型物质的比热容

化合物	比热容 c'_p /[kJ/(K·kg)]	化合物	比热容 c'_p /[kJ/(K·kg)]
水	4.2	甲苯	1.69
甲醇	2.55	p-二甲苯	1.72
乙醇	2.45	氯苯	1.3
2-丙醇	2.58	四氯化碳	0.86
丙酮	2.18	氯仿	0.97
苯胺	2.08	10%的 NaOH 水溶液	1.4
n-己烷	2.26	100%H$_2$SO$_4$	1.4
苯	1.74	NaCl	4.0

比热容随着温度升高而增加，例如液态水在 20℃时比热容为 4.182kJ/(K·kg)，在 100℃时为 4.216 kJ/(K·kg)。它的变化通常用多项式（维里方程，Virial equation）来描述：

$$c'_p(T) = c'_{po}(1 + aT + bT^2 + \cdots) \tag{8-4}$$

为了获得精确的结果，当反应物料的温度可能在较大的范围内变化时，就需要采用该方程。然而对于凝聚相物质，热容随温度的变化较小。此外，出于安全考虑，比热容应当取较低值，即忽略比热容的温度效应。通常采用在较低工艺温度下的热容值进行绝热温升的计算。

8.1.1.4 绝热温升

反应或分解产生的能量直接关系事故的严重程度，也就是说关系到失控后的潜在损失。如果反应体系不能与外界交换能量，将成为绝热状态。在这种情况下，反应所释放的全部能量用来提高体系自身的温度。因此，温升与释放的能量成正比。对于大多数人而言，能量大小的数量级难以有直观感性的认识。因此，常利用绝热温升来评估失控反应的严重度，并以此作为一个比较方便的判据。

绝热温升（ΔT_{ad}）由比反应热除以比热容得到：

$$\Delta T_{ad}=\frac{(-\Delta H_r)c_{A0}}{\rho c_p'}=\frac{Q_r'}{c_p'} \tag{8-5}$$

式（8-5）的中间项强调指出绝热温升是反应物浓度和摩尔反应焓的函数，因此，它取决于工艺条件，尤其是加料方式和物料浓度。该式右边项涉及比反应热，这提醒我们，当需要对量热实验的测试结果（常以比反应热来表示）进行解释时，必须考虑其工艺条件，尤其是浓度。

一个在反应器中正常进行的反应，当反应器冷却系统失效时，反应体系将进入绝热状态，体系的绝热温升越高，则体系达到的最终温度将越高，这将可能引起反应物料进一步发生分解（二次分解），一旦发生二次分解，所放出的热将远超目标反应，从而大大增加了失控反应的风险。为了估算反应失控的潜在严重度，表 8-3 给出了某目标反应及其失控后二次分解反应的典型能量以及可能导致的后果（体系绝热温升的量级和与之相当的机械能，其中机械能是以 1kg 反应物料来计算）。

表 8-3　典型反应和分解的能量当量

反　应	目 标 反 应	分 解 反 应
比反应热/(kJ/kg)	100	2000
绝热温升/K	50	1000
每千克反应混合物导致甲醇汽化的质量/kg	0.1	1.8
转化为机械势能，相当于把 1kg 物体举起的高度/km	10	200
转化为机械动能，相当于把 1kg 物体加速到的速度/(km/s)	0.45(1.5 倍马赫数)	2(6.7 倍马赫数)

显然，目标反应本身可能并没有多大危险，但分解反应却可能产生显著后果。为了说明这点，以溶剂（如甲醇）的蒸发量进行计算，因为失控时当体系温度到达沸点时溶剂将蒸发。在表 8-3 所举的例子中，就经过适当设计的工业反应器而言，仅来自于目标反应的反应热不大可能产生不良影响。不过，一旦发生反应物料的分解反应，情况就不一样了，尽管 1kg 反应物料不至于导致 1.8kg 甲醇的蒸发，其结果也是比较严重的。因此，溶剂蒸发可能导致的二次效应就在于反应容器内压力增长，随后发生容器破裂并形成可以爆炸的蒸气云，如果蒸气云被点燃，会导致严重的室内爆炸，而对于这种情形的风险必须加以评估。

8.1.2　压力效应

化学反应发生失控后，除了 8.2.1 节中描述的热效应外，其破坏作用还常常与压力效应有关。导致反应器压力升高的因素主要有以下几个方面：

① 目标反应过程中产生的气体产物，例如脱羧反应形成的 CO_2 等。

② 二次分解反应常常产生小分子的分解产物，这些物质常呈气态，从而造成容器内的压力增长。分解反应常伴随高能量的释放，温度升高导致反应混合物的高温分解，在此情况下，热失控总是伴随着压力增长。

③ 反应（含目标反应及二次分解反应）过程中低沸点组分挥发形成的蒸气。这些低沸点组分可能是反应过程中的溶剂，也可能是反应物，例如甲苯磺化反应过程中的甲苯。

化工过程中，反应釜（或有关容器）的破裂总是与其内部的压力效应有关，因此必须对目标反应及其可能引发的二次分解反应的压力效应进行评估。

8.1.2.1 气体释放

无论是目标反应还是二次分解反应，均可能产生气体。操作条件不同，产气速率等气体释放的过程参数也会不一样。在封闭容器中，压力增长可能导致容器破裂，并进一步导致气体泄漏或气溶胶的形成乃至容器爆炸。在封闭体系中可以利用理想气体定律（Clapeyron 方程）近似估算压力：

$$pV = nRT \tag{8-6}$$

式中，p 为封闭体系中由于产气形成的压力，bar；V 为封闭体系的体积，m^3；R 为普适气体常数，$83.15 \times 10^{-6} m^3 \cdot bar/(kmol \cdot K)$；$n$ 为产生气体的物质的量，mol；T 为体系中气体的温度，K。

在开放容器中，气体产物可能导致气体、液体的逸出或气溶胶的形成，这些也可能产生如中毒、火灾、无约束蒸气云爆炸等二次效应。因此，对于评估事故的潜在严重度而言，反应或分解过程中释放的气体量也是一个重要的因素。生成的气体量同样可以利用理想气体定律来估算：

$$V = \frac{nRT}{p} \tag{8-7}$$

这里主要从静态角度给出了气体释放产生的终态压力及总量，解决实际工程问题时还需要考虑气体释放的产气速率等动态问题。目前，尚没有可靠方法可以预测产气速率，该参数主要通过测试获得。

8.1.2.2 蒸气压

对于封闭体系来说，随着物料体系的温度升高，低沸点组分逐渐挥发，体系中蒸气压也相应增加。蒸气产生的压力可以通过 Clausius- Clapeyron 方程进行估算：

$$\ln \frac{p}{p_0} = \frac{-\Delta H_v}{R} \left(\frac{1}{T} - \frac{1}{T_0} \right) \tag{8-8}$$

式中，T_0、p_0 为初始状态的温度及压力；R 为普适气体常数，$8.314 J/(mol \cdot K)$；ΔH_v 为摩尔蒸发焓，J/mol。

由于蒸气压随温度呈指数关系增加，温升的影响（如在失控反应中）可能会很大。为了便于工程应用，可以采用一个经验法则（Rule of Thumb）说明这个问题：温度每升高 20K，蒸气压加倍。

8.1.2.3 溶剂蒸发量

如果反应物料在失控过程中达到溶剂的沸点，体系中低沸点溶剂将大量蒸发。如果产生的蒸气出现泄漏，将可能带来二次效应：形成爆炸性的蒸气云，遇到合适的点火源将发生严重的蒸气云爆炸。为此，需要计算溶剂蒸发量。

溶剂蒸发量可以由反应热或分解热来计算，如下式：

$$M_v = \frac{Q_r}{-\Delta H_v'} = \frac{M_r Q_r'}{-\Delta H_v'} \tag{8-9}$$

式中，M_v 为溶剂的蒸发量，kg；M_r 反应物料的总质量，kg；Q_r 为反应热，$Q_r = M_r Q_r'$；

$\Delta H_v'$ 为比蒸发焓，即单位质量溶剂的蒸发焓，kJ/kg。

通常情况下，反应体系的温度低于溶剂的沸点。冷却系统失效后，反应释放的热量首先将反应物料加热到溶剂的沸点，然后其余部分的热量将用于物料蒸发。此时，溶剂蒸发量也可以由到沸点的温差来计算：

$$M_v = \left(1 - \frac{T_b - T_0}{\Delta T_{ad}}\right)\frac{Q_r}{\Delta H_v'} \tag{8-10}$$

式中，T_b 为溶剂沸点；T_0 为反应体系开始失控时的温度。

式（8-9）和式（8-10）只给出了静态参数——溶剂蒸发量的计算，并没有给出蒸气流率的信息。

8.1.2.4 蒸气管的溢流现象

溶剂大量蒸发时，蒸气流在液体中上升，冷凝液流下降，两者发生逆向流动，液体表面

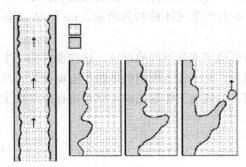

图 8-6 蒸气管中蒸气与冷凝液逆流而逐渐形成液桥的过程

就会形成液波，这些液波将在管中形成液桥（图 8-6），导致溢流。给定蒸气释放速率（即蒸发速率），如果蒸气管的直径太小，高的蒸气速率会导致反应器内压力增长，反过来使沸点温度升高，反应进一步加快，蒸发速度更快，形成更大的蒸发速率。其结果将会发生反应失控，直到设备的薄弱部分破裂并释放压力。为了避免出现这样的情形，必须知道给定溶剂、给定回流管径下的最大允许蒸气速率（Maximum Admissible Vapor Velocity），并保持反应过程中溶剂的蒸发速率小于最大允许速率。我们知道，溶剂的蒸发速率实际上与反应的放热速率有关，与反应工艺的动力学特性有关。所以，控制溶剂的蒸发速率实际上是需要控制反应的最大允许放热速率。

8.1.2.5 溶剂的蒸气流率

如果反应混合物中有足够的溶剂，且溶剂蒸发后能安全回流或者蒸馏到冷凝管、洗涤器中，则溶剂挥发可以使体系温度稳定在沸点附近，对反应体系来说，溶剂蒸发相当于提供了一道移热的"安全屏障"，这是对安全有利的一面。另外，大量溶剂蒸气通过回流重新进入反应器对保持反应物料的热稳定性也是有利的。为此，需要计算溶剂的蒸气流率，并通过该参数评估蒸回流装置、洗涤装置等的能力是否匹配。

溶剂蒸发过程中的蒸气质量流率（$\dot{m}_v$）可以如下计算：

$$\dot{m}_v = \frac{q_r' M_r}{\Delta H_v'} \tag{8-11}$$

式中，q_r' 为反应的比放热速率，kW/kg。

作为初步近似，如果压力状态（p）接近于大气压，蒸气可看成是理想气体。如果蒸气的摩尔分子量为 M_W，则密度（ρ_v）为：

$$\rho_v = \frac{pM_W}{RT_b} \tag{8-12}$$

于是，蒸气流率可根据蒸气管的横截面积（S）来计算：

$$u = \frac{q_{rx}}{(-\Delta H_v')\rho_g S} \tag{8-13}$$

式中，q_{rx} 为反应的放热速率，$q_{rx}=M_r q_r'$。

如果蒸气管的内径为 d，则蒸气流率为：

$$u=\frac{4R}{\pi}\times\frac{q_r'M_rT_b}{\Delta H_v'd^2pM_w}=10.6\times\frac{q_r'M_rT_b}{\Delta H_v'd^2pM_w} \tag{8-14}$$

蒸气流率是评价反应器在沸点温度是否安全的基本信息，该信息对反应器正常工作主要采取蒸发冷却模式或反应器发生故障后温度将达到沸点等情况尤其重要。实际上，式 (8-14) 建立了蒸气速率（u）与反应的比放热速率（q_r'）及蒸回流管径（d）之间的关系。由此，一方面可以根据反应的放热情况进行蒸回流装置的选型，另一方面可以从安全的角度对现有蒸回流装置是否匹配进行评估。

8.1.3 热平衡方面的基本概念

考虑工艺热风险时，必须充分理解热平衡的重要性。这方面的知识对于反应器或储存装置的工业放大同样适用，当然也是实验室规模量热实验结果解析之必须。事实上，两种情况均有相同的热平衡关系。为此，首先介绍反应器热平衡中的不同表达项，然后介绍常用的和简化的热平衡关系。

8.1.3.1 热平衡项

（1）热生成

热生成对应于反应的反应速率（r_A）。因此，放热速率与摩尔反应焓成正比：

$$q_{rx}=(-r_A)V(-\Delta H_r) \tag{8-15}$$

对反应器安全来说，热生成非常重要，因为控制反应放热是反应器安全的关键。对于简单的 n 级反应，反应速率可以表示成：

$$-r_A=k_0 e^{\frac{-E}{RT}}c_{A0}^n(1-X)^n \tag{8-16}$$

式中，X 为反应转化率。

该方程强调了这样一个事实：放热速率是转化率的函数，因此，在非连续反应器或储存过程中，放热速率会随时间发生变化。间歇反应器（Batch Reactor，BR）不存在稳定状态。在连续搅拌釜式反应器（Continuous Stirred Tank Reactor，CSTR）中，放热速率为常数；在管式反应器（Tubular Reactor，TR）中放热速率随位置变化而变化。放热速率为：

$$q_{rx}=k_0 e^{-E/RT}c_{A0}(1-X)^nV(-\Delta H_r) \tag{8-17}$$

从这个表达式中可以看出：

① 反应的放热速率是温度的指数函数；

② 放热速率与体积成正比，故随含反应物料容器线尺寸的立方值（L^3）而变化。

就安全问题而言，上述两点是非常重要的。

（2）热移出

反应介质和载热体（heat carrier）之间的热交换存在几种可能的途径：热辐射、热传导、强制或自然热对流。这里只考虑对流，其他形式的热交换在下文交代。通过强制对流，载热体通过反应器壁面的热移出速率 q_{ex} 与传热面积（A）及传热驱动力成正比，这里的驱动力就是反应介质与载热体之间的温差（T_r-T_c）。比例系数就是综合传热系数 U。

$$q_{ex}=UA(T_c-T_r) \tag{8-18}$$

需要注意的是，如果反应混合物的物理化学性质发生显著变化，综合传热系数 U 也将发生变化，成为时间的函数。热传递特性通常是温度的函数，反应物料的黏度变化起着主导作用。

就安全问题而言，这里必须考虑两个重要方面：①热移出是温度（差）的线性函数；②由于热移出速率与热交换面积成正比，因此它正比于设备线尺寸的平方值（L^2）。这意味着当反应器尺寸必须改变时（如工艺放大），热移出能力的增加远不及热生成速率。因此，对于较大的反应器来说，热平衡问题是比较严重的问题。表 8-4 给出了一些典型的尺寸参数。尽管不同几何结构的容器设计，其换热面积可以在有限的范围内变化，但对于搅拌釜式反应器而言，这个范围非常小。以一个高度与直径比大约为 1∶1 的圆柱体为例进行说明。

表 8-4　不同反应器的热交换比表面积

规模	反应器体积/m³	热交换面积/m²	比表面积/m⁻¹
研究实验	0.0001	0.01	100
实验室规模	0.001	0.03	30
中试规模	0.1	1	10
生产规模	1	3	3
生产规模	10	13.5	1.35

因此，从实验室规模按比例放大到生产规模时，反应器的比冷却能力（Specific Cooling Capacity）大约相差两个数量级，这对实际应用很重要，因为在实验室规模中没有发现放热效应，并不意味着在更大规模的情况下反应是安全的。实验室规模情况下，冷却能力可能高达 1000W/kg，而中试规模时大约只有 20～50W/kg（表 8-5）。这也意味着反应热只能由量热设备测试获得，而不能仅仅根据反应介质和冷却介质的温差来推算得到。

表 8-5　不同规模反应器典型的比冷却能力

规模	反应器体积/m³	比冷却能力/[W/(kg·K)]	典型的冷却能力/(W/kg)
研究实验	0.0001	30	1500
实验室规模	0.001	9	450
中试规模	0.1	3	150
生产规模	1	0.9	45
生产规模	10	0.4	20

注：容器比冷却能力的计算条件：将容器承装介质至公称容积，其综合传热系数为 300W/(kg·K)，密度为 1000 kg/m³，反应器内物料与冷却介质的温差为 50K。

在式（8-18）中，传热系数 U 起到重要作用。因此，需要根据不同反应物料的特性实际测量其在具体反应器中的综合传热系数。对于反应器内物料组分给定的情形，雷诺数对传热系数的影响很大。这意味着对于搅拌釜式反应器，搅拌桨类型、形状以及转速都将影响传热系数。有时必须对沿反应器壁的温度梯度和热交换的驱动力（温度差）进行限制，以避免器壁的结晶或结垢。这可以通过限制载热体的最低温度使其高于反应物料的熔点来实现。在其他情况下，可以通过限制冷却介质的温度或流速来达到目的。

(3) 热累积

热累积速率（q_{ac}）体现了体系能量随温度的变化：

$$q_{ac} = \frac{\mathrm{d}\sum_i (M_i c'_{p,i} T_i)}{\mathrm{d}t} = \sum_i \left(\frac{\mathrm{d}M_i}{\mathrm{d}t} c'_{p,i} T_i\right) + \sum_i \left(M_i c'_{p,i} \frac{\mathrm{d}T_i}{\mathrm{d}t}\right) \quad (8-19)$$

计算总的热累积时，要考虑到体系每一个组成部分，既要考虑反应物料也要考虑设备。因此，反应器或容器——至少与反应体系直接接触部分的热容是必须要考虑的。对于非连续反应器，热积累可以用如下考虑质量或容积的表达式来表述：

$$q_{ac} = M_r c'_p \frac{dT_r}{dt} = \rho V c'_p \frac{dT_r}{dt} \tag{8-20}$$

由于热累积速率源于产热速率和移热速率的不同（前者大于后者），它导致反应器内物料温度的变化。因此，如果热交换不能精确平衡反应的放热速率，温度将发生如下变化：

$$\frac{dT_r}{dt} = \frac{q_{rx} - q_{ex}}{\sum_i M_i c'_{p,i}} \tag{8-21}$$

式（8-19）与式（8-21）中，i 是指反应物料的各组分和反应器本身。然而实际过程中，相比于反应物料的热容，搅拌釜式反应器的热容常常可以忽略，为了简化表达式，设备的热容可以忽略不计。可以用一个例子来说明这样处理的合理性：对于一个 $10m^3$ 的反应器，反应物料热容的数量级大约为 $20000kJ/K$，而与反应介质接触的金属质量大约为 $400kg$，其热容大约为 $200kJ/K$，也就是说大约为总热容的 1%。另外，这种误差会导致更保守的评价结果，这对安全而言是有利的。然而，对于某些特定的应用场合，容器的热容是必须要考虑的，如连续反应器，尤其是管式反应器，可以有意识地增大反应器本身的热容，从而增大总热容，实现反应器的安全。

（4）物料流动引起的对流热交换

在连续体系中，加料时原料的入口温度并不总是和反应器出口温度相同，反应器进料温度（T_0）和出料温度（T_f）之间的温差导致物料间的对流热交换。热流与比热容、体积流率（$\dot{v}$）成正比：

$$q_{ex} = \rho \dot{v} c'_p \Delta T = \rho \dot{v} c'_p (T_f - T_0) \tag{8-22}$$

（5）加料引起的显热

如果加入反应器物料的入口温度（T_{fd}）与反应器内物料温度（T_r）不同，那么进料的热效应必须在热平衡中予以考虑。这个效应被称为"加料显热（Sensible Heat）效应"。

$$q_{fd} = \dot{m}_{fd} c'_{pfd} (T_{fd} - T_r) \tag{8-23}$$

此效应在半间歇反应器（Semi-batch Reactor，SBR）中尤其重要。如果反应器和原料之间温差大，或加料速率很高，加料引起的显热可能起主导作用，加料显热效应将明显有助于反应器冷却。在这种情况下，一旦停止进料，可能导致反应器内温度的突然升高。这一点对量热测试也很重要，必须进行适当的修正。

（6）搅拌装置

搅拌器产生的机械能耗散转变成黏性摩擦能，最终转变为热能。大多数情况下，相对于化学反应释放的热量，这可忽略不计。然而，对于黏性较大的反应物料（如聚合反应），这点必须在热平衡中考虑。当反应物料存放在一个带搅拌的容器中时，搅拌器的能耗（转变为体系的热能）可能会很重要。它可以由下式估算：

$$q_s = N_e \rho n^3 d_s^5 \tag{8-24}$$

式中，q_s 为搅拌引入的能量流率；N_e 为搅拌器的功率数（Power Number，也称为牛顿数或湍流数），不同形状搅拌器的功率数不一样，读者可以参考有关书籍获得；n 为搅拌器的转速；d_s 为搅拌器的叶尖直径。

（7）热散失

出于安全原因（如考虑设备热表面可能引起人体的烫伤）和经济原因（如设备的热散失），工业反应器的表面都是隔热的。然而，在温度较高时，热散失（Heat Loss）可能变得比较重要。热散失的计算比较繁琐，因为热散失通常要考虑辐射热散失和自然对流热散失。工程上，为了简化，热散失流率（q_{loss}）可利用总的热散失系数 α 来简化估算：

$$q_{loss} = \alpha(T_{amb} - T_r) \tag{8-25}$$

式中，T_{amb} 为环境温度。

表 8-6 列出了一些热散失系数 α 的数值（以单位质量物料的热散失系数，即比热散失系数表示），并对比列出了实验室设备的热散失系数。可见，工业反应器和实验室设备的热散失可能相差 2 个数量级，这就解释了为什么放热化学反应在小规模实验中发现不了其热效应，而在大规模设备中却可能变得很危险。1L 的玻璃杜瓦瓶具有的热散失与 10m³ 工业反应器相当。确定工业规模装置总的热散失系数的最简单办法就是直接进行测量。

表 8-6 工业容器和实验室设备的典型比热散失系数

容器容量	比热散失/[W/(kg·K)]	$t_{1/2}$/h
2.5m³ 反应器	0.054	14.7
5m³ 反应器	0.027	30.1
12.7m³ 反应器	0.020	40.8
25m³ 反应器	0.005	161.2
10mL 试管	5.91	0.117
100mL 玻璃烧杯	3.68	0.188
DSC-DTA	0.5-5	—
1L 杜瓦瓶	0.018	43.3

8.1.3.2 热平衡的简化表达式

如果考虑到上述所有因素，可建立如下的热平衡方程：

$$q_{ac} = q_{rx} + q_{ex} + q_{fd} + q_s + q_{loss} \tag{8-26}$$

然而，在大多数情况下，只包括上式右边前两项的简化热平衡表达式对于安全问题来说已经足够了。考虑一种简化热平衡，忽略如搅拌器带来的热输入或热散失之类的因素，则间歇反应器的热平衡可写成：

$$q_{ac} = q_{rx} + q_{ex}$$

$$\rho V c'_p \frac{dT_r}{dt} = (-r_A)V(-\Delta H_r) - UA(T_r - T_c) \tag{8-27}$$

对一个 n 级反应，着重考虑温度随时间的变化，于是：

$$\frac{dT_r}{dt} = \Delta T_{ad} \frac{-r_A}{c_{A0}^{n-1}} - \frac{UA}{\rho V c'_p(T_r - T_c)} \tag{8-28}$$

式中，$\dfrac{UA}{\rho V c_p}$ 项是反应器热时间常数（Thermal Time Constant of Reactor）的倒数。利用该时间常数可以方便地估算出反应器从室温升温到工艺温度（加热时间）以及从工艺温度降温到室温（冷却时间）。

8.1.4 温度对反应速率的影响

考虑工艺热风险必须考虑如何控制反应进程，而控制反应进程的关键在于控制反应速率，这是失控反应的原动力。因为反应的放热速率与反应速率成正比，所以在一个反应体系的热行为中，反应动力学起着根本性的作用。本节对工艺安全有关的反应动力学方面的内容进行介绍。

8.1.4.1 单一反应

单一反应 A ——→ P，如果其反应级数为 n，转化率为 X_A，反应速率可由下式得到：

$$-r_A = kc_{A0}^n(1-X_A)^n \tag{8-29}$$

这表明反应速率随着转化率的增加而降低。根据 Arrhenius 方程，速率常数 k 是温度的指数函数：

$$k = k_0 e^{-E/RT} \qquad (8\text{-}30)$$

式中，k_0 是频率因子，也称指前因子；E 是反应的活化能，$J \cdot mol^{-1}$。式中气体常数 R 取 $8.314 J/(mol \cdot K)$。当然，工程上也常用 Van't Hoff 方程粗略地考虑温度对反应速率影响：温度每上升 10K，反应速率加倍。

活化能是反应动力学中一个重要参数，有两种解释：第一，反应要克服的能垒（图 8-7）；第二，反应速率对温度变化的敏感度。对于合成反应，活化能通常在 $50\sim100 kJ/mol$ 之间变化。在分解反应中，活化能可达到 $160\ kJ/mol$，甚至更大。低活化能（小于 $40\ kJ/mol$）可能意味着反应受传质控制，较高活化能则意味着反应对温度的敏感性较高，一个在低温下很慢的反应可能在高温时变得剧烈，从而带来危险。

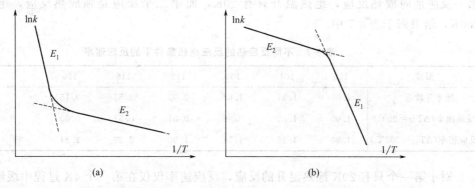

图 8-7　复杂反应的表观活化能可随温度变化而变化，取决于哪个反应占主导地位

8.1.4.2　复杂反应

工业实践中接触的反应混合物常常表现出复杂的行为，且总反应速率由若干单一反应组成，构成复杂反应的模式。有两个基本反应模式能说明复杂反应。

第一个基本反应模式是连续反应，也叫做连串反应。

$$A \xrightarrow{k_1} P \xrightarrow{k_2} S \ \text{且} \begin{cases} r_A = -k_1 c_A \\ r_P = k_1 c_A - k_2 c_P \\ r_S = k_2 c_P \end{cases} \qquad (8\text{-}31)$$

第二个基本反应模式是竞争反应，也叫做平行反应。

$$\begin{cases} A \xrightarrow{k_1} P \\ A \xrightarrow{k_2} S \end{cases} \text{和} \begin{cases} r_A = -(k_1 + k_2) c_A \\ r_P = k_1 c_A \\ r_S = k_2 c_A \end{cases} \qquad (8\text{-}32)$$

在式（8-31）和式（8-32）中，认为是一级反应，但实际上也存在不同的反应级数。对于复杂反应，每一步的活化能都不同，因此不同反应对温度变化的敏感性不同。其结果取决于温度，在这些多步反应中，有一个反应（或反应机理）占主导。当需要将动力学参数外推到一个大的温度范围的情形时，要非常小心。图 8-7(a) 中，如果为了得到较好的测试信号，在高温下进行量热测试，获得活化能为 E_1，并用外推法外推到较低温度的情形，从而得到较低的反应速率，但这样做是不安全的。图 8-7(b)，测得活化能是 E_2，如果外推到较低温度时所获得的结果又过于保守。基于这些原因，进行量热测试的温度必须在操作温度或贮存温度附近，只有这样才有意义。

8.1.5 绝热条件下的反应速率

绝热条件下进行放热反应，导致温度升高，并因此使反应加速，但同时反应物的消耗导致反应速率的降低。因此，这两个效应相互对立：温度升高导致速率常数和反应速率的指数性增加，而反应物的消耗减慢反应。这两个相反变化因素作用的综合结果将取决于两个因素的相对重要性。

假定绝热条件下进行的是一级反应，速率随温度的变化如下：

$$-r_A = \underbrace{k_0 e^{-E/RT}}_{\text{温度因素}} \underbrace{c_{A0}(1-X_A)}_{\text{物料转化因素}} \tag{8-33}$$

绝热条件下温度和转化率成线性关系。反应热不同，一定转化率导致的温升有可能支配平衡，也有可能不支配平衡。为了说明这点，分别计算两个反应的速率与温度的函数关系：第一反应是弱放热反应，绝热温升只有 20K，而第二个反应是强放热反应，绝热温升为 200K，结果列于表 8-7 中。

表 8-7　不同反应热的反应绝热条件下的反应速率

温度	100	104	108	112	116	120	—	200
速率常数/s^{-1}	1.00	1.27	1.61	2.02	2.53	3.15	—	118
反应速率($\Delta T_{ad}=20℃$)	1.00	1.02	0.96	0.81	0.51	0.00		
反应速率($\Delta T_{ad}=200℃$)	1.00	1.25	1.54	1.90	2.33	2.84	—	59

对于第一个只有 20K 绝热温升的反应，反应速率仅仅在第一个 4K 过程中缓慢增加，随后反应物的消耗占主导，反应速率下降，这不能视为热爆炸，而只是一个自加热现象。对于第二个 200K 绝热温升的反应来说，反应速率在很大的温度范围内急剧增加。反应物的消耗仅仅在较高温度时才有明显的体现。这种行为称为热爆炸。

图 8-8 显示了一系列具有不同反应热，但具有相同初始放热速率和活化能的反应绝热条件下的温度变化。对于较低反应热的情形，即 $\Delta T_{ad}<200K$，反应物的消耗导致一条 S 形曲线的温度-时间关系，这样的曲线并不体现热爆炸的特性，而只是体现了自加热特征。很多放热反应不存在这种效应，意味着反应物的消耗实际上对反应速率没有影响。事实上，只

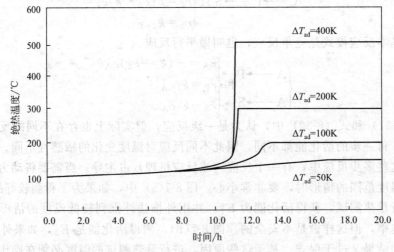

图 8-8　不同反应热的反应绝热温度与时间的函数关系

有在高转化率情形时才出现速率降低。对于总反应热高（相应绝热温升高于 200K）的反应，即使大约 5% 的转化就可导致 10K 的温升或者更多。因此，由温升导致的反应加速远远大于反应物消耗带来的影响，这相当于认为它是零级反应。基于这样的原因，从热爆炸的角度出发，常常将反应级数简化成零级。这也代表了一个保守的近似，零级反应比具有较高级数的反应有更短的热爆炸形成时间（或诱导期）。

8.1.6 失控反应

8.1.6.1 热爆炸

若反应器冷却系统的冷却能力低于反应的热生成速率，反应体系的温度将升高，反应将进入失控状态。温度越高，反应速率越大，这反过来又使热生成速率进一步加大。因为反应放热随温度呈指数增加，而反应器的冷却能力随着温度只是线性增加，于是冷却能力不足，温度进一步升高，最终发展成反应失控或热爆炸。

8.1.6.2 Semenov 热温图

考虑一个涉及零级动力学放热反应（即强放热反应）的简化热平衡。反应放热速率 $q_{rx}=f(T)$ 随温度呈指数关系变化。热平衡的第二项，用牛顿冷却定律 [式（8-18）] 表示，通过冷却系统移去的热量流率 $q_{ex}=g(T)$ 随温度呈线性变化，直线的斜率为 UA，与横坐标的交点是冷却介质的温度 T_c。热平衡可通过 Semenov 热温图（图 8-9）体现出来。热量平衡是放热速率等于热移出速率（$q_{rx}=q_{ex}$）的平衡状态，这发生在 Semenov 热温图中指数放热速率曲线 q_{rx} 和线性移热速率曲线 q_{ex} 的两个交点上，较低温度下的交点（S）是一个稳定平衡点。

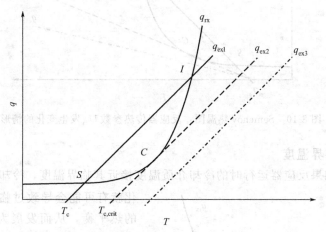

图 8-9　Semenov 热温图

当温度由 S 点向高温移动时，热移出占主导地位，温度降低直到热生成速率等于移热速率，系统恢复到其稳态平衡。反之，温度由 S 点向低温移动时，热生成占主导地位，温度升高直到再次达到稳态平衡。因此，这个较低温度处的 S 交点对应于一个稳定的工作点。对较高温度处交点 I 作同样的分析，发现系统变得不稳定，从这点向低温方向的一个小偏差，冷却占主导地位，温度降低直到再次到达 S 点，而从这点向高温方向的一个小偏差导致产生过量热，因此形成失控条件。

冷却线 q_{ex1}（实线）和温度轴的交点代表冷却系统（介质）的温度 T_c。因此，当冷却系统温度较高时，相当于冷却线向右平移（图 8-9 中虚线，q_{ex2}）。两个交点相互逼近直到重合为一点。这个点对应于切点，是一个不稳定工作点，此时冷却系统的温度叫做临界温度（$T_{c,crit}$），相应的反应体系的温度为不回归温度（T_{NR}, Temperature of No Return）。当冷却介质温度大于$T_{c,crit}$时，冷却线q_{ex3}（点划线）与放热曲线q_{rx}没有交点，意味着热平衡方程无解，失控无可避免。

8.1.6.3 参数敏感性

若反应器在临界冷却温度运行，冷却温度一个无限小的增量也会导致失控状态。这就是所谓的参数敏感性，即操作参数的一个小的变化导致状态由受控变为失控。此外，除了冷却系统温度改变会产生这种情形，传热系数的变化也会产生类似的效应。

由于移热曲线的斜率等于U_A［式（8-18）］，综合传热系数U的减小会导致q_{ex}斜率的降低，从q_{ex1}变化到q_{ex2}，从而形成临界状态（图8-10中点C），这可能发生在热交换系统存在污垢、反应器内壁结皮（Crust）或固体物沉淀的情况下。在传热面积A发生变化（如工艺放大）时，也可以产生同样的效应。即使在操作参数如U、A和T_c发生很小变化时，也有可能产生由稳定状态到不稳定状态的"切换"。其后果就是反应器稳定性对这些参数具有潜在的高的敏感性，实际操作时反应器很难控制。因此，化学反应器的稳定性分析需要了解反应器的热平衡知识，从这个角度来说，临界温度的概念也很有用。

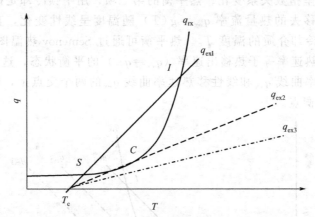

图8-10　Semenov热温图：反应器传热参数U_A发生变化的情形

8.1.6.4 临界温度

如上所述，如果反应器运行时的冷却介质温度接近其临界温度，冷却介质温度的微小变化就有可能会导致过临界（Over-critical）的热平衡，从而发展为失控状态。因此，为了分析操作条件的稳定性，了解反应器运行时冷却介质温度是否远离或接近临界温度就显得很重要了。这可以利用Semenov热温图（图8-11）来评估。

我们考虑零级反应的情形，其放热速率表示为温度的函数：

$$q_{rx}=k_0 e^{-E/RT_{NR}}Q_r \qquad (8-34)$$

式中，T_{NR}为上述的不回归温度。

考虑临界情况，则反应的放热速率与

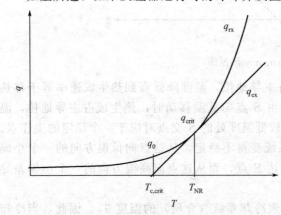

图8-11　Semenov热温图：临界温度的计算

反应器的冷却能力相等：

$$q_{rx} = q_{ex} \Leftrightarrow k_0 e^{-E/RT_{NR}} Q_r = UA(T_{NR} - T_{c,crit}) \tag{8-35}$$

由于两线相切于此点，则其导数相等：

$$\frac{dq_{rx}}{dT} = \frac{dq_{ex}}{dT} \Leftrightarrow k_0 e^{-E/RT_{NR}} Q_r \frac{E}{RT_{NR}^2} = UA \tag{8-36}$$

两个方程同时满足，得到临界温度的差值（即临界温差 ΔT_{crit}）：

$$\Delta T_{crit} = T_{NR} - T_{c,crit} = \frac{RT_{NR}^2}{E} \tag{8-37}$$

由此可见，临界温差实际上是保证反应器稳定所需的最低温度差（注意：这里的温度差是指反应体系温度与冷却介质温度之间的差值）。所以，在一个给定的反应器（指该反应器的热交换系数 U 与 A、冷却介质温度 T_0 等参数已知）中进行特定的反应（指该反应的热力学参数 Q_r 及动力学参数 k_0、E 已知），只有当反应体系温度与冷却介质温度之间的差值大于临界温差时，才能保持反应体系（由化学反应与反应器构成的体系）稳定。

反之，如果需要对反应体系的稳定性进行分析，必须知道两方面的参数：反应的热力学、动力学参数和反应器冷却系统的热交换参数。可以运用同样的原则来分析物料储存过程的热稳定状态，即需要知道分解反应的热力学、动力学参数和储存容器的热交换参数，才能进行分析。

8.1.6.5 绝热条件下热爆炸形成时间

失控反应的另一个重要参数就是绝热条件下热爆炸的形成时间，或称为绝热条件下最大反应速率到达时间（Time to Maximum Rate under Adiabatic Conditions，TMR_{ad}），也有的文献称为绝热诱导期。考虑到推导过程的复杂性，这里仅给出有关结论，有兴趣的读者可以参考有关书籍。

对于一个零级反应，绝热条件下的最大反应速率到达时间为：

$$TMR_{ad} = \frac{c_p' R T_0^2}{q_{T_0}' E} \tag{8-38}$$

TMR_{ad} 是一个反应动力学参数的函数，如果初始条件 T_0 下的反应比放热速率 q_{T_0}' 已知，且知道反应物料的比热容 c_p' 和反应活化能 E，那么 TMR_{ad} 可以计算得到。由于 q_{T_0}' 是温度的指数函数，所以 TMR_{ad} 随温度呈指数关系降低，且随活化能的增加而降低。

如果初始条件 T_0 下的反应比放热速率 q_{T_0}' 已知，且反应过程的机理不变（即动力参数不变），则不同引发温度 T 下的绝热诱导期可以如下计算得到：

$$TMR_{ad}(T) = \frac{c_p' R T^2}{q_{T_0}' \exp\left[\frac{-E}{R}\left(\frac{1}{T} - \frac{1}{T_0}\right)\right] E} \tag{8-39}$$

8.1.6.6 绝热诱导期为 24h 时引发温度

进行工艺热风险评价时，还需要用到一个很重要的参数——绝热诱导期为 24h 时的引发温度，T_{D24}。该参数常常作为制定工艺温度的一个重要依据。

如上，绝热诱导期随温度呈指数关系降

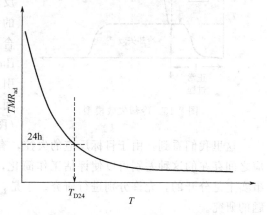

图 8-12　TMR_{ad} 与温度的变化关系

低，如图 8-12。一旦通过实验测试等方法得到绝热诱导期与温度的关系，可以由图解或求解有关方程获得 T_{D24}。

8.2 化学反应热风险的评价方法

8.2.1 热风险

从传统意义上说，风险被定义为潜在事故的严重度和发生可能性的组合。因此，风险评价必须既评估其严重度又分析其可能性。问题是"对于特定的化学反应或工艺，其固有热风险的严重度和可能性到底是什么含义？"

实际上，化学反应的热风险就是指由反应失控及其相关后果（如引发的二次效应）带来的风险。所以，必须搞清楚一个反应怎样由正常过程"切换"到失控状态。为了进行这样的评估，需要掌握热爆炸理论和风险评价的概念。这意味着为了进行严重度和发生可能性的评估，必须对事故情形包括其触发条件及导致的后果进行辨识、描述。通过定义和描述事故的引发条件和导致结果，分别对其严重度和发生可能性进行评估。对于热风险，最糟糕的情形（Worst Case Scenario）是发生反应器冷却失效，或通常认为的反应物料或物质处于绝热状态。这里，考虑冷却失效的情形。

8.2.2 冷却失效模型

以一个放热间歇反应为例来说明失控情形时化学反应体系的行为。对此行为的描述，目前普遍接受的是 R. Gygax 提出的冷却失效模型。该模型认为：在室温下将反应物加入反应器，在搅拌状态下将目标反应的物料体系加热到反应温度，然后使其保持在反应停留时间和

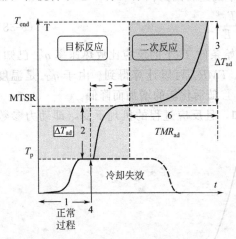

图 8-13　冷却失效模型

产率都经过优化的水平上。反应完成后，冷却并清空反应器（图 8-13 中虚线）。假定反应器处于反应温度 T_P 时发生冷却失效（图中点 4），则冷却系统发生故障后体系的温度变化如该情形所示。在发生故障的瞬间，如果未反应物质仍存在于反应器中（即存在物料累积），则后续进行的反应将导致温度升高。此温升取决于未反应物料的累积量，即取决于工艺操作条件。温度将到达合成反应的最高温度（Maximum Temperature of the Synthesis Reaction，MTSR）。该温度有可能引发反应物料的分解反应（即二次分解反应），而二次分解反应放热会导致温度的进一步上升（图中阶段 6），到达最终温度 T_{end}。

这里我们看到，由于目标反应的失控，有可能会引发一个二次反应。目标反应与二次反应之间存在的这种差别可以使评估工作简化，因为这两个由 MTSR 联系在一起的反应阶段事实上是分开的，允许分别进行研究。于是，对目标反应热风险的评价就转化为下列 6 个问题的研究。

(1) 正常反应时，通过冷却系统是否能控制反应物料的工艺温度？

正常操作时，必须保证足够的冷却能力来控制反应器的温度，从而控制反应历程，工艺研发阶段必须考虑到这个问题。为了确保能对反应体系的放热进行控制，冷却系统必须具有足够的冷却能力，以移出反应释放的能量。为此，必须获得反应的放热速率 q_{rx} 和反应器的冷却能力 q_{ex}，可以通过反应量热测试（将在下一节中介绍）得到这些数据。

在回答这个问题的过程中，还需要特别注意①反应物料可能出现的黏性变化问题（如聚合反应）；②反应器壁面可能出现的积垢问题；③反应器是否处于动态稳定性区内运行（即反应器内的目标反应是否存在参数敏感的问题）。

(2) 目标反应失控后体系温度会达到什么样的水平？

反应器发生冷却系统失效后，如果反应混合物中累积有未转化的反应物，则这些未转化的反应物将在不受控的状态下继续反应并导致绝热温升，累积物料产生的放热与积累百分数成正比。所以，要回答这个问题就需要研究反应物的转化率和时间的函数关系，以确定未转化反应物的累积度 X_{ac}。由此可以得到合成反应的最高温度 MTSR：

$$\text{MTSR} = T_P + X_{ac} \Delta T_{ad,rx} \tag{8-40}$$

这些数据可以通过反应量热测试获得。反应量热仪可以提供目标反应的反应热，从而确定物料累积度为 100% 时的绝热温升 $\Delta T_{ad,rx}$。对放热速率进行积分就可以确定热转化率和热累积 X_{ac}，当然，累积度也可以通过其他测试获得。

(3) 二次反应失控后温度将达到什么样的水平？

由于 MTSR 温度高于设定的工艺温度，有可能触发二次反应。不受控制的二次反应，将导致进一步的失控。由二次反应的热数据可以计算出绝热温升，并确定从 MTSR 开始物料体系将到达的最终温度：

$$T_{end} = \text{MTSR} + \Delta T_{ad,d} \tag{8-41}$$

式中，温度 T_{end} 表示失控的可能后果；$\Delta T_{ad,d}$ 表述物料体系发生绝热二次分解时的温升。

这些数据可以由量热法获得，量热法通常用于二次反应和热稳定性的研究。相关的量热设备有差示扫描量热仪（DSC）、Calvet 量热和绝热量热等。

(4) 目标反应在什么时刻发生冷却失效会导致最严重的后果？

正如本章事故案例中描述的情形，反应器发生冷却系统失效的时间不定，更无法预测，为此必须假定其发生在最糟糕的瞬间，即假定发生在物料累积达到最大或反应混合物的热稳定性最差的时候。未转化反应物的量以及反应物料的热稳定性会随时间发生变化，因此知道在什么时刻累积度最大（潜在的放热最大）是很重要的。反应物料的热稳定性也会随时间发生变化，这常常发生在反应需要中间步骤才能进行的情形中。因此，为了回答这个问题必须了解合成反应和二次反应。即具有最大累积又存在最差热稳定性的情况是最糟糕的情况，必须采取安全措施予以解决。

对于这个问题，可以通过反应量热获取物料累积方面的信息，并同时组合采用 DSC，Calvet 量热和绝热量热来研究物料体系的热稳定性问题。

(5) 目标反应发生失控有多快？

从工艺温度开始到达 MTSR 需要经过一定的时间。然而，为了获得较好的经济性，工业反应器通常在物料体系反应速率很快的情况运行（反应温度较高）。因此，正常工艺温度之上的温度升高将显著加快反应速率。大多数情况下，这个时间很短（见图 8-13 阶段 5）。

可通过反应的初始比放热速率 q'_{T_p} 来估算目标反应失控后的绝热诱导期 $TMR_{ad,rx}$：

$$TMR_{ad,rx} = \frac{c'_p R T_p^2}{q'_{T_p} E_{rx}}$$ (8-42)

式中，E_{rx} 为目标反应的活化能。

(6) 从 MTSR 开始，二次分解反应的绝热诱导期有多长？

由于 MTSR 温度高于设定的工艺温度，有可能触发二次反应，从而导致进一步的失控。二次分解反应的动力学对确定事故发生可能性起着重要的作用。运用 MTSR 温度下分解反应的比放热速率 $q'_{T_{MTSR}}$ 可以估算其绝热诱导期 $TMR_{ad,d}$：

$$TMR_{ad,d} = \frac{c'_p R T_{MTSR}^2}{q'_{T_{MTSR}} E_d}$$ (8-43)

式中，E_d 为二次分解反应的活化能。

以上 6 个关键问题说明了工艺热风险知识的重要性。从这个意义上说，它体现了工艺热风险分析和建立冷却失效模型的系统方法。

一旦模型建立，下面要做的就是对工艺热风险进行实际评价，这需要评价准则。

8.2.3 严重度评价准则

所谓化工工艺热风险的严重度即指失控反应未受控的能量释放可能造成的破坏。由于精细化工行业的大多数反应是放热的，反应失控的后果与释放的能量有关，而绝热温升与反应的放热量成正比，因此，可以采用绝热温升作为严重度评估的一个非常直观的判据。绝热温升可以用比反应热 Q'_r 除以比热容 c'_p 得到［式 (8-5)］。作为估算，可以采用一些近似的比热容参数，例如水、有机液体、无机酸的比热容可以分别按 $4.2kJ/(kg \cdot K)$、$1.8kJ/(kg \cdot K)$、$1.3kJ/(kg \cdot K)$ 进行估算。初步估算时也可以采用一个很易记住的值 $2.0kJ/(kg \cdot K)$。

最终温度越高，失控反应的后果越严重。如果温升很高，反应混合物中一些组分可能蒸发或分解产生气态化合物，因此，体系压力将会增加。这可能导致容器破裂和其他严重破坏。例如，以丙酮作为溶剂如果最终温度达到 200℃ 就可能具有较大危险性。

绝热温升不仅是影响温度水平的重要因素，而且对失控反应的动力学行为也有重要影响。通常而言，如果活化能、初始放热速率和起始温度相同，释放热量大的反应会导致快速失控或热爆炸，而放热量小的反应（绝热温升低于 100K）导致较低的温升速率（图 8-8）。如果目标反应（问题 2）和二次分解反应（问题 3）在绝热条件下进行，则可以利用所达到的温度水平来评估失控严重度。

表 8-8 给出了一个严重度四等级分级的评价准则。该评价准则基于这样的事实：如果绝热条件下温升达到或超过 200K，则温度-时间的函数关系将产生急剧的变化（图 8-8），导致剧烈的反应和严重的后果。另一方面，对应于绝热温升为 50K 或更小的情形，反应物料不会导致热爆炸，这时的温度-时间曲线较平缓，相当于体系自加热而不是热爆炸，因此，如果没有类似溶解气体导致压力增长带来的危险时，则这种情形的严重度是"低的"。

四个等级的评价准则由苏黎世保险公司在其推出的苏黎世危险性分析法（Zurich Hazard Analysis，ZHA）中提出，通常用于精细化工行业。如果按照严重度三等级分级准则进行评价，则可以将位于四等级分级准则顶层的两个等级（"灾难性的"和"危险的"）可合并为一个等级（"高的"）。

表 8-8　失控反应严重度的评价准则

三等级分级准则	四等级分级准则	$\Delta T_{ad}/K$	Q'的数量级/(kJ/kg)
高的(High)	灾难性的(Catastrophic)	>400	>800
	危险的(Critical)	200~400	400~800
中等的(Medium)	中等的(Medium)	50~200	100~400
低的(Low)	可忽略的(Negligible)	<50 且无压力	<100

需要强调的是，当目标反应失控导致物料体系温度升高后，影响严重度的因素除了绝热温升、体系压力，还应该考虑溶剂的蒸发速率、有毒气体或蒸气的扩散范围等因素，这样建立的严重度判据才比较全面、科学，但相对而言，这样的判据体系比较复杂。从初学者建立概念的目的出发，本章仅考虑将绝热温升作为严重度的判据。

8.2.4　可能性评价准则

应该说，目前还没有可以对事故发生可能性进行直接定量的方法，或者说还没有能直接对工艺热风险领域中的失控反应发生可能性进行定量的方法。然而，如果考虑如图 8-14 所示的失控曲线，则发现这两个案例的差别是明显的。在案例 1 中，由目标反应失控导致温度升高后，将有足够的时间来采取措施，从而实现对工艺的再控制，或者说有足够的时间使系统恢复到安全状态。如果比较两个案例发生失控的可能性，显然案例 2 比案例 1 引发二次分解失控的可能性大。因此，尽管不能严格地对发生可能性进行定量，但至少可以采用半定量化的方法进行评价。

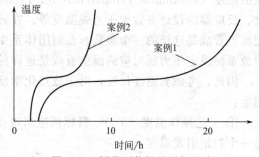

图 8-14　评价可能性的时间尺度

于是，可以采用时间尺度（Time-scale）对事故发生的可能性进行评价，也就是说如果在冷却失效［问题（4）］后，有足够的时间［问题（5）和问题（6）］在失控变得剧烈之前采取应急措施，则失控演化为严重事故的可能性就降低了。

对于可能性的评价，通常使用由 ZHA 法提出的六等级分级评价准则，参见表 8-9 所示。如果使用三等级分级评价准则，则可以将等级"频繁发生的"和"很可能发生的"合并为同一级"高的"，而等级"很少发生的"、"极少发生的"和"几乎不可能的"合并为同一级"低的"，中等等级"偶尔的"变为"中等的"。对于工业规模的化学反应（不包括存储和运输），如果在绝热条件下失控反应最大速率到达时间超过 1 天，则认为其发生可能性是"低的"。如果最大速率到达时间小于 8h（1 个班次），则发生可能性是"高的"。这些时间尺度仅仅反映了数量级的差别，实际上取决于许多因素，如自动化程度、操作者的培训情况、电力系统的故障频率、反应器大小等。

表 8-9　失控反应发生可能性的评价判据

三等级分级准则	六等级分级准则	TMR_{ad}/h
高的(High)	频繁发生的(Frequent)	<1
	很可能发生的(Probable)	1~8
中等的(Medium)	偶尔发生的(Occasional)	8~24
	很少发生的(Seldom)	24~50
低的(Low)	极少发生的(Remote)	50~100
	几乎不可能发生的(Almost Impossible)	>100

需要注意的是，这种关于热风险可能性的分级评价准则仅适合于反应过程，而不适用于物料的储存过程。

8.2.5　工艺热风险评价

上述冷却系统失效情形利用温度尺度来评价严重度，利用时间尺度来评价可能性。一旦发生冷却故障，温度从工艺温度（T_p）出发，首先上升到合成反应的最高温度（MTSR），在该温度点必须确定是否会发生由二次反应引起的进一步升温。为此，二次分解反应的绝热诱导期 $TMR_{ad,d}$ 很有用，因为它是温度的函数。从 $TMR_{ad,d}$ 随温度的变化关系出发，可以寻找一个温度点使 $TMR_{ad,d}$ 达到一个特定值如 24h 或 8h（图 8-12），对应的温度为 T_{D24} 或 T_{D8}，因为这些特定的时间参数对应于不同的可能性评价等级（从热风险发生可能性的三等级分级准则来看，诱导期超过 24h 的可能性属于"低的"级别；少于 8h 的属于"高的"级别）。

除了温度参数 T_p、MTSR 及 T_{D24}，还有另外一个重要的温度参数：设备的技术极限对应的温度（Maximum Temperature for Technical Reasons，MTT）。这取决于结构材料的强度、反应器的设计参数如压力或温度等。在开放的反应体系里（即在标准大气压下），常常把沸点看成是这样的一个参数。在封闭体系中（即带压运行的情况），常常把体系达到压力泄放系统设定压力所对应的温度看成是这样的一个参数。

因此，考虑到温度尺度，对于放热化学反应，以下 4 个温度可以视为热风险评价的特征温度：

① 工艺操作温度（T_p）　目标反应出现冷却失效情形的温度，对于整个失控模型来说，是一个初始引发温度。

② 合成反应的最高温度（MTSR）　这个温度本质上取决于未转化反应物料的累积度，因此，该参数强烈地取决于工艺设计。

③ 二次分解反应的绝热诱导期为 24h 的温度（T_{D24}）　这个温度取决于反应混合物的热稳定性。

④ 技术原因的最高温度（MTT）　对于开放体系而言即为沸点，对于封闭体系是最大允许压力（安全阀或爆破片设定压力）对应的温度。

根据这 4 个温度参数出现的不同次序，可以对工艺热风险的危险度进行分级，对应的危险度指数（Criticality Index）为 1～5 级（图 8-15）。该指数不仅对风险评价有用，对选择和确定足够的风险降低措施也非常有帮助。

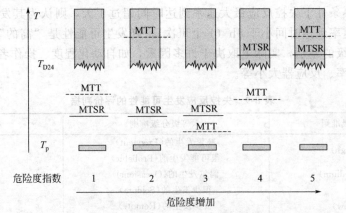

图 8-15　根据 T_p、MTSR、T_{D24} 和 MTT 四个温度水平对危险度分级

需要说明的是，根据图 8-15 对合成工艺进行的热风险分级体系主要基于 4 个特征温度参数，没有考虑到压力效应、溶剂蒸发速率、反应物料液位上涨等更加复杂的因素，因而是一种初步的热风险分级体系。对复杂分级体系感兴趣的读者可以参见文献 [6,10~13]。

（1）1 级危险度情形

在目标反应发生失控后，没有达到技术极限（MTSR＜MTT），且由于 MTSR 低于 T_{D24}，不会触发分解反应。只有当反应物料在热累积情况下停留很长时间，才有可能达到 MTT，且蒸发冷却能充当一个辅助的安全屏障。这样的工艺是热风险低的工艺。

对于该级危险度的情形不需要采取特殊的措施，但是反应物料不应长时间停留在热累积状态。只要设计适当，蒸发冷却或紧急泄压可起到安全屏障的作用。

（2）2 级危险度情形

目标反应发生失控后，温度达不到技术极限（MTSR＜MTT），且不会触发分解反应（MTSR＜T_{D24}）。情况类似于 1 级危险度情形，但是由于 MTT 高于 T_{D24}，如果反应物料长时间停留在热累积状态，会引发分解反应，达到 MTT。在这种情况下，如果 MTT 时的放热速率很高，到达沸点可能会引发危险。只要反应物料不长时间停留在热累积状态，则工艺过程的热风险较低。

对于该级危险度情形，如果能避免热累积，不需要采取特殊措施。如果不能避免出现热累积，蒸发冷却或紧急泄压最终可以起到安全屏障的作用。所以，必须依照这个特点来设计相应的措施。

（3）3 级危险度情形

目标反应发生失控后，温度达到技术极限（MTSR＞MTT），但不触发分解反应（MTSR＜T_{D24}）。这种情况下，工艺安全取决于 MTT 时目标反应的放热速率。

第一个措施就是利用蒸发冷却或减压来使反应物料处于受控状态。必须依照这个特点来设计蒸馏装置，且即使是在公用工程发生失效的情况下该装置也必须能正常运行。还需要采用备用冷却系统、紧急放料或骤冷（Quenching）等措施。也可以采用泄压系统，但其设计必须能处理可能出现的两相流情形，为了避免反应物料泄漏到设备外，必须安装一个集料罐（Catch Pot）。当然，所有的这些措施的设计都必须保证能实现这些目标，而且必须在故障发生后立即投入运行。

（4）4 级危险度情形

在合成反应发生失控后，温度将达到技术极限（MTSR＞MTT），并且从理论上说会触发分解反应（MTSR＞T_{D24}）。这种情况下，工艺安全取决于 MTT 时目标反应和分解反应的放热速率。蒸发冷却或紧急泄压可以起到安全屏障的作用。情况类似于 3 级危险度情形，但有一个重要的区别：如果技术措施失效，则将引发二次反应。

所以，需要一个可靠的技术措施。它的设计与 3 级危险度情形一样，但还应考虑到二次反应附加的放热速率，因为放热速率加大后的风险更大。

需要强调的是，对于该级危险度情形，由于 MTSR 高于 T_{D24}，这意味着如果温度不能稳定于 MTT 水平，则可能引发二次反应。因此，二次反应的潜能不可忽略，且必须包括在反应严重度的评价中，即应该采用体系总的绝热温升（$\Delta T_{ad}=\Delta T_{ad,rx}+\Delta T_{ad,d}$）进行严重度分级。

（5）5 级危险度情形

在目标反应发生失控后，将触发分解反应（MTSR＞T_{D24}），且温度在二次反应失控的过程中将达到技术极限。这种情况下，蒸发冷却或紧急泄压很难再起到安全屏障的作用。这是因为温度为 MTT 时二次反应的放热速率太高，会导致一个危险的压力增长。所以，这是一种很危险的情形。另外，其严重度的评价同 4 级危险度情形一样，需同时考虑到目标反应及二次反应的潜能。

因此，对于该级危险度情形，目标反应和二次反应之间没有安全屏障。所以，只能采用骤冷或紧急放料措施。由于大多数情况下分解反应释放的能量很大，必须特别关注安全措施的设计。为了降低严重度或至少是减小触发分解反应的可能性，非常有必要重新设计工艺。作为替代的工艺设计，应考虑到下列措施的可能性：降低浓度，将间歇反应变换为半间歇反应，优化半间歇反应的操作条件从而使物料累积最小化、转为连续操作等。

8.2.6 MTT 作为安全屏障时的注意事项

在 3 级和 4 级危险度情形中，技术极限（MTT）发挥了重要的作用。在开放体系中，这个极限可能是沸点，这时应该按照这个特点来设计蒸馏或回流系统，其能力必须足够以至于能完全适应失控温度下的蒸气流率。尤其需要注意可能出现的蒸气管溢流问题或反应物料的液位上涨（Swelling）的问题，这两种情况都会导致压头损失加剧。冷凝器也必须具备足够的冷却能力，即使是在蒸气流速很高的情况也必须如此。此外，回流系统的设计必须采用独立的冷却介质。

在封闭体系中，技术极限 MTT 为反应器压力达到泄压系统设定压力时的温度。这时，在压力达到设定压力之前，可以对反应器采取控制减压的措施，这样可以在温度仍然可控的情况下对反应进行调节。

如果反应体系的压力升高到紧急泄压系统（安全阀或爆破片）的设定压力，压力增长速率可能足够快从而导致两相流和相当高的释放流率。必须提醒的是，紧急泄压系统的设计必须由具有资质的部门专门设计。

8.3 评价参数的实验获取

对一个具体工艺的热风险进行评价，必须获得相关的放热速率、放热量、绝热温升、分解温度等参数，而这些参数的获取必须通过量热测试。本节首先介绍量热仪的运行模式，然后介绍几种常用的量热设备。

8.3.1 量热仪的运行模式

大多数量热仪都可以在不同的温度控制模式下运行。常用的温控模式如下。

(1) 等温模式（Isothermal Mode）

采用适当的方法调节环境温度从而使样品温度保持恒定。这种模式的优点是可以在测试过程中消除温度效应，不出现反应速率的指数变化，直接获得反应的转化率。缺点是如果只单独进行一个实验不能得到有关温度效应的信息，如果需要得到这样的信息，必须在不同的温度下进行一系列这样的实验。

(2) 动态模式（Dynamic Mode）

样品温度在给定温度范围内呈线性（扫描）变化。这类实验能够在较宽的温度范围内显示热量变化情况，且可以缩短测试时间。这种方法非常适合反应放热情况的初步测试。对于动力学研究，温度和转化率的影响是重叠的。因此，对于动力学问题的研究还需要采用更复杂的评价技术。

(3) 绝热模式（Adiabatic Mode）

样品温度源于自身的热效应。这种方法可直接得到热失控曲线，但是测试结果必须利用热修正系数进行修正，因为样品释放的热量有一部分用来升高样品池温度。

8.3.2 几种常用的量热设备

8.3.2.1 反应量热仪

以 Mettler-Toledo 公司的反应量热仪（RC1e）为例，说明反应量热仪的工作原理。

该型量热仪（图 8-16）以实际工艺生产的间歇、半间歇反应釜为真实模型，可在实际工艺条件的基础上模拟化学工艺过程的具体过程及详细步骤，并能准确地监控和测量化学反应的过程参量，例如温度、压力、加料速率、混合过程、反应热流、热传递数据等。所得出的结果可较好地放大至实际工厂的生产条件。其工作原理见图 8-17。

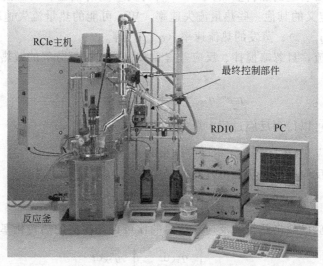

图 8-16 RC1e 实验装置图

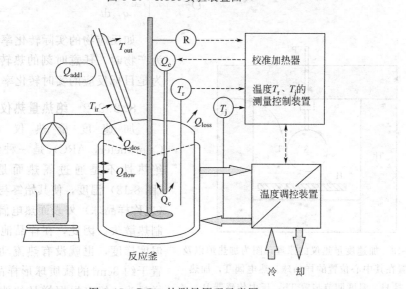

图 8-17 RC1e 的测量原理示意图

第 8 章 化学反应过程热危险分析与评价 | 223

图 8-16 显示，RC1e 的测试系统主要由 6 部分组成：RC1e 主机、反应釜、RD10 控制器、最终控制部件、PC 机以及各种传感器。实验过程中，计算机根据热传感器所测得的反应物料的温度 T_r、夹套温度 T_c（也可以用 T_j 表示）等参数来控制 RC1e 主机运行，RD10 根据相应传感器所测数据（例如压力、加料等），按照计算机设定的程序控制系统的加料、电磁阀、压力控制器等部件，这样可实现对反应体系的在线检测和控制。

RC1e 的测试基于如下热平衡理论（热量输入＝热累积＋热量输出）：

$$q_{rx} + q_c + q_s = (q_{acc} + q_i) + (q_{ex} + q_{fd} + q_{loss} + q_{add}) \tag{8-44}$$

式中，q_{rx} 为化学反应过程中的放热速率，W；q_c 为校准功率，即校准加热器（Calibration Heater）的功率，W；q_s 为搅拌装置导入的热流速率，W；q_{acc} 为反应体系的热累积速率，W；q_i 为反应釜中插件的热积累速率，W；q_{ex} 为通过夹套传递的热流率，W，$q_{ex} = UA(T_r - T_j)$，U、A 分别为传热系数[W/(m^2·K)]和传热面积(m^2)，用热量已知的校正加热器加热一定时间后，通过记录 T_r 和 T_j 变化经计算可求得 $UA = q_c/(T_r - T_j)$；q_{fd} 为半间歇反应物料加入所引起的加料显热，W；q_{loss} 为反应釜的釜盖和仪器接续部分等的散热速率，W；q_{add} 为自定义的其他一些热量流失速率，W。可能的热量流失速率有回流冷凝器中散发的热流速率（q_{reflux}）、蒸发的热流速率（q_{evap}）等。

当反应无需回流，且忽略搅拌、反应釜釜盖和仪器连接部分等的散热时，反应放热速率可以由下式求得：

$$q_{rx} = q_{acc} + q_i + q_{ex} + q_{fd} - q_c \tag{8-45}$$

对上式积分便可以得到反应过程中总的放热：$Q_r = \int_{t_0}^{t_{end}} q_{rx} dt$ $\tag{8-46}$

式中，t_0 为反应开始时刻；t_{end} 指反应结束时刻。

反应热使目标反应在绝热状态下升高的温度 $\Delta T_{ad,rx}$ 可由下式得到：

$$\Delta T_{ad,rx} = Q_r/M_r c'_p = \int_{t_0}^{t_{end}} q_{rx} dt / M_r c'_p \tag{8-47}$$

由任意时刻反应已放出热量和反应总放热的比可得到反应的热转化率 X_{th}：

$$X_{th} = \frac{\int_{t_0}^{t} q_{rx} dt}{Q_r} = \frac{\int_{t_0}^{t} q_{rx} dt}{\int_{t_0}^{t_{end}} q_{rx} dt} \tag{8-48}$$

如反应物的实际转化率较高或完全转化为产物时，任意时刻的热转化率 X_{th} 即可认为是目标反应的实时转化率。

8.3.2.2 绝热量热仪

加速度量热仪（Adiabatic Rate Calorimeter，ARC）是一种绝热量热仪，其绝热性不是通过隔热而是通过调整炉膛（图 8-18）温度，使其始终与所测得的样品池（也称样品球）外表面热电偶的温度一致来控制热散失。因此，在样品池与环境间不存在温度梯度，也就没有热流动。测试时，样品置于约 8cm^3 的钛质球形样品池（S）中，试样量为 g 级（根据样品的放热量、放热速率

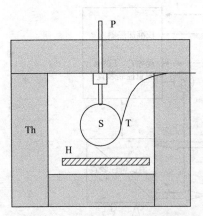

图 8-18　加速度量热仪的原理，图为加热炉以及放置在其中心位置的样品球。热电偶 T，加热器 H，温度调节装置 Th，压力传感器 P

调整试样量）。样品池安放于加热炉腔（H）的中心，炉腔温度通过温度控制系统（Th）进行精确调节。样品池还可以与压力传感器（P）连接，从而进行压力测量。该设备的主工作模式为加热-等待-搜索（Heating-Waiting-Seeking，HWS）模式：通过设定的一系列温度步骤来检测放热反应的开始温度。对于每个温度步骤，在设定的时间内系统达到稳定状态，然后控制器切换到绝热模式。如果在某个温度步骤中检测到放热温升速率超过某设定的水平值（一般为0.02K/min），炉腔温度开始与样品池温度同步升高，使其处于绝热状态。如果温升速率低于这一水平，则进入下一个温度步骤（图8-19）。

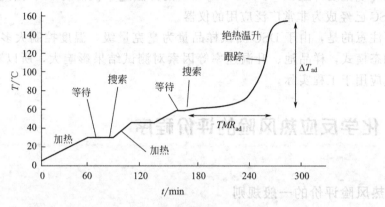

图 8-19 HWS 模式的加速度量热仪获得的典型温度曲线

然而，ARC 只能认为是在准绝热状态（Pseudo-adiabatic Conditions）下直接记录放热过程的温度、压力变化，之所以称为"准"，是因为样品释放热量的一部分用来加热样品池本身。为了得到大量物料的绝热行为，必须对测试结果进行修正。

除了 ARC，属于绝热量热仪的设备还有高性能绝热量热仪（Phi-tech II）、杜瓦瓶量热仪（Dewar Calorimeter）、泄放口尺寸测试装置（Vent Sizing Package，VSP）和反应系统筛选装置（Reactive System Screening Tool，RSST）等。

8.3.2.3　差示扫描量热仪

微量热仪的设备有很多，包括差热分析（Differential Thermal Analysis，DTA）、差示扫描量热仪（Differential Scanning Calorimeter，DSC）、Calvet 量热仪、热反应性监测仪（Thermal Activity Monitor，TAM）等。这里主要以差示扫描量热仪为例说明其工作原理。

将样品装入坩埚（样品池），然后放入温控炉中。由于是差值方法，需要采用另一个坩埚作为参比。参比坩埚可为空坩埚或装有惰性物质的坩埚。早先的 DSC 是在每个坩埚下面都装有一个加热电阻，来控制两个坩埚的温度并保持相等，这两个加热电阻之间加热功率的差值直接反映了样品的放热功率（功率补偿原理）。目前采用的测量原理：允许样品坩埚和参比坩埚之间存在温度差（图8-20），

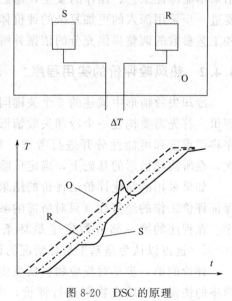

图 8-20　DSC 的原理

S—样品；R—参比物；O—温控

记录温度差，并以温度差-时间或温度差-温度关系作图。仪器必须进行校准，来确定放热速率和温差之间的关系。通常利用标准物质的熔化焓（Melting Enthalpy）进行校准，包括温度校准和量热校准等。加热炉的温度控制主要采用动态模式，特定的研究（例如自催化反应的甄别等）也采用等温模式。

由于 DSC 测试的样品量少，仅为毫克量级，因此，很少量的样品就可以给出丰富的信息，且即使在很恶劣条件下进行测试对实验人员或仪器也没有任何危险。此外，扫描实验从环境温度升至 500℃，以 4K/min 的升温速率仅需要 2h。因此，对于筛选实验来说，DSC 已经成为非常广泛应用的仪器。

需要注意的是，由于 DSC 测试样品量为毫克量级，温度控制大多采用非等温、非绝热的动态模式，样品池、升温速率等因素对测试结果影响大，所以 DSC 的测试结果不能直接应用于工程实际。

8.4 化学反应热风险的评价程序

8.4.1 热风险评价的一般规则

读者从上面的介绍可能觉得用于热风险评价的数据和概念较复杂且不易搞懂。实际上，有两个规则可以简化程序并将工作量降低到最低程度。

① 简化评价法 将问题尽可能地简化，从而把所需要的数据量减少到最小。这种方法比较经济，适合于初步的评价。

② 深入评价法 该方法从最坏情形出发，需要更多、更准确的数据才能做出评价。

如果由简化评价法得到的结果为正结果（即被评价的工艺、操作在安全上可行），则应保证有足够大的安全裕度。如果简化法评价得到的是一个负结果，也就是说得到的结果不能保证工艺、操作的安全，这意味着需要更加准确的数据来做最后的决定，即需要进一步采用深入的更加复杂的评价体系与方法进行评价。通过这样的评价，可以为一些工艺参数的调整提供充分的依据并解决安全上的难点问题。

8.4.2 热风险评价的实用程序

冷却失效情形中描述的 6 个关键问题使得我们能够对化工工艺的热风险进行识别和评价。首先需要构建一个冷却失效情形，并以此作为评价的基础。图 8-21 提出的评价程序将严重度和可能性分开进行考虑，并考虑到了安全实验室中获取数据的经济性。其次，在所构建情形的基础上，确定危险度等级，从而有助于选择和设计风险降低措施。

如果采用的简化评价法评价的结果为负结果，则需要开展进一步的深入评价。为了保证评价工作的经济性（只对所需的参数进行测定），可以采用如图 8-22 所示的评价程序。在程序的第一部分假定了最坏条件，例如对于一个反应，假设其物料累积度为100%（这可以认为是基于最坏情况的评价）。

评价的第一步是对反应物料所发生的目标反应进行鉴别，考察反应热的大小、放热速率的快慢，对反应物料进行评价，考察其热稳定性。这些参数可以通过对不同阶段（反应前、反应期间和反应后）的反应物料样品进行 DSC 实验获得。显然，在评价样品

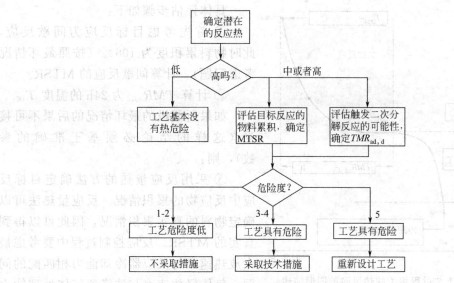

图 8-21　简化法的评估程序

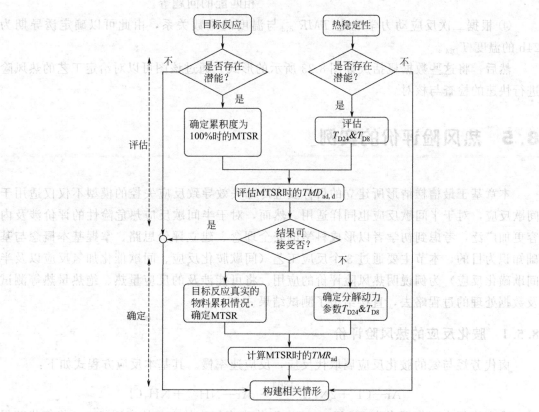

图 8-22　基于参数准确性递增原则的评估流程

的热稳定性时，可以选择具有代表性的反应物料进行分析。如果没有明显的放热效应（如绝热温升低于 50K），且没有超压，那么在此阶段就可以结束研究工作。

如果发现存在显著的反应放热，必须确定这些放热是来自目标反应还是二次分解反应：如果来自目标反应，必须研究放热速率、冷却能力和热累积，即 MTSR 有关的因素；如果来自二次反应，必须研究其动力学参数以确定 MTSR 时的 $TMR_{ad,d}$。

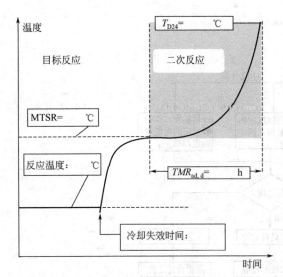

图 8-23　与工艺过程相关的热风险的图形描述

具体评估步骤如下：

① 首先考虑目标反应为间歇反应，此时物料累积度为 100％（按照最坏情况考虑问题）。计算间歇反应的 MTSR。

② 计算 $TMR_{ad,d}$ 为 24h 的温度 T_{D24}。如果所假设的最坏情况的后果不可接受（这样的结论必须基于准确的参数），则：

③ 采用反应量热的方法确定目标反应中反应物的累积情况。反应量热法可以确定物料的真实累积情况，因此可以得到真实的 MTSR。反应控制过程中要考虑最大放热速率与反应器冷却能力相匹配的问题，气体释放速率与洗涤器气体处理能力相匹配的问题等。

④ 根据二次反应动力学确定 $TMR_{ad,d}$ 与温度的函数关系，由此可以确定诱导期为 24h 的温度 T_{D24}。

然后，将这些数据概括成如图 8-23 所示的形式。通过该图可以对给定工艺的热风险进行快速的检查与核对。

8.5　热风险评价的实例

本章基于最糟糕情形所建立的目标反应冷却失效导致反应失控的模型不仅仅适用于间歇反应，对于半间歇反应也同样适用。然而，对于半间歇反应热危险性的评价涉及内容更加广泛，考虑到初学者以形成科学的安全理念、建立评价思路、掌握基本概念与基础知识为目的，本节主要通过 3 个反应工艺（间歇胺化反应、间歇催化加氢反应以及半间歇磺化反应）为例说明热风险评价的应用。将可能涉及的反应量热、绝热量热等测试及数据处理的过程略去，直接给出了测试结果。

8.5.1　胺化反应的热风险评价

卤代芳烃与氨的胺化反应属取代反应，反应速率慢。其基本反应方程式如下：

$$Ar—Cl + 2NH_3 \xrightarrow{180℃} Ar—NH_2 + NH_4Cl$$

在允许最大工作压力为 10MPa(g)（"g" 代表表压）的 $1m^3$ 的高压釜中，将氯代芳烃化合物转变为相应的苯胺化合物。为了中和反应过程中生成的 HCl 气体，维持 pH 值为碱性以避免腐蚀问题，反应使用了大大超过化学计量比（4：1）的氨水（30％）。反应的工艺温度为 180℃，停留时间为 8h 的反应转化率达到 90％。

请评价这个工艺过程的热风险，并确定其危险度等级。评价时，从保守的角度出发，允许忽略加热反应器期间的转化率。

具体的物料使用量：315kg 的氯代芳烃化合物（约 2kmol）和 453kg 的 30％氨水（约 8kmol）。

两种反应物均在室温下投料。为了将氯代芳烃化合物充分转化，反应器加热到反应温度 180℃的工艺温度后维持反应 12h。

有关数据：目标反应（包括中和反应）的摩尔反应焓－ΔH_r＝175kJ/mol；反应物料的比热容：c_p'＝3.2kJ/(kg·K)；最终反应物料的比分解热：Q_D'＝840kJ/kg；二次分解反应诱导期为 24h 的温度 T_{D24}＝280℃；17.7％(m/m) 氨溶液的蒸气压（bar）为：

$$\ln p = 11.62 - 3735/T \tag{8-49}$$

评价过程：

该工艺为在 180℃进行的间歇反应工艺。绝热温升为：

$$\Delta T_{ad} = \frac{Q_r'}{c_p'} = \frac{175 \times 2000}{768 \times 3.2} \approx 143 \text{(K)}$$

故胺化反应失控的严重度为"中等"。

从最糟糕的情况出发，假定胺化反应一开始就发生失控，则可达到温度：

$$\text{MTSR} = T_P + \Delta T_{ad} = 180 + 143 = 323 \text{(℃)} = 596 \text{(K)}$$

此时，根据式（8-49）可知，反应体系的压力将达到约 21.1MPa。该温度高出 T_{D24}（553K）43K，意味着将引发较强烈的二次分解反应，导致进一步的升温：

$$\Delta T_{ad} = \frac{Q_r'}{c_p'} = \frac{840}{3.2} = 263 \text{(K)}$$

分解反应的严重度为"高"。

根据式（8-49），反应体系大约在 260℃时将到达允许的最大压力 10MPa；这个温度可以视为技术因素允许的最高温度（MTT）。

因此，特征温度的高低顺序为 $T_P < \text{MTT} < T_{D24} < \text{MTSR}$，对应于危险度等级 4，所以投产时，必须采取足够的控制技术措施。

8.5.2 催化加氢反应的热风险评价

将浓度为 0.1mol·L^{-1}的酮在 30℃的水溶液中催化氢化制得相应的醇，反应器的操作压力为 0.2MPa(g)，为了防止超压破坏，反应器装有设定压力为 0.32MPa(g) 的安全阀。分子中没有其他的反应性官能团。

反应物料的比热容 c_p'＝3.6kJ/(kg·K)。很遗憾，对于该问题只有类似反应的摩尔反应焓（－200kJ/mol）可用，通过文献查阅，也仅仅只有表 8-10 的信息可供参考。

表 8-10　不同官能团标准分解焓的标准值

官能团		摩尔分解焓 ΔH_d/(kJ/mol)
重氮盐	—N≡N⁺	－160～－180
重氮基	—N＝N—	－100～－180
异氰酸酯	—N＝C＝O	－50～－75
氮—氢氧化物	N—OH	－180～－240
过氧化物	C—O—O—C	～－350

官 能 团		摩尔分解焓 ΔH_d/(kJ/mol)
硝基	Ar—NO₂ 或 R—NO₂	$-310\sim-360$
硝酸酯	—O—NO₂	$-400\sim-480$
环氧化物	$\underset{O}{\overset{\displaystyle -C-C-}{\diagdown\diagup}}$	$-70\sim-100$

工厂希望对下列安全问题进行评价：①氢化反应的热风险；②评价分解反应的热风险；③对于该氢化反应还应考虑哪些其他的风险？

评价过程：

这个例子说明仅有少量的热数据有时也可以进行热风险评价。之所以存在这种可能性是因为该氢化反应的浓度低。

① 反应在稀的水溶液中进行，故假设密度为 $1000kg/m^3$。因此，氢化反应（目标反应）的比反应热为：

$$Q'_r = \rho^{-1}c_0(-\Delta H_r) = \frac{0.1\times200}{1} = 20(kJ/kg)$$

相应的绝热温升为：

$$\Delta T_{ad} = \frac{Q'_r}{c_p} = \frac{20}{3.6} \approx 6(K)$$

如此小的绝热温升不会导致热爆炸，严重度为"低"。如果反应器冷却系统发生故障，假定反应不停止将会导致温度立即上升 6K，MTSR 为 36℃。所以，氢化反应的热风险"低"。

② 如果引发分解反应，则其能量必须产生超过 0.32MPa(g) 的压力。混合物中不是酮就是醇，所以没有气体产生。因此，体系的压力仅来自蒸气压。由于浓度较低，我们假设蒸气压是来自于水。如果忽略反应过程中的氢气消耗，压力由 0.2MPa(g) 的氢气开始，要达到 0.32MPa(g)，温度必须到达 105℃。因此，分解反应的能量必须使温度从 MTSR 升高到 MTT，即从 36℃升高到 105℃，或升高 69K。所需能量为：

$$Q'_D = c'_p\Delta T_{ad} = 3.6\times69 \approx 250(kJ/kg)$$

若考虑其浓度，摩尔分解焓应为 −2500kJ/mol，在表 8-10 中找不到这样高的分解焓。因此，发生分解反应的严重度为"低"。

③ 与该氢化反应有关的危险从本质上说主要是氢气的爆炸性。所以，必须避免出现（氢气）泄漏，厂房应良好通风。此外，应考虑到加氢催化剂通常具有自燃性，工艺过程中所涉及化合物的毒性也应考虑到。

8.5.3 甲苯磺化反应的热风险评价

芳香烃的硝化、磺化是相对危险的工艺，现已被国家列入 15 种首批重点监管的危险工艺中。这里以甲苯一段硝化（产物主要是一硝基甲苯）的半间歇工艺为例，说明其热危险性的评价过程。为了简化起见，采用的原材料均为分析纯（需要指出的是针对工程中的具体工艺，应采用与实际工艺一样规格的原材料进行研究，这样的分析测试结果才能最大限度地服务于工程应用）。

甲苯磺化的反应采用半间歇模式进行。首先将甲苯加入，加热至沸点（110℃左右），在蒸馏模式下将硫酸慢慢加入，加料时间为 60min，总反应时间为 4h，搅拌速度为 300r/min。

甲苯与硫酸的摩尔比为 5∶1。

反应量热仪的测试条件：反应量热仪 RC1e（Mettler-Toledo，瑞士），配备 1L 的玻璃中压反应釜（MP10）、温度传感器（Pt100）、校准加热器、锚式搅拌桨、不锈钢釜盖、RD10 控制器、蒸回流装置、冷却水循环泵（HZXH-2-D-A）等。RC1e 的设备情况参见文献 [22]。

加速度量热仪的测试条件：采用的加速度量热仪 esARC（THT，英国），加热梯度 5℃，灵敏度 0.02℃/min，等待时间 10min，测试样品量 0.585g，起始温度 85℃，终止温度 350℃，测试样品池材质为不锈钢，其质量为 14.586g。为了简化起见，测试样品采用了甲苯磺酸（需要说明的是，实际工程应用中，试样物质应为包含未反应物、产物、中间产物等在内的混合体系）。

测试结果。尽管反应过程的量热测试是在半间歇模式下进行的，但测试结果不仅可以用于半间歇模式的评价，还可以应用于间歇模式。具体结果见表 8-11。

表 8-11　甲苯磺化反应热风险评价的 4 个特征温度参数

工艺温度 T_p/℃	绝热条件下目标反应能达到的最高温度 MTSR/℃	技术原因允许的最高温度 MTT/℃	热爆炸形成时间为 24h 的引发温度 T_{D24}/℃
110	304.6(间歇模式)	110.6	152
110	169.3(半间歇模式)	110.6	152

热风险分级与评价结果：

① 甲苯磺化反应的热危险性属于比较危险的"第 4 级"，要有备用的冷却系统或有足够多的溶剂以保证反应的安全。在甲苯磺化过程中，由于 MTT 低于 T_{D24}，保证反应体系具有足量溶剂以及保证冷凝回流移热能力是非常重要的，因为，一旦全部溶剂被挥发且不能有效回流，反应体系中累积的物料极易引发产物的热分解，并很快导致燃烧爆炸事故。

② 对于甲苯的磺化反应而言，甲苯具有双重性，一方面是反应物，另一方面起到了"溶剂"的蒸发冷凝移热的作用。由于反应温度基本处于甲苯的沸点附近，大量甲苯处于沸腾状态。此时，不仅要考虑反应过程的热危险性，还必须充分重视甲苯溶剂蒸气的泄漏问题以及由此可能引发的蒸气云爆炸问题。

需要说明的是，该案例一些测试参数是在简化条件下获得的。对于实际工艺情况，不完全具有可比性。

● **习题**

1. 一种热不稳定的杀虫剂装在 200L 的鼓型圆桶容器中运输，装载系数为 90%，产品密度为 1000kg/m³。1kg 杀虫剂 30℃ 完全分解时生成 0.1m³ 气体。如果容器所能承受的最大超压为 0.045MPa，容器内物料允许的分解百分比是多少？假定储存温度为 30℃。

2. 40℃ 时通过芳香族化合物的磺化和硝化反应制备一种染料中间体。用水将硫酸稀释到最终浓度为 60% 时，该中间产物将沉淀析出。稀释过程在绝热条件下进行且最终温度达 80℃。这个 80℃ 的温度对结晶和随后的过滤起着重要的作用。温度达到 80℃ 后，运用反应器足够的冷却能力将混合物立即冷却到 20℃。反应混合物的热研究表明，在 80℃ 放热速率为 10W/kg，总分解热为 800 kJ/kg。比热容为 2.0kJ/(kg·K)。请对下列问题进行评价：

(1) 一旦冷却系统失效，分析该操作的严重度。

(2) 分析事故发生可能性。

提示：热爆炸的诱导期可以利用 Van't Hoff 规则来估计：温度增加 10K 时反应速率加倍。温升速率可以近似为：$\dfrac{\Delta T}{\Delta t} \approx \dfrac{\mathrm{d}T}{\mathrm{d}t} = \dfrac{q'(T)}{c'_p}$

3. 重氮化是将亚硝酸钠加入胺的水溶液中（2.5mol/kg）进行的反应。在一个工业规模公称容积为 4m³ 搅拌釜式反应器中，最终反应物料量为 4000kg。反应温度为 5℃，反应迅速。从安全角度研究问题，认为其实际累积率约为 10%。有关热数据如下：

目标反应：$-\Delta H_r = 65\mathrm{kJ/mol}$　　$c'_p = 3.5\mathrm{kJ/(kg \cdot K)}$

分解反应：$-\Delta H_{dc} = 150\mathrm{kJ/mol}$　　$T_{D24} = 30℃$

请评价：①该工业规模反应的热风险；②确定反应的危险度等级；③是否需要采取措施控制反应过程中的热风险？

参 考 文 献

[1]　U. S. chemical safety and hazard investigation board. Investigation report of runaway reaction of T2 Laboratories, Inc. Report No. 2008-3-I-FL, 2009. http://www.csb.gov/t2-laboratories-inc-reactive-chemical-explosion/.

[2]　刘荣海，陈网桦，胡毅亭编著. 安全原理与危险化学品测评技术. 北京：化学工业出版社，2004.

[3]　陈网桦，陈利平，李春光，朱贤峰，刘颖，刘婷婷，彭金华. 苯和甲苯硝化及磺化反应热危险性分级研究. 中国安全科学学报，2010, 20 (5)：67-74.

[4]　吕家育，陈网桦，陈利平. 某恒温间歇反应的热失控研究. 中国安全科学学报，2011, 21 (4)：121-127.

[5]　吕家育，陈网桦，陈利平. 某恒温间歇反应温度参数的模拟与热危险性的分析. 环境与安全学报，2011, 11 (5)：165-168.

[6]　[瑞士] 费朗西斯. 施特塞尔著. 化工工艺的热安全——风险评估与工艺设计. 陈网桦，彭金华，陈利平译. 北京：科学出版社，2009.

[7]　B. E. Poling, J. M. Prausnitz, J. P. Connell. The Properties of Gases and Liquids, 5th. McGraw-Hill, 2001.

[8]　R. Gygax. Chemical reaction engineering for safety. Chemical Engineering Science, 1988, 43 (8)：1759-1771.

[9]　Zurich Insurance. "Zurich" Hazard Analysis: A brief introduction to the "Zurich" method of Hazard Analysis. Zurich: Zurich Insurance Company. 1987.

[10]　A. Barton, R. Rogers. Chemical Reaction Hazards, 2nd. Institution of Chemical Engineers, 1997.

[11]　T. Grewer. Thermal Hazards of Chemical Reactions (Industrial Safety Series). Amsterdam：Elsevier, 1994.

[12]　CCPS. Guidelines for Chemical Reactivity Evaluation and Application to Process Design. New York：AIChE, 1995.

[13]　J. L. Gustin. Calorimetry for emergency relief systems design. In A. Benuzzi, J. N. Zaldivar (eds.). Safety of Chemical Batch Reactors and Storage Tanks, ECSC, EEC, EAEC, Brussels, 1991, 311-354.

[14]　F. Stoessel, H. Fierz, P. Lerena, G. Killé. Recent developments in the assessment of thermal risks of chemical processes. Organic Process Research & Development, 1997, 1 (6)：428-434.

[15]　F. Stoessel. Applications of reaction calorimetry in chemical engineering. Journal of Thermal Analysis, 1997, 49 (3)：1677-1688.

[16]　F. Stoessel. Experimental study of thermal hazards during the hydrogenation of aromatic nitro compounds. Journal of Loss Prevention in the Process Industries, 1993, 6 (2)：79-85.

[17]　R. L. Rogers. The advantages and limitations of adiabatic Dewar calorimetry in chemical hazards testing. Plant Operation Progress, 1989, 8 (2)：109-112.

[18]　J. Singh. Reliable scale-up of thermal hazards data using the Phi-Tec II calorimeter. Thermochimica Acta, 1993, 226 (1-2)：211-220.

[19]　E. Wilcock, R. L. Rogers. A review of the Phi-factor during runaway conditions. Journal of Loss Prevention in the Process Industries, 1997, 10 (5-6)：289-302.

[20]　鲍士龙，陈网桦，陈利平，高海素，吕家育. 2,4-二硝基甲苯分解自催化特性鉴别及其热解动力学. 物理化学学报. 2013, 29 (3)：479-485.

[21]　A. Keller, D. Stark, H. Fierz, E. Heinzle, K. Hungerbuehler. Estimation of the time to maximum rate using dynamic DSC experiments. Journal of Loss Prevention in the Process Industries, 1997, 10 (1)：31-41.

[22]　陈利平，蔡刘霖，彭金华，陈网桦. 硝酸甲胺反应过程的安全性研究. 中国安全科学学报，2006, 16 (12)：97-102.

第9章

风险控制

1974 年 6 月的一个周六，英国一套环己烷氧化装置发生泄漏，泄漏物料形成的蒸气云爆炸，导致工厂内 28 人死亡、36 人受伤，周围社区数百人受伤，引起了广泛的社会关注。

事故工艺段由 6 个串级的反应器构成，后一个反应器比前一个安装位置略低，物料依靠重力作用逐级流经下游反应器（见图 9-1），发生环己烷氧化生成环己酮和环己醇混合物的反应，正常工况下操作条件为 150℃和 0.9MPa。

在事故发生的前两个月，工厂人员发现第五级反应器不锈钢结构内有一道垂直裂纹并有渗漏现象发生，于是决定拆除该反应器进行维修。同时，将 4 号反应器与 6 号反应器直接相连，以维持工厂继续生产。

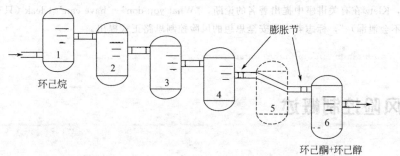

图 9-1　Flixborough 事故工艺段流程简图

由于原工艺中与 5 号反应器连接的进料管线直径为 71cm（28in），而工厂当时只有直径为 51cm（20in）的管道，因此在临时管道与 4、6 号反应器连接处安装膨胀节，并用脚手架支撑起临时管道（参见图 9-2）。由于执行上述变更时，工厂的机械工程师已辞职离开，负责设计、安装临时管道的维修人员仅仅在车间的地板上用粉笔勾画出草图，在未考虑带压条件下膨胀节承受的径向应力、管道和其中物料的流量以及物料流动时的振动效应的情况下，即完成了维修安装。

事故发生时，可能由于反应器内部压力的作用促使管道过量伸缩，造成临时管道上的膨胀节破裂，在极短时间内泄漏了大量易燃的工艺物料，并形成巨大的蒸气云团，泄漏发生 45s 后由未知点火源引燃发生爆炸，事故造成 28 人死亡，36 人受伤，整个工厂被夷为平地，附近 1821 间房屋、167 家店铺和一些工厂遭到了不同程度的破坏。

Flixborough 事故引起了社会的广泛关注，对化工企业的安全管理产生了重大的影响，也间接催生了欧洲工艺安全法规塞维索指令（Seveso Directive）。Trevor Kletz 对事故应当吸取的教训进行了深入的总结，包括：工艺流程中完善变更管理的重要性；控制室、厂房等安全设计耐压原则；聘用有经验的工程师的必要性等。除此之外，Trevor Kletz 对工艺系统内储存大量危险物质的必要性提出了怀疑，

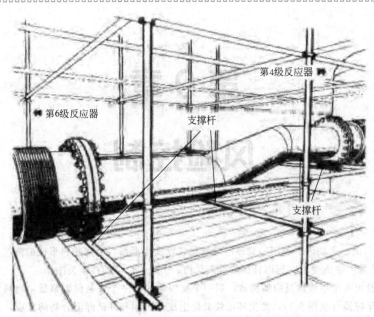

图 9-2 4 号反应器与 6 号反应器间连接情景

事故时工厂内储存有大量的危险物质，主要包括 330000gal❶ 的环己胺、66000gal 的石脑油、11000gal 的甲苯、26400gal 苯和 450gal 的汽油，这些物质为爆炸、火灾提供了充足的燃料。

于是，Kletz 在有关讲座中提出著名的论断，"What you don't have can't leak（只有厂区内没有的物质才不会泄漏）"，标志着本质安全思想的风险控制思路正式提出。

9.1 风险控制概述

风险评估之后就要考虑如何应对风险。风险应对是改变风险的过程，它包括多种方式，例如风险规避、风险控制、与另一方或多方分担风险、甚至为寻求机会而承担风险或进一步增大风险等。风险规避是指为了不暴露于某个特定风险，而采取的一种深思熟虑的决策。这种方式相对安全，但是也是最保守的。本章将重点阐述风险控制，即用于改变风险的措施。应当指出，在对某一风险实施风险应对时，可能会产生新的风险，或改变现存的风险。这种情况下，往往需要采取进一步的风险应对措施。

风险是对会造成经济损失、环境破坏、人员伤害事件发生的可能性以及后果严重性的一种综合度量。因此，可从降低事件发生的可能性（发生频率），或者削减事件造成损害的严重性（事件后果）两方面选取风险控制策略。

一般而言，风险控制策略可划分为以下四类。

（1）本质更安全的过程设计（Inherently Safer Design，ISD）**策略**

ISD 是指通过避免应用危险物料或危险操作的方法，而不是依靠增加控制的方法实现的过程设计。一般情况下，过程安全依赖于多层次的保护（详见第 6 章第 5 节 LOPA 分

---

❶ 英制 1gal＝4.55dm³。

析方法），其中第一层次就是过程设计，而本质更安全的过程设计就是直接面向第一个保护层，是最有效的事故预防方法。依据 ISD 策略设计的工厂更能容忍操作人员的误操作，具有更强的抵御非正常工况的能力，即具有更低的风险水平。具体的 ISD 设计策略见本章第 2 节。

（2）被动控制策略

被动控制策略是指在不借助事故探测设备和人员动作的前提下，即通过工艺或设备的设计特性降低事故发生频率或削减后果的一种风险控制策略。例如对某最高可能出现压力为 5atm 的反应体系，可以将反应器最大允许设计压力设为 10atm，从而使反应器具备更强的超压风险抵御能力，这是一种被动控制方法。为避免容器超压引起的破坏而设计的泄压系统（本章第 3 节）、为预防由于静电积累并突然释放产生火花而采取的静电防护措施（本章第 5 节）、通过对化工厂进行防爆区域划分选择不同类型的防爆电气设备（本章第 6 节）等也都是一种被动控制策略。

（3）主动控制策略

主动控制策略是一种通过预先检测出工艺过程中存在的可能造成危险事件发生的偏差，并进行相应的控制调节以降低事件发生的可能性或后果的严重程度的风险控制策略。一般而言，主动控制系统包括：基本过程控制系统（BPCS）、自动报警系统、安全仪表系统（参见第 10 章）、自动喷淋系统等。例如，对液体容器内设置液位控制回路 LIC，当容器内液位过高时产生报警，并关小进料管线阀门；同时对该容器设置液位紧急关断系统，当出现高高液位时容器进料泵停泵。另外，为降低流程内部氧气含量而采取的惰化措施（本章第 4 节）亦属一种主动控制风险策略。

（4）程序控制策略

程序控制策略是指在探测事故早期现象后，通过实施一系列程序或手动启动防护设备阻断事故的进一步发展，从而达到降低事故发生频率或削减后果的一种风险控制策略。例如，为防止在检维修期间出现操作失误，对危险能量进行有效控制，保证人员设备安全，欧美国家的化工企业普遍实行了挂牌上锁（Lock out & Tag out，LOTO）程序。近年来，我国也有越来越多的企业开始实施这种程序控制策略。上锁是指用锁定的方式来防止他人随便操作被隔离的能量源或者设备，直到相关工作结束，锁具移除；挂牌是指用吊牌来警告他人已经被隔离的能量源或者设备不能随便操作，锁具由谁锁定，由谁可以打开等。

相比而言，本质安全与被动控制策略更多地借助系统的物理或化学特性层面进行风险控制，而不是依赖控制仪表、操作人员或程序的准确执行，因而具有更高的可靠性与鲁棒性。从流程工业项目生命周期角度分析，本质安全及被动控制策略通常应用于项目或流程设计的早期，一旦采用，整个项目周期内有效；而控制回路、安全仪表、操作程序、应急响应等主动控制或程序控制策略，通常应用于流程设计晚期甚至在项目操作阶段，需要在操作运行周期内反复使用，也增加了其潜在失效的可能性。因而从可靠性角度而言，风险控制策略的选取应当优选选用本质安全或被动控制策略。然而需要注意的是，这并不意味着可以忽视主动控制及程序控制的重要性。首先，本质安全或被动控制策略并非对所有的风险都有效，或从经济性、实用性角度难以实现；其次，不同的风险控制策略之间并没有很显著的划分界限。实际应用中，不同特性的风险控制策略选取，应根据实际工艺特点进行综合决策。

道达尔石油公司的技术风险管理程序将项目生命周期内用于防止出现重大及灾难性事件的措施，称为安全关键措施（Safety Critical Measures，SCM）。所有安全关键措施在设计阶段应满足以下要求：针对性（Selectivity）、独立性（Independency）、可靠性

(Reliability)、合理性（Relevancy）、有效性（Efficiency）、响应时间（Response Time）、可测试性（Testability）、可维护性（Maintainability）、可用性（Availability）、容错能力（Fault Tolerance）、存活能力（Survivability）。

所有安全关键措施在运行阶段应建立跟踪管理系统，逐一制定其性能要求，并不断进行有效地维护。如果出现变更，安全关键措施的性能要求及维护要求也应在变更管理中考虑。

本章将会对一些典型的风险控制策略原理及应用进行介绍。

9.2 本质更安全的过程设计

本质更安全的过程设计思想由著名工艺安全专家 Trevor Kletz 在对英国 Flixborough 事故进行深入调查分析后于 1977 年的英国化工协会周年庆典讲座上首次提出。

实际应用中，完全的本质安全往往难以做到，且随着工艺路线、设备制造等技术的提升，装置规模愈大、极端的操作条件使用愈发频繁，例如随着国内低温技术的发展，天然气 LNG 液化项目从原来建造几千个立方大小的液化储罐发展到现在许多企业建造大至 20 万立方，操作温度接近至零下 160℃的 LNG 储罐项目。在工业设计中，往往采取本质更安全的过程设计策略，具体包括：

(1) 强化（Minimize）

使化工过程中（包括所有的操作单元和管道）存在的化学品质量和能量最小化的方法。这里化学品包括原料、中间产品和最终产品。这样，一旦发生化学品泄漏，其后果的严重性也会减少。最理想的强化方案是，即使发生化学品泄漏，也不会对生命、财产和环境造成重大损失。最近几年逐渐发展成熟的微反应器理论和技术，由于反应通道的尺寸为微米级，可以大幅降低反应器内的化学品含量。实现微反应器工业化应用的前提是要对其中的微尺度流动、传质、传热等物理和化学过程有更深入的理解。原料和最终产品的存储量可以利用现代的生产计划和调度技术实现最小化；中间产品存储的主要作用是当整个流程中的上游某个设备出现故障时，起到缓冲作用，使得下游设备可以连续运行，因此，提高设备的机械完整性可以降低中间产品的存储量。

(2) 替代（Substitue）

即利用危险性较小的化学品或化学品合成路线，替代原有化学品或原有合成路线的方法，使得过程设计更安全。传统的化工生产过程中，为了实现反应的顺利进行和产物的高效分离，几乎不可避免地在溶剂、催化剂等方面使用了对环境有害的物质。因此，探寻环境友好型溶剂、发展替代传统化工工艺的绿色化学反应和分离技术，已经成为当前化学工业的研究热点之一。例如，CO_2 超临界处理技术利用超临界流体既具有液体的溶解特性，又具有类似气体的高传质速率和低界面张力等特点，在一些工业应用中替代传统的化学溶剂萃取法，不仅解决了溶剂残留问题，而且由于 CO_2 替代了化学溶剂，根除了化学溶剂泄漏后可能导致的火灾、爆炸等危险。生物酶法替代化学法生产生物柴油，不仅具有反应条件温和、能耗低，而且因为不用化学催化剂（一般为酸或碱），避免了酸碱腐蚀泄漏的危险，减少了废酸废碱排放。附录 A 介绍的印度博帕尔事故中的异氰酸甲酯（MIC）是一个中间产品，而最终产品胺甲萘的生产工艺路线如下：

$$CH_3NH_2 + COCl_2 \longrightarrow CH_3N{=\!=}C{=\!=}O + 2HCl$$

甲胺　　　光气　　　　异氰酸甲酸　　　氯化氢

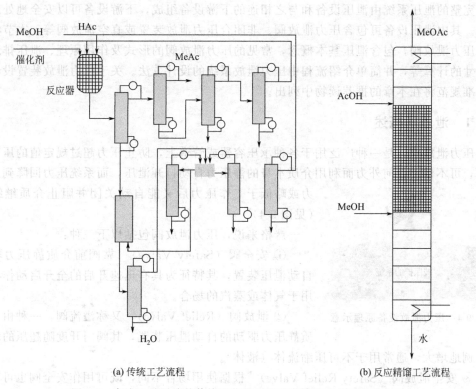

异氰酸甲酯 + α-萘酚 → 胺甲萘

MIC 的危险可以通过另外一条化学合成路线根除。同样的化学品原料和最终产品，下面的合成路线中就没有了 MIC 这个中间产品，取而代之的是氯甲酸萘酯。但是，这个合成路线中仍然利用了光气这个原料。因此，研发无光气的工艺路线无疑将会进一步提高本质安全水平。

α-萘酚 + 光气(COCl₂) → 氯甲酸萘酯 + 氯化氢(HCl)

氯甲酸萘酯 + 甲胺(CH₃NH₂) → 胺甲萘 + 氯化氢(HCl)

(3) 缓和（Moderate）

即在较低危险的情况下使用危险化学品。缓和的形式多种多样：使用稀释的化学品而不是高浓度的化学品，使用惰化防爆技术（本章第 4 节），使用滴加的方式进料降低反应的剧烈程度，优化设计反应器的操作点使其在更稳定的区域操作和被控制，优化工厂选址和设施布局（本章第 7 节）避免多米诺效应等。

(a) 传统工艺流程　　　　　　　(b) 反应精馏工艺流程

图 9-3　合成乙酸甲酯的传统工艺流程和反应精馏工艺流程对比

(4) 简化（Simplify）

即在过程设计时应当采用简约原则（Keep it Simple and Stupid，KISS 原则，有人称为懒汉原则）。该原则已在工程设计和软件设计领域得到了广泛应用。由于技术的复杂性，大多数工厂的设计都相当复杂，设计人员必须时刻努力减少不必要的复杂程度，进而减少因为误操作而导致事故的可能性，实现"用户友好"的设计。例如用重力给水不仅可以不用泵，而且还免去泵的维修和泄漏等问题；使用故障率低的设备；使用防错设备（很多电源插头只能一个方向插入，换个方向就插不进去，这样就不会插错）；采用将两个原本相互独立的单元操作（反应和精馏）耦合在同一个设备中（见图 9-3）进行的反应精馏技术不仅可降低能耗，而且可大幅减少设备和管道数量，简化操作等等。

9.3 泄压系统与泄压量计算

尽管化工厂中有很多安全预防措施，但控制系统失效或者严重操作失误都可能引起系统压力的升高，若过程偏离未得到及时纠正，一旦超过管线或容器的最大强度，将导致装置的超压损坏，造成有毒或易燃化学品的泄漏，遇到点火源继而造成火灾爆炸等严重的后果。

对于此类超压风险的控制，第一层保护应为设备及管线的机械完整性，即系统本身具有较高的承压能力；其次应为合理的控制系统作用，在系统超压前进行适当的压力调节，避免大量物料的泄放。本节中介绍的压力泄放系统，将会是防止系统超压破裂的最后一层保护，其作用为在系统出现过大压力之前释放部分物料，从而为系统降压。尽管压力泄放系统在生产中的使用可能很不频繁，但必须具有非常高的可靠性。

完整的泄压系统由泄压设备和与之相连的下游设备组成，下游设备可以安全地处理泄放物料。其中泄压设备可包含压力泄放阀、非闭合压力泄放装置或真空泄放阀等。本节将重点介绍压力泄放阀，包含泄压基本概念，常见的压力泄放阀的形式及作用原理、泄压排量及设备尺寸的计算等，并简单介绍流程中压力泄放系统的设计方法。关于压力泄放装置设计的相关标准规范将在本章的推荐读物中列出。

9.3.1 泄压阀概述

压力泄放阀，是一种广泛用于各种承压容器或管道上，防止压力超过规定值的压力保护装置，可不借助任何外力而利用介质本身的静压力自动打开泄压，而系统压力回降到工作压力或略低于工作压力后又能自动关闭并阻止介质继续流出（见图 9-4）。

图 9-4 压力泄放设备原理示意

严格来说，压力泄放阀包括以下三种：

① 安全阀（Safety Valve） 靠阀前介质静压力驱动的自动泄压装置，其特征为具有迅速开启的全开启动作，通常用于气体或蒸汽的场合。

② 泄放阀（Relief Valve） 又称溢流阀，一种由阀前介质静压力驱动的自动泄压装置，其阀门开度随超压的增加而呈比例地增大，通常用于不可压缩流体（液体）。

③ 安全泄放阀（Safety Relief Valve） 根据使用场合不同，既可用作安全阀也可用作泄放阀的压力泄放阀。

实际应用的压力泄放阀，应满足以下性能要求：

① 在系统正常操作压力下保持密封；

② 当系统压力达到整定压力时开始动作；

③ 在系统压力达到允许超压之前泄放掉额定排量；

④ 当系统压力降到整定压力以下后，阀门回座复位，并保持密封。

化工过程中泄压系统最常用的专业术语有：

① 最大允许工作压力（MAWP）　在设计温度下，设备或管道所允许承受的最大工作压力。该压力是根据容器受压元件的有效壁厚计算所得，不包括壁厚的腐蚀裕量及非压力载荷裕量。MAWP 是确定保护容器的压力泄放装置的定压基础。

② 最高操作压力　系统正常工作期间可达到的最高压力。

③ 整定压力　压力泄放阀阀瓣在运行条件下开始升起，即泄压设备开始动作的压力，也叫开启压力、设定压力。

④ 积聚压力　在泄放过程中，容器内超出容器 MAWP 的压力增量，表示为 MAWP 的百分数。

⑤ 超压　超过压力泄放阀整定压力的压力增量，通常用整定压力的百分比表示。当泄放装置的整定压力设在容器的 MAWP 时，超压与累积压力相同。

⑥ 回座压力　排放后阀瓣与阀座重新接触，即开启高度变为零，介质停止连续流出时安全阀入口的静压力。

⑦ 启闭压差　整定压力与回座压力之差，通常用整定压力的百分数表示；而当整定压力小于 0.3MPa 时，用 MPa 表示。

⑧ 背压　泄放过程中泄压设备出口处压力，是排放背压与附加背压的总和。

⑨ 排放背压　是指压力泄放设备开启后，由于介质流入排放系统，而在阀出口处形成的压力。

⑩ 附加背压　压力泄放阀即动作前在阀出口处存在的静压力，是由其他压力源在排放系统中引起的（如实际大型一体化装置中，往往各个分装置共用一个火炬管网，当其他装置排放时对本装置而言造成的火炬系统超压）。

⑪ 冷态试验差压力　压力泄放阀在试验台上调整到开始开启时进口处的静压力，该压力包含了对背压和温度的修正值。

压力泄放阀压力等级关系见图 9-5。

与泄放排量有关的概念（参见图 9-6）如下。

① 开度：压力泄放阀开启后，阀瓣密封面离开关闭位置的实际行程。

② 流道面积：压力泄放阀入口端至阀座密封面间流道最小截面积，又称喉部面积，$Area = \pi D^2 / 4$。

③ 帘面积：当阀瓣全行程时，其密封面之间的圆柱形或圆锥形通道面积，$Area = \pi DL$。

④ 排放面积：阀门排放时流体所通过的最小截面积，为流道面积与帘面积间的较小者。

⑤ 理论排量：流道横截面积与阀流道面积相同的理想喷管计算出的流量。

⑥ 额定排量：实测排量中允许作为安全阀使用基准的那一部分，也就是理论排量乘以额定排量系数后得到的数值。

⑦ 需要排量：设计要求压力泄放阀最低需要达到的排量。

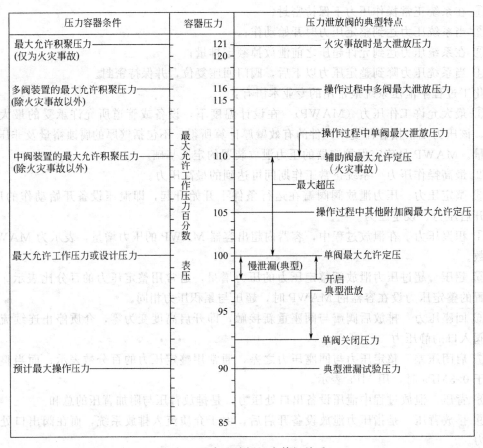

压力容器条件	容器压力	压力泄放阀的典型特点
最大允许积聚压力 (仅为火灾事故)	121 120	火灾事故时是大泄放压力
多阀装置的最大允许积聚压力 (除火灾事故以外)	116 115	操作过程中多阀最大泄放压力
中阀装置的最大允许积聚压力 (除火灾事故以外)	110	操作过程中单阀最大泄放压力 辅助阀最大允许定压 (火灾事故)
	105	操作过程中其他附加阀最大允许定压
最大允许工作压力或设计压力	100	单阀最大允许定压
		开启 典型泄放
	95	
		单阀关闭压力
预计最大操作压力	90	典型泄漏试验压力
	85	

中间各列标注:最大允许工作压力百分数 表压;慢泄漏(典型);最大超压

图 9-5 压力泄放阀压力等级关系

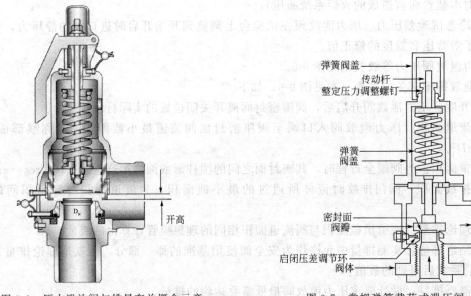

图 9-6 压力泄放阀与排量有关概念示意

开高

D_N

图 9-7 常规弹簧载荷式泄压阀

弹簧阀盖
传动杆
整定压力调整螺钉
弹簧阀盖
密封面
阀瓣
启闭压差调节环
阀体

9.3.2 典型泄压设备类型

对于不同的泄压应用对象，应选择不同类型的泄压设备，考虑因素包括：泄放介质的特性（液相、气相或两者混相，以及是否有腐蚀性）、泄放直接进入大气或密闭系统中（洗涤器、火炬等）。实际工程应用中，泄压设备的选型应根据泄压系统、工艺条件和释放介质物性的详细情况综合确定。

图 9-7 为常规载荷式泄压阀结构示意图。其阀瓣动作基于力的平衡，在正常操作条件下，介质侧压力低于整定压力，阀瓣在弹簧力作用下在阀座上处于密封状态。当系统压力升高，已达到进口压力高于整定压力时，阀瓣离开阀座，实现物料的泄出。当工艺侧压力降到足够低，弹簧力足以克服向上作用时，阀门回座，停止物料的进一步泄放。

常规弹簧式泄压阀结构简单，造价较低，适用范围广。然而由于阀座密封力随着介质侧压力的升高而降低，所以易出现预漏现象，即未达到安全阀设定点前即有少量介质泄出；更重要的是常规弹簧式泄压阀平衡背压能力较差，通常只能应用于背压不超过整定压力 10％的场合，否则过大的背压会显著降低阀门开高，减小泄放量，且阀门动作时易发生频颤，导致机械损坏。

为了加强泄压阀的调节背压能力，开发出平衡波纹管弹簧式泄压阀（图 9-8），即在常规弹簧载荷式泄压阀基础上加装波纹管，使得背压对阀动作特性（整定压力、回座压力以及排量）影响降低到最小限度。平衡式泄压阀在背压不超过整定压力 30％的情况下，阀瓣的开度不受显著影响，一般操作工况允许背压达到整定压力的 45％～50％。同时，平衡式泄压阀实现了阀芯内件与工艺介质相隔离，因而可应用于高温与腐蚀性介质工况。但是相比于常规弹簧载荷式泄压阀，其造价昂贵，对维修检测要求也较高。

除了弹簧式泄压阀外，先导式泄压阀也得到了十分广泛的应用。先导式泄压阀通常由一个活动的不平衡阀瓣（活塞）的主阀和一个外部的导阀组成（图 9-9）。阀瓣顶部面积大于底部面积，在达到整定压力前，阀瓣顶部和底部表面均承受相同的进口操作压力。但由于阀

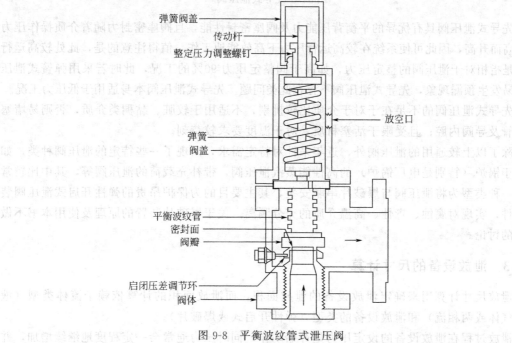

图 9-8 平衡波纹管式泄压阀

瓣顶部面积大于底部面积，净作用力保持阀瓣紧压在主阀阀座上。随着操作压力的增加，阀座的净作用力增加，以使阀门关闭得更紧密。这个特点允许大多数先导式阀门被用在最大期望的操作压力较高的场合中。当被保护系统达到整定压力时，导阀先动作，将阀瓣顶部的压力泄出，此时净作用力向上，致使阀瓣开启，介质通过主阀流出。超压阶段结束后，导阀关闭阀瓣顶部气室的泄出口，因此重新建立压力，净作用力导致阀瓣回座。

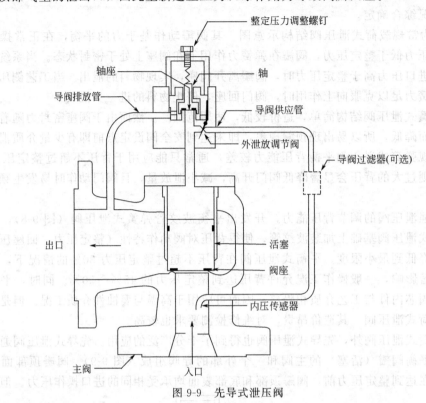

图 9-9　先导式泄压阀

先导式泄压阀具有优异的平衡背压能力及阀座密封性能，且阀座密封力随着介质操作压力的升高而升高，因此可使系统在较高运行压力下高效能地工作。值得注意的是，此处较高运行压力是指相对于泄压阀的整定压力，如高于阀整定压力 90％的工况，此时若采用弹簧式泄压阀，易发生预漏现象，先导式泄压阀不存在此类问题。先导式泄压阀本身适用于低压力工况。

先导式泄压阀的不足在于对于介质比较挑剔，不适用于较脏、黏稠类介质，否则易堵塞引压管及导阀内腔；且受限于活塞材质，对于温度要求较苛刻。

除了以上较通用的泄压阀外，近年来针对特定需求，出现了一些特定的泄压阀种类，如常用于锅炉（特别是电厂锅炉）的高性能蒸汽泄压阀，带补充载荷的泄压阀等，其中比较常见的一种类型为将泄压阀与爆破片串联安装，其主要目的为保护昂贵的弹性开启式泄压阀装置部件，实现对腐蚀、毒性、高温介质的充分隔离。关于爆破片装置的原理及使用本书不做深入的讨论。

9.3.3　泄放设备的尺寸计算

泄放尺寸计算用来确定泄放设备的泄放面积，而泄放面积的计算依赖于流体类型（液体、气体或两相流）和泄放设备的类型（弹性开启式或爆破片）。

泄放过程在泄放设备的设定压力处开始动作，同时压力通常会一定程度地继续增加，并超过设定压力。通常为确保压力维持在设定压力而设计的泄放设备需要非常大的泄放面积，而随着超压的增加所需的泄放面积显著减少。另一方面，弹性开启式泄压设备需要最大流动能量的 25%～30% 来维持阀门底座处于开启位置。若所选的安全阀的泄放面积远远大于实际所需，安全阀排放时过大的排量会导致压力容器内部压力下降过快，安全阀迅速回座，而压力容器本身的超压状态没有得到缓解，使得安全阀不得不再次起跳，这时会发生频跳现象，导致泄放设备的损坏。因此通常的做法是泄压设备将会维持一定程度的超压，使得泄放面积既不过大也不过小。依据 ASME 规范的推荐值，通常泄压设备超压选择可参考表 9-1。

表 9-1 压力泄放阀的设定压力与积聚压力的设定举例

故障	单阀装置		多阀装置	
	设定压力/%	最大积聚压力/%	设定压力/%	最大积聚压力/%
非火灾				
第一个阀	100	110	100	116
附加阀	—	—	105	116
火灾				
第一个阀	100	121	100	121
附加阀	—	—	105	121
辅助阀			110	121

9.3.3.1 气体或蒸气系统泄放尺寸计算

对于蒸气或气体泄放的压力泄放系统，其尺寸计算依据泄放阀处流体处于临界流动还是亚临界流动状态略有不同。气体通过喷嘴、孔口或管线末端发生膨胀，其流速和比容随着下游压力降低而增加。对于给定的上游条件，排放过程中其质量流量不断增加，一直到在喷口处达到极限速度。可以证明，该处极限速度就是在喷口处流动介质达到的声速。与极限速度相对应的流量即为临界流量。

临界流动压力可由理想气体状态方程得到：

$$\frac{p_{cf}}{p_1} = \left(\frac{2}{\gamma+1}\right)^{\gamma/(\gamma-1)} \tag{9-1}$$

式中，p_{cf} 为临界流动喷口压力；p_1 为气体上游泄放压力；γ 为理想气体的绝热指数，可查取相关热力学手册或根据表 9-2 中原则设置。

表 9-2 气体绝热指数近似选取表

气体	γ	气体	γ
单原子	约 1.67	三原子及以上	约 1.32
双原子和气体	约 1.40		

若喷口下游的压力小于或等于临界流动压力 p_{cf}，则气体泄放就处于临界流动，否则处于亚临界流动状态。

对于大多数弹性开启式泄压阀的气体排放过程，处于临界流动状态。其排放面积计算式为：

$$A = \frac{0.1 Q_m}{C_0 \chi p} \sqrt{\frac{T}{M}} \tag{9-2}$$

式中，Q_m 为质量排放流量，kg/h；A 为计算所需的泄放面积，mm²；p 为上游绝对压力，MPa(A)；M 为气体摩尔质量，kg/kmol；C_0 为泄放系数（同第 5 章的孔流系数），无量纲；T 为实际泄放温度，K。

式（9-2）中，将所有仅与介质热力学常数有关的参数综合，定义参数

$$\chi = 3.948 \sqrt{\gamma \left(\frac{2}{\gamma+1}\right)^{(\gamma+1)/(\gamma-1)}} \qquad (9\text{-}3)$$

对于非理想气体，通过引入两参数，分别为非理想气体的压缩因子 z 以及背压修正系数 K_b，对式（9-2）进行修正得到：

$$A = \frac{0.1 Q_m}{C_0 \chi K_b p} \sqrt{\frac{Tz}{M}} \qquad (9\text{-}4)$$

式中，泄放系数 C_0 通常取值 0.975；K_b 为背压修正系数，可通过 API RP520 推荐的图 9-10 查得。

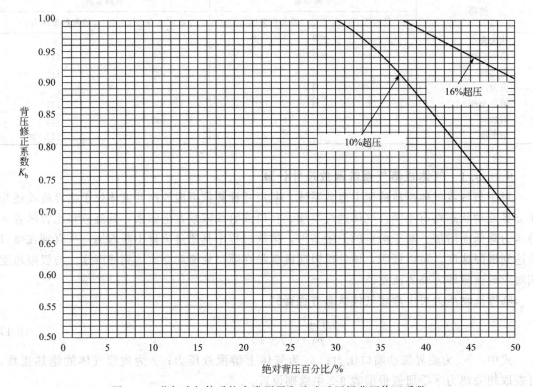

图 9-10　蒸气或气体系统中常用平衡腔式减压阀背压修正系数

$$\text{绝对背压百分比} = \frac{\text{背压}}{\text{设定压力+超压}} \times 100\%$$

【例 9-1】　某反应器氮气保护控制回路失效，导致氮气由 150mm 管线进入反应器。已知氮气源处压力为 1.0MPa(G)，温度为 20℃。反应器设定泄放压力为 0.4MPa(G)。为保护反应器免遭事故，所需的平衡腔式减压阀的蒸气泄放直径多少？假设泄放背压为 100kPa(G)。

解　由于氮气源上游为 1.0MPa(G)，若控制回路失效，氮气窜入反应器，压力升高并达到容器失效的压力值。因此必须安装泄压设备，将事故进入的氮气迅速排出。

首先计算气体的临界压力，以判断是否处于临界流动状态。对于氮气，其绝热指数 γ 为 1.40，则可得其临界压力

$$p_{cf} = \left(\frac{2}{\gamma+1}\right)^{\gamma/(\gamma-1)} p = \left(\frac{2}{1.4+1}\right)^{1.4/(1.4-1)} \times (1.0+0.1) = 0.58\text{MPa(A)}$$

泄放过程选取压力容器内超压 10%，则反应器最大设计压力为

$$p_{\max}=1.1p_s=1.1\times(0.4+0.1)=0.55\text{MPa(A)}$$

因此反应器内压力低于临界压力，管线内流动为临界流动，采用式（9-2）计算所需排量。

$$Q_m=10AC_0\chi p\sqrt{\frac{M}{T}}$$

式中各参数：

$$A=\frac{\pi d^2}{4}=\frac{3.14\times150^2}{4}=17671.5\text{（mm}^2\text{）}$$

$$p=1.1\text{MPa(A)}$$

$$T=20+273.15=293.15\text{K}$$

$$M=28\text{kg/kmol}$$

$$C_0=1.0$$

$$\chi=3.948\sqrt{\gamma\left(\frac{2}{\gamma+1}\right)^{(\gamma+1)/(\gamma-1)}}=3.948\times\sqrt{1.4\times\left(\frac{2}{1.4+1}\right)^{(1.4+1)/(1.4-1)}}=2.70$$

代入计算得：

$$Q_m=10\times17671.5\times1.0\times2.70\times1.1\times\sqrt{\frac{28}{293.15}}=1.62\times10^5\text{（kg/h）}$$

获得所需排量后，即可根据式（9-4）计算泄放阀所需面积。首先应用图 9-10 获取背压修正系数 K_b。

其中：

标准背压百分比：

$$\alpha=\left(\frac{p_b}{p_s}\right)\times100=\frac{0.1}{0.4}\times100\%=40\%$$

对于 10% 的超压，查图得到 $K_b=0.86$。

泄压阀的有效泄放系数 C_0' 选取 0.975，此处应注意，本例中当设备信息不完整，核算所需排量时 C_0 选取 1.0，而此处计算泄压阀所需面积时 C_0' 设定为 0.975，目的是采用最保守思路，计算理论可能出现的最大排量，以及理论核算所需最大泄放面积。实际应用中，有时可根据厂家提供泄压设备的设备数据表中提供有效泄放系数值。同样道理，适用于压缩因子 z 的取值，若无法获取则取值 1.0。

式（9-2）中 p' 为泄放过程上游绝对压力，因此 $p'=0.55\text{MPa(A)}$。

则由式（9-4）计算所需的泄放面积：

$$A=\frac{Q_m}{C_0\chi K_b p'}\sqrt{\frac{Tz}{M}}=\frac{0.1\times1.62\times10^5}{0.975\times2.70\times0.86\times0.55}\sqrt{\frac{293.15\times1.0}{28}}=42097.03\text{（mm}^2\text{）}$$

所需泄放阀出口直径：

$$d=\sqrt{\frac{4A}{\pi}}=\sqrt{\frac{4\times42097.03}{3.14}}=231.52\text{（mm）}$$

计算得到所需泄放阀直径后，需根据制造商提供的标准泄放阀尺寸数据表，选择与所需尺寸相近的最大直径泄放设备，此例题中可选择 250mm 口径的安全阀。

9.3.3.2 液体泄放尺寸计算

不同于气体的泄放过程，液体泄放过程中弹性减压阀随着压力的增加被压缩，不具备气体泄放时具有的突然全开启动作；且很多流体具有高黏度，随着液体的黏度增加，所需泄放

面积必然增大。

液体泄放过程所需的泄放面积，其计算式为：

$$A = 0.196 \frac{Q_m}{C_0 K_v K_p K_b \sqrt{\rho \Delta p}}$$ (9-5)

式中，A 为所需的有效排放面积，mm^2；Q_m 为通过泄放孔的理论流量，kg/h；C_0 为泄放系数（无量纲）；K_v 为黏度修正系数（无量纲）；K_p 为超压修正系数（无量纲）；K_b 为背压修正系数（无量纲）；ρ 为液体的密度，kg/m^3；Δp 为实际排放压力 P_d 与背压 P_b 的压差，MPa（表压）。

泄放系数 C_0 的经验值选取可参见第 5 章中孔流系数的选取规则；在泄放尺寸确实过程中，当泄放系数 C_0 不能确定时，则使用保守值 0.61，以使得泄放面积最大。

黏度修正系数 K_v 对高黏度物质经过阀门导致的额外的摩擦损失进行了修正，可由图 9-11 中给出。由式（9-5）可看出，随着流体黏度增加（低雷诺数），计算所需的泄放面积也变大。由于确定黏度修正系数需要雷诺数，而计算雷诺数又需要泄放面积，因此形成叠代计算。对于大多数泄放过程，雷诺数大于 5000，修正项接近 1。开始计算时，可选用 1 为假设初值。

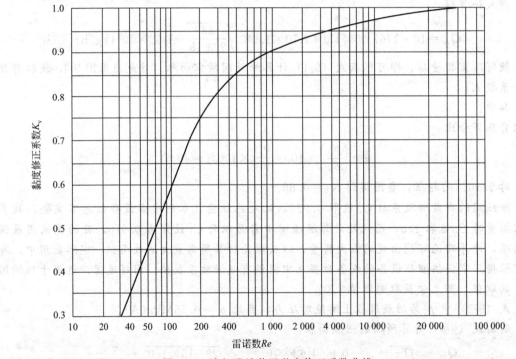

图 9-11 液相泄放装置黏度修正系数曲线

除了查图法，Darby 和 Molavi 针对雷诺数大于 100 的流动，建立了黏度修正系数与雷诺数的表达式：

$$K_v = 0.975 \sqrt{\frac{1}{\frac{170}{Re} + 0.98}}$$ (9-6)

式中，Re 为雷诺数。

超压修正系数 K_p 包含了排放压力大于设定压力的影响，可由图 9-12 进行查取。K_p 是设计所确定的超压的函数，随着超压的减小，修正值减小，导致所需泄放面积增大。图 9-12 中曲线显示了超压由 10% 至 25%，泄压设备的能力受到由于阀门开启导致的泄放面积的变化、泄放系数的变化和超压变化的影响。超压大于 25%，阀门的能力仅受超压变化影响。在较低的超压下操作的泄放阀趋于喘振，因此通常不建议设计低于 10%的超压。

背压修正系数仅适用于平衡腔式安全阀，可从图 9-13 中查取。

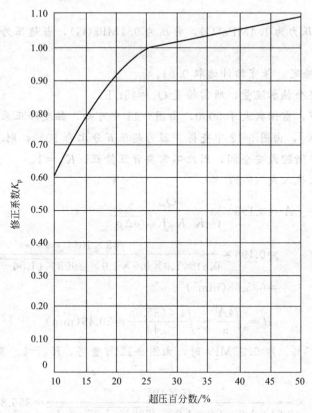

图 9-12　液相弹性开启式减压阀超压修正系数 K_p 曲线

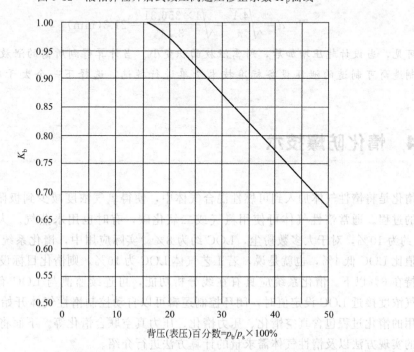

图 9-13　液相介质应用于平衡腔式减压阀背压修正系数曲线

【例 9-2】 某容器的设计压力为 1.4MPa(G) 压力，现一个定容泵以 45t/h 的速度送水。若下游堵塞憋压，容器具有被泵冲压损坏风险，因此需对该容器安装液相安全阀进行超压保护，假设泄放系统背压为 100kPa(G)，计算超压分别为 10% 及 25% 的情况下，所需的泄放面积。

解 （1）设定压力为 1.4MPa(G)，背压为 0.1MPa(G)，当超压为设定压力的 10% 即 0.14MPa(G) 时：

排放系数 C_0 未给定，保守估计选取 0.61。

物质泄放量是整个抽水流量，所需排量 $Q_v = 45t/h$。

假设在该流量下，雷诺数大于 5000，由图 9-11 中可知，黏度修正系数 $K_v = 1.0$。

超压修正系数 K_p，由图 9-12 中查得，因为超压百分比为 10%，则 $K_p = 0.6$。

因为未设计成平衡腔式安全阀，因此不需要背压修正，$K_b = 1$。

将这些参数依次代入式（9-5）

$$A = 0.196 \times \frac{Q_m}{C_0 K_v K_p K_b \sqrt{\rho \Delta p}}$$

$$= 0.196 \times \frac{45 \times 10^3}{0.61 \times 1.0 \times 0.6 \times 1.0 \times \sqrt{998 \times (1.54 - 0.1)}}$$

$$= 635.68 (mm^2)$$

$$d = \sqrt{\frac{4A}{\pi}} = \sqrt{\frac{4 \times 635.68}{3.14}} = 20.46 (mm)$$

（2）当超压为 25%，即 0.35MPa 时，由图 9-12 可查得，$K_p = 1$。其他参数不变，则此时所需排放面积：

$$A = 0.196 \times \frac{45 \times 10^3}{0.61 \times 1.0 \times 1.0 \times 1.0 \times \sqrt{998 \times (1.75 - 0.1)}} = 356.31 (mm^2)$$

$$d = \sqrt{\frac{4A}{\pi}} = \sqrt{\frac{4 \times 356.31}{3.14}} = 21.3 (mm)$$

可见，当设计超压增加后，所需泄放面积变小。当计算得到所需的泄放设备尺寸后，应根据制造商可制造的泄压设备标准技术清单进行挑选，选择下一个大于所需泄放口径的尺寸。

9.4 惰化防爆技术

惰化是将惰性气体加入到可燃性混合气体中，使得氧气浓度减少到极限氧浓度（LOC）以下的过程。通常惰性气体可使用氮气或二氧化碳，有时也用水蒸气。大多数可燃气体，LOC 约为 10%，对于大多数粉尘，LOC 约为 8%。实际应用中，惰化系统氧气浓度设定的控制值比 LOC 低 4%，也就是说，若工艺气体 LOC 为 10%，则惰化目标设定值应将氧气浓度维持在 6% 以下。惰化系统应具有在线分析功能，可连续监测与 LOC 有关的氧气浓度，当氧气浓度接近 LOC 设定值时，闭环控制逻辑可以自动控制惰性气体开始向系统添加。通常应用的惰化过程包含真空惰化、压力惰化、压力真空联合惰化等。下面将对几种不同惰化过程的实现方法以及惰性气体需求量的计算方法进行介绍。

9.4.1 真空惰化

真空惰化是一种最为常见的惰化过程，适用于一切耐真空设备。真空惰化过程包括以下步骤：

① 对容器抽真空直到达到所需的真空度；

② 用氮气或二氧化碳等惰性气体来消除真空，直到回复至工艺压力；

③ 重复步骤①和②，直到容器内达到所需的氧浓度。

真空惰化过程如图 9-14 所示的阶梯式进程所示。以初始氧气浓度为 y_0 的某尺寸已知的容器，欲真空惰化至目标氧气浓度 y_j 的过程为例，说明如何进行惰化过程的设计，即确定为达到目标氧气浓度所需的循环次数及所需的惰化气体量。

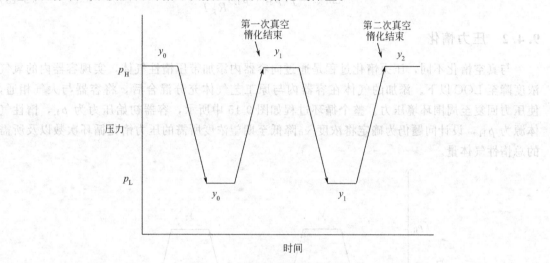

图 9-14　真空惰化过程示意图

容器初始压力 p_E，真空装置压力为 p_L。计算时，认为系统遵从理想气体状态方程，每次循环过程，容器内气体总物质量只与容器内压力有关：

$$n_H = \frac{p_H V}{R_g T} \tag{9-7}$$

$$n_L = \frac{p_L V}{R_g T} \tag{9-8}$$

式中，n_H、n_L 分别为容器压力下与真空状态下总物质的量。不同压力下容器内氧的物质的量可由 Dolton 定律得到：

$$(n_{0xy})_{1L} = y_0 n_L \tag{9-9}$$

$$(n_{0xy})_{1H} = y_0 n_H \tag{9-10}$$

容器从初始状态进行抽真空操作时，其氧气浓度维持 y_0 不变，直至抽真空至 p_L。此后，用纯氮气对容器进行惰化操作，此阶段容器内氧的物质的量维持不变，氮气的物质的量增加。氮气加入后，新的氧浓度为

$$y_1 = \frac{(n_{0xy})_{1L}}{n_H} \tag{9-11}$$

式中，y_1 为用氮气初次惰化完成后容器内氧浓度，将式（9-9）代入式（9-11）后，得到：

$$y_1 = \frac{(n_{0xy})_{1L}}{n_H} = y_0 \left(\frac{n_L}{n_H} \right) \qquad (9-12)$$

进一步对容器重复真空和惰化过程，第二次惰化后氧的浓度为：

$$y_2 = \frac{(n_{0xy})_{2L}}{n_H} = y_1 \left(\frac{n_L}{n_H} \right) = y_0 \left(\frac{n_L}{n_H} \right)^2 \qquad (9-13)$$

不断重复该过程，直到氧气浓度减少到期望水平 y_j。j 次惰化循环后容器内氧浓度为：

$$y_j = y_0 \left(\frac{n_L}{n_H} \right)^j = y_0 \left(\frac{p_L}{p_H} \right)^j \qquad (9-14)$$

每次循环所添加的氮气总物质的量为一常数，总惰化过程，所耗氮气总物质的量为

$$\Delta n_{N_2} = j(p_H - p_L) \frac{V}{R_g T} \qquad (9-15)$$

9.4.2 压力惰化

与真空惰化不同，压力惰化过程是通过向容器内添加带压惰性气体，实现容器内的氧气浓度降至 LOC 以下。添加的气体在容器内与原工艺气体充分混合后，将容器与大气相通，使压力回复至周围环境压力。整个循环过程如图 9-15 中所示，容器初始压力为 p_L，惰性气体源为 p_H，设计问题仍为确定将浓度 y_0 降低至期望浓度所需的压力惰化循环次数以及所需的总惰性气体量。

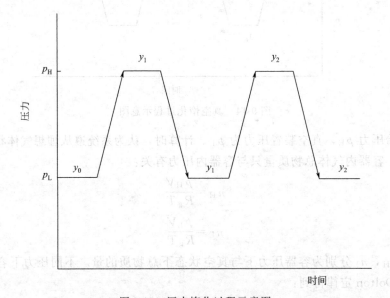

图 9-15　压力惰化过程示意图

由于使用纯惰性气体加压，因而在加压过程中氧气的物质的量不变，但摩尔分数降低；反过来，在降压过程中，容器内气体组成不变即氧气的摩尔分数不变，但总物质的量减少。压力惰化过程的设计与真空惰化类似，此处不进行详细推导，有兴趣的读者可自行完成。最后得到关系式与式（9-14）相同，区别在于式中 n_L 为大气压下的总物质的量（低压状态），n_H 为加压下的总物质的量（高压状态），另外式中容器内氧的初始浓度（y_0）应为容器首次加压后计算得到的浓度值。

压力惰化相较于真空惰化，其优点在于降低了潜在的循环时间，这是由于加压惰化过程相对较缓慢的制造真空过程要快得多。然而，其不利之处在于需要使用较多的惰性气体，这

是因为真空惰化过程中氧气浓度的降低主要由抽真空来减少。因此，应根据成本和操作性能综合选择最优的惰化过程。

【例 9-3】 温度为 20℃，容积为 5m³ 常压容器内含有大量可燃气体，现欲使用惰化技术将容器内氧气浓度降至 $1×10^{-6}$ 以下，从而避免潜在的燃烧危险。试计算：

(1) 使用真空泵形成 2kPa 的绝压，随后用纯氮气对容器进行真空惰化；

(2) 使用压力为 600kPa(G)，温度为 20℃ 的纯氮气对容器进行压力惰化。

两种过程下所需的氮气总量及循环次数。

解 (1) 真空惰化工况：

初始状态和目标状态下氧气浓度分别为：

$$y_0 = 0.21$$
$$y_f = 1×10^{-6}$$

所需的循环次数，可由式 (9-14) 计算：

$$y_j = y_0 \left(\frac{p_L}{p_H}\right)^j$$

$$\ln\left(\frac{y_i}{y_f}\right) = j \ln\left(\frac{p_L}{p_H}\right)$$

$$j = \frac{\ln(10^{-6}/0.21)}{\ln(2kPa/100kPa)} = 3.13$$

惰化次数 $j = 3.37$，即总共需 4 次循环才能将氧气浓度降低至 $1×10^{-6}$。

所需总氮气的量由式 (9-15) 计算，注意其中 p_H、p_L 压力项为绝压：

$$\Delta n_{N_2} = j(p_H - p_L)\frac{V}{R_g T} = 4×(100-2)×10^3×\frac{5}{8.314×293.15} = 717.8\text{mol}$$

(2) 压力惰化工况：

压力惰化过程下，氧气初始摩尔分数 y_0 为第一次加压后氧气的浓度，为：

$$y_0 = 0.21×\left(\frac{p_L}{p_H}\right) = 0.21×\frac{100kPa}{(100+600)kPa} = 0.03$$

则由式 (9-15) 计算所需的循环次数：

$$j = \frac{\ln(10^{-6}/0.03)}{\ln\left(\frac{100}{100+600}\right)} = 5.30$$

因此最终需要 6 次压力惰化，可将容器内氧气含量降低至要求浓度。该惰化操作所使用总的氮气总量为

$$\Delta n_{N_2} = j(p_H - p_L)\frac{V}{R_g T} = 6×(700-100)×10^3×\frac{5}{8.314×293.15} = 7385.4\text{mol}$$

可见，压力惰化需要 6 次循环，且使用 7385.4mol 的氮气，均多于使用真空惰化的 4 次循环和总消耗 717.8mol 的氮气。需要结合性能价格综合比较，来确定是否压力惰化所节约时间可抵消多使用的氮气成本。

9.4.3 吹扫惰化

当容器或设备没有针对压力或真空度划分等级时，真空惰化与加压惰化均不适用，此时可采用吹扫惰化过程，以实现惰化气体在大气环境压力下被加入和抽出。

吹扫惰化是在一个开口处将惰化气体加入到容器中，并从另一个开口处将混合气体从容

器内抽出到环境的过程。假设气体在容器内完全混合，温度和压力保持恒定，则排出气流的质量或体积流率等于进口气流。以容器内氧气含量建立质量平衡关系式得到：

$$V\frac{dc}{dt}=c_0Q_V-cQ_V \tag{9-16}$$

式中，V 为容器体积；c 为容器内氧气的浓度（可为质量或体积单位）；c_0 为进口氧气浓度（与 C 单位对应）；Q_V 为体积流量；t 为时间。

对式（9-16）进行整理和积分，得到：

$$Q_V\int_0^c dt=V\int_{c_1}^{c_2}\frac{dc}{c_0-c} \tag{9-17}$$

上式代表容器内氧气浓度从 c_1 降低至 c_2，吹扫过程所需的总惰性气体体积为 Q_Vt，积分得到：

$$Q_Vt=V\ln\left(\frac{c_1-c_0}{c_2-c_0}\right) \tag{9-18}$$

对于很多应用场合，$c_0=0$。

9.5 静电防护

石油化工行业中，由于静电积累并突然释放产生火花是一种常见也最让人难以捉摸的引燃源。尽管现阶段工厂内对于静电防护普遍重视程度较高，但由静电导致的严重的火灾爆炸事故仍屡有报道。2008 年 8 月 26 日早晨，广西壮族自治区河池市广维化工股份有限公司储罐发生爆炸事故，导致 21 人死亡，59 人受伤，1 万多名群众疏散。事故调查表明，其中一个重要的原因就是由于产量增加，进出储罐的物料流速增加，导致静电聚集，而该公司的储罐并未按原设计设置静电接地保护装置，进而产生静电火花，引爆储罐内的爆炸性混合气体（乙炔、醋酸、醋酸乙烯等）。

对于由静电引起的此类风险，首先应当充分理解与静电有关的基本原理，并基于这些基本原理从设计、选材、操作等不同层面确定相应的措施，防止静电积聚。当静电积聚不可避免时，在可能出现火花的区域进行可靠的安全防护。

9.5.1 静电基本原理

9.5.1.1 静电积聚

静电积聚是导电性能不同的物质相互接触时，电子通过界面从一个表面转移至另一个表面。分离后，一个表面上剩余的电子比另一个表面多，导致一个物质带正电，另一种带负电。若两物质都导电性能较好，电子能够在两表面之间快速移动，因而分离后电荷积累较少；然而若其中一种物质是绝缘体或导电性能较差，电子就易被限制在其中一个物质的表面上，接触导致的电荷积累就较多。

石化装置内，与静电放电有关的电荷积累过程有以下四种。

① 接触和摩擦带电：两种物质接触时在界面处发生电荷分离。若把这两种物质分开，那么部分电荷仍然维持分离状态，导致两种物质带有极性相反、电量相等的电荷。

② 双层带电：电荷分离发生在任何界面处液相的微小尺度上（固液、气液或液液）。随着液体的流动，液体将电荷带走，并使极性相反的电荷留在另一个界面上，如管壁。

③ 感应带电：由一个带电体靠近另一个不带电物体，带电体产生的电场，吸引另一个物体中的自由电子移动，造成感应物体中的电荷分布不均匀，从而"带电"。这种方式并不存在物体间的电子转移，只有物体内部的电子分布偏移。

④ 输送带电：当带电的液体液滴或固体颗粒被置于绝缘物体上时，该物体带电。转移的电荷是物体电容以及液滴、颗粒和界面电导率的函数。

9.5.1.2 静电放电

当静电积聚导致带电体产生场强超过 3MV/m（空气的击穿电压）或表面最大电荷密度超过 $2.7 \times 10^{-5} C/m^2$ 时，带电物体就会向地面或带有相反电荷的物体以如下 6 种方式放电，以实现电荷的快速中和。

① 火花放电；

② 传播电极；

③ 尖端放电；

④ 电刷；

⑤ 电弧；

⑥ 电晕。

静电放电产生的能量与物体上积聚的电量（Q）、物体的电容（C）和物体的电压（V）有关。火花放电的实际能量可由下式近似计算：

$$J = \frac{Q^2}{2C} \tag{9-19}$$

对于其他放电形式，由于电容和电压在绝缘系统中没有定义，式（9-19）仅可定性地应用。

图 9-16 给出了静电放电所产生的能量与气体、蒸气和粉尘的最小点火能的比较。最小点火能（Minimum Ignition Energy，MIE）是可燃性物质（包括粉尘）初始燃烧所需的最小能量，部分化学物质的最小点火能见表 9-3。从表中可看出，大多碳氢化合物的 MIE 约为

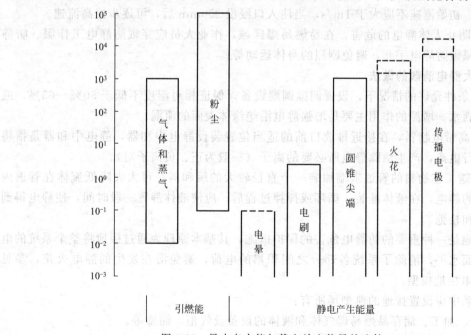

图 9-16 最小点火能与静电放电能量的比较

0.25mJ，而人在地毯上行走所引发的静电放电产生的能量为22mJ，通常的火花放电释放的能量为25mJ，均能够作为引燃源引起火灾事故，这也就解释了为什么静电易造成事故发生。

表 9-3　部分化学物质的最小点火能

化学物质	最小点火能/mJ	化学物质	最小点火能/mJ
乙炔	0.020	n-庚烷	0.240
苯	0.225	正己烷	0.248
1,3-丁二烯	0.125	氢气	0.018
n-丁烷	0.260	甲烷	0.280
环己胺	0.223	甲醇	0.140
环丙烷	0.180	甲基乙炔	0.120
乙烷	0.240	丁酮	0.280
乙烯	0.124	n-戊烷	0.220
乙酸乙酯	0.480	2-戊烷	0.180
环氧乙烷	0.062	丙烷	0.250

9.5.2　控制静电措施

为避免静电造成的危害，通常从减少静电产生以及增大静电消散两个方面采取措施。

(1) 减少静电产生的技术

① 根据静电起电规律，接触起电的有关物料尽量选用在带电序列中位置较邻近的物料，或对产生正负电荷的物料加以适当组合，达到起电最小的目的。

② 在生产工艺的设计上，对有关物料尽量做到接触面积小，压力低，接触次数较少，运动和分离速度较慢以及减小处理规模等。

③ 在某些物料中，添加少量适宜的防静电添加剂，以降低其电阻率。

④ 限制物料的运动速度：在工艺物料输送中限制过高的流速，尤其是输送物料进入容器过程。如在油罐装油时，注油管口应尽可能接近油罐底部，对于电导率低于50pS/m的液体石油产品，初始流速不应大于1m/s，当注入口浸没200mm后，可逐步提高流速。

⑤ 为了防止人体静电的危害，在易燃易爆区域，作业人员应穿戴防静电工作服、防静电工作鞋，佩戴防静电手套，避免剧烈的身体运动等。

(2) 增大静电消散的做法

① 工艺条件允许的情况下，设置调温调湿设备，保证相对湿度不低于50%~65%，或定期向地面洒水。增湿的作用主要是增强静电沿绝缘体表面的泄漏。

② 对于高带电物料，在接近排放口前的适当位置装设静电中和器，静电中和器是指将气体分子进行电离，产生消除静电所必要的离子（一般为正、负离子对）。

③ 在输送工艺物料的管道末端加装一个直径较大的缓和器，可大大降低流体在管道内流动时积累的静电，在液体灌装、循环或搅拌过程后，应使液体静置一段时间，使静电得到足够的消散和松弛。

静电接地是一种重要的防静电危害的保护措施，其基本原理为通过接地将整个系统的电压减少到地面水平，消除了系统各部分之间积累的电荷，避免潜在发生的静电火花，参见图9-17中静电接地模型。

石化体系中应设置接地的典型场所有：

① 生产、加工、储存易燃易爆气体和液体的设备及气柜、储罐等。

② 输送易燃易爆液体和气体的管道及各种阀门。

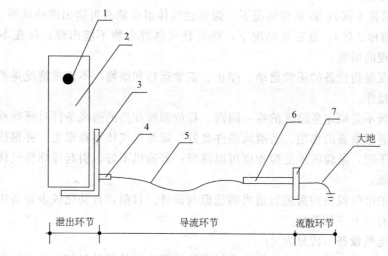

图 9-17　静电接地模型

1—带电区；2—带电体的泄漏通道；3—设备支架、外壳；
4—接地端子；5—接地支线；6—接地干线；7—接地体

③ 装卸易燃易爆液体和气体的罐（槽）车、油罐（槽），包括注入栈桥、铁轨、鹤管以及设备、管线等。

④ 生产、输送可燃粉尘的设备和管线，如混合器、过滤器、压缩机、干燥器、吸收装置、磨、筛以及通风管道上的金属网过滤器、浮动式易燃易爆气柜的金属顶部，应不少于两处用 $25mm^2$ 跨接软铜线与柜体相连接。

⑤ 钢筋混凝土的储罐（槽），应沿内壁敷设防静电接地导体，并引到罐（槽）外接地，且与引入的金属管道、电缆金属外皮连接。

⑥ 管道及金属桥台，应在始端、末端、分支处以及每隔 50m 处设防静电接地。

9.6　化工防爆区划分

化工厂中所有电气设备本质上都是潜在的点火源，若将其直接应用于可燃气体与粉尘可能出现的环境中，易造成燃烧爆炸事故的发生。2011 年 10 月 16 日，浙江省常山绝缘材料有限公司制胶车间 2# 反应器因温度失控，造成釜内压力增高，物料爆沸冲开加料孔盖，釜内的大量甲醇蒸气逸出，与外部空气形成爆炸性混合气体，发生爆炸燃烧事故，事故造成 3 人死亡，3 人受伤。事故调查表明，制胶车间电气设备（包括反应釜搅拌电机、照明电器、配电箱、电气线路等）均未采用防爆设施，这次事故的点火源就是制胶车间内的电器设备在运行中产生的火花。因此，化工装置区域内的电器设备的设计与选用，应考虑过程或工艺区域的危险特性。我国标准 GB 3836.14—2000《爆炸性气体环境用电设备第 14 部分：危险场所分类》中规定：

在爆炸性气体、可燃蒸气与空气混合可能形成爆炸性气体混合物的场所，按其释放源的释放频率程度和持续时间长短分三个区域等级。

0 级区域（简称 0 区）：在正常情况下，爆炸性气体混合物连续地、短时间频繁地出现或长时间存在的场所；

1 级区域（简称 1 区）：在正常情况下，爆炸性气体混合物有可能出现的场所；

2 级区域（简称 2 区）：在正常情况下，爆炸性气体混合物不能出现，仅在不正常情况下偶尔短时间出现的场所。

注：正常情况是指设备的正常启动、停止、正常运行和维修，不正常情况是指有可能发生设备故障或误操作。

释放源的等级不是确定危险区的唯一因素。释放源所在处的通风条件对爆炸性气体与空气混合、扩散起着很重要的作用。若通风条件良好，爆炸性气体很难聚集，并很快会被空气稀释到低于爆炸下限，危险区的危险程度可以降级；若通风不好，引起爆炸性气体聚集，则要提高危险区等级。

防爆区域内的电气设备均需进行适当的选型与设计。目前，自动化仪表设备中最常使用的防爆电气设备有以下三种类型。

(1) 隔爆型电气设备 （代号为 d）

具有隔爆外壳的电气设备，是指把能点燃爆炸性混合物的部件封闭在一个外壳内，该外壳并不是用作隔绝可燃气体或粉尘与电气设备的接触，而是用来承受内部爆炸性混合物的爆炸压力并阻止向周围的爆炸性混合物传爆的电气设备。

(2) 增安型电气设备 （代号为 e）

正常运行条件下，不会产生点燃爆炸性混合物的火花或危险温度，并在结构上采取措施提高其安全程度，以避免在正常和规定过载条件下出现点燃现象的电气设备。

(3) 本质安全型电气设备 （代号为 i）

在正常运行或在标准试验条件下所产生的火花或热效应均不能点燃爆炸性混合物的电气设备。

在防爆区等级为 0 级的区域，必须选择本质安全型电气设备。

9.7 工厂选址和设施布局

1984 年印度博帕尔灾难和 2005 年 BP 德克萨斯城炼油厂爆炸事故（参见附录 A）等案例经验表明，如果工厂选址和厂内设施布局不当，都可能导致灾难性的后果。

工厂选址和设施布局是化工厂风险管理的基础。通过工厂选址和厂内设施合理布局使潜在的火灾、爆炸、有毒物质泄漏事故源与可能受到事故影响的环境敏感区域相分离，进而避免引发更严重的次生事故，实现本质更安全的工厂设计。这里，环境敏感区是指具有下列特征的区域。

① 需特殊保护地区　国家法律、法规、行政规章及规划确定或经县级以上人民政府批准的需要特殊保护的地区，如饮用水水源保护区、自然保护区、风景名胜区、生态功能保护区、基本农田保护区、水土流失重点防治区、森林公园、地质公园、世界遗产地、国家重点文物保护单位、历史文化保护地等。

② 生态敏感与脆弱区　沙尘暴源区、荒漠中的绿洲、严重缺水地区、珍稀动植物栖息地或特殊生态系统、天然林、热带雨林、红树林、珊瑚礁、鱼虾产卵场、重要湿地和天然渔场等。

③ 社会关注区　人口密集区、文教区、党政机关集中的办公地点、疗养地、医院等，

以及具有历史、文化、科学、民族意义的保护地等。

由于土地成本很高，工厂和地方政府的财力有限，工厂与环境敏感区域之间的距离不可能无限大，工厂内各个设施之间的距离不可能无限大，因此，需要对工厂选址及其内部设施布局进行优化，既要考虑一次性资本投入，又要考虑化工过程的全生命周期的费用和不同的选址方案的风险。

工厂选址和厂内设施布局有两种方法，分别为查表法和风险评价法（见第 7 章）。一般来讲，预防火灾的安全距离和正常生产条件的卫生防护距离可以通过查表法确定。有关数据表可以在国家现行的相关标准中查到，例如 GB 50160《石油化工企业设计防火规范》、GB 50016《建筑设计防火规范》、SH 3093《石油化工企业卫生防护距离》等。所谓卫生防护距离是指正常生产条件下，散发无组织排放大气污染物的生产装置、"三废"处理设施等的边界至居住区边界的最小距离。所谓无组织排放是指大气污染物不经过排气装置的无规则排放，或通过低于 15m 低矮排气装置的排放。表 9-4 列出了不同规模的石油化工装置（设施）与居住区之间的卫生防护距离。

表 9-4　石油化工装置（设施）与居住区之间的卫生防护距离　　单位：m

类型	工厂类别及规模 /(10⁴t/a)	装置(设施) 分类①	装置(设施)名称	当地近五年平均风速/（m/s）		
				<2.0	2.0~4.0	≥4.0
炼油	≤800	一	酸性水汽提、硫黄回收、碱渣处理、废渣处理	900	700	600
		二	延迟焦化、氧化沥青、酚精制、糠醛精制、污水处理场②	700	500	400
	>800	一	酸性水汽提、硫黄回收、碱渣处理、废渣处理	1200	800	700
		二	延迟焦化、氧化沥青、酚精制、糠醛精制、污水处理场	900	700	600
化工	乙烯 ≥30 ≤60	一	丙酮氧醇、甲胺、DMF	1200	900	700
		二	乙烯裂解（SM 技术）、污水处理场、"三废"处理设施	900	600	500
		三	乙烯裂解（LUMMS 技术）、氯乙烯、聚乙烯、聚氯乙烯、乙二醇、橡胶(溶液丁苯-低顺)	500	300	200
合纤	涤纶 >20≤60	一	氧化装置	900	900	700
	涤纶≤20	一	氧化装置	700	700	600
			合成装置	600	600	500
	腈纶<10		聚合及纺丝装置	700	600	500
	尼龙 6 ≤3		合成、聚合及纺丝装置	500	500	400
	尼龙 66 ≤5		成盐装置	500	500	400
化肥	合成氨 ≥30	一	合成氨、尿素	700	600	500

① 装置分类：一类为排毒系数较大；二类为排毒系数中等；三类为排毒系数较小。
② 全封闭式污水处理场的卫生防护距离可减少 60%，部分封闭式可减少 30%。

值得注意的是查表法经常被错误使用。防火间距和卫生防护距离通常被认为涵盖了所有化工厂的灾害类型的安全距离。事实上，针对化学品爆炸（包括热膨胀引起的物理爆炸、化学品之间发生化学反应或化学品分解反应引起的化学爆炸、蒸气云爆炸等）、有毒化学品泄漏等突发事件的安全距离没有标准可查,必须要利用后果模拟的方法确定。具体模拟方法参见第 5 章。

在具体的实践中往往把查表法和风险评价法结合起来使用。先利用查表法,快速确定初步的选址方案和设备布置方案,这样的方案能够满足大部分设备的安全距离。然后,针对高风险设备,结合风险评价,通过采取各种预防措施(包括加大这些高风险设备与环境敏感区域之间的安全距离等),确定那些高风险设备的最佳位置,以消减这些设备的剩余风险。

一般来讲,控制室、化验室、办公室等辅助性有人员活动的建筑物,应布置在爆炸区范围以外,靠近装置区边缘,且通过抗爆设计、控制室内正压设计等措施削减风险。全厂性高架火炬应布置在化工区全年最小频率风向的上风侧,应避免火炬的辐射、噪声及有害气体对居住区及人员集中场所的影响;加热炉等有明火设备应集中布置在厂区的一侧,宜布置在有可能散发可燃气体的装置或罐区的全年最小频率风向的下风侧,以避免装置可能泄漏的可燃气体或蒸气被加热炉的明火引爆而发生事故。

值得注意的是,随着社会的发展,社区居民对安全的要求不断提高。现在可以接受的风险,将来不一定会被接受,因此,在选址工作中要充分考虑未来的社会要求。

9.8 公众感知

对化工过程进行风险评估和控制时,应该认识到至少存在三种不同的看待风险的方式。专家习惯于把风险定义为伤害的可能性及后果的组合,用宽泛的功利主义术语来定义可接受的风险。他们认为,在可选择的情况下,伤害的可能性至少应等于产生利益的可能性。普通民众通常不会区分风险和可接受风险的概念,他们通常倾向于将以下因素考虑在内:风险的公平分配,风险是否得到自愿的认定,以及在他们的风险概念中某种风险是否会导致灾难。政府监管者的任务是保护公众免遭不可接受的风险,因此,与使公众获益相比他们更关注的是保护公众远离伤害。

一个国家越发达,其公众对环境的关注度就越强烈,对风险控制的要求就越高。因此,公众对风险的感知及其对风险的容忍程度将随着经济发展而动态变化,有关化工设施的重大投资决策也因此要受到影响。这就要求化工企业管理者和政府监管者在化工设施的风险管理控制工作中时刻对公众感知保持警醒的头脑。

有关研究表明,信任是影响风险容忍程度的一个关键因素,而风险沟通又是获取公众信任的重要手段。如果不及时与公众沟通风险信息,那么公众自己做决策的权利得不到尊重,就不容易获得公众的信任,风险管理者也不会理解公众所关注的问题以及他们所将要采取的后续行动。这种情况下,公众对风险的容忍程度就会降低,对哪怕是很低的风险也会过高估计,从而引起不必要的公众恐慌和过激行动,甚至可能导致更加难以控制的社会问题。

为帮助社区公众做好应急准备,联合国环境规划署于 1988 年推出阿佩尔计划(Awareness and Preparedness for Emergencies at Local Level,APELL),在工厂所在的地方层次上做好预防突发事件的准备和风险控制,确保社区居民的生命安全,保护生态环境。

● 习题

1. 试举例阐述本质更安全、被动控制、主动控制、程序控制等四种风险控制措施的区别,并思考本质更安全是否是最好的风险控制技术。

2. 某化工厂厂区内设有一应急用水罐，其长 3m，直径为 1m。在工厂隐患治理期间，安全专家根据该储罐四周的工艺条件提出需要为该储罐设置安全阀，以防止其受到外部火灾工况而超压损坏。试为该储罐设计适当的泄放装置尺寸，假设仅为蒸汽泄放，容器 MAWP 为 1.6MPa(G)，且已知火灾工况下所需的泄放量为 850kg/h，采用弹性开启式减压阀。

3. 针对某放热反应器，为防止其因冷却系统失效而反应飞温导致的超压损坏，需为其安装一个泄放设备。该泄放设备必须每小时排放 25t 的烃类蒸气，泄放温度为 167℃，设定压力为 500kPa(G)。假设超压为 10%，背压常压。该烃类蒸气的相对分子质量为 65，压缩系数为 0.84，热容比为 1.09，试计算其所需泄放设备直径的大小。

4. 某 6m³ 的装有空气的储罐，现欲在储罐内投入可燃物料，在使用前需用纯净的氮气将储罐惰化为含有 1% 的氧气，储罐温度为 25℃。分两种情况进行惰化保护：(1) 由于储罐最大允许压力为 1.2MPa(G)，使用压力惰化时每次将其加压至 1.0MPa(G) 后再将其恢复至大气压力；(2) 使用真空惰化技术，将储罐由大气压力降至绝对压力为 20kPa。试计算这两种情况所需的惰化循环次数以及使用的氮气的物质的量。

5. 结合本章内容分析以下发生在石化生产厂中的事件是否正确：

(1) 老杨是多年的劳动模范，今天他发高烧 39℃，为了不影响生产，坚持到厂区上班，并参与全厂的检维修操作；

(2) 老杨的徒弟小王，本来今天按照安排应与老杨一组进行反应塔内部构件的检维修，在得知师傅身体不适后，自己毅然独自去进行塔内件检测；

(3) 老杨告知小王，带上自己的手机，如果检维修有问题时可以方便与自己打电话沟通请教；

(4) 小王为了尽快完成今天的检维修任务，结合自己几年来的生产经验，优化了操作方法，省略了他认为操作规程中规定的一些"非常没有必要"却又极其浪费时间的步骤，极大地提高了自己工作效率。

参 考 文 献

[1] CCPS. Guidelines for Engineering Design for Process Safety. New York：AIChE，1993.

[2] CCPS. Inherently Safer Chemical Processes：A Life Cycle Approach. New York：AIChE，1996.

[3] CCPS. Guidelines for Facility Siting and Layout. New York：AIChE，2003.

[4] Daniel A. Crowl，Joseph F. Louvar. Chemical Process Safety Fundamentals with Applications，3rd. Boston：Pearson Education Inc.，2011.

[5] Trevor Kletz，Paul Amyotte. Process Plants：A Handbook for Inherently Safer Design，2nd. London：CRC Press，1998.

[6] Christian Bassey Etowa. Inherently Safer Process Design Indices. Dalhousie University，2011.

[7] Nicholas P. Cheremisinoff. Pressure Safety Design Practices for Refinery and Chemical Operations. New Jersey：Noyes Publications，1997.

[8] API RP 520. Sizing，Selection and Installation of Pressure-Relieving Devices in Refineries Part I-Sizing and Selection. 1990.

[9] 骆广生，王凯，吕阳成，王玉军，徐建鸿. 微尺度下非均相反应的研究进展，化工学报，2013，64 (1)：165-172.

[10] 刘洪娟，杜伟，刘德华. 生物柴油与1，3-丙二醇联产工艺产业化进展. 化学进展，2007，21 (9)：1939-1944.

[11] 陈宏，何小荣，邱彤，陈丙珍. 炼油企业库存管理. 化工学报，2003，54 (8)：1118-1121.

[12] 秦康，王凯，王涛. 超临界二氧化碳构成的两相体系及其在催化反应中的应用. 石油化工，2011，40 (9)：917-925.

[13] R. Taylor，R. Krishna. Modeling Reactive Distillation. Chemical Engineering Science，2000，55 (22)：5183-5229.

[14] GB/T 12241. 安全阀一般要求，2005.

[15] 丹尼尔 A. 克劳尔. 化工过程安全理论及应用. 蒋军成，潘旭海译. 北京：化学工业出版社，2005.

[16] AQ/T 3034. 化工企业工艺安全管理实施导则. 2010.

[17] GB 3836.14. 爆炸性气体环境用电气设备第 14 部分：危险场所分类，2010.

[18] GB 50493. 石油化工可燃气体和有毒气体检测报警设计规范．2009.

[19] HG/T 20546. 化工装置设备布置设计规范，2009.

[20] 查尔斯 E. 哈里斯，迈克尔 S. 普里查德，迈克尔 J. 雷宾斯著．工程伦理：概念和案例．丛杭青，沈琪等译．北京：北京理工大学出版社，2006.

[21] UNEP. Awareness and Preparedness for Emergencies at Local Level-A process for responding to technological accidents, 1988.

第 10 章

安全仪表系统与功能安全

2012 年 5 月 16 日上午 7 时 45 分左右，江西海晨鸿华化工有限公司（以下简称鸿华公司）发生一起爆炸事故，造成 3 人死亡，2 人受伤。鸿华公司的主要产品为年产 2000t 的间-β-羟乙基砜-苯胺。2012 年 5 月 14 日 09 时，磺化车间一班次 2 名操作工按照投料比例加入氯磺酸至反应釜中，加入催化剂和滴加硝基苯后，由于蒸汽压力不够，当班没有进行升温操作；下一班次同样没有进行升温操作。15 日 08 时另一班次操作人员接班后，10 时开始对反应釜进行升温，持续 2h。15 日 20 时，该车间一班次 2 名操作工（原 5 月 14 号投料者）接班后检查反应釜温度为 120℃，继续采取保温措施，16 日 05 时送样化验，发现反应釜中硝基苯含量大于 6%（正常值为小于 0.1%）。16 日 07 时 45 分左右发生爆炸事故，当场造成 1 人死亡，2 人失踪，2 人受伤。

爆炸事故的直接原因为：磺化釜回流片式冷凝器由于搪瓷破裂，钢板被盐酸腐蚀穿孔后，造成片式冷凝器循环冷却水进入磺化釜，与氯磺酸发生剧烈反应，产生大量氯化氢和三氧化硫，温度和压力急剧上升，从而引起冲料和爆炸。

虽然事故发生的直接原因是设备故障以及人员操作失误，但在事故发生时该企业已安装的联锁控制系统没有起到安全保护的作用，而正是由于安全仪表的失效使得工艺生产过程在温度、压力过高时不能及时地紧急停车，从而导致了人员的死伤以及工厂的经济损失。

10.1 概述

化工过程往往涉及易燃、易爆、有毒物质以及高温高压的操作条件，印度 Bhopal、意大利 Seveso 等地曾发生的重大化工事故都证明了化工过程可能会对人们的生命财产以及周边环境产生重大威胁。为了保障安全，避免事故发生，化工过程常常包含各种保护层（Layer of Protection），如过程设计（包含本质更安全理念）、基本过程控制系统、报警与人员干预、主动防护设施（如压力泄放阀 PSV）、安全仪表系统、被动防护设施（如防火堤、防爆墙等）以及各级应急预案（见第 12 章）等。其中，安全仪表系统（Safety Instrumented System，SIS）是关键的一层，当过程背离了预期条件或状态时，SIS 会通过中断进料、紧急放空、停止加热等紧急停车的干涉方式将过程恢复到安全状态，从而避免事故的发生，或者减轻事故的后果。

SIS 对于生产安全十分重要，但是受系统结构、软硬件性能、工作环境及检维护计划的影响，SIS 本身的可靠性非常值得关注。

2000 年，国际电工委员会（International Electrotechnical Commission）发布了 IEC 61508《电气/电子/可编程电子安全相关系统（E/E/PES）的功能安全》，明确提出了安全相关系统的功能安全问题，即如何确保安全相关系统在危险发生时有效执行其安全功能。2003 年发布的 IEC 61511《过程工业领域安全仪表系统的功能安全》则是基于 IEC 61508 的框架针对过程工业中的 SIS 的细化。除此之外在 IEC 61508 的基础上还延伸出了其他领域的安全仪表的相关标准，如核电工业领域的应用标准 IEC 61513、机械领域的应用标准 IEC 62061 等。其他功能安全相关的标准有德国的 DIN V 19250《控制技术测量和控制设备应考虑的基本安全原则》/DIN V VDE0801《安全相关系统中的计算机原理》、美国的 ANSI/ISA 84.01—2004《安全仪表系统在过程工业中的应用》。IEC 61508—1998 及 IEC 61511—2003 所对应的中国国家标准是 GB 20438—2006 及 GB 21109—2007。

10.2 安全仪表系统与功能安全

IEC 61508 中功能安全的定义为：与受控设备及受控设备控制系统相关的总体安全的一部分，取决于 E/E/PE 安全相关系统和其他风险降低措施的正确运作。在 IEC 61511 中，功能安全的定义为：与工艺过程和基本过程控制系统（Basic Process Control System，BPCS）相关的总体安全的一部分，取决于 SIS 和其他保护层机能的正确运作。可见，功能安全属于 SIS 本身安全性的核心内容之一，用于表达安全相关系统执行安全功能的能力。因此，功能安全是 SIS 设计和运行管理的核心问题之一。

10.2.1 安全仪表系统与安全仪表功能

SIS 是过程工业中常用的一种安全相关系统。按照 IEC 61511 标准的相关定义，SIS 指由传感器（Sensor）、逻辑控制器（Logic Solver）和最终执行元件（Final Element）组成的，用于执行安全仪表功能（Safety Instrument Function）的仪表系统。图 10-1 是 SIS 的示意图。

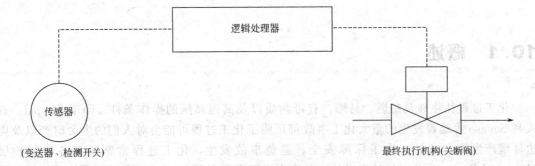

图 10-1　安全仪表系统示意图

安全仪表功能是 IEC 61511 提出的概念。IEC 61511 对安全仪表功能的定义为：由 SIS 执行的具有特定安全完整性等级（Safety Integrity Level，SIL）的安全功能，用于应对特定的危险事件，达到或保持过程的安全状态。化工过程工业中的 SIS 包括紧急停车系统（Emergency Shut-Down System，ESD）、火气系统（Fire and Gas System，FGS）、燃烧器管理系统（Burner Management System，BMS），及高完整性压力保护系统（High Integrity Pressure Protection System，HIPPS）等。

10.2.2 安全仪表系统与基本过程控制系统

在化工过程中存在着另一种系统——基本过程控制系统（BPCS）。BPCS 是响应来自过程、过程相关设备、其他可编程系统或操作员的输入信号，生成输出信号使过程及其相关设备按照预定方式运行的系统。BPCS 执行的是基本生产控制功能，用于维持生产过程的正常运行。图 10-2 表示了某反应器的 BPCS 和 SIS。

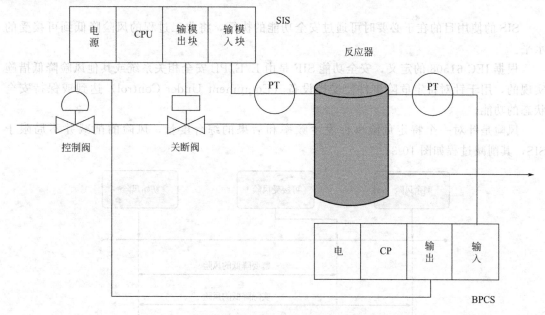

图 10-2　安全仪表系统 SIS 与基本过程控制系统 BPCS

SIS 和 BPCS 都是过程工业运行中重要的系统，但是两者的作用和工作模式大不相同。BPCS 执行基本过程控制功能，将过程的各项参数维持在设计的正常范围内。BPCS 的运行是连续的，必须时刻根据系统的设定要求以及生产过程的状态不断动态运行。BPCS 一旦运行停止，生产过程将失去控制，因此其失效大部分是显性的。而 SIS 则监视生产过程，只有当危险条件发生以后才会发生响应动作，因此 SIS 的失效比较难以发现，是隐性的。而未被发现的 SIS 失效一旦与相应保护对象的故障同时发生，很可能导致严重的事故。因此，SIS 需要周期性的离线或在线测试，这种测试可以是人工测试，也可以通过系统具备的自检测功能进行。

为了保证 SIS 作为保护层的独立性，SIS 应该与 BPCS 的硬件进行隔离。隔离通常包括四个方面：现场传感器、最终执行元件、逻辑控制器、电缆布置等。其中电缆布置是指 BPCS 和 SIS 采用各自的电缆盒接线箱，并采用不同的标识，而电缆托盘、桥架等可以共用。

SIS 与 BPCS 的隔离主要出于以下几方面的考虑：

① 减小 BPCS 对 SIS 的影响。例如，若 BPCS 与 SIS 共用一个阀门，既要实现流量控制又要完成紧急切断功能，那么当阀门发生危险故障（如阀芯断裂而不能关闭），则正常的流量调节和紧急关闭都不能实现。

② 从功能要求上，BPCS 具有操作灵活、维护方便、控制功能连续性强等特点，控制模式、设定值、参数的更改比较频繁。而 SIS 操作，如更改联锁设定值、解除联锁启用旁路等，需要严格的审批程序。隔离的设计有利于对两者实施不同的变更管理。

③ 便于对 SIS 实现的功能进行评估（定级、验证等）。

④ 如果将 BPCS 与 SIS 组合在一起，访问 BPCS 的编程或组态功能就要遵循 SIS 的管理规定，这样某些操作会受到限制。

10.3　功能安全与风险削减

SIS 的使用目的在于必要时可通过安全功能的执行，将化工过程的风险降低到可接受的水平。

根据 IEC 61508 的定义，安全功能 SIF 是由 E/E/PE 安全相关系统或其他风险降低措施实现的，用于针对特定危险事件使受控设备（Equipment Under Control）达到或保持安全状态的功能。

风险是针对一个特定危险事件发生频率和后果的综合度量，风险的削减并不局限于 SIS，其削减过程如图 10-3。

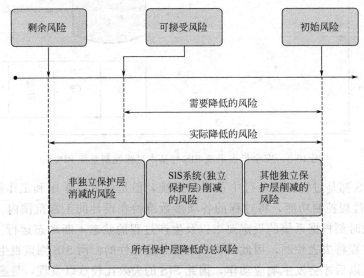

图 10-3　风险削减

① 初始风险：工艺过程中特定危险事件的风险，确认工艺风险时不考虑其他安全保护因素的影响，如 BPCS 及相关的人为因素。

② 可接受风险（工艺安全目标等级）：基于当前的社会价值特定环境下的可以被接受的风险。

③ 剩余风险：危害事件在考虑所有保护层之后的风险。

安全功能的作用在于降低风险。然而无限制地降低风险是不现实的。实践中人们往往是按照 ALARP（As Low As Reasonably Practicable）的原则（见第 2 章），将风险降低到可接受的程度，保证受控设备或过程处于足够安全的状态。因此，要确保安全功能的合理有效，就需要对受控对象进行准确充分的危险辨识和风险分析，随后基于可接受风险的标准确定风险降低的要求。在确定了必要的风险降低要求之后，如其他保护层无法提供足够的风险削减，则需要 SIS 能够正确地降低风险，这就引出了 SIS 的另一个概念，即功能安全完整性等级（Safety Integrity Level，SIL）。

SIL 是 IEC 61508 和 IEC 61511 中提出的一个重要概念。IEC 61511 中安全完整性（Safety Integrity）的定义为：在所有规定条件下，一定时间内 SIS 圆满地执行所要求的安全仪表功能的平均可能性。

10.4 安全仪表系统的安全完整性

SIL 分为 4 个等级，安全完整性随数字增大而提高，SIL 越高，SIS 在实现安全功能时出现故障的概率越低，即可靠性越高。需注意的是，SIL 并不是对过程风险的衡量，也不是某个系统或元件的性质，而是对 SIS 的安全仪表功能水平的衡量。因此，"过程达到 SIL 2 水平"的说法是错误的，正确的说法是 SIS 的某个安全仪表功能达到 SIL 2 等级。

安全完整性包括硬件安全完整性（Hardware Safety Integrity）及系统性安全完整性（Systematic Safety Integrity）。

系统性安全完整性用于表征在危险失效模式（Dangerous Failure Mode）下的系统性失效。导致系统性失效的典型因素包括系统设计错误或缺陷、不当的安装和调试、不当的操作、维护管理的缺乏、软件设计漏洞和组态缺陷等。系统性失效很大程度上都是人为失误造成的，很难准确估计其失效率。因此，IEC 61508/IEC 61511 都强调在安全生命周期的架构下，通过有效的功能安全管理来提高系统性安全完整性。

硬件安全完整性用于表征在危险失效模式下，随机硬件失效（Random Hardware Failure）的可能性。随机硬件失效是指系统在正常使用状态下，在某个时间点一个或多个元件随机出现故障（Fault），依据硬件内可能的降级机制（Degradation Mechanism），导致发生某种安全功能的失效。借助于失效数据可以对硬件安全完整性进行量化计算。硬件安全完整性等级主要由硬件随机失效概率与硬件结构约束（Architectural Constraints）共同决定。

10.4.1 安全仪表系统的失效模式

SIS 的失效模式，按照失效的后果可以分为危险失效、安全失效和无影响失效；考虑到设备的自诊断功能的影响，这些失效又可为检测到与未检测到的失效，以及通报失效等；对于采用冗余结构的 SIS，还应该考虑共因失效以正确评估系统的可靠性。

(1) 危险失效

IEC 61511 将危险失效定义为有可能使 SIS 处于危险状态或无法执行功能状态的失效，危险失效意味着 SIS 不会对危险条件做出响应，一旦对应的危险条件发生，SIS 将无法执行其安全仪表功能，可能导致事故发生。

(2) 安全失效

IEC 61511 将安全失效定义为不能使 SIS 处于危险状态或无法执行功能状态的失效，也就是说在 IEC 61511 中危险失效以外的 SIS 失效都是安全失效。然而，实践中人们不但希望 SIS 能执行其安全仪表功能，也希望 SIS 不会由于误动作造成过程误停车，带来不必要的经济损失。因此，人们通常将造成 SIS 误执行其安全仪表功能的失效称为安全失效，即在危险条件未出现时就将系统置于某种安全状态的失效，以及会增大系统进入安全状态概率的失效。

(3) 通报失效

大部分 SIS 的组件都具有在线自诊断的功能，用以检测组件的失效。通报失效指的就是导致组件不能诊断或通报诊断状态的失效。

(4) 检测到和未检测到的失效

这两种失效也是与组件的自诊断功能有关的失效模式。顾名思义，被组件自诊断功能检测到的失效称为检测到的失效（λ^D），而未被组件自诊断功能检测到的失效称为未检测到的失效。组件检测失效的能力用诊断覆盖率（Diagnostic Coverage）衡量，为检测到的失效率除以总失效率（λ），即

$$DC = \frac{\lambda^D}{\lambda}$$

一个组件对于安全失效和危险失效可能有不同的诊断覆盖率，因此可以按照类似形式分别定义安全失效诊断覆盖率和危险失效诊断覆盖率。

(5) 共因失效（Common Cause Failure）

为了增强容错能力，SIS 的传感器、逻辑控制器和最终执行机构可能会将多个组件组成冗余结构，以避免单一组件的失效带来整个 SIS 的失效。然而，冗余结构中的组件可能因为相同的根本原因同时失效。这些失效可能是因为系统性故障导致（如设计错误），也可能是因外界因素导致的随机性硬件失效（例如因公共冷却风扇的随机失效，造成环境温度过高，使各通道的操作环境恶化，造成多通道同时失效）。如果简单地将各个组件的失效假设为独立事件，将会低估 SIS 整体的失效率，为受控设备的风险控制带来隐患。因此，在分析带有冗余结构的 SIS 的可靠性时，共因失效不但需要考虑，而且往往会成为多通道失效的主要因素。

目前已有多种共因失效模型。其中最为简单的是单一 β 因子（Single β-Factor）模型。这一模型采用一个共因失效因子 β 表示 2 个或多个组件的共因失效在单个设备失效率中所占比例。用 λ、λ^C 和 λ^N 分别表示单一设备的失效率、共因失效率和非共因失效率，即

$$\lambda^C = \beta\lambda$$
$$\lambda = \lambda^C + \lambda^N$$

单一 β 因子模型非常简单，只引入了一个参数。然而单一 β 因子模型过于简单，甚至对于不同的冗余结构都不作区分，这就使得它对于 2 个以上组件构成的冗余结构建模可能不够准确。实践中为了区分不同的冗余结构，在使用单一 β 因子模型时可能会根据经验针对不同的冗余结构假设不同的 β 因子。

为了更准确地对 2 个以上组件组成的冗余结构建模，人们提出了一些更为复杂的共因失效模型，如多错误冲击（Multi Error Shock）模型、二项分布失效率（Binomial Failure Rate）模型、多希腊字母（Multi Greek Letter）模型、多 β 因子（Multi β-Factor）模型。这些模型的提出基于更为复杂的假设，有些还需要一定的数据进行回归。

10.4.2 安全仪表系统的冗余结构

为了提高 SIS 的可靠性，人们常常在 SIS 的子系统中采用冗余结构来提高硬件故障裕度（Hardware Fault Tolerance，HFT）。例如，虽然一个传感器可独立完成检测危险信号的功能，但采用多个并联的传感器能够避免一个传感器失效导致的 SIS 危险失效，从而提高传感器部分的可靠性。IEC 61508 中将能够独立执行某项功能的组件或组件组称为通道。冗余结构是以各通道表决的方式工作的，表决方式用 N 选 M（M out of N，MooN）的形式描述，表示冗余结构包含 N 个通道，只要其中 M 个正常运行，就能保证冗余结构完成安全功能

"正常运行"，而"MooND"则表示具有诊断功能的冗余结构。

　　MooN 所指的表决总是基于安全的观点。N − M 代表了对危险失效（影响所要求安全功能执行的失效）的容错能力，即 HFT。例如，1oo2 表示两个通道中有一个正常操作，就能完成所要求的安全功能，而 2oo2 则表示两个通道都正常工作才能保证 2oo2 结构执行安全功能。相比之下，1oo2 对危险失效的容错能力要高于 2oo2，具有更高的安全有效性（Safety Availability）。然而，SIS 还存在着安全失效，即造成 SIS 误动作执行其安全仪表功能的失效。安全失效可能造成保护对象的误停车，影响过程可用性（Process Availability）。1oo2 结构中只要有一个通道安全失效就会导致安全功能的错误执行，而 2oo2 结构中只有两个通道都发生安全失效才会导致安全功能的错误执行。可见 2oo2 结构虽然对危险失效的容错能力低于 1oo2，但是具有更高的安全失效容错能力。

　　图 10-4 所示是典型的 1oo2 和 2oo2 逻辑控制器结构，图中 1oo2 逻辑控制器采用双通道串联，正常状态下两个通道的触点闭合，最终执行元件通电。当逻辑控制器对要求做出响应时，触点打开，最终执行元件断电。逻辑控制器通道可能存在两种故障：触点粘连（输出晶体管击穿，集电极与发射极之间短路）或者触点误断开（输出断路）。显然，触点粘连属于危险故障。由于两个通道串联，只要一个通道工作正常就能在要求时使最终执行元件断电，因此 1oo2 对危险失效的容错能力（即 HFT）为 1。而任何一个通道触点的误断开会造成误停车，因此安全故障容错为 0。

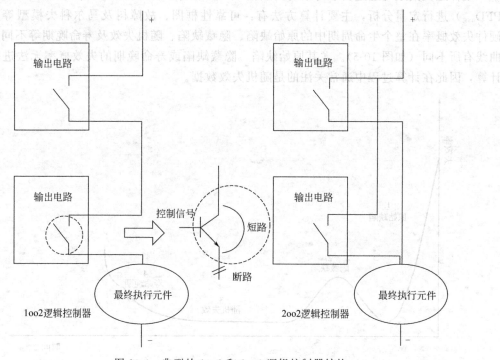

图 10-4　典型的 1oo2 和 2oo2 逻辑控制器结构

　　2oo2 逻辑控制器的情况则正好相反，由于两个通道并联，任何一个通道发生触点粘连都会使最终执行元件在要求时仍然保持通电的状态，导致安全功能的丧失，因此其 HFT 为 0。而仅仅一个触点的误断开并不会导致误停车，因此安全故障容错为 1。

　　表 10-1 是几种常见 MooN 结构的特性。

表 10-1　常见 *MooN* 结构的特性

表决机制	逻辑结构图	危险故障裕度（HFT）	安全故障裕度 （Spurious Fault Tolerance）
1oo1		0	0
1oo2		1	0
2oo2		0	1
2oo3		1	1

硬件随机失效可通过要求时平均失效概率（Average Probability of Failure on Demand，PFD_{avg}）进行定量分析，主要计算方法有：可靠性框图、故障树及马尔科夫模型等。由于硬件失效概率在整个生命周期中的原始缺陷、隐藏缺陷、随机失效及寿命晚期等不同时期的曲线有所不同（如图 10-5）。尤其原始缺陷、隐藏缺陷或寿命晚期的失效概率无法进行定量计算，因此在计算过程中通常关注的是随机失效数据。

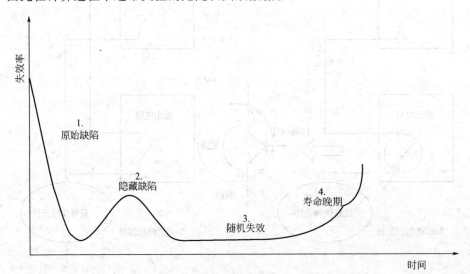

图 10-5　过山车曲线

根据 IEC 616508 提出的结构约束，安全仪表功能所能达到的最大硬件安全完整性等级，主要由其子系统的 HFT 及安全失效分数（Safe Failure Fraction，SFF）决定。如果子系统 HFT 为 N，则意味着当该子系统存在 $N+1$ 个故障时会导致其安全功能的丧失，例如：过程工业中常见的传感器 2oo3 表决机制的故障裕度为 1，即当 2 个传感器故障发生时无法正常执行其安全功能。

SFF 定义为子系统安全失效率和危险失效率之和中，安全失效率和检测出的危险失效率之和所占的比例。SFF 是对危险故障预发现能力的一个表量，由安全失效频率和可被诊断测试检测到的危险失效频率所决定。IEC 61511 规定了过程工业中常见的 SIL1 至 SIL3 所需要的最小硬件故障裕度，如表 10-2 所示。

表 10-2　IEC 61511 关于 SIL 要求最小硬件故障裕度的规定

SIL	最小硬件故障裕度			
	可编程电子(PE)逻辑控制器			传感器、最终执行元件以及非 PE 逻辑控制器
	SFF＜60％	SFF 在 60％与 90％之间	SFF＞90％	
1	1	0	0	0
2	2	1	0	1
3	3	2	2	2
4	参照 IEC 61508 的特别规定			

在满足最小结构约束的前提下，安全仪表功能的安全完整性水平需要通过 PFD 进行确定。

10.4.3　安全仪表系统的操作模式

不同操作模式的 SIS 对应着不同的可靠性指标。IEC 61511 中定义了两类操作模式：连续模式（Continuous Mode of Operation）和要求模式（Demand Mode of Operation）。

要求模式是指安全功能仅在要求时启动，将受控设备转入特定的安全状态的模式。典型的要求包括：工艺过程参数出现异常，达到设定的安全极限值，或者 BPCS 本身处于失效状态。这意味着安全功能的危险失效并不一定立刻导致危险。

连续模式指安全功能作为正常操作的一部分，将受控设备维持在安全状态的模式。当安全功能出现危险失效时，潜在的危险即会发生，除非存在其他防止措施。连续模式常见于机械设备及铁路运输系统的安全仪表系统。

根据要求的发生频率不同，要求模式又分为低要求模式（要求频率不大于一年一次）和高要求模式（要求频率大于一年一次）。过程工业中的 SIS 通常为低要求模式。

表 10-3 说明了在低要求模式时 SIL 与平均要求时失效概率 PFD_{avg}（Average Probability of Failure on Demand）的对应关系，及高要求和连续操作模式时 SIL 与每小时危险失效频率 [Frequency of Dangerous Failures to Perform the Safety Instrumented Function(per hour)] 的对应关系。需要指出的是 PFD_{avg} 仅表征安全仪表功能的随机硬件失效，而不包括系统性失效。

表 10-3　高/低要求操作模式的安全完整性等级

安全完整性等级	低要求操作模式	高要求操作模式
	平均要求时失效概率	每小时危险失效频率
4	$10^{-4} \sim 10^{-5}$	$10^{-9} \sim 10^{-8}$
3	$10^{-3} \sim 10^{-4}$	$10^{-8} \sim 10^{-7}$
2	$10^{-3} \sim 10^{-2}$	$10^{-7} \sim 10^{-6}$
1	$10^{-2} \sim 10^{-1}$	$10^{-6} \sim 10^{-5}$

10.5　安全仪表系统的安全生命周期

IEC 61508 和 IEC 61511 都提出了安全生命周期（Safety Lifecycle）的概念。IEC 61511 中安全生命周期的定义为：安全仪表功能实施中，从项目的概念设计阶段开始到所有安全仪表功能停止使用为止的时间段中的必要活动。也就是说，安全生命周期包括了 SIS 概念设计、安装、运行、测试、维护、停用等各个阶段的所有活动。采用安全生命周期的思想管理功能安全，是为了保证 SIS 相关的各个环节都能得到有效的管理，以提高功能安全等级。针对安全生命周期的每个阶段，IEC 61511 给出了相应的要求和指导。

安全生命周期分为 3 个阶段：分析阶段、实现阶段和运行阶段。根据工程事件，这三个阶段活动的主题是由不同的组织机构承担的：分析阶段的主体是最终用户、专利商、设计院，甚至还包括过程危害分析（PHA）专业咨询机构；实现阶段的主体是设计院、SIS 的供货商、施工单位和最终用户；运行阶段的主体是最终用户。各阶段的各项活动并不是孤立存在的，而是具有一定的逻辑关系和顺序。各项活动的具体内容见表 10-4。

表 10-4　SIS 的安全生命周期

序号	名　　称	目　　标
1	风险评价	确定工艺流程及其相关设备对危险和危险事件、导致危险事件的事件序列、与危险事件相关的流程风险、风险降低要求，以及为取得必要风险降低所要求的安全功能
2	将安全功能分配到保护层	将安全功能分配到保护层，对每一个安全仪表功能确定其相应的 SIL
3	SIS 功能安全要求（Safety Requirement Specification）	指定每个 SIS 所要求的安全仪表功能和实现要求的功能安全所需要的安全完整性
4	SIS 确认（Verification）	对特定阶段的输出进行测试和评定，以确认其正确性和产品与该阶段输入标准的一致性
5	SIS 设计和工程	设计满足安全仪表功能和安全完整性的要求的 SIS
6	SIS 安装、调试和验证（Validation）	集成并测试 SIS 根据所要求的安全仪表功能和安全完整性，确认 SIS 满足所有方面的安全要求
7	SIS 操作和维护	在操作和维护期间保证 SIS 保持其功能安全
8	SIS 修改	对 SIS 进行修改，增强或完善，以确保达到和保持要求的安全完整性
9	停用	确保由相应的管理部门或组织对其进行全面的审查，并保证停用不会对安全保护造成影响

10.5.1　风险评价

这里风险评价（第 7 章）的总体目标在于确定过程和设备的危险和危险事件及危险事件序列，进而确定危险事件相关的风险以及风险降低的要求，从而确定达到风险降低要求所需的安全功能，决定是否要使用 SIS 实现该安全功能。

风险评价对于确定是否采用 SIS 是很重要的依据。规划、设计和实现 SIS 是一项复杂费时的工作，因此早做决策很有必要。在过程工业的典型工程项目中，初步风险评价应该在基本工业流程设计的早期进行。随着设计的深化，在详细设计阶段可能会发现新的危险因素。因此，当 P&ID 完成以后，有必要进行最终的风险评价。最终的风险评价通常采用正式的、全文档化的程序步骤，最常见的技术方法是 HAZOP 和 LOPA。最终的分析要确认设计的安全保护层是否足以保障装置的安全。另一项重要的议题是评判安全系统本身的失效是否会导致新的过程危险，如果是则必须设置新的安全功能应对这些过程危险。

10.5.2　将安全功能分配到保护层

过程危险和风险分析是为了确定必要的风险降低措施。风险降低措施包括 SIS、非 SIS 的防护或抑制减轻独立保护层以及其他保护层（即外部风险降低措施）。风险降低措施可以是主动性的保护，也可以是被动性的保护。前者在危险发生前使其转危为安，后者在危险发生时将其限制在一定的范围内。SIS 既可以用作主动性保护，如 ESD，也可以用作被动性保护，如火灾报警与气体检测系统（Fire Alarm and Gas Detector System，FGS）。

将安全功能分配到安全仪表功能时，应确定它属于要求操作模式还是连续模式。

根据 IEC 61511 的要求，将风险降低目标分配给安全仪表功能时不宜分配高于 SIL3 的安全完整性等级，一般应通过合理增加其他风险降低措施的效能解决。如果 SIL4 的安全仪表功能要求不可避免，则需要满足以下条件之一：

① 通过适当的分析和测试，有明确的证据证明危险失效的预防措施满足了 SIL4 的安全完整性要求。

② SIL4 的安全仪表功能采用的设备已经有在类似使用环境下的大量使用经验，并且有充足的硬件失效数据证明 SIL4 是可信的。

尽管如此，在过程工业中要求某一个仪表安全功能达到 SIL4 还是极少见的，只有在核工业中才可能应用到。在合理的情况下，要在整个生命周期中达到并且要保持这样高的等级是非常困难的，因此应该避免这种应用。

SIL 的选择与过程的可容忍风险值有关。过低的 SIL 会使过程的风险不可接受，而过高的 SIL 则会带来成本的浪费。SIL 选择的思路是先假设没有安全仪表功能，分析危险发生的概率和危险发生后的危害程度，从而推断出安全仪表功能需要多高的风险降低等级才能将系统风险降低到可接受的范围内。

SIL 的选择依赖于对系统的风险分析，通常的风险分析方法有两类：定性方法和半定量方法。

定性方法通过一些描述性而非数值的参数估计风险等级，然后得出相对应的 SIL 要求。定性的 SIL 选择方法有风险矩阵（Risk Matrix）法、风险图（Risk Graph）法等。定性方法通常过于保守，可能导致 SIS 的过度设计。因此定性方法所选择的高安全完整性等级往往需要通过半定量方法进行校准。

半定量方法则更为严格，首先确定系统的初始风险，经各个保护层削减后，再与可容忍风险值比较，从而计算出需要的安全完整性等级。半定量方法有保护层分析（Layer of Protection Analysis，LOPA）、故障树分析（Fault Tree Analysis，FTA）等（见第 6 章）。

10.5.3　功能安全要求

功能安全要求（Safety Requirement Specification，SRS）的制定是整个安全仪表功能安全生命周期最重要的活动之一，它为后续的 SIS 设计、安装、调试以及运行等提供了工程实施的准则。

功能安全要求应明确以下几个关键问题：

① 安全仪表功能及其 SIL；

② 安全仪表功能的设定值与报警值；

③ 定义 SIS 的失效模式和相应动作；

④ 每个辨识出的安全功能，其工艺过程的安全状态；

⑤ 期望的检验测试（Proof Test）间隔要求；

⑥ 手动安全动作要求；

⑦ 过程停车后再重新启动的任何要求；

⑧ 误停车的目标频率要求；

⑨ SIS 与操作员的接口要求；

⑩ 仪表系统在线测试和维护时的旁路要求。

10.5.4 设计与工程

以下是 IEC 61511 对 SIS 设计的一些关键要求：

① SIS 应与 BPCS 相互隔离。

② 一般应确保单一的故障不导致安全功能的丧失，保障足够的故障裕度。

③ 子系统或部件选型应有足够的可靠性，保证满足要求时失效概率 PFD、结构约束的要求，同时有足够低的系统性故障。

④ 在 SIS 选型时，通常需要检查其是否有相应的权威认证。对于大量的现场设备，另一种可以采用的选型依据是"先验使用"（Prior Use），即有成文的评估报告表明存在足够的先前使用证据，证明某些过去使用的部件完全使用于 SIS。先验使用依赖于大量的现场可靠性数据积累。

⑤ SIS 的设计应充分考虑在工艺过程运行时如何在不危及 SIS 安全完整性的前提下进行维护或测试。

10.5.5 安全仪表系统的确认

SIS 确认（Verification）的目的是确认 SIS 在其生命周期的特定阶段与该阶段的功能安全要求一致。典型的 SIS 确认工作包括计算硬件随机失效概率（PFD）、审查硬件结构约束（Architectural Constraints）、SIS 设计审查、审核安装及调试程序等。

PFD 的定量计算方法有：可靠性框图分析、故障树分析及马尔科夫模型等，参见本章第 6 节相关内容。

最小硬件故障裕度（即硬件结构约束）的相关要求参考本章第 4 节的内容。

10.5.6 安装、调试和验证

SIS 交付现场后应按照施工图和设计文档进行安装。现场安装是多专业（工艺、设备、仪表、电气以及公用工程）交叉作业，多部门组织（最终用户、承包商、供货商、安装公司等）协同施工的复杂局面。为了确保 SIS 的安装质量及在安装中不受损坏，需要制定严密的安装计划并且按部就班执行。安装计划应详细列出需要安装的设备、接线、各支持系统，安装中需采取的步骤、措施和技术，各个项目安装的时间节点要求，以及明确进行安装工作的个人、部门和组织的责任。

由于安装与调试往往交叉进行，且可能由同一个组织或部门完成，两者的界限往往很难严格界定。一般按照 SIS 的给电（Power on）为标志区分两个阶段。调试需要制定计划，并对每一步调试活动做好记录。调试记录将成为 SIS 工程验证、功能安全评估的重要技术文件。调试主要包括以下活动：

① 对变送器等现场检测仪表的精度、量程、检测信号传送进行校验。

② 对阀门等进行行程检查，对电磁阀和阀门的气源设定压力进行检查。

③ 对火气探头的功能和组态的输入信号处理功能块的设定值进行测试。

④ 对现场设备到 SIS 逻辑控制器之间的信号接线进行回路检查。

⑤ 对支持系统（包括 UPS 和备用电池在内的电源、仪表空气、氮气源）的操作性进行检查。

⑥ 对现场设备的操作性进行检查。

⑦ 对 SIS 逻辑控制器的通信接口进行测试，包括正常功能和通信异常时的状态特征。

⑧ 对于电动机控制中心等的电气接口进行测试。

⑨ 对 SIS 的输入输出以及逻辑控制功能进行测试。

SIS 的验证（Validation）目的在于通过检验和测试证明安装完毕并调试完毕的 SIS 及其安全仪表功能达到了安全法规的要求。IEC 61511 指出，SIS 的安全验证有时也称为现场验收测试（Site Acceptance Test，SAT）。对于 SIS 的现场验收测试是指安装和调试完成以后在工艺投料之前进行的验证检验，以证明 SIS 已符合要求，具备现场投运的条件。

在 SIS 安全验证前，应制订详尽的验证计划。验证计划应该定义出安全验证节点所需的全部活动内容，包括：对功能安全要求符合性的检验，所有工艺操作模式下的功能要求，合理预测的非正常状态及其响应，验证采用的步骤、措施和技术，进度安排，参与验证工作的人员、部门和组织机构的责任，以及验证活动对人员、部门和组织机构的独立性要求，验证依据的技术文档（如功能逻辑图、因果图等）。

SIS 的安全验证，主要包括以下内容：

① SIS 实现的全部功能是否满足功能安全要求。

② 确认 BPCS 和其他连接系统的异常不会影响 SIS 的正确运行。

③ 确认 SIS 与 BPCS 和其他系统、网络正常通信。

④ 确认传感器、逻辑控制器、最终执行元件的所有冗余通道按照功能安全要求运作。

⑤ 审查 SIS 文档，并确定与所安装系统的一致性。

⑥ 审查安全仪表功能异常过程变量（如超出允许范围）的处理方案。

⑦ 确认正确的关闭顺序被激活。

⑧ 确认 SIS 提供正确的报警和操作画面。

⑨ 检验 SIS 的计算功能。

⑩ 检验功能安全要求定义的 SIS 的复位功能。

⑪ 确保旁路功能、启动超驰功能、人工停车系统正确运作。

⑫ 确认检验测试的时间间隔已在维护规程中规定。

⑬ 审查诊断警报功能。

⑭ 确认在电力、气源、水力等支持系统失效时以及恢复后，SIS 按照期望运作。

⑮ 确认 SIS 满足对于 EMC（电磁兼容性）抗干扰的要求。

SIS 安全验证最终要形成技术文档。该文档应包括 SIS 通过检验和调试的证明材料、安全验证完成的日期、采用的步骤和规程，以及受权责任人的签字。

10.5.7 操作和维护

周期性的检验测试（Proof Test）是 SIS 投入操作运行后重要的维护活动。所谓检验测试是指将 SIS 脱离工艺流程进行人工检测或进行局部的在线检验测试。相比于在线诊断测试，某些故障和失效只能通过离线的人工测试发现，例如变送器膜盒损坏、测量精度下降、阀门的腐蚀内漏、阀芯卡死等。检验测试的理想效果应该是全部发现并排除 SIS 故障和失效，使其在有效生命期（Useful Life）内等同于"全新的"（As Good as New）。然而，实际的检验测试并不能做到完美，通常需要引入检验测试覆盖率（Proof Test Coverage）来表征检验测试的程度。

在通常情况下，绝大多数 SIS 的检验测试安排在装置的停车大修期间进行，也就是说设计要求的检验测试间隔（Test Interval，TI）应大于等于装置的停车检修时间间隔。如果需要 TI 短于停车检修时间间隔，就需要为 SIS 设计旁路等措施，在不影响装置运行以及所在安全仪表功能安全操作的前提下，从在线状态脱开。

10.5.8 修改、停用

在对 SIS 进行任何修改前需要进行正确的计划、审查和授权。对 SIS 进行任何修改需要保证 SIS 保持所要求的安全完整性。

在 SIS 停用期间，所要求的安全仪表功能必须保持可操作。

10.6 安全仪表系统确认中的可靠性计算

硬件随机失效概率（PFD）用于表征在危险失效模式下随机硬件失效的可能性。安全仪表功能是由组成它的若干元件间相互作用的结果，一个安全仪表功能的总失效概率取决于这些元件的失效概率和它们之间相互作用的性质。因此可使用元件的失效概率，通过可靠性计算来确定其 PFD 是否达到所对应 SIS 的要求。

10.6.1 可靠性指标

可靠性相关的指标主要包括：可靠性、有效性、平均无故障时间、失效率、要求时失效概率等。

(1) 可靠性

可靠性被定义为在与设备有关的特定设计限制条件下，设备被要求工作时实现其指定功能的概率。可靠性变量 $R(t)$ 在数学上的定义为设备在时间 0 到 t 内正常工作的概率，即

$$R(t) = P(T > t)$$

式中，T 为失效时刻。

可靠性适用于不考虑设备维修的情况。而过程工业中的 SIS 通常是可以修理的，可以用下文的有效性、要求时失效概率等指标进行评价。

(2) 有效性

有效性定义为设备在时刻 t 工作正常的概率。与可靠性不同，有效性不涉及设备过去是否失效过、被维修过，是一种瞬时的度量。

（3）平均无故障时间

平均无故障时间（Mean Time to Failure，MTTF）是设备从一个故障状态结束到下一个故障发生的平均时间长度，也就是设备正常工作时间的期望值。

MTTF 考虑的是所有模式的失效。在实际应用中根据失效是危险失效还是安全失效还可以将 MTTF 进一步分为平均无安全故障时间（Mean Time to Failure Safe，MTTFS）和平均无危险故障时间（Mean Time to Failure Dangerous，MTTFD）。

（4）平均修复时间和修复率

平均修复时间（Mean Time to Restoration，MTTR）是设备发生故障到重新正常工作的期望时间，包括了检测到失效需要的时间和维修所需的时间。维修率则表示 t 时刻前设备没有修复的条件下在 t 时刻后的单位时间内完成修复的条件概率。若维修率概率密度满足指数分布，也就是维修率为常数，则维修率等于 MTTR 的倒数，用 μ 表示。

（5）平均故障间隔时间

平均故障间隔时间（Mean Time Between Failure，MTBF）是两次失效发生时刻之间的时间长度期望，它与 MTTF、MTTR 满足如下关系：

$$MTBF = MTTR + MTTF$$

（6）失效率

失效率是设备单位时间内的失效次数，单位为时间的倒数，实际中常用"次失效每十亿小时"，写作 FIT。工业中常假定失效率为常数。在可靠性建模中，还需要针对安全与危险失效、共因与非共因失效细分不同模式失效的失效率。

（7）要求时失效概率（PFD）

PFD 是 SIS 不能响应危险条件，执行安全功能的概率，可以理解为危险失效概率。在运行过程中，随着失效的发生、检测和修复，PFD 也是随时变化的。IEC 61511 中确定 SIL 的要求时失效概率是 SIS 在运行周期中的要求时平均失效概率值（Average Probability of Failure on Demand，PFD_{avg}）。

10.6.2　可靠性计算方法

SIS 确认中常用的可靠性计算方法包括可靠性框图分析（Reliability Block Diagram，RBD）、故障树分析（Fault Tree Analysis，FTA）及马尔可夫分析（Markov Analysis）。

10.6.2.1　可靠性框图分析

以图形的方式表达系统内部组件在可靠性意义上的逻辑关系。可靠性框图具有简单、直观的特点。在可靠性框图中，方框表示组件的各种失效模式，而连线则反映了这些失效间的串并联关系。当且仅当从可靠性框图的左端点到右端点存在一条以上的通路时，系统能够正常工作。图 10-6 是一个 1oo2 冗余结构的可靠性框图。

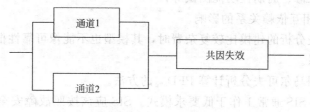

图 10-6　1oo2 冗余结构的可靠性框图

在分析 SIS 时，人们更关心的是系统的不可靠性或 PFD。与通常的习惯相反，用可靠性框图计算 PFD 时，并联的结构需要计算所有支路上失效同时发生的概率，而串联的结构则要计算串联的各部分任意一部分发生的概率。

10.6.2.2 故障树分析

SIS 可靠性的定量分析的对象是由设备组成的系统，因此利用 FTA 确定 SIS 的可靠性通常是设备级而非元器件、零件级的。SIS 中一个设备的失效通常不会影响另一个设备失效（冗余结构中的共因失效通常作为单独的底事件加以考虑），因此设备之间可以看作是相互独立的。另外，SIS 故障树的底事件往往是某一个设备的失效，而安全功能设备的失效率一般在 10^{-5} 以下，属于很小的量级。由于这些特点，利用故障树分析 SIS 的可靠性可以适当简化、近似。

FTA 方法参见第 6 章。

10.6.2.3 马尔可夫分析

将系统归结为若干不同的状态。一个状态会以某种概率转移到其他的状态，而系统将来所处状态与系统的历史状态无关，只和现在的状态有关。

马尔可夫分析利用状态转移图对系统建模。在状态转移图中，圆圈代表系统的不同状态，箭头代表从一个状态转换到另一个状态（通常是某种失效发生或者得到修复），每一个箭头对应着一定的状态转移概率。一个 1oo1 冗余结构的状态转移图如图 10-7 所示。其中，FS、FDD、FDU 分别表示安全失效、检测到的危险失效和未检测到的危险失效。

在建立了状态转移图以后，就可以分析从某个初始状态开始，系统随时间变化的处于各个状态的概率分布了。通常认为 SIS 的初始状态为正常，即处于正常状态的概率为 1，其他状态概率为 0。马尔可夫分析可以采用离散或者连续的方式求解。离散方式求解比较简单，而且能够符合 SIS 可靠性分析的要求。

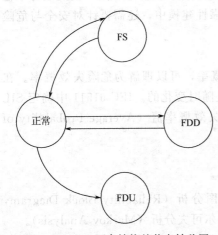

图 10-7 1oo1 冗余结构的状态转移图

与可靠性框图和 FTA 相比，马尔可夫分析具有以下优势：

① 可同时考虑多种失效模式，一次建模可得到多方面的可靠性指标；

② 可以反映动态行为；

③ 可以覆盖更多的影响可靠性的因素，如在线或离线的测试维护、单一或多个维修队伍、非理想的测试维修、周期性功能测试等；

④ 不受设备间相互依赖关系的影响。

但是，马尔可夫分析的建模比较复杂费时，其模型也不能像可靠性框图和故障树那样直观地反映系统的关系。

下面详细介绍用马尔可夫分析计算 PFD_{avg} 的方法。

在过程工业中，SIS 通常工作于低要求模式。SIS 应该按照故障安全的原则设计，即在失去供电的情况下，安全仪表功能将使过程进入一个预先设定的安全状态。PFD_{avg} 的计算是按照 IEC 61508 的指导进行的，其中用到的假设在 IEC 61508 的附录 B 中，包括：

① 传感器部分包括从实际的传感元件到（但不包括）逻辑控制器中连接传感器组表决电路的功能元件。

② 逻辑控制器包括从接受输入信号的第一个功能元件到为逻辑组或功能块提供同一个输出的最后一个功能元件。

③ 最终执行元件部分包括用来处理来自逻辑子系统的最终信号的所有部件、执行机构及阀体。

④ 逻辑控制器具有本地 I/O。

⑤ 设备失效率在整个生命周期内为常数。

⑥ 在一种配置或一个 PLC 的一个独立部分中只能发生单一故障。

⑦ （自）诊断测试时间远小于平均修复时间 MTTR。

⑧ 检验测试间隔 TI 至少比诊断测试时间大一个数量级。

⑨ 检验测试中故障覆盖率采用检验测试覆盖因子模型，它对所有故障有效，包括检测到的和未检测到的。

⑩ 对于一个传感器/最终执行元件组，只有一个功能测试间隔 TI 和平均修复时间 MTTR。

⑪ 具有多个修理队伍，能够修理所有的故障。

⑫ 维修率为常数。

⑬ 理想的修理过程。

⑭ MTTR 比期望的要求率小一个数量级。

⑮ 共因失效只存在于组内，组与组之间相互独立，不存在共因失效，共因失效只造成两个设备同时失效。在冗余元件中具有相同的共因失效。

⑯ 一个月按 31 天计。

⑰ 系统初始状态无任何故障。

⑱ 检验测试时间长度、维修时间远小于检验测试间隔和过程要求的期望间隔。

考虑实际应用中的诸多因素，可确定计算过程的输入参数如下：

检测到的危险失效率，λ^{DD}，单位为 h^{-1}；

未检测到的危险失效率，λ^{DU}，单位为 h^{-1}；

检测到的安全失效率，λ^{SD}，单位为 h^{-1}；

未检测到的安全失效率，λ^{SU}，单位为 h^{-1}；

在实际应用中，失效率可能以总的危险/安全失效率和检测覆盖率的形式给出：

危险失效率，λ^{D}，单位为 h^{-1}；

安全失效率，λ^{S}，单位为 h^{-1}；

检测覆盖率 DC，取值 $0 \sim 1$

那么，

$$\lambda^{DD} = DC \cdot \lambda^{D}$$
$$\lambda^{DU} = (1 - DC) \cdot \lambda^{D}$$
$$\lambda^{SD} = DC \cdot \lambda^{S}$$
$$\lambda^{SU} = (1 - DC) \cdot \lambda^{S}$$

检验测试间隔，TI，单位为月；

检验测试覆盖率，C_{TI}，取值 $0 \sim 1$；

共因失效因子，β，取值 $0 \sim 1$；

在马尔可夫建模的过程中，需要利用 β 计算跟共因失效相关的各项失效率。例如，λ^{DUC} 表示危险（D）的未检测到的（U）共因失效（C），λ^{SDN} 表示安全的（S）检测到的（D）非共因失效（N）。其他的符号对应的失效率以此类推。它们的计算公式如下：

$$\lambda^{\mathrm{SDN}} = (1-\beta)\lambda^{\mathrm{SD}}$$
$$\lambda^{\mathrm{SUN}} = (1-\beta)\lambda^{\mathrm{SU}}$$
$$\lambda^{\mathrm{SDC}} = \beta\lambda^{\mathrm{SD}}$$
$$\lambda^{\mathrm{SUC}} = \beta\lambda^{\mathrm{SU}}$$
$$\lambda^{\mathrm{DDN}} = (1-\beta)\lambda^{\mathrm{DD}}$$
$$\lambda^{\mathrm{DUN}} = (1-\beta)\lambda^{\mathrm{DU}}$$
$$\lambda^{\mathrm{DDC}} = \beta\lambda^{\mathrm{DU}}$$
$$\lambda^{\mathrm{DUC}} = \beta\lambda^{\mathrm{DU}}$$

有时检测到的和未检测到的失效的共因失效因子会加以区分，此时 β 单指未检测到的失效的共因失效因子，而检测到的失效的共因失效因子用 β_{D} 表示。

平均修复时间，MTTR，单位为 h；

修复率，$\mu_0 = 1/\mathrm{MTTR}$，单位为 h^{-1}；

系统启动时间，T_{SD}，单位为 h；

系统启动率，$\mu_{\mathrm{SD}} = 1/T_{\mathrm{SD}}$，单位为 h^{-1}；

运行时间，LT，单位为年。

其中 LT 不出现在状态转移矩阵中，数值计算中决定了离散时间的总长度；检验测试覆盖率 C_{TI} 决定了检验测试前后的状态转移矩阵。

系统一般有四种状态：正常（OK），安全失效（Fail Safe，FS），检测到的危险失效（Fail Dangerous Detected，FDD），未检测到的危险失效（Fail Dangerous Undetected，FDU）。其中 OK 是正常工作状态，其余三个是故障状态。因为安全仪表功能的安全失效会导致过程误停车，所以安全失效不必区分是否检测到。此外，根据冗余结构的不同，系统还存在若干中间状态（Intermediate）。这些中间状态表示冗余结构的若干通道发生了失效，但是由于冗余结构的特性，系统仅仅发生了降级（Degradation）而没有发生整体上的危险或安全失效。

在确认了系统存在的所有状态（状态数设为 n）以后，就可以分析各个状态间相互转换的概率，作出状态转移图。

根据状态转移图即可作出系统的状态转移矩阵 $\boldsymbol{P}$。

为了减少计算量，可以改为计算一个月的状态转移。按一天 24h，一个月 31 天 744h 计算，按月的状态转移矩阵为 $\boldsymbol{P}_{\mathrm{m}} = \boldsymbol{P}^{744}$。

系统初始状态为所有设备均正常工作，取系统状态向量的第一个分量代表处于正常状态的概率，则 n 维初始状态向量 $\boldsymbol{S}_0 = [1\,0\cdots0]$。取第 $n-1$ 和第 n 个分量代表系统发生检测到的和未检测到的危险失效的概率。设 n 维失效向量为 $\boldsymbol{V}_{\mathrm{D}} = [0\,0\cdots1\,1]$。

第一个检验测试周期内，第 i 个月的系统状态向量 $\boldsymbol{S}_i$ 为：

$$S_i = S_0 P_{\mathrm{month}}^i, \quad i = 1,2,\cdots,\mathrm{TI}$$
$$\mathrm{PFD}_i = S_0 P_{\mathrm{month}}^i V_{\mathrm{D}}, \quad i = 1,2,\cdots,\mathrm{TI}$$

检验测试的状态转移矩阵为 $\boldsymbol{W}$，因为未检测到的危险失效只有通过检验测试才能发现并进行维修，因此有：

$$W = \begin{bmatrix} 1 & 0 & \cdots & 0 & 0 \\ 1 & 0 & \cdots & 0 & 0 \\ \vdots & \vdots & \cdots & \vdots & \vdots \\ 1 & 0 & \cdots & 0 & 0 \\ C_{\mathrm{TI}} & 0 & \cdots & 0 & 1-C_{\mathrm{TI}} \end{bmatrix}$$

第二个检验测试周期内，系统状态

$$S_{\mathrm{TI}+i}=(S_{\mathrm{TI}}W)P_{\mathrm{month}}^{i}, \quad i=1,2,\cdots,\mathrm{TI}$$

$$\mathrm{PFD}_{\mathrm{TI}+i}=(S_{\mathrm{TI}}W)P_{\mathrm{month}}^{i}V_{\mathrm{D}}, \quad i=1,2,\cdots,\mathrm{TI}$$

第 $j+1$ 个检验测试周期内，系统状态

$$S_{j\mathrm{TI}+i}=(S_{\mathrm{TI}}W)^{j}P_{\mathrm{month}}^{i}, \quad i=1,2,\cdots,\mathrm{TI}$$

$$\mathrm{PFD}_{j\mathrm{TI}+i}=(S_{\mathrm{TI}}W)^{j}P_{\mathrm{month}}^{i}V_{\mathrm{D}}, \quad i=1,2,\cdots,\mathrm{TI}$$

检验测试周期总数如下：

$$N_{\mathrm{TI}}=\frac{12\mathrm{LT}}{\mathrm{TI}}$$

故平均要求时失效概率为：

$$\mathrm{PFD}_{\mathrm{ave}}=\frac{1}{12\mathrm{LT}}\sum_{j=0}^{N_{\mathrm{TI}}-1}\sum_{i=1}^{\mathrm{TI}}S_{0}(P_{\mathrm{month}}^{\mathrm{TI}}W)^{j}P_{\mathrm{month}}^{i}V_{\mathrm{D}}$$

10.6.3 典型安全仪表冗余结构的马尔可夫分析

下面以基于可编程电子系统（Programmable Electronic System，PES）的逻辑控制器为例介绍冗余结构的马尔可夫分析。

10.6.3.1 1oo1 系统的马尔可夫分析

1oo1 系统只有一个微处理器单元（公共电路）和一个 I/O 接口。它不具有容错能力，对于危险失效和安全失效都没有防护能力。失效模式有 4 种：DD，检测到的危险失效；DU，未检测到的危险失效；SD，检测到的安全失效；SU，未检测到的安全失效。对于要求时失效率的计算，需要考虑系统的 4 种状态：OK、FDD、FDU、FS（OK 为正常，FDD、FDU、FS 分别为检测到的危险失效、未检测到的危险失效、检测到的安全失效。SD 与 SU 都会引起误动作，因此一并归到 FS 中）。

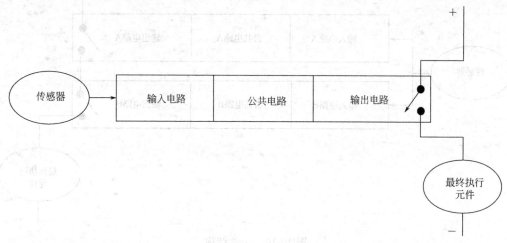

图 10-8　1oo1 结构

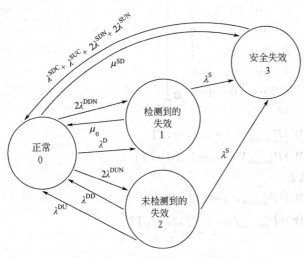

图 10-9　1oo1 结构的状态转移图

1oo1 结构的状态转移图如图 10-9 所示。模型中状态 0 代表正常状态，在这个状态下系统可能会转移至其他 3 个状态。状态 1 和 2 表示危险失效状态。输出电路将持续保持通路状态无法对要求做出响应。其中状态 1 代表检测到的失效，经过检测后可以立即修复，而状态 2 代表未检测到的失效，只能期望检验测试将其检测出来。状态 3 代表安全失效状态，逻辑控制器发生安全失效使输出电路断开，导致误停车。经过检查确认为误停车后通过重新启动可以让系统恢复到正常状态。

1oo1 结构的状态转移矩阵为：

$$
\boldsymbol{P} = \begin{bmatrix} 1-(\lambda^S+\lambda^D) & \lambda^{SD}+\lambda^{SU} & \lambda^{DD} & \lambda^{DU} \\ \mu_{SD} & 1-\mu_{SD} & 0 & 0 \\ \mu_0 & 0 & 1-\mu_0 & 0 \\ 0 & 0 & 0 & 1 \end{bmatrix}
$$

10.6.3.2　1oo2 系统

1oo1 结构只有一个通道，该通道一旦发生危险失效，整个逻辑控制器都会发生危险失效，这是极不安全的。为了降低危险失效的概率，可以将两个单板控制器连接组成 1oo2 双通道结构。由于两个输出电路串联，只有两个通道同时发生危险失效，系统才会危险失效。1oo2 结构的逻辑控制器通常配置带有独立 I/O 的独立主处理器，如图 10-10 所示。相比于 1oo1 结构，1oo2 结构的要求时失效概率大大降低，但是安全失效的概率却增加了，容易导致过程的误停车。

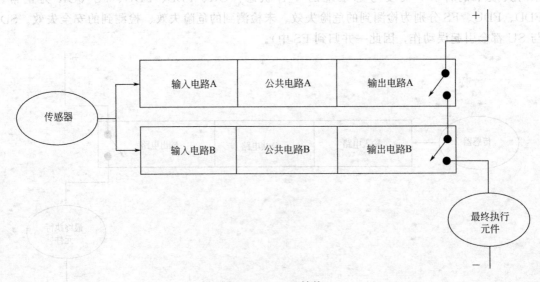

图 10-10　1oo2 结构

1oo2 结构的状态转移图如图 10-11 所示。跟 1oo1 的状态转移图相比，1oo2 除了正常状态（状态 0）、安全失效状态（状态 3）、检测到的危险失效（状态 4）、未检测到的危险失效（状态 5），还有两个状态。在状态 1 和状态 2 中，一个通道发生危险失效使得输出短路，但是由于另一个通道仍然能响应要求，使输出开路，因此系统的安全功能仍然能够执行。状态 1 中失效通道发生的是检测到的危险失效，因此能够在线修复，以 μ_0 的修复率返回状态 0。而状态 2 中失效通道发生的是未检测到的危险失效，因此在检验测试到来前不能返回到状态 0。由于多个通道存在共因失效的可能，因此状态 0 有可能由于两个通道发生共因的危险失效而直接转移到状态 4 或者状态 5。

假设维修过程会检查并修复系统的所有失效，则状态 4 会通过维修回到状态 0。否则，图 10-11 中的状态转移图需要修改，状态 4 必须拆分为两个状态：一个是两个通道都发生检测到的危险失效，以 μ_0 的修复率返回到状态 0；另一个是一个通道发生检测到的危险失效，一个通道发生未检测到的危险失效，以 μ_0 的修复率转移到状态 2。

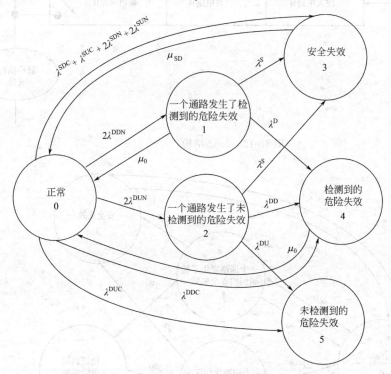

图 10-11　1oo2 结构的状态转移图

1oo2 结构的状态转移矩阵为：

$$
P = \begin{bmatrix}
1-\sum & 2\lambda^{DDN} & 2\lambda^{DUN} & \lambda^{SC}+2\lambda^{SN} & \lambda^{DDC} & \lambda^{DUC} \\
\mu_0 & 1-\sum & 0 & \lambda^{S} & \lambda^{D} & 0 \\
0 & 0 & 1-\sum & \lambda^{S} & \lambda^{DD} & \lambda^{DU} \\
\mu_{SD} & 0 & 0 & 1-\mu_{SD} & 0 & 0 \\
\mu_0 & 0 & 0 & 0 & 1-\mu_0 & 0 \\
0 & 0 & 0 & 0 & 0 & 1
\end{bmatrix}
$$

10.6.3.3　2oo2 结构

采用 1oo2 结构虽然降低了系统发生危险失效的概率，却使得过程误停车的概率增大。

如果需要降低误停车的概率，可以采用2oo2结构。2oo2结构将两个通道的输出并联。这样单一通道的安全失效不会使系统安全失效，因为另一个通道仍然保持输出使能。但是这样的配置使得系统对于危险失效很敏感。任意一个通道发生危险失效，系统即发生危险失效。2oo2结构如图10-12所示。

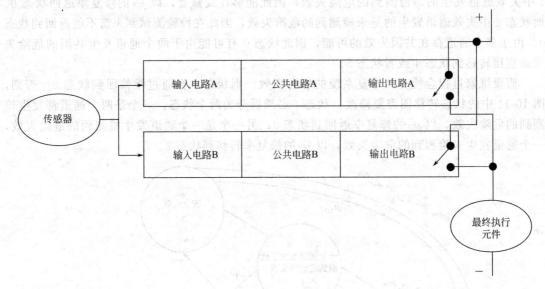

图 10-12　2oo2 结构

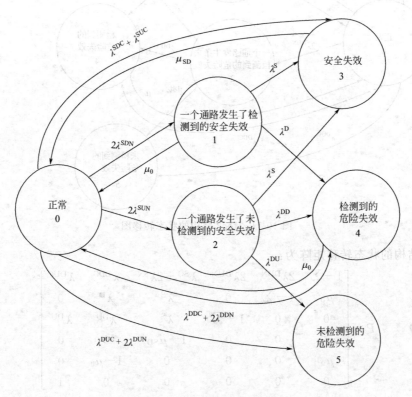

图 10-13　2oo2 结构的状态转移图

2oo2 结构的状态转移图如图 10-13 所示。状态 0、3、4 和 5 分别对应正常状态、安全失效状态、检测到的危险失效、未检测到的危险失效。状态 1 和 2 分别代表一个通路发生了检测到的安全失效和未检测到的安全失效。在发生检测到的安全失效后，通过维修系统将恢复正常，因此状态 1 以维修率 μ_0 返回状态 0。与 1oo2 的状态转移图对比可以发现 1oo2 和 2oo2 两种结构在安全失效和危险失效上具有一定的对称性。

2oo2 结构的状态转移矩阵为：

$$
P = \begin{bmatrix}
1-\sum & 2\lambda^{SDN} & 2\lambda^{SUN} & \lambda^{SDC}+\lambda^{SUC} & \lambda^{DDC}+2\lambda^{DDN} & \lambda^{DUC}+2\lambda^{DUN} \\
\mu_0 & 1-\sum & 0 & \lambda^{S} & \lambda^{D} & 0 \\
0 & 0 & 1-\sum & \lambda^{S} & \lambda^{DD} & \lambda^{DU} \\
\mu_{SD} & 0 & 0 & 1-\mu_{SD} & 0 & 0 \\
\mu_0 & 0 & 0 & 0 & 1-\mu_0 & 0 \\
0 & 0 & 0 & 0 & 0 & 1
\end{bmatrix}
$$

10.6.3.4 1oo1D

1oo1D 将一个单板控制器通道与一个诊断通道串联。诊断通道与单板控制器通道相互独立。如果诊断通道检测到单板控制器发生了失效，将使其控制的输出开路，导致系统发生安全失效。也就是说，诊断通道将被检测到的危险失效转换成了安全失效。一般在定量分析中，诊断通道的失效率必须附加到控制器通道原有的失效率之上。

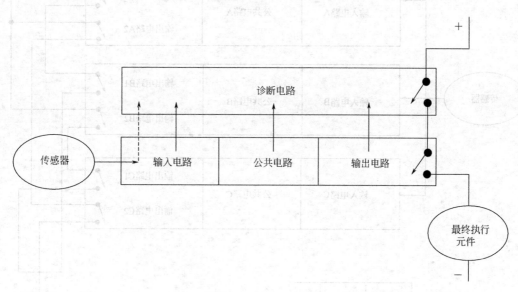

图 10-14 1oo1D 结构

1oo1D 结构的状态转移图如图 10-15 所示。状态 0 代表正常状态。从状态 0 可达其他代表安全失效的状态 1 和代表未检测到的危险失效的状态 2。1oo1D 的状态转移图与 1oo1 相似，不同的是检测到的危险失效相当于被合并到了安全失效中，因此会造成过程的误停车。

1oo1D 结构的状态转移矩阵为：

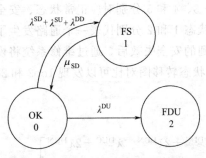

图 10-15 1oo1D 结构的状态转移图

$$\boldsymbol{P}=\begin{bmatrix} 1-(\lambda^{S}+\lambda^{D}) & \lambda^{SD}+\lambda^{SU}+\lambda^{DD} & \lambda^{DU} \\ \mu_{SD} & 1-\mu_{SD} & 0 \\ 0 & 0 & 1 \end{bmatrix}$$

10.6.3.5　2oo3

前面可以看出，1oo2 结构和 2oo2 结构分别降低了系统危险失效和安全失效的概率，但是代价是分别增加了安全失效和危险失效的概率。为了同时降低危险失效和安全失效的概率，可以采用具有三重冗余结构的 2oo3 系统结构。

在 2oo3 结构中，每个输出通路上有两个控制器通道的输出串联。2 个通道两两串联构成"表决"电路，如图 10-16 所示。系统输出多数表决的结果，当至少有两个通道输出闭合时，输出使能；当有两个通道断开时，输出非使能。如图 10-17 所示。当一个通道（假设为 A）安全失效时，系统会降级到 1oo2；当一个通道为危险失效时，系统会降级到 2oo2。

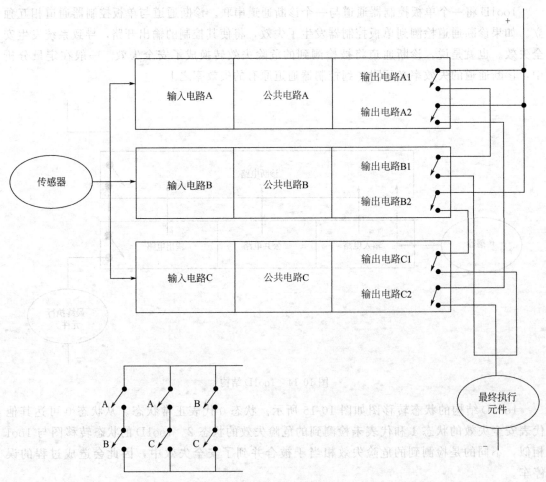

图 10-16　2oo3 结构

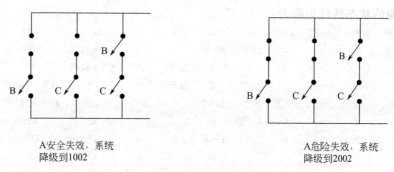

A安全失效，系统
降级到1oo2

A危险失效，系统
降级到2oo2

图 10-17　2oo3 结构的降级

2oo3 结构的状态转移图比较复杂，如图 10-18 所示。状态 0、9、10、11 分别对应正常状态、安全失效状态、检测到的危险失效、未检测到的危险失效。状态 1 到 4 分别是一个通道发生了检测到的安全失效、未检测到的安全失效、检测到的危险失效和未检测到的危险失效。状态 1 和 2 下系统降级为 1oo2，状态 3 和 4 下系统降级为 2oo2。状态 5 到 8 代表系统在状态 1 到 4 的基础上又发生了一个通道失效，形成了一个通道安全失效，一个通道危险失效的情况，从而再一次降级，成为 1oo1。假设维修时所有的故障通道都会修复，因此状态 5 到 7 都会以 μ_0 的修复率返回状态 0。按照前面的假设，共因失效只造成两个设备同时失效。这从图中的状态转移概率可以看出。

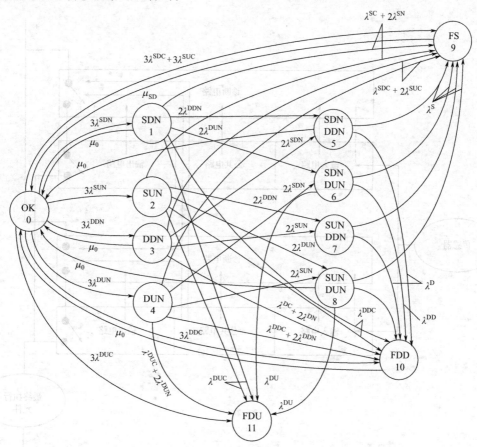

图 10-18　2oo3 结构的状态转移图

2oo3 结构的状态转移矩阵为：

$$
\boldsymbol{P}=
\begin{bmatrix}
1-\Sigma & 3\lambda^{SDN} & 3\lambda^{SUN} & 3\lambda^{DDN} & 3\lambda^{DUN} & 0 & 0 & 0 & 0 & 3\lambda^{SC} & 3\lambda^{DDC} & 3\lambda^{DUC} \\
\mu_0 & 1-\Sigma & 0 & 0 & 0 & 2\lambda^{DDN} & 2\lambda^{DUN} & 0 & 0 & \lambda^{SC}+2\lambda^{SN} & \lambda^{DDC} & \lambda^{DUC} \\
0 & 0 & 1-\Sigma & 0 & 0 & 0 & 0 & 2\lambda^{DDN} & 2\lambda^{DUN} & \lambda^{SC}+2\lambda^{SN} & \lambda^{DDC} & \lambda^{DUC} \\
\mu_0 & 0 & 0 & 1-\Sigma & 0 & 2\lambda^{SDN} & 0 & 2\lambda^{SUN} & 0 & \lambda^{SC} & \lambda^{DC}+2\lambda^{DN} & 0 \\
0 & 0 & 0 & 0 & 1-\Sigma & 0 & 2\lambda^{SDN} & 0 & 2\lambda^{SUN} & \lambda^{SC} & \lambda^{DDC}+2\lambda^{DDN} & \lambda^{DUC}+2\lambda^{DUN} \\
\mu_0 & 0 & 0 & 0 & 0 & 1-\Sigma & 0 & 0 & 0 & \lambda^{S} & \lambda^{D} & 0 \\
\mu_0 & 0 & 0 & 0 & 0 & 0 & 1-\Sigma & 0 & 0 & \lambda^{S} & \lambda^{DD} & \lambda^{DU} \\
\mu_0 & 0 & 0 & 0 & 0 & 0 & 0 & 1-\Sigma & 0 & \lambda^{S} & \lambda^{D} & 0 \\
0 & 0 & 0 & 0 & 0 & 0 & 0 & 0 & 1-\Sigma & \lambda^{S} & \lambda^{DD} & \lambda^{DU} \\
\mu_{SD} & 0 & 0 & 0 & 0 & 0 & 0 & 0 & 0 & 1-\Sigma & 0 & 0 \\
\mu_0 & 0 & 0 & 0 & 0 & 0 & 0 & 0 & 0 & 0 & 1-\Sigma & 0 \\
0 & 0 & 0 & 0 & 0 & 0 & 0 & 0 & 0 & 0 & 0 & 1
\end{bmatrix}
$$

10.6.3.6 1oo2D

1oo2D 结构相当于将两个 1oo1D 单通道系统的输出并联，但是在两个通道之间增加了额外的控制信号连接。1oo2D 系统结构如图 10-19 所示。每一个诊断电路的开关不但受自身所在电路单元的控制，还受另一个电路单元的控制。当一个通道发生安全失效时，类似于 1oo2 结构的情况，系统降级为 1oo1D。当一个通道发生检测到的危险失效时，由于诊断电路的作用，相应的检测电路会将其控制的输出开路，同样使系统降级到 1oo1D。当一个通道

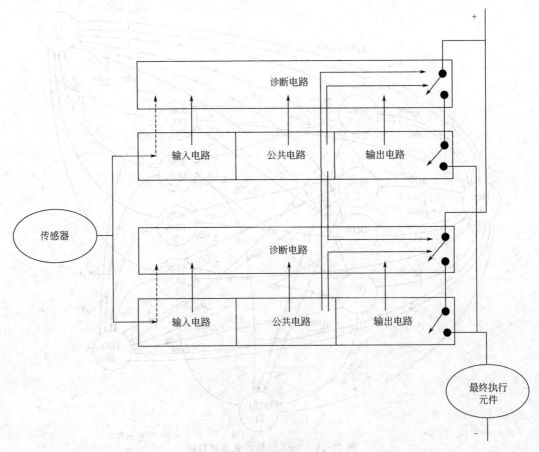

图 10-19 1oo2D 结构

发生未检测到的危险失效时，虽然其诊断电路的开关处于短路状态而不能被断开，但是另一个单元检测到过程危险以后仍然可以将发生未检测到的危险失效的单元的诊断电路开关断开，使输出失能，保障安全。

1oo2D结构的状态转移图如图10-20所示。除状态0以外，状态1到3也是系统成功运行的状态。状态1代表发生了一个检测到的安全失效或检测到的危险失效。由于危险失效被检测出时，诊断电路开关断开使输出失能，因此，其结果与检测到的安全失效是相同的。状态3代表发生了一个未检测到的安全失效，这时系统的输出仍可由另一个正常单元控制。系统状态2代表发生了一个未检测到的危险失效。系统仍然正常运行的原因是另一个单元仍然能够对要求作出响应，使该单元的诊断电路开关断开，从而使系统停车。

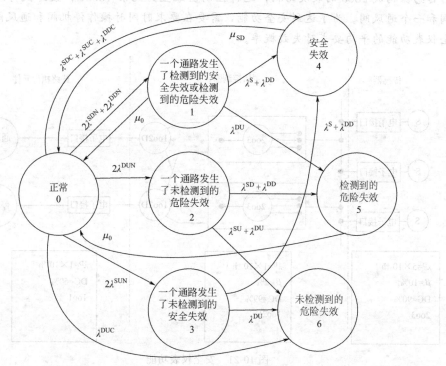

图 10-20　1oo2D 结构的状态转移图

在状态1，系统降级到1oo1D结构。后续的安全失效或检测到的危险失效会使系统发生安全失效；后续的未检测到的危险失效会使系统发生危险失效。在检测到失效发出维修请求后，所有单元都要进行检验测试，因此从状态5和状态1到状态0都有一个维修的状态转移。

在状态2，一个单元发生了未检测到的危险失效。若另一个单元的诊断电路仍然正常工作，系统还是可以正确响应过程危险，因此系统仍能正常运行。在这个状态下，任何后续的部件失效都会导致系统发生危险失效。例如，单元1发生了未检测到的危险失效，单元2发生了检测到的安全失效，这时单元2因为有故障所以也不能对单元1的开关进行控制，因此由于单元1的危险失效，系统发生危险失效，不会响应过程要求，系统转移到状态5。

在状态3，一个单元发生未检测到的安全失效，系统降级到1oo1D。后续的检测到的安全失效或者危险失效都将使系统发生安全失效，而后续的未检测到的危险失效会使系统发生危险失效。

1oo2D结构的状态转移矩阵为：

$$\boldsymbol{P} = \begin{bmatrix} 1-\sum & 2\lambda^{SDN}+2\lambda^{DDN} & 2\lambda^{DUN} & 2\lambda^{SUN} & \lambda^{SC}+\lambda^{DDC} & 0 & \lambda^{DUC} \\ \mu_0 & 1-\sum & 0 & 0 & \lambda^S+\lambda^{DD} & \lambda^{DU} & 0 \\ 0 & 0 & 1-\sum & 0 & 0 & \lambda^{SD}+\lambda^{DD} & \lambda^{SU}+\lambda^{DU} \\ 0 & 0 & 0 & 1-\sum & \lambda^S+\lambda^{DD} & 0 & \lambda^{DU} \\ \mu_{SD} & 0 & 0 & 0 & 1-\sum & 0 & 0 \\ \mu_0 & 0 & 0 & 0 & 0 & 1-\sum & 0 \\ 0 & 0 & 0 & 0 & 0 & 0 & 1 \end{bmatrix}$$

【例 10-1】 考虑一个需要 SIL2 的安全仪表功能如图 10-21 所示。系统配置为：3 个模拟压力传感器构成 2oo3 的表决结构；逻辑控制器配置为冗余 1oo2D；最终执行元件为一个停机阀和一个通风阀。为了达到安全功能，需要在要求时同时操作停机阀和通风阀。试计算该安全仪表功能的平均要求时失效概率。

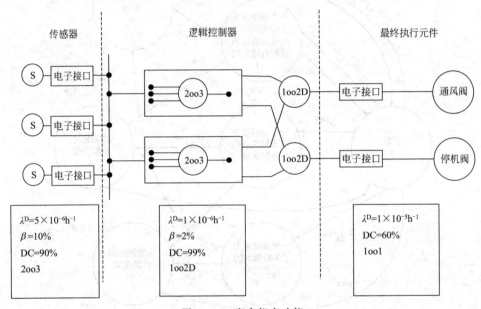

图 10-21　安全仪表功能

检验测试间隔为 1 年，检验测试覆盖率为 95%，运行周期为 5 年，MTTR 为 8h，T_{SD} 为 24h。

由于没有给出安全失效率，故认为不存在安全失效（这样会高估要求时失效概率，使结果更为保守）。

传感器子系统为 2oo3 结构，由 2oo3 结构的状态转移矩阵

$$\mathrm{PFD}_{avg,sensor} = 8.1\times10^{-4}$$

逻辑控制器子系统为 1oo2D 机构，由 1oo2D 结构的状态转移矩阵

$$\mathrm{PFD}_{avg,logic} = 2.7\times10^{-5}$$

最终执行机构子系统有 2 个部分，由于必须同时正常运作才能保证安全仪表功能在需要时执行，因此最终执行机构子系统的平均要求时失效概率为通风阀和停机阀的平均要求时失效概率之和。按照 1oo1 结构的状态转移矩阵分别计算通风阀和停机阀的平均要求时失效概率为：

$$\mathrm{PFD}_{avg,final} = 0.021$$

因此，对于安全仪表功能，

$$\text{PFD}_{\text{avg}} = \text{PFD}_{\text{avg, sensor}} + \text{PFD}_{\text{avg, logic}} + \text{PFD}_{\text{avg, final}} = 0.022$$

可见，SIS 在 PFD_{avg} 上并不满足 SIL2 的要求，同时最终执行元件采用的是 1oo1 结构，这也不符合 SIL2 的最小硬件故障裕度要求。

尝试将最终执行元件改为 1oo2 结构（假设 $\beta = 10\%$，$\beta_{\text{D}} = 5\%$）。变更后最终执行元件的 PFD_{avg} 为：

$$\text{PFD}_{\text{avg, final}} = 2.5 \times 10^{-3}$$

安全仪表功能总平均要求时失效概率：

$$\text{PFD}_{\text{avg}} = \text{PFD}_{\text{avg, sensor}} + \text{PFD}_{\text{avg, logic}} + \text{PFD}_{\text{avg, final}} = 3.3 \times 10^{-3}$$

可见，变更后安全仪表功能满足了 SIL2 的要求。

本章符号说明表

符号	说明	符号	说明
λ	总失效率	λ^{C}	共因失效率
λ^{N}	非共因失效率	PFD	要求时失效概率
PFD_{avg}	平均要求时失效概率	T	失效时刻
$R(t)$	设备在时间 0 到 t 内正常工作的概率	MTTF	平均无故障时间
MTTFS	平均无安全故障时间	MTTFD	平均无危险故障时间
MTTR	平均修复时间	μ	维修率
MTBF	平均故障间隔时间	FIT	失效率
FS	安全失效	FDD	检测到的危险失效
FDU	未检测到的危险失效	λ^{DD}	检测到的危险失效率
λ^{DU}	未检测到的危险失效率	λ^{SD}	检测到的安全失效率
λ^{SU}	未检测到的安全失效率	λ^{D}	危险失效率
λ^{S}	安全失效率	DC	检测覆盖率
TI	检验测试间隔	C_{TI}	检验测试覆盖率
β	共因失效因子	μ_{SD}	系统启动率
λ^{SDN}	安全的检测到的非共因失效率	λ^{SUN}	安全的未检测到的非共因失效率
λ^{SDC}	安全的检测到的共因失效率	λ^{SUC}	安全的未检测到的共因失效率
λ^{DDN}	危险的检测到的非共因失效率	λ^{DUN}	危险的未检测到的非共因失效率
λ^{DDC}	危险的检测到的共因失效率	λ^{DUC}	危险的未检测到的共因失效率
T_{SD}	系统启动时间	LT	运行时间

● 习题

1. 有人认为效益第一，因此安全仪表系统这些增加生产成本又没有直接效益产生的设备应该尽量减少。还有人认为既然安全第一，那么安全仪表系统就应该尽量多地安装，并且尽量采用高安全完整性等级的配置。你如何评价这两种观点？

2. 分析安全仪表系统与基本过程控制系统之间的区别与联系。

3. 图中是一个反应器。进料阀受回路控制，保持一定的进料流量。反应为放热反应，因此需要通过冷却水换热保持一定的温度。冷却水的流量通过控制回路受反应器温度的控制。设一个安全仪表系统，所需要实现的安全仪表功能为当反应器温度超过规定值的时候切断进料（不需要选择具体的设备参数）。要求安全完整性为 SIL2。请问能否为了节约设备投资，将已有的进料阀和反应器温度传感器用于所需的安全仪表系统？

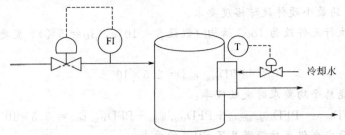

冷却水

4. 试画出 1oo3 结构的状态转移图和状态转移矩阵。比较 1oo3 结构与 2oo3 结构在危险失效和安全失效方面的差异。

5. 试计算图中安全仪表功能的平均要求时失效概率。检验测试间隔为 1 年，检验测试覆盖率为 95%，运行周期为 5 年，MTTR 为 8h，T_{SD} 为 24h。请问该安全仪表功能能否达到 SIL2 的要求？如果不能，应该如何改动以达到 SIL2？

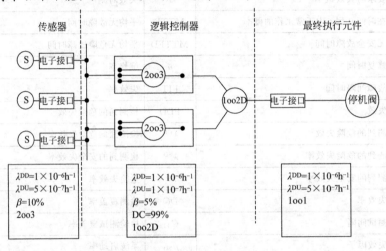

传感器　　　　　　　　逻辑控制器　　　　　　最终执行元件

S—电子接口　　　　　　2oo3

S—电子接口　　　1oo2D—电子接口—停机阀

S—电子接口　　　　　　2oo3

$\lambda^{DD}=1\times10^{-6}h^{-1}$
$\lambda^{DU}=5\times10^{-7}h^{-1}$
$\beta=10\%$
2oo3

$\lambda^{DD}=1\times10^{-6}h^{-1}$
$\lambda^{DU}=1\times10^{-7}h^{-1}$
$\beta=5\%$
DC=99%
1oo2D

$\lambda^{DD}=1\times10^{-6}h^{-1}$
$\lambda^{DU}=5\times10^{-7}h^{-1}$
1oo1

参 考 文 献

[1]　IEC 61508. Functional Safety of Electrical/Electronic/Programmable Electronic Safety-Related Systems，2010.

[2]　IEC 61511. Functional Safety：Safety Instrumented Systems for the Process Industry Sector，2004.

[3]　阳宪惠，郭海涛. 安全仪表系统的功能安全. 北京：清华大学出版社，2007.

[4]　张建国. 安全仪表系统在过程工业中的应用. 北京：中国电力出版社，2010.

[5]　J. L. Rouvroye, A. C. Brombacher. New quantitative safety standards：different techniques，different results. Reliability Engineering and System Safety，1999，66（2）：121-125.

[6]　H. Guo, X. Yang. Automatic creation of Markov models for reliability assessment of safety instrumented systems. Reliability Engineering and System Safety，2008，93（6）：807-815.

[7]　J. Bukowski, W. Goble. Using Markov models for safety analysis of programmable electronic systems. ISA Transactions，1995，34（2）：193-198.

[8]　Hokstad P, Corneliussen K. Loss of safety assessment and IEC 61508 standard. Reliability Engineering and System Safety 2004；83：111-120.

[9]　P. Hokstad, A. Maria, P. Tomis. Estimation of common cause factor from systems with different number of channels. IEEE Transactions on Reliability，2006，55（1）：18-25.

[10]　Y. Shu, J. Zhao. A simplified Markov-based approach for safety integrity level verification. Journal of Loss Prevention in the Process Industry，2014，29：262-266.

[11]　舒逸聘，赵劲松. 安全仪表系统安全完整性等级验证研究进展. 计算机与应用化学，2011，28（12）：1585-1588.

第11章

机械完整性管理

某炼厂的烃类分离装置发生因管道破裂引起的爆炸事故。事故当天早晨，装置的操作一切正常，中控室没有接收到特别重要的警报。下午装置（图11-1）中直径150mm的塔顶压力管道突然破裂，释放出大量易燃蒸气，其中90%是乙烷、丙烷和丁烷。20～30min后，蒸气云被引燃，随即发生强烈爆炸，并引起火灾。发生初次爆炸。10～15min后，又陆续发生新的泄漏，泄漏的物料被点燃，火势越来越大，形成高约35～45m、宽30m的燃烧带，并向稳定塔和周围其他塔器蔓延。高温导致一系列压力管道破裂，总计泄漏了约180t易燃物料和半吨多硫化氢气体。其中约80t易燃物料是从饱和气体装置泄漏的（包括65t气体和15t液体），另外的100t物料来自遭受破坏的上游和下游管道。

烃类分离装置及临近生产装置受到了严重损坏，距离爆炸中心约400m的一处建筑物也遭到严重破坏。事故还对周围一公里范围内的居民住房及商业设施造成了大面积的损坏，总计71例来自工厂和周边社区的伤害事故报告。所幸没有人处在蒸气云范围内，400m外的建筑物内也没有人。否则会导致更加严重的伤亡事故。事故发生后，炼厂停产数周才恢复生产。

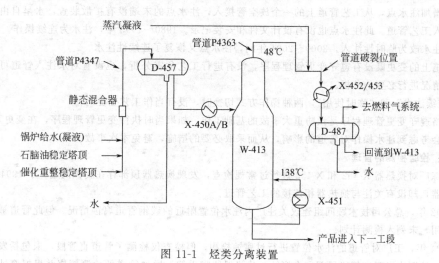

图 11-1　烃类分离装置

直接原因

事故的直接原因是饱和气体装置中连接脱乙烷塔和换热器之间的管道P4363发生破裂，破裂发生在靠近注水点的弯头处（图11-2）。在破裂弯头上游670mm处是工艺管道上的注水位置。

弯头及附近直管段遭受冲刷和腐蚀，管壁厚度明显变薄，壁厚由8mm变成约0.3mm，无法承受管道压力而破裂。破裂口几乎相当于管子本身的截面积，导致短时间内大量工艺物料泄漏。

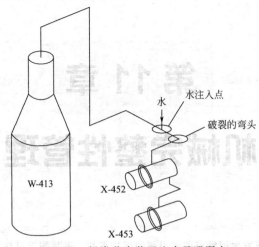

图 11-2 烃类分离装置注水及泄漏点

损伤机理

通过对破裂管道进行金相分析，发现在没有被腐蚀的管道内壁附着一层黑色硫化亚铁，这层由腐蚀产物形成的致密保护层对碳钢管道起到保护作用。持续将水注入工艺管道中时，水冲刷掉了管道内壁上的硫化亚铁层，管道的金属本体暴露于腐蚀介质中，在持续冲刷和腐蚀作用下，逐渐变薄并最终失效。而管道壁厚变薄与注水点位置及水进入管道后的流动路径有关。

这个事故是机械完整性管理不完善所导致的，其中最重要的教训是变更管理的缺失，以及检验检测管理的不完善。

教训一：变更管理

原设计图纸的工艺管道上无此注水点，为了解决换热器 X-452 和 X-453 的堵塞问题，1981 年在此管道上增加注水点，从工艺管道上的一个放空管接入，注水点的末端没有扩散装置，水呈自由流动的状态进入工艺管道。此注水点也没有设计文件和安装记录。1980～1995 年，注水为连续操作。1995 年之后，注水改为临时性注入，2000～2001 年间，注水点又恢复了连续性注水。

设施上的变更既没有遵守变更管理程序，没有进行工艺危害分析，也没有对水注入管道可能造成的腐蚀情况进行必要的分析。

"连续注水"和"临时使用"，两种操作方式切换时，没有当作工艺变更对待。

严格遵守变更管理程序是预防重大事故的基础工作。如果当时执行变更管理程序，在变更审查时，工程师会考虑到注水操作对管道的影响，从而采取必要的措施，避免本次事故。

教训二：检验检测的管理

该炼厂对换热器 X-452 和 X-453 进行过常规检查，发现换热器顶部存在腐蚀问题，于 1994 年更换了换热器，却没有关注与换热器相连接的工艺管道。

1992 年，总公司技术顾问组建议关注厂内注水位置附近的碳钢管道腐蚀情况。但此管道被误认为已经停用，未列入检测计划。

1994 年，工厂对管道的注水位置进行过腐蚀检测，但检查仅检测了管道直管段，未包括发生事故的弯头。检测中发现直管段局部存在腐蚀，建议保留脚手架，增加管道的检测频率并根据腐蚀情况判断是否继续使用该注水点，但此建议被忽视。

1996 年，工厂开展另一次管道检测。此时管道处的脚手架已拆除，检测小组根据当时临时性注入的操作情况，误认为此注水点停用，不存在腐蚀问题，因此未对该管道进行检测。

1996 年后再也没有对该管道进行过检测。

没有建立全面的腐蚀控制计划，也没有将其他工段的经验运用到管道检验检测。20 年中，此破裂弯头从未接受过一次有效地检验。如果进行过一次有效检验，就可能发现存在的问题，从而避免此次事故。

对于风险较大的设备与管道，应建立有效的评估机制，来预防事故。可以参考行业标准、实践经验以及以往的检查报告，以风险为衡量依据来确定合理的设备检查频率与手段。

不应忽视评估所产生的结果、意见等，应落实全面、系统的腐蚀控制计划，通过执行该计划，收集必要的腐蚀数据，并严格落实适当的措施。

机械完整性是过程安全管理的一个重要因素，本章介绍了机械完整性与设备管理中的基本术语，并概括了流程工业中的典型设备分类与检测维修方法。重点介绍了经典的完整性评估与完整性管理办法。同时对事故应急与本书其他章节内容（如风险辨识、设备完整性、事故后果分析等）的相互影响与关系作了介绍，以期读者能够建立流程工业中机械完整性管理的基本知识体系。

11.1 机械完整性概念及简介

11.1.1 设备生命周期的概念

设备生命周期指设备从开始设计时起，一直到因设备功能完全丧失而最终退出使用的总的时间长度。衡量设备最终退出使用的一个重要指标是可靠性。

以压力容器为例，压力容器整个生命周期包括其设计、制造、安装、运行、检验、修理和改造，直至报废。

设备的寿命通常是设备进行更新和改造的重要决策依据。设备更新改造通常是为提高产品质量，促进产品升级换代，节约能源而进行的。其中，设备更新也可以是从设备经济寿命来考虑，设备改造有时也是从延长设备的技术寿命、经济寿命的目的出发的。

设备的全生命周期管理包括三个阶段。

(1) 前期管理

设备的前期管理包括规划决策、计划、调研、设计、制造、购置，直至安装调试、试运转的全部过程。

(2) 运行维护

包括防止设备性能劣化而进行的日常维护保养、检查、监测、诊断以及修理、更新等管理，其目的是保证设备在运行过程中处于良好技术状态，并有效地降低维修费用。

在压力容器整个生命周期中，运用系统工程的观点，进行严格的监察和管理，对压力容器在运行过程中的危险因素进行分析，以指导压力容器的设计、制造、运行管理，确保压力容器的安全可靠，防止事故的发生。

(3) 报废及更新改造

设备的报废、更新改造指依据科学技术迅速发展的客观要求和设备本身的寿命及磨损等因素，用新设备来代替不能继续使用或从经济上衡量不宜继续使用的陈旧设备，或对设备进行技术改造，以提高设备的技术经济性能。

11.1.2 机械完整性管理的含义

机械完整性（Mechanical Integrity，MI）源自美国职业安全与健康管理局（OSHA）

的高度危险性化工过程安全管理办法的第 8 条款。机械完整性管理的目的是保证关键设备在其生命周期内达到预期的应用，如缺陷维修、腐蚀监控等。

机械完整性管理涵盖了对设备安装、使用、维护、修理、检验、变更、报废等各个环节的管理。其根据不同的行业、规范要求、地理位置和装置特点而异，但是所有成功的机械完整性管理计划，都有着共同的特性：

① 为保证预期应用，对设备进行了良好的设计、制造、采购、安装、操作和维修；

② 根据确定的准则，清晰地列出了计划中所包括的设备；

③ 将设备进行了优先等级排序，以利于优化资源分配（如人力、费用、储存空间等）；

④ 帮助企业员工执行计划性维修，减少非计划性维修；

⑤ 帮助企业员工在缺陷产生时知道如何辨别并进行控制，以防止设备缺陷引起严重事故；

⑥ 认识和接受良好的工程经验；

⑦ 可以确保安排执行工艺设备检验、试验、采购、制造、安装、报废和再用的人员经过相应的培训，并且有相应的执行程序；

⑧ 包含文件及记录要求，保证机械完整性管理执行的连续性，并为其他用户提供准确的设备信息，包括过程安全和风险管理等。

11.1.3　与其他管理程序的关系

机械完整性管理计划要适用于装置现存的过程安全管理（PSM）和风险管理计划（RMP），以及其他如可靠性、质量等管理程序。负责开发和调整机械完整性管理计划的人，应利用装置现有的管理计划，以及对相关任务的负责人或小组的了解，优化机械完整性管理计划。表 11-1 列出了机械完整性管理计划与其他管理程序的潜在界面。

表 11-1　机械完整性管理计划与其他管理程序的潜在界面

其他程序	与 MI 潜在的关系
设备可靠性	• 可靠性程序可以为 MI 提供支持(例如,振动监测、设备质量监控[QC]等) • MI 计划可以作为设备可靠性程序的基础
职业安全	• 职业安全程序可以确保 MI 活动的安全执行 • 职业安全人员可以帮助维持应急响应设备的完整性
环境控制	• 环境控制可以为 MI 提供支持(例如,无组织排放监测、化学品泄漏调查)
员工参与	• 来自各类部门的员工应该纳入到 MI 计划中
工艺安全信息	• 设计标准和规范都影响着 MI 行为,比如设备设计、检查和修理 • MI 中的质量管理 QA 行为可以确保设备是否适用于预期使用要求 • MI 行为可以映射设备的安全操作上限和下限变化
工艺危害分析(PHA)	• PHA 有助于确定 MI 计划所包括的设备范围 • PHA 有助于 MI 的排序 • MI 的历史信息有助于 PHA 团队明确安全措施是否充分
操作程序	• 操作程序可能涵盖与 MI 相关的活动,比如员工巡检过程中对设备情况的监控、报告操作中的异常现象、记录设备历史运行数据、为设备维护和维修工作做准备
员工培训	• 在工艺及其危害方面,MI 中的培训与操作人员培训程序应保持内容一致
承包商	• MI 方案中的检查和维护任务可能需要有相应技术的承包商完成 • 鉴于承包商经常会承担 MI 计划中的一些执行任务,承包商的选择过程需要同时考虑承包商的安全行为和工作质量

其他程序	与 MI 潜在的关系
开车前安全审查 （PSSR）	• MI 中用于确保设备按照设计进行制造和安装的 QA 行为,部分或全部都将在 PSSR 中进行跟踪
动火作业许可 （和其他安全作业）	• 安全作业实践取决于如何执行 MI 活动
变更管理（MOC）	• MOC 应在 MI 计划和文件中得到应用(比如任务频率的变化,程序) • 当评价工艺变更时,MOC 过程应考虑确认 MI 提出的问题(比如腐蚀率和腐蚀机理) • 评价危害的小组成员应包括工艺和 MI 人员 • MOC 会进一步协助 MI 管理设备缺陷 • 在设备更换时,要确定 MI 记录是否同步更新(比如检验记录和时间表是否更新)
事故调查	• 调查团队可能需要 MI 的记录 • 调查建议可能影响 MI 执行
应急计划和应急响应	• 在 MI 计划中需要纳入应急响应设备
符合性审查	• MI 计划将被审查——审查结果可以完善 MI 计划
商业机密	• MI 执行过程中所需的信息如为商业机密,应提供给 MI 计划使用

11.1.4 机械完整性管理计划的目标

MI 计划必须能够有效地预防事故,并且成为设施过程安全、环境、风险和可靠性管理系统的有效组成部分。

在制订 MI 计划时,首先应设定目标,一般包括符合法规要求、提高设备可靠性、减少设备因失效而引发安全及环境事故、提高产品一致性、提高维修一致性和有效性、减少非计划维修时间和费用、减少运营费用、提高闲置管理、提高承包商职责等。上述每项目标都可能产生费用,因此,企业可以根据自己的实际需求和能力对这些目标进行优先顺序的排序。

MI 的具体目标在不同时期是不同的：新设备设计、制造和安装阶段,MI 主要关注点是确认新设备满足其预期的服务要求,而 QA 的执行是保证设备整个生命周期初始阶段的重要手段之一；在检验和测试阶段,MI 主要关注点是确认设备或安全保障措施功能的专业检验和测试周期；在预防性维修阶段,MI 关注点是预防设备及其部件的过早失效,执行维护（如润滑油）和/或检验以及更换磨损的部件；修理阶段,MI 关注点是对设备失效的响应,修理并恢复设备使用。

11.2 法规发展

随着国内外石油化工行业重大事故的不断发生,一方面引起了各国政府监管部门的高度重视,相继颁布或更新有关法律法规和标准规范,用于预防和遏制重大危险事故的发生；另一方面也表明,单纯应用工程技术,无法有效杜绝意外事故的发生,必须辅以完整而有效的管理制度,主动发现、管理和解决问题,确保设施安全生产。

近几十年来,机械完整性管理已经逐渐成为工业领域内预防事故和保持持续生产的手段之一。许多国家的一些行业、公司和规范都主动提出机械完整性管理计划的要求并推动该计划的执行。许多工艺装置已经将机械完整性管理计划运用到整个生命周期内,并对其装置经济可行性的维持起到了至关重要的作用。

11.3 机械完整性管理计划的关键要素

MI 关键要素包括：确定应用对象（即 MI 计划要包括的设备）、编写程序、培训、检验和测试、设备缺陷管理、质量确认。

11.3.1 确定应用对象

在 MI 计划初期，首先要确定对象，制订计划中所包括的设备清单。本节将对 MI 计划中的通用设备类型进行简单介绍，并对选择 MI 对象时应考虑的方面进行举例，这些信息对 MI 计划中包含的特殊设备项的完整性管理，也会给出一定的指导和建议。

11.3.1.1 通用设备分类

机械完整性管理的设备对象主要包括固定式设备、泄压和放空系统、仪表和控制系统、转动设备、消防设备和电力系统。

固定式设备（也称静设备）指没有驱动机带动的非转动或移动的设备。通常包括炉类、塔类、反应设备类、储罐类、换热器等。

泄压和放空系统通常包括安全阀、爆破片、放空管等。

仪表和控制系统是通过仪表传感器采集现场（设备）参数信号，然后通过控制器（计算机）运算分析后，对相应的设备执行器进行控制。通常用来实现对温度、压力、液位、容量、力等物理量的测量和显示，并配合各种执行器对电加热设备和电磁、电动阀门进行 PID 调节和控制、报警控制，数据采集和记录。

转动设备（也称动设备）是指有驱动机带动的转动设备，如泵、压缩机、风机、电机以及成型机、包装机、搅拌机等。

消防设备指用来预防和削减火灾的设备，如消防水罐、泡沫消火栓箱、消防水带、消防炮、柴油机消防泵组、电动机消防泵组等。

电力系统即由发电、输电、变电、配电和用电等环节组成的电能生产与消费系统。

11.3.1.2 确定应用对象的步骤

确定设备范围的过程通常包括四个步骤：审核计划目标；制订并编写设备选择规则（如包括哪些类型的设备，不包括哪些类型的设备等）；定义具体程度（如作为一台独立的设备，还是作为系统的一部分）；记录已选择的设备。

(1) 回顾 MI 计划目标

装置人员在确定设备范围前，应先回顾 MI 计划目标。设施是否包含在过程安全管理（PSM）之中？是否在风险管理计划（RMP）中？是否涉及锅炉及压力容器相关规定或其他的规范？如果是，这些设备可以作为专项设备纳入到 MI 计划中。法规、规范也可以用来确定 MI 计划覆盖的范围。但是值得注意的是，法规、规范里有些地方可能比较宽泛，不同人对其的理解也可能有所不同。

企业管理层的积极主动性可以促进 MI 计划，因为这可以将 MI 范围扩展到非法规强制的对象。MI 计划中的范围扩大，如增加设备，其目标也是减少过程安全事故、职业安全和环境事故发生的可能性。这个目标可以通过提高产品的质量、可靠性，如减少报废率、延长设备寿命等来实现，也可以通过建议额外的检验、测试和质量确认（QA）来实现。

MI 计划可以从最初的小片试点开始，当其逐渐成为装置文化后再进行延伸和扩展。

（2）制订并编写设备选择规则

MI 计划通常包括压力容器、常压和低压储罐、管道和管件（包括阀门、管路过滤器、喷射器和喷嘴等）、压力泄放装置（如安全阀、爆破片、真空阀等）和放空系统。确定压力容器、储罐和泄放装置应纳入 MI 计划比较容易，而对于厂内大量的工艺管道，确定哪些管道应纳入 MI 管理计划有一定难度，可以参考下面第（3）部分所介绍的方法。

除了压力容器、储罐和管道，还应考虑是否包含密封组件。出于环境和安全（以及法规）方面的考虑，驱动设备的密封组件通常应纳入 MI 计划内。同样，储罐上的防火结构部件和隔离（尤其当泄放设计对隔离有所考虑时）也应纳入 MI 计划内。

存有危险化学品的转动设备也应包括在 MI 计划中，以避免泄漏。除此之外，关于转动设备选择还应考虑：

① 设备是否确保工艺流程的完好性？如果是，则驱动（如涡轮机，发动机等）等设备也将包含在内；

② 不接触物料的设备，可以通过识别其在失效状态下对工艺和人员的安全影响来进行选择；

③ 非工艺流程设备（如冷却水系统，蒸汽系统，冷冻系统，电力系统等），同样，通过考虑设备失效时对系统的危害来进行选择。

功能性管件如管路过滤器、喷射器和喷嘴等，同样可以对 MI 的整体效果起作用。

仪表在 MI 计划中也应重点考虑。仪表一般对非计划事件进行保护、监测和削弱。通常，只有那些对 MI 目标相关事件有潜在影响的仪表才包含在内。

安全仪表系统 SIS 是否满足 ISA、ANSI 及 IEC 的评估结果，可以协助装置人员制定标准对安全功能仪表进行选择。另外，保护层分析（LOPA）的结果，可以识别对工艺安全重要的功能安全仪表，这些仪表也将包含在 MI 计划内，参见第 10 章安全仪表系统生命周期管理的相关介绍。

公用工程中对设备的选择过程中，对功能的关注度往往高于对物料的关注度。首先考虑系统整体危害，如 N_2 中断可以导致某些储罐氮封失败，出现易燃蒸气空间等。然后考虑其自身特性如 N_2 泄漏导致的窒息危害。

另外，不间断电源（UPSs）、应急通信、电气接地等系统也应进行评估。PHA 报告可以协助识别哪些设备应包括在 MI 计划内。

那些作为化学物质泄漏、火灾和其他灾难性事故最后一道保护屏障的设备和系统，无论是用来削减风险的还是执行动作的，都应包含在 MI 计划中。这些设备包括固定式和便携式的消防设备，也可能包含应急惰性气系统、紧急停车系统（如急冷、反应紧急中断）、全容式安全壳，或紧急泄放系统等。

还有一种特殊情况，即设备或系统由其他公司进行管理，如化学原料供应、空分的供氧供氮等。而装置运行单位会对因这些设备而引起的安全、环境或工厂负荷等方面的事故负责，但是这些设备根据商务合同由其负责管理的公司进行维护。因此应该对这些供应商的设备进行评估。即使供应商执行他们自己的 MI 计划，但是装置运行单位应对供应商的 MI 计划进行审核，看其 MI 的执行标准是否满足或超过本单位的 MI 计划要求。

同样，对于储运设备（如供现场储罐的），无论在其使用或待用时，也应看做是装置工艺系统的一部分。应该了解储运装置的 MI 要求，并确保相关任务落实到位。

MI 计划应考虑为临时设备提供预留，如公用工程软管等。另外，泄漏时临时修复设备

（如卡箍）也如此，如可以体现在装置的变更管理计划（MOC）中等，这些设备往往不在设备清单中，但可以根据实际需要，逐一编纂。

对于安全、消防、应急响应、逃生报警、建筑通风、电力配送等设备，虽然由其他专业部门进行采购、检验和测试，如安全部门、消防部门或其他承包商等，但是这些设备的 MI 计划必须符合或高于本装置运行单位的 MI 计划要求，由相应的部门对这些设备的 MI 执行进行归档记录。

最后如土建基础和结构支撑（如管道支撑和支架）等是否应包括在 MI 计划内，应考虑结构的使用寿命和使用历史（当然对于新安装的设备也要考虑结构缺陷的检测），考虑其表面状况，以及地理因素（如潜在的地震、飓风损坏等）。

（3）设备分类

当设备筛选标准制定完后，可以编写出设备清单。可以逐项对设备的详尽程度进行不同等级的划分，因此，需要定义级别划分的方法，以保证整体划分原则的一致性。

压力容器通常包括其内部盘管、衬里和夹套等。要考虑这些部件是否需要特殊的设计。

转动设备撬块，包括润滑油系统、密封冲洗系统和其他支持大型转动设备运转的部分，可能有管道、泵、压力容器、仪表等，都应包括在 MI 计划内。有时可能这些设备成撬安装，并没有独立的位号或编号，可以逐一分别给予编号，也可以成组编进转动设备中。

公用工程可以将整个系统成组罗列，也可以按独立的系统部件罗列。需要确认的是，对整个系统的罗列应对系统中的部件有完整的描述。

供应商撬块可以分别罗列供应商的设备，也可以按系统成组一起罗列。同样，对整个系统的罗列应对系统中的部件有完整的描述。

对于管道，最简单的做法是按系统罗列管道。常用的是按管线编号系统。管件（如膨胀节、观察口、排污线、紧急隔离手动阀、管线电气连接以及阴极保护等）应考虑在内。根据 P&ID 对管线系统进行描述是一个很好的方法。

仪表回路。由于 MI 的执行可能由不同的小组进行，而且对于部件测试的频率也不相同，因此有些人喜欢将仪表回路中的部件进行分别罗列；也有的人喜欢按各自的回路进行罗列。这些做法都可以，但是一定要确保整个回路的功能和相关逻辑得到测试。

压力泄放/放空装置。大多数泄放装置有着独立的位号。但是，有些辅助设备如密封回路和 Weighted Hatches 有时候会作为容器的一部分，要确保这些设备在 MI 范围内。同样，泄放装置的泄放管线经常作为泄放装置的一部分来进行外观检验，这些管线也与泄放设备编组在一起。要确保所有的部件都包含在内，如火炬、泄放分液罐、应急冲洗设备等。

火灾和化学泄漏事故削减系统。同仪表回路一样，可以作为一个系统或独立的部件进行考虑。其相关的管线系统也应该进行编号。确保削弱系统功能测试的完整性。

在制订 MI 计划中设备选择的标准时，可以参考上述所列的参考内容，视具体情况而定。

（4）设备清单与记录

MI 计划所包含的设备，应该形成记录，这样可以有利于清晰的交流和理解 MI 具体范围。文件可以包括设备编号、设备名称，也可以包括其他 MI 计划相关的其他信息。MI 计划中设备的选择过程，以及设备的选择原则（如设备选择标准）也应形成文件，可以作为备注存储。

同其他文件一样，设备清单应进行更新，设备的增加、删除和重大修改都应有记录和跟踪，如 MOC 或其他计划等。另外，当设备清单进行更新时，与之相关联的其他文件，如检验计划、QA 计划等，也应及时得到相应的更新。

11.3.2　检验、测试、预防性维修计划

机械完整性管理计划的范围一经确定之后，工作重点将转移至如何制订并执行检验、测试及预防性维修计划（Inspection，Test and Preventive Maintenance，ITPM）。

这里的预防性维修计划是指针对 MI 计划中的设备，进行预先性的主动维修任务，这部分通常未在检验、测试任务中考虑。预防性维修通过对设备的系统性检查、检测和（或）定期更换以防止功能故障发生，使其在规定状态运行。它可以包括调整、润滑、定期检查等。预防性维修的目的是发现设备故障征兆、降低设备失效的概率或防止功能退化、延长设备的使用寿命，以提高生产效率、降低生产成本。通俗讲，预防性维修就是对设备的异状进行早期发现和早期预防。

因此，很多情况下，ITPM 计划是 MI 计划的核心。

ITPM 计划的目标是认知并执行为保障设备的完整性而必需的维修。采用 ITPM 可以将设备设施的故障性维修理念提高到更积极的完整性维护理念。

ITPM 计划的制订和执行包含以下阶段：

① 制订 ITPM 任务计划　首先识别并归档为保持设备完好性所必需的 ITPM 任务，确定任务执行的频率。然后将任务转化为时间表。ITPM 行为包含检验、测试，或其他的预防性行为，均为有一定时间间隔的维护设备完整性的行为。

② ITPM 任务的执行和监督　为了有助于目标的达成，ITPM 计划需要实施对时间表、任务结果及总体执行的过程监控。

11.3.2.1　制订 ITPM 计划

任务选择过程中所涉及设备包含 MI 计划范围内的每一台设备。任务选择步骤如下。

第一步：设备分类。设备分类（如压力容器、离心泵等）可以减少任务选择所需的时间，有益于计划的一致性。另外，应考虑设备的特性和不同的服役工况（如不同的化学品物料、较高的压力等），如所需的 ITPM 任务和时间间隔不同，则需对设备分类进行子类的划分。

第二步：设备数据收集。为了有效制定 ITPM 任务和时间间隔，需要收集以下数据：

① 设计数据，如设计说明和竣工图；

② 操作数据，如包含操作参数的操作程序等；

③ 维修和检验历史，包含现有的 ITPM 任务和时间计划，以及检验和维修历史；

④ 安全和可靠性分析（如工艺危害分析，以可靠性为中心的维修 RCM 等）等可提供失效类型及失效影响等信息的文件，这类文件可能已经识别出需要维护的设备的保护措施（如报警，联锁，应急响应等）；

⑤ 现场或企业的环境、健康和安全政策；

⑥ 如果 ITPM 任务的选择和时间间隔的确定需要基于风险，则需要基于风险的分析报告。如包含定量风险分析（QRA）、保护层分析（LOPAs）、基于风险的检验（RBI）等；

⑦ 其他需用到的数据。

第三步：组建 ITPM 任务选择小组。组成人员应是各专业有经验的人员，包含：

① 设计人员，可以提供设备设计相关知识和经验，如应用标准、规范等；

② 操作人员，可以提供设备操作和故障历史的相关经验和知识；

③ 维修人员，可以提供现有维修实践和维修历史相关的经验和知识；

④ 检验人员，可以提供检验和测试标准、规范、推荐做法、潜在的损伤机理和检验历史等相关经验和知识；

⑤ 可靠性和维修工程师，可以提供检验、预防性维修、潜在故障机理和设备维修历史等相关经验和知识；

⑥ 腐蚀工程师，可以提供腐蚀和损伤机理（如应力腐蚀开裂等）以及防腐措施和腐蚀监控及时相关的经验和知识；

⑦ 工艺工程师，可以提供工艺设备设计和操作、设备运行历史、适用规范和标准以及推荐做法等相关的经验和知识；

⑧ 检验和维修承包商，如果设备的检维修等管理任务外委，则其承包商可以提供检验和无损探伤等相关经验和知识；

⑨ 设备制造厂家及供应商，在 ITPM 对新设备进行选择时，可以提供操作、维修等相关经验和知识。

第四步：选择 ITPM 任务，确定任务时间间隔。该步由组建的 ITPM 任务选择小组共同讨论执行。在 ITPM 任务选择时，要考虑各种失效模式（如均匀腐蚀，安全仪表系统故障等），要考虑检测和预防失效的最佳方法（同时也是最有效的任务）。因此，ITPM 小组可能要考虑非常多的失效，并且需要对任务选择的过程有充分理解并进行确认：

① 如何预防物料损失；

② 如何预防或检测控制系统、安全系统、应急响应设备等的功能失效；

③ 如何预防不必要的设备跳车，或者在危险工况下需要关闭/启动时不能够正确执行安全功能。

第五步：文件化。将任务选择的成果、选择的依据或过程的阐述，形成文件归档。

11.3.2.2 执行和监督

当 ITPM 计划及相应的时间表制订完毕后，人员的执行是保证 ITPM 计划落实的关键。人员培训和执行程序也将是 ITPM 计划落实的有力保障。

ITPM 计划的执行包含以下关键点：

① 确定可接受标准。可接受标准是评估设备完好性的重要依据，可对采纳何种应对方案提供判定依据。可接受标准可以是定性的，也可以是定量的。例如"管道支撑不能缺失，不能弯曲"是定性的可接受标准。"壁厚减薄不能超过 3mm 的腐蚀余量"是定量的可接受标准。

② 记录设备信息。在设备选择时用到的信息需要记录，其中有些信息对 ITPM 任务的执行同样有用。比如历史执行的 ITPM 信息，可以记录有问题的区域，在本次 ITPM 任务执行中可以重点关注；以前测厚的位置，本次同样在该点测厚，可以对比以前的和现在的壁厚变化，对壁厚变化有一个持续性的监测，更好地掌握腐蚀速率等。

③ 记录 ITPM 任务结果。ITPM 结果的记录，可以用来确定设备的完好性，或者指出缺陷位置，可以协助计算或评估剩余寿命，可以进一步指导后面的检维修周期等。

④ ITPM 任务执行。为了确保任务执行正确，在 TIPM 执行前，应确认有相应的程序，执行人员经过相应的培训，相关的资源已经配备。

⑤ ITPM 结论管理。根据 ITPM 的结果，进行结果的分析和判定。例如发现某处有点蚀坑存在，则需进一步分析并确定是否要修理，或者要继续监控（采用测厚手段），并进一

步制定下一次的测厚时间等。

⑥ 任务时间计划管理。对时间表进行管理，目的是确保所有计划按照原定时间按时完成，避免遗漏或拖延。

⑦ ITPM 计划的监督。监督内容包含执行方法、执行时间、执行对象、缺陷记录等。

11.3.3 检验、测试、预防性维修技术

11.3.3.1 静设备检验方法

静设备无损检测方法很多，一般可分为六大类约 70 余种。但在实际应用中比较常见的有以下几种，也即通常所说的常规的无损检测方法：目视检测（Visual Testing，VT）；超声波检测（Ultrasonic Testing，UT）；射线检测（Radiographic Testing，RT）；磁粉检测（Magnetic Particle Testing，MT）；渗透检测（Penetrant Testing，PT）；涡流检测（Eddy Current Testing，ET）；声发射（Acoustic Emission，AE）。

(1) 目视检测

目视检测（VT）在国内实施得比较少。无损检测作为国际上非常重视的检测方案，通常把目视检测作为首要方法。在设备检测过程中，目视检测是首先使用的，也是最有价值的一种检测方法。通过目视检测，首先可以检查出设备的腐蚀、冲蚀、变形、破损、鼓泡、错位等缺陷的大致情况，可以为详细检查时判断需何种手段以及何种类型的工具和仪器等提出具体的要求。

按照国际惯例，目视检测要先做，以确认不会影响后面的检验，再接着做四大常规检验。例如 BINDT 的 PCN 认证，就有专门的 VT1、VT2、VT3 级考核，更有专门的持证要求。经过国际级的培训，其 VT 检测技术会比较专业，而且很受国际机构的重视。

VT 常常用于目视检查焊缝，焊缝本身有工艺评定标准，都是可以通过目测和直接测量尺寸来做初步检验，发现咬边等不合格的外观缺陷，就要先打磨或者修整，之后才做其他深入的仪器检测。例如焊接件表面和铸件表面的 VT 做得比较多，而锻件就很少，并且其检查标准是基本相符的。

实施目视检测时，通常需要一些辅助工具，目视检测辅助工具可以分为两类。一类是用于表面清洁工作的工具，常用的有锉刀、钢丝刷、打磨机、喷砂机以及砂布砂纸、表面化学清新剂等。通过表面清洁、清洗，可以扩大表面缺陷，使之容易看见。另一类工具是观测辅助工具，当不能直接清楚地看到所检测设备的缺陷时，通常采用以下辅助观测工具。

① 放大镜　使用放大镜可以有助于发现用肉眼直接观察不清楚、可能被忽视的小缺陷。

② 平面镜和反射镜　平面镜和反射镜可用来检查隐蔽的表面，常用的有手持式反射镜、容器反射镜观测器等。在通过小孔观看隐蔽表面时，可用牙科医生常用的放大镜，检查要取得满意的效果，需提供充足的照明，可用平面镜和反射镜将光源反射的光线照亮要检查的隐蔽部位。通常，手电筒、聚光灯、探照灯甚至太阳光都可作为反射的光源。

③ 内窥视镜　内窥视镜是一种精密的光学仪器，一端为目镜，另一端为物镜，物镜端有一光源。内窥视镜可用来检查小孔、深孔、换热器换热管、不可接近的设备内部和焊缝根部的内表面以及其他由外部无法观察到的内部缺陷等。使用内窥镜时，把物镜端伸入到设备的内孔或管子内部，启动光源，从目镜端观看，调节目镜使被观测目标成为焦点，就可以十分清晰地看到内部的缺陷。

④ 显微镜和望远镜　显微镜是一种得到放大图像的直接观测工具，对检查肉眼难以直

接观察到的微小的焊缝裂纹或其他缺陷非常有效。对于更详细的研究，可以用来观测金属的金相结构。一些金属长期经受高温或高压，内部金相结构会发生变化，为了减少在操作运行中迅速劣化和失效的可能性，当怀疑某一设备的某一部位有可能发生这种变化时，常常利用显微镜检查金属试样；如果已经发生了失效，则要通过显微镜检查以查明失效的确切原因，以便采取必要的措施防止其再次发生。

望远镜可使检查人员远离设备进行肉眼观察。譬如，用以检查在用火炬末端的损坏情况或限制人员入内无法靠近的其他设备等。

（2）射线检测

射线检测（RT）是指用 X 射线或 γ 射线穿透试件，以胶片作为记录信息的器材的无损检测方法，该方法是最基本的、应用最广泛的一种非破坏性检验方法。使用射线检测可以探测出材料的内部缺陷。

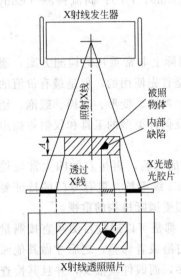

图 11-3 X 射线照相法示意图

射线照相检验法的原理：射线能穿透肉眼无法穿透的物质使胶片感光，当 X 射线或 γ 射线照射胶片时，与普通光线一样，能使胶片乳剂层中的卤化银产生潜影。由于不同密度的物质对射线的吸收系数不同，即射线穿透材料后，不同厚度的材料其吸收射线的数量不同，照射到胶片各处的射线能量也就会产生差异，这些差异通过照相在胶片上的曝光量也不同，便可根据暗室处理后的底片各处黑度差来判别缺陷。如图 11-3 为 X 射线照相法示意图。

X 射线及 γ 射线的使用都要求有特殊的安全规程，人员过度暴露于两种射线中会对健康有损害。

射线照相检查技术对石油化工设备来说，主要有两种用途：一是确定焊缝及铸件的质量；二是检测设备及管道的壁厚。

鉴于射线检测的特点和原理，主要存在以下的一些优点和局限性：

① 可以获得缺陷的直观图像，定性准确，对长度、宽度尺寸的定量也比较准确；

② 检测结果有直接记录，可长期保存；

③ 对体积型缺陷（气孔、夹渣、夹钨、烧穿、咬边、焊瘤、凹坑等）检出率很高，对面积型缺陷（未焊透、未熔合、裂纹等），如果照相角度不适当容易漏检；

④ 适宜检验厚度较薄的工件而不适宜较厚的工件，因为检验厚工件需要高能量的射线设备，而且随着厚度的增加，其检验灵敏度同样会下降；

⑤ 适宜检验对接焊缝，不适宜检验角焊缝以及板材、棒材、锻件等；

⑥ 对工件中缺陷在厚度方向的位置、尺寸（高度）的确定比较困难；

⑦ 检测成本高、速度慢；

⑧ 具有辐射生物效应，能够杀伤生物细胞，损害生物组织，危及生物器官的正常功能。

总的来说，RT 的特性是：定性更准确，有可供长期保存的直观图像；但总体成本相对较高，而且射线对人体有害，检验速度较慢。

（3）超声波检测

超声波检测（UT）是通过超声波与试件相互作用，利用材料本身或内部缺陷对超声波传播的影响，就反射、透射和散射的波进行研究，对试件进行宏观缺陷检测、几何特性测量、组织结构和力学性能变化的检测和表征，并进而对其特定应用性进行评价的技术。

超声波检测的原理主要是基于超声波在试件中的传播特性：超声波传播能量大，对各种材料的穿透力较强；在介质中传播时，遇到界面会发生反射；具有良好的指向性，频率愈高，指向性愈好；在试件中传播并与试件材料以及其中的缺陷相互作用，使其传播方向或特征被改变；改变后的超声波通过检测设备被接收，并可对其进行处理和分析；根据接收的超声波的特征，评估试件本身及其内部是否存在缺陷及缺陷的特性。

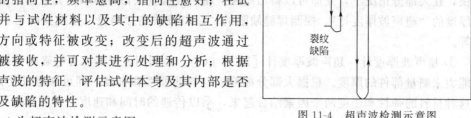

图 11-4 超声波检测示意图

图 11-4 为超声波检测示意图。

图 11-5 为超声波探伤仪原理图。

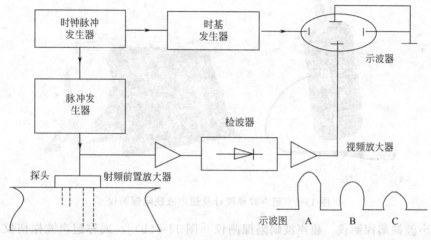

图 11-5　超声波探伤仪原理

超声波检测的优点：

① 适用于金属、非金属和复合材料等多种制件的无损检测；

② 穿透能力强，可对较大厚度范围内的试件内部缺陷进行检测。如对金属材料，可检测厚度为 1～2mm 的薄壁管材和板材，也可检测几米长的钢锻件；

③ 缺陷定位较准确；

④ 对面积型缺陷的检出率较高；

⑤ 灵敏度高，可检测试件内部尺寸很小的缺陷；

⑥ 检测成本低、速度快，设备轻便，对人体及环境无害，现场使用较方便。

超声波检测的局限性：

① 对试件中的缺陷进行精确的定性、定量仍须做深入研究；

② 对具有复杂形状或不规则外形的试件进行超声检测有困难；

③ 缺陷的位置、取向和形状对检测结果有一定影响；

④ 材质、晶粒度等对检测有较大影响；

⑤ 以常用的手工 A 型脉冲反射法检测时结果显示不直观，且检测结果无直接见证记录。

综合超声波检测的优点和局限性，该检测方法适用于以下范围：从检测对象的材料来说，可用于金属、非金属和复合材料；从检测对象的制造工艺来说，可用于锻件、铸件、焊接件、胶结件等；从检测对象的形状来说，可用于板材、棒材、管材等；从检测对象的尺寸来说，厚度可小至1mm，也可大至几米；从缺陷部位来说，既可以是表面缺陷，也可以是内部缺陷。

超声波检查可用以测量厚度，也可以检查材料及焊缝的裂纹等缺陷，用这项技术检查速度快，在大部分情况下，立即可以得出结果。超声波检查仪器可以根据其应用范围区分为测量厚度的"超声波厚度计"、探测焊缝缺陷的"超声波缺陷探测仪"以及探测材料性能的仪器等。

① 超声波厚度计 超声波厚度计［图 11-6(a)］是利用该仪器具有精确测量返回波时间的能力来测量部件的厚度。根据大部分被检验材料的弹性和密度，即可知道其传声的速度，把这种材料的弹性和密度两个因素结合起来，乘以传递的时间和速度，即可得出到缺陷位置的距离或部件的厚度数值。

(a)　　　　　　　　　　　(b)

图 11-6　超声波厚度计及超声波缺陷探测仪

② 超声波缺陷探测仪 超声波缺陷探测仪［图 11-6(b)］，或称超声波探伤仪，用以探测试件中不连续性的缺陷，提供不连续三维位置的信息，并给出可用来评估产品的数据。选择使用仪器时，要使声波进入怀疑有缺陷的区域，引导声波射向垂直于可疑缺陷的缺陷平面，或贯穿缺陷几何表面形成的夹角，把大部分声波返回到发射和接收的发送器上来。使用超声波探伤仪的一个关键因素就是要选择好适当的耦合剂，使声音可以连续地从发射器传送到试件并返回。

超声波缺陷探测仪通常用于探测焊接部位的裂纹，以及零部件的疲劳裂纹。焊接裂纹通常平行于焊缝的中心方向，疲劳裂纹常常位于横截面变化处的高应力区。

③ 检测材料性能的仪器 超声波技术正在用于一些预测性能变化的特殊场合，这些应用是由材料传声的速度或衰减性能的变化来确定。在一些特殊场合，主要是在一些类型的钢和铸件中，以及在一些塑料和复合材料中，其传声速度大体上会随材料的化学、金相或其他性能的变化而变化。声波通过材料时能量的消耗所表示的性能衰减变化，将会表征材料性能的变化状况。

(4) 磁粉检测

磁粉检测（MT）的原理：铁磁性材料和工件被磁化后，由于不连续性的存在，使工件表面和近表面的磁力线发生局部畸变而产生漏磁场，吸附施加在工件表面的磁粉，形成在合适光照下目视可见的磁痕，从而显示出不连续性的位置、形状和大小。

应用磁粉检查时，先将工件的表面磁化，然后用磁粉覆盖在检查区的表面。在有裂纹等缺陷处，因磁场破坏，磁力线会使磁粉堆积，进而显现缺陷位置。但如果裂纹平行于磁力线则显示不出来，因此，须改变磁力线方向，以探测出不同走向的裂纹。由于用这种方法会产生参与磁力，对某些设备可能会有不利影响，因而，有些情况下在检查完后还应进行消磁。

用于磁粉检查的磁粉有多种颜色，一般应比照被检查的部件来选择。对于比较重要的检查，可使用荧光染色的磁粉，这种粉末一般作为液体悬浮使用，可在黑暗的房间配以紫色管线来分析结果。

图 11-7 为磁粉检测原理示意图。

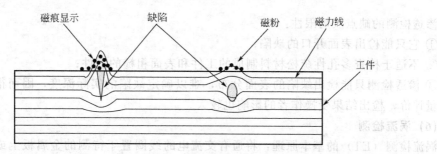

图 11-7　磁粉检测原理

磁粉检测的适用性和局限性：

① 磁粉探伤适用于检测铁磁性材料表面和近表面尺寸很小、间隙极窄（如可检测出长 0.1mm、宽为微米级的裂纹），目视难以看出的不连续性。

② 磁粉检测可对原材料、半成品、成品工件和在役的零部件检测，还可对板材、型材、管材、棒材、焊接件、铸钢件及锻钢件进行检测。

③ 可发现裂纹、夹杂、发纹、白点、折叠、冷隔和疏松等缺陷。

④ 磁粉检测不能检测奥氏体不锈钢材料和用奥氏体不锈钢焊条焊接的焊缝，也不能检测铜、铝、镁、钛等非磁性材料。对于表面浅的划伤、埋藏较深的孔洞和与工件表面夹角小于 20°的分层和折叠难以发现。

⑤ 磁粉检测能探知缺陷，但无法检测出缺陷的深度。在确定有缺陷存在后，需要通过刨削、磨削等手段做进一步检查，在缺陷所有可见部分全部去除后，应再做磁粉检查，以确定在任何修复之前，所有缺陷是否已全部除掉。

（5）渗透检测

液体渗透检测（PT）的基本原理：零件表面被施涂含有荧光染料或着色染料的渗透剂后，在毛细管作用下，经过一段时间，渗透液可以渗进表面开口缺陷中；经去除零件表面多余的渗透液后，再在零件表面施涂显像剂，同样，在毛细管的作用下，显像剂将吸引缺陷中保留的渗透液，渗透液回渗到显像剂中，在一定的光源下（紫外线光或白光），缺陷处的渗透液痕迹被显示（黄绿色荧光或鲜艳红色），从而探测出缺陷的形貌及分布状态。

图 11-8 为渗透检测原理及步骤示意图。

渗透检测的优点：

① 可检测各种材料，金属、非金属材料；磁性、非磁性材料；焊接、锻造、轧制等加工方式；

② 具有较高的灵敏度（可发现 0.1μm 宽缺陷）；

③ 显示直观、操作方便、检测费用低。

Ⅰ渗透	Ⅱ清洗	Ⅲ显象	Ⅳ检查
	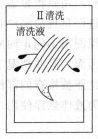		

图 11-8　渗透检测原理及步骤

渗透检测的缺点及局限性：

① 它只能检出表面开口的缺陷；

② 不适于检查多孔性疏松材料制成的工件和表面粗糙的工件；

③ 渗透检测只能检出缺陷的表面分布，难以确定缺陷的实际深度，因而很难对缺陷做出定量评价，检出结果受操作者的影响也较大。

(6) 涡流检测

涡流检测（ET）的基本原理：将通有交流电的线圈置于待测的金属板上或套在待测的金属管外，这时线圈内及其附近将产生交变磁场，使试件中产生呈旋涡状的感应交变电流，称为涡流。涡流的分布和大小，除与线圈的形状和尺寸、交流电流的大小和频率等有关外，还取决于试件的电导率、磁导率、形状和尺寸、与线圈的距离以及表面有无裂纹缺陷等。因而，在保持其他因素相对不变的条件下，用一探测线圈测量涡流所引起的磁场变化，可推知试件中涡流的大小和相位变化，进而获得有关电导率、缺陷、材质状况和其他物理量（如形状、尺寸等）的变化或缺陷存在等信息。但由于涡流是交变电流，具有集肤效应，所检测到的信息仅能反映试件表面或近表面处的情况。

图 11-9 为涡流检测原理图。

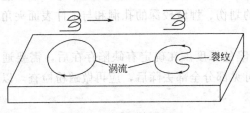

图 11-9　涡流检测原理

按试件的形状和检测目的的不同，可采用不同形式的线圈，通常有穿过式、探头式和插入式线圈 3 种。穿过式线圈用来检测管材、棒材和线材，它的内径略大于被检物件，使用时使被检物体以一定的速度在线圈内通过，可发现裂纹、夹杂、凹坑等缺陷。探头式线圈适用于对试件进行局部探测。应用时线圈置于金属板、管或其他零件上，可检查飞机起落撑杆内筒上和涡轮发动机叶片上的疲劳裂纹等。插入式线圈也称内部探头，放在管子或零件的孔内用来作内壁检测，可用于检查各种管道内壁的腐蚀程度等。为了提高检测灵敏度，探头式和插入式线圈大多装有磁芯。涡流法主要用于生产线上的金属管、棒、线的快速检测以及大批量零件如轴承钢球、汽门等的探伤（这时除涡流仪器外尚须配备自动装卸和传送的机械装置）、材质分选和硬度测量，也可用来测量镀层和涂膜的厚度。

涡流检测的优点：检测时线圈不需与被测物直接接触，可进行高速检测，易于实现自动化。

涡流检测的局限性：不适用于形状复杂的零件，而且只能检测导电材料的表面和近表面缺陷，检测结果也易于受到材料本身及其他因素的干扰。

(7) 声发射

声发射（AE）是一种新型的无损检测方法，其通过材料内部的裂纹扩张等发出的声音进行检测。主要用于检测在用设备、器件的缺陷及缺陷发展情况，以判断其完好性。当设备承受压力时，设备的缺陷会以高频声波的形式发射出能量，裂纹始发和增长是声发射的重要能源，这种高频声波传送到设置在设备上的变送器，由变送器将其转变成电子信号。然后由各种计算机系统显示出并进行分析，通过测定声音到达特定的变送器上的时间，即可确定出裂纹的位置。

声发射检测并不能发现缺陷的类型，但可以根据计算的结果和电子信号的各种特征（如大小、增大时间和脉冲周期等）判断缺陷的严重性。所有这些特征都与压力、负荷和时间等外部因素息息相关，从而有必要进一步通过超声波、磁粉或其他检查手段来确定缺陷的性质和大小。

图 11-10 为声发射检测示意图。

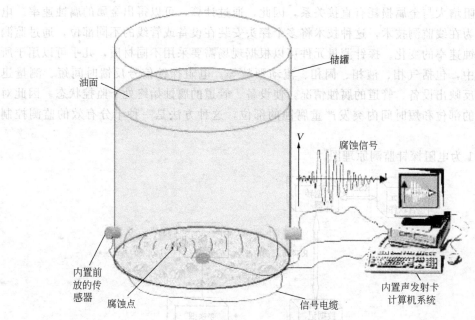

图 11-10　声发射检测原理

除以上常规无损检测方法，实际应用中还有一些非常规无损检测方法：泄漏检测（Leak Testing，LT）、衍射波时差法超声检测技术（Time of Flight Diffraction，ToFD）、导波检测（Guided Wave Testing，GWT）等。

11.3.3.2　在线设备监测手段

在实际生产过程中，为实时掌握生产设备的运行状况，在采用上述无损检测方法对设备进行检查、检测的同时，还应用在线监测手段对设备进行监测、评估。对塔器设备、管线开展腐蚀监测，对冷却换热设备开展水质、污垢监测等。

腐蚀监测是设备处于运行状态，利用各种在线腐蚀监测手段（电阻探针、电感探针等）测量其即时腐蚀速率，以及能影响其腐蚀速率的各种工艺参数（pH 值、温度等），掌握腐蚀动态，测定有关设备及管线的腐蚀速率等有关数据和资料，并据此来调整工艺参数和采取相应防范措施，从而预防和控制腐蚀的发生与发展，使设备处于良好的可控运行状态。腐蚀监测主要方法有腐蚀挂片法、电阻探针法、电化学法、电感法等。

(1) 腐蚀挂片法

腐蚀挂片法是腐蚀监测最基本的方法之一，将挂片（标准金属试片）悬挂于测试的容器或管道重点腐蚀部位介质内，定期检修时取出，测量挂片腐蚀失重情况，计算腐蚀速率，这种方法也叫现场腐蚀挂片监测。腐蚀挂片法具有操作简单、数据可靠性高等特点，可作为设备和管道选材的很重要依据。其局限性在于：①称重试验周期由生产条件和维修计划（两次停车检修之间的时间间隔）所限定；②挂片法只能给出两次停车时间间隔的总腐蚀量，监测操作周期比较长，所测得的数据为装置设备在一段时间内的平均腐蚀速率，不能反映设备在某一点的腐蚀速率，因此无法用于实时在线分析。另外，腐蚀挂片的数据除受介质影响外，还与挂片表面处理、放置位置、暴露时间长短以及金属试片冶金方式等因素有关。

(2) 电阻探针法

电阻探针监测是通过测量金属元件在工艺介质腐蚀时的电阻值的变化，计算金属在工艺介质中的腐蚀速率。当金属在工艺介质中发生腐蚀时，金属横截面面积会减小，造成电阻相应增大，电阻增大与金属损耗有直接关系，因此，通过计算，可以得出金属的腐蚀速率。电阻探针技术为在线监测技术，这种技术将多个探头安装在设备或管线的不同部位，通过监测仪器显示腐蚀速率的变化。探针测量元件可以根据现场需要采用不同材质，几乎可以用于所有工作环境中，包括气相、液相、固相、流动颗粒等。电阻探针信号反馈时间短、测量迅速，能及时反映出设备、管道的腐蚀情况，使设备、管道的腐蚀始终处于监控状态。因此对于腐蚀严重的部位和短时间内突发严重腐蚀的部位，这种方法是一种十分有效的监测控制手段。

图 11-11 为电阻探针监测原理图。

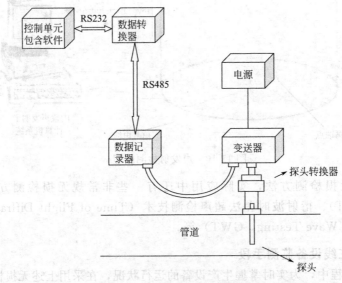

图 11-11 电阻探针监测原理

(3) 电化学法

电化学法是通过测量流过探针电极表面的电流指标来确定腐蚀速率，其原理是电化学 Stern&Geary 定律，即在腐蚀点位附近电流的变化和电位的变化之间呈直线关系，此斜率与腐蚀速率呈反比。电化学法的优点是测量迅速，可以测得瞬时腐蚀速率，及时反映设备操作条件的变化。但只适用于电解质溶液，因此，在炼油厂、化工厂通常用在循环水系统的腐蚀监控上。

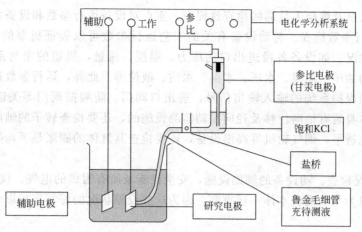

图 11-12　电化学法腐蚀监测原理

图 11-12 为电化学法腐蚀监测原理图。

(4) 电感法

电感法测量原理是金属试件减薄时在线仪器监测到电磁感应信号的变化，通过两次测量可以得出腐蚀速率。电感探针可根据不同管径采用片状结构或管状结构。由于激励信号为高频信号，电感探针的抗干扰性好，测量灵敏度较高。

11.3.3.3　动设备检验、维修方法

石油化工生产中，旋转机械是生产系统的动力设备，占据重要地位。与静设备相比，动设备一般故障率较高，为了保证整个生产系统的可靠性、稳定性和安全性，须深入研究动设备的故障机理，掌握故障发生的规律，采取适当的维修方式，才能有效避免或减少故障的发生。动设备的预防性维修方式一般包括巡回检查、状态监测和故障诊断、润滑及润滑油分析定期维修等。

(1) 巡回检查

在正常情况下，设备突然损坏的情况比较少，大部分故障都是由于零部件轻微磨损的逐渐发展而形成的。如果能在零件磨损或劣化的早期就发现故障征兆并加以消除，就可以防止劣化的发展和故障的发生。而对设备的巡回检查就是早期发现征兆并能事先察觉隐患的一种有效的手段。

实际生产运行中，生产操作人员和维修人员定时巡回检查是设备预防性维修的一种最基本方式，利用视觉、听觉、嗅觉和触觉等感官及功能齐全的便携式测量仪器对设备运行状态进行检查。巡回检查过程中，通过擦拭、清扫、润滑、调整等一般方法对设备进行护理，以维持和保护设备的性能和技术状况，及对设备进行维护保养。

日常管理中，石油化工厂总结了"清洁、润滑、调整、紧固、防腐"设备维护保养十字作业法。设备维护保养的要求主要有四项。

① 清洁：设备内外整洁，各运动部位、丝杠、齿轮齿条、齿轮箱、润滑处等无油污，各部位不漏油、不漏气，设备周围清扫干净，无杂物、脏物等；

② 整齐：工具、附件、备件等要放置整齐，管道、线路等有条理；

③ 润滑良好：按时添加或更换润滑油，无干摩、断油现象，润滑油无变质、乳化等现象，油压正常，油标明亮，油路通畅，油质符合要求，油枪、油杯等清洁；

④ 安全：遵守安全操作规程，设备运行不超负荷，设备的安全防护装置齐全可靠，及时消除不安全因素。

生产操作人员及维修人员巡回检查过程中，重点对设备运行参数和设备状况进行检查。

① 设备运行参数检查。与动设备有关的工艺运行参数可以表征机泵的整体运行状况，以及设备技术状况。如设备各段进出口的压力、温度、流量，机组的密封系统、润滑油系统、冷却系统的油压、油温、水压、水温、水质、液位等。此外，运行参数还包括动设备的控制系统、联锁保护系统的输入输出信号，进出口阀门、防喘振阀门等关键阀门的阀位情况，对动设备本身装有轴向位移及径向振动监测设施的，还要检查转子的轴向位移计径向振动情况。对蒸汽透平、烟气轮机等高温设备，还要检查其缸体的膨胀是否均匀，猫爪是否能伸缩自如。

② 设备状况检查。动设备的辅助设施，安全设施及所有附属的电气、仪表设备和阀门、管线等都应被视为与动设备本体一样重要，因为这些设施状况的好坏直接影响着动设备的技术性能。

③ 对机泵设备状况的检查内容主要是：动设备运行是否正常，设备内有无杂音；设备的保温是否完好，油漆有无脱落；所有动静密封垫是否有泄漏；管线是否有不正常的振动；地脚螺栓是否松动、断裂；节流较大的调节阀、控制阀、调速阀是否有严重的振动、波动以及基础是否有裂纹等。

（2）状态监测和故障诊断

状态监测（Condition Monitoring）是指通过一定途径了解和掌握设备的运行状态，包括利用监测与分析仪器（在线的或离线的），采用各种检测、监视、分析和判别方法，对设备当前的运行状态做出评估，对异常状态及时做出报警，预测其劣化趋势，确定其劣化及磨损程度，并为进一步进行的故障分析、性能评估等提供信息和数据。

状态监测的目的在于掌握设备发生故障之前的异常征兆和劣化信息，以便事前采取针对性措施控制和防止故障的发生。转动设备状态监测，对各种泵、压缩机、风机等转动设备，利用在线或离线监测仪器，通过轴承振动、轴位移及润滑油温度等在线监测工作，及时掌握机泵的运行状况，做好故障诊断及趋势分析，针对问题采取对策，从而降低维修费用和提高设备有效利用率，确保机泵安全、稳定、长周期运行。

运用现代电子技术、信息工程和多学科技术成果开发出的设备状态监测、故障诊断技术为预知设备劣化趋势，探测深层次故障和隐患，从而为实现状态监测维修提供了可能。设备状态监测是一种掌握设备动态特性的检查技术，包含了各种主要的非破坏性检查技术，如振动理论、噪声控制、振动监测、腐蚀监测、泄漏监测、温度监测、磨粒测试（铁谱技术），光谱分析及其他各种物理监测技术等。

设备故障诊断技术是一种通过监测设备的状态参数，发现设备异常情况，分析设备故障原因，并预测设备未来状态的一种技术。通过实施设备故障诊断技术，可以做到在基本不拆卸设备的情况下，掌握设备运行现状，定量地检测和评价设备的以下状态：

① 设备所承受的应力；
② 设备的强度和性能；
③ 设备故障和劣化的机理；
④ 预测设备的可靠性；
⑤ 在设备发生故障的情况下，对故障原因、故障部位、危险程度进行评定，并确定正确的修复方法。

根据设备故障诊断技术的基本原理，其工作程序包括信息库和知识库的建立，以及信号检测、特征提取、状态识别和预报决策等。

信号检测，按照不同诊断目的和对象，选择最便于诊断的状态信号，使用传感器、数据采集器等技术手段，加以监测和采集。由此建立起来的是状态信号的数据库，属于初始模式。

特征提取，将初始模式的状态信号通过信号处理，进行放大或压缩、形式变换、去除噪声干扰，以提取故障特征，形成待检模式。

状态识别，经过判别，对属于正常状态的可继续监测，重复以上程序；对属于异常状态的，则要查明故障情况，做出趋势分析，估计后续发展和可继续运行的时间，以及根据问题所在提出控制措施和维修决策。

对于设备的全生命周期而言，不仅要在设备运行阶段进行故障诊断，实施状态维修，还须在设备的设计、制造阶段进行故障模式及影响分析（Failure Mode and Effects Analysis，FMEA），评价设备是否达到了设计技术要求、精度标准和预定功能。通过在设计、制造阶段进行故障模式分析，在设备运行、发生故障后分析故障发生的原因，经这三个相互联系的阶段和技术数据的积累，必然有助于提高设备的设计、制造质量，提高设备的可靠性，延长设备的使用寿命。

(3) 润滑及润滑油分析

设备润滑就是在设备相对运动的两摩擦面之间加入润滑剂以形成润滑膜，将直接接触的两摩擦面分隔开来，以达到控制摩擦、减少磨损、降低摩擦面温度，防止摩擦面锈蚀，以及通过润滑剂传递动力，并起密封减振作用。正确、合理、及时地润滑设备，对设备的正常运转与维护，使之能处于良好的运行状态，充分发挥设备的使用效能，提高设备可靠性，保证生产顺利进行，都具有重要意义。

设备的润滑管理工作就是为了达到上述的目的而采取的一系列技术、组织与管理措施。所以，润滑管理工作必须达到以下几个要求：

① 使设备得到正确合理的润滑，保证设备正常运转，防止事故发生；

② 延长设备使用寿命，减少事故与故障的发生；

③ 降低摩擦阻力、机件磨损和能量消耗；

④ 防止设备的跑、冒、滴、漏，采取一系列措施，防止浪费。

设备润滑管理的基本任务是做到"五定三过滤"。"五定"即定点、定时、定质、定量、定期清洗换油，"三过滤"即：一级过滤，从领油大桶到岗位储油桶；二级过滤，从岗位储油桶到油壶；三级过滤，从油壶到加油点。

润滑油监测、分析对保证设备的正常运行发挥着重要作用。通过实施润滑油监测、分析，可以判断设备运行状态，确定设备的机械磨损形式、部位、故障发生的时间、故障原因等信息，进而指导设备的主动性维护，早期检测故障，降低故障损失。

润滑油监测、分析综合运用理化分析、光谱分析、铁谱分析技术，使润滑管理由定性向定量转变，由经验判断向仪器监测转变，提高了润滑管理的技术含量。理化分析为油品选型及按质换油提供了依据；光谱分析能快速反映各种磨粒浓度及掌握设备劣化趋势；铁谱分析能确定异常磨粒的特征，三者有机结合，为判断设备的润滑状态、确定磨粒部位和磨损程度、开展预测维修提供了科学依据。

理化性能指标：黏度、闪点、水分、总酸值、总碱值、腐蚀、不溶物等。

光谱分析技术是对润滑油中金属元素进行的光谱分析。分析方法有原子吸收光谱技术、原子发射光谱技术和等离子体发射光谱技术。通过分析润滑油中金属磨损微粒的材料成分和数量，了解设备的磨损情况，以正确判断设备异常和预测故障，为设备检修提供科学依据。

铁谱技术是 20 世纪 70 年代出现的一种油液分析方法。它是利用高梯度的强磁场将润滑油中所含的机械磨损颗粒和污染杂质有序地分离出来，再借助显微镜对分离出的微粒和杂质进行有关形貌、尺寸、密度、成分及分布的定性、定量观测，以判断机械设备的磨损状况，预报零部件的故障。

(4) 定期维修

定期维修（Periodic Maintenance），是以时间为基础的预防维修方式，具有对设备进行周期性修理的特点，是根据设备的磨损规律，预先确定修理类别、修理间隔期及工作量，修理计划的确定按照设备的实际运行时间为依据。定期维修适用于已掌握设备磨损规律和在生产过程中平时难以停机维修的主要设备。

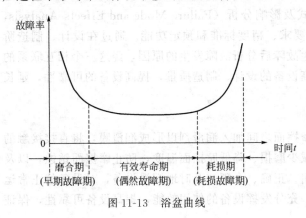

图 11-13　浴盆曲线

定期维修的理论依据是浴盆曲线。使用经验及试验结果表明，设备在刚投入使用时，由于设备未经磨合，故障率很高；随着运行时间的增加，故障率渐渐地趋于稳定；在使用寿命期终了的时候，故障率又逐渐增加。其故障率随时间变化的关系如图 11-13 所示，其故障率是两头高，中间低，图形有些像浴盆，故称为浴盆曲线。

从浴盆曲线可以看出，设备的故障率随时间的变化可以分为三个阶段：早期故障期、偶然故障期和耗损故障期，也有人称其为磨合期、有效寿命期、耗损期。当时普遍认为如果在耗损故障期到来之前对设备进行拆检，更换磨损的零部件，就能防止其功能故障发生。

定期维修的优点：

① 可以防止和减少突发故障；

② 可以预防隐蔽故障（不拆开就难以发现和预防的故障）；

③ 适用于已知设备寿命分布规律而且有明显耗损期的设备，这种设备故障的发生、发展和使用时间有明确的关系；

④ 使生产和维修均能有计划地进行。定期维修便于预计所需要的备件和材料，便于安排维修人员，便于制订设备使用计划和维修计划，充分体现了计划性强、可操作性强的优点。

定期维修虽然在预防设备故障和事故方面能起到一定的作用，能够保证设备在一定的技术状态下运行，但其计划性太强，检修周期卡得太死，不管设备实际技术状态如何，到期就修。随着设计的日趋完善和制造水平的不断提高，设备的固有可靠性越来越高，定期维修方式越来越显得过于保守。

经过几十年的发展，定期维修已逐渐不能适应形势的发展。随着设备的日趋复杂，越来越多设备故障的发生具有随机性，并且，每台设备的具体技术状况的不同，操作人员的操作水平不同，维修保养的程度不同，以及使用环境的不同，导致设备在实际运行过程中主要机件的磨损情况和性能变化发生明显的差异。而定期维修没有考虑上述因素，不管设备具体的技术状况和实际运用状态的好坏，也不管设备是否有必要检修，只根据修理规程的规定，到期就进行维修。这种"一刀切"式做法的后果，要么造成维修过剩，要么造成维修不足。维修过剩则限制了设备最大潜力的发挥，维修不足则失去了预防性维修的意义。维修过剩与维修不足，都会影响到企业的经济效益。在市场经济的今天，人们都追求效费比，从维修费用这个角度来考虑，定期维修也显得不合时宜。

11.3.4 人员培训

人员是保证机械完整性计划有效执行的重要保障。培训则是保证人员水平和执行力的重要手段。

对于 MI 计划相关的技能培训计划，通常可以按照图 11-14 所示步骤来制定：

培训可以采取多种样式，可以在培训室里，在电脑前，在现场，在承包商培训学校里等。

企业可以根据具体的需求来确定采用哪种有效的培训方法，以及安排哪些资源来支持培训。比如针对作业安全的培训可以在培训室进行，而针对压缩机的维护培训，可以采用现场培训的方法。

培训的讲师也可以是多样化的，可以是有经验的员工、工程师、供应商或承包商等。企业可以根据培训的主题和内容，来选择可以胜任的培训讲师。

11.3.5 MI 计划程序

一个有效的 MI 计划，需要编制 MI 计划的执行程序和任务说明（如检验，测试和预防性维修任务）。依据编制的程序，MI 计划和任务的执行的充足性、一致性、安全性都会得到保障。

为确保有效的编制程序，企业员工要认识到所有程序除了要符合标准规范，还要提供更多的价值：

① 作为机械完整性人员培训的一部分培训资料；

② 减少人员误操作；

③ 有助于管理，确保执行达到了预期；

④ 在组织机构或人员发生变动时，可以使得 MI 计划得以延续。

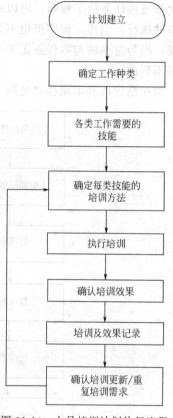

图 11-14　人员培训计划执行流程

11.3.5.1 程序的种类

MI 计划中经常包含各种类型的程序，比如下述类型的程序。

① MI 计划程序　这类程序描述了 MI 计划各要素的职责和行为，给出了 MI 行为的导则或遵循的标准。比如 MI 计划描述，设备选择方法，ITPM 计划的制订、检验标准等。

② 管理程序　这类程序提供 MI 计划相关的管理程序，比如任务的下达等。

③ 质量确认程序　质量确认程序中将指出质量确认工作的具体任务，如何执行等。比如承包商的选择与审核、材料识别与确认、维护工作的监督与审核、设备驻场检验等。

④ 维护程序　维护程序中将给出如何进行设备维护保养、修理、更替、发现并处理设备缺陷等工作的说明。比如爆破片更换、氢气压缩机机械密封的更换、离心泵的拆卸与安装等。

⑤ ITPM 程序　说明了 ITPM 任务执行、任务记录以及针对 ITPM 结果的处理等。比如压力容器外部和内部检验、泵密封的外观检查、仪表测试、离心泵振动分析、传感器校对等。

⑥ 安全程序　与安全作业相关的程序，比如热工作业许可程序，动火作业程序，高空作业程序，人员劳保使用程序等。

11.3.5.2　程序的制定流程

程序中描述的信息必须准确、完整，信息的描述方式应容易理解且容易使用。至少保证初次涉及该任务的工程师，可以通过阅读程序来获得足够的信息，并能掌握细节，成功完成任务的执行。当然，程序里也不是越细越好，与任务相关的信息必须列明，无关的信息则不需要，因为过多的与本任务无关的信息会使得程序文件太长，或者信息量太多，对程序阅读者是不利的。

程序制定的基本流程参见图 11-15。

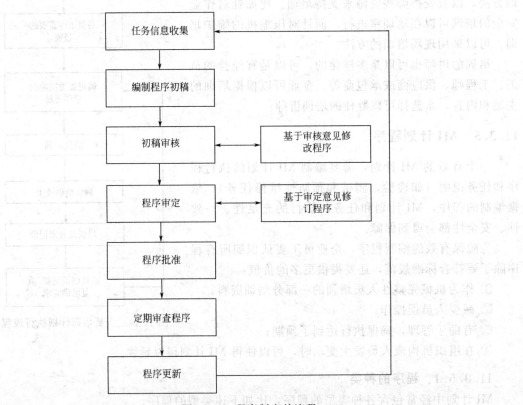

图 11-15　程序制定的流程

11.3.5.3　程序的执行和维护

成功的程序执行需要做到：

① 文件控制　要对程序本身实行文件控制。比如新的程序文件发布时，旧的或者过期的程序文件如何处理等。

② 可读性　程序文件对于员工来讲应易取、易读。如果程序文件保存在领导办公室，员工需要到领导办公室借阅，那么很多员工会放弃阅读的积极性。这使得程序文件的可读性和可用性大大降低。

③ 培训　应对程序文件的使用者进行程序文件的培训，使其充分理解和消化程序文件。同时，在培训的过程中，也展示了程序文件所描述的具体工作是如何执行的。

④ 程序文件也会随着时间而落后，因此，程序文件需要持续的维护，保持其与时俱进。

⑤ 变更管理（MOC）　当程序文件中所涵盖的任务范围发生变更时，比如工作任务执行方式的变化，新设备的增加或老设备报废等导致的设备变化，组织机构发生变化等，都需要对程序文件进行更新，以匹配现状的需求。

⑥ 定期审核　定期对 MI 执行程序进行审核是检查和核实程序文件是否正确、是否准确以及是否适用。

11.3.6　缺陷管理

成功的 MI 计划应能有效地识别并处理设备缺陷。缺陷管理的一般流程如下。

① 确定设备可接受标准，即设备正常工况下的性能指标或性能参数等。在制定设备可接受标准时，需综合考虑设备可能发生的缺陷类型，比如管道壁厚减薄，则应考虑承压能力来将最小允许壁厚作为可接受标准。压力容器的状况可接受标准可参考建造图纸、技术规格书、检验标准、容规、定检规等；旋转类设备的性能可接受标准通常表现为最低性能指标，可参考制造手册、装配图、设备说明书等。可接受标准可以是定性的也可以是定量的。有时，还需重新核定可接受标准，比如储罐地板有大片密集的腐蚀坑，按整块区域腐蚀来判定过于保守，而按单个腐蚀坑对壁厚的影响来判定过于乐观，需综合考虑整体腐蚀面积、每个腐蚀坑的面积和深度、各腐蚀坑间的距离等因素，进一步确定其是否满足服役要求。

② 识别缺陷，评估设备状况。缺陷的发现途径很多，比如在新设备组装或安装过程中，在设备修理时，或者在设备性能参数不能满足要求时，即设备有异常时，或者在检验、试验和预防性维修时等。

③ 缺陷响应。当发现设备有缺陷时，响应处理方式一般包括继续使用（含降级使用）或者立即停车修理。可以采取 API 579 适用性评估（Fitness-for-Service，FFS）的方法对发现缺陷的设备进行评估。当决定继续使用时，必须确保该工况下不会发生危险。另外，还需要进一步采取措施确保使用期间设备操作的安全性和可靠性，直到设备缺陷得到永久性的修理或更换。

④ 调整 ITPM 计划，比如增加测厚点的数量、缩短检验周期等，并严格执行；采取临时措施补充损失的功能或提高完整性，或者降低操作工况来降低失效速率。

⑤ 通知所有相关人员。将缺陷情况通知所有相关人员传达，可以有效避免事故的发生。

a. 直接危害和最初的响应。缺陷发现者应立即警告所有可能受危害的人员，并采取行动改变或降低危害影响。

b. 含缺陷设备的状态。含缺陷设备已停机、或者仍然运行的状态，以及应注意的防护措施应及时与相关人员沟通。

c. 含缺陷设备恢复使用。当设备缺陷被永久性修复后，恢复使用时应及时通知相关人员。

d. 缺陷处理。含缺陷设备得到的最终处理是对缺陷设备进行永久性维修、部分更换或者整体更换。当然也有一些临时性维修一直持续下去。无论是永久性还是临时性，含缺陷设备的处理情况应记录在案，并遵循变更管理。

11.3.7 质量确认和质量控制

设备整个生命周期的质量确认和质量控制关注的是自设备设计开始至设备报废的所有阶段的质量是否满足要求。有效的质量确认和质量控制工作可以很大程度地提高机械完整性管理水平。

质量确认和质量控制贯穿了设备全生命周期各个阶段。

(1) 设计

设备设计通常遵循相应的标准、规范，或者技术规程。比如，压力容器的设计可参考 GB 150《钢制压力容器》，消防控制系统的设计参考 GB 16806《消防联动控制系统》等。设计阶段的质量确认和质量控制任务，是确保设计按照相应的标准并正确地实施。设计院等设计单位一般在设计阶段设置多级审查制度，比如审核、校核、批准、设计审查等，都是质量确认和质量控制措施。

(2) 采购

该阶段的质量确认和控制是为了确保采购的设备符合设计说明书。采购前对设备供应商的审查可以筛取有资质、有能力、有良好的管理制度以及有良好口碑的供应商，是很好的质量确认和质量控制措施之一。

(3) 制造

该阶段的质量确认和控制为了确保制造过程是否遵循了技术说明书。常见的措施是工厂检验，即采购方派遣专门的质量工程师，或者委托第三方质量检验工程师，在设备的制造现场，对制造过程进行监督、质量检验及质量确认，并出具相应的质量报告。

(4) 交货

交货阶段的质量确认和质量控制措施，可分为制造期间的质量检验（Inspection and Test Plan，ITP）、出厂验收（Factory Accept Test，FAT）及到货验收（Site Accept Test，SAT）。通常采用验货形式的检查来确认收到的货物是否同设计、采购要求一致。验货时还会做外观检查，比如检查有无明显的损坏等；还会按照供应商提供的交付清单进行核查，避免缺失等。

(5) 存储与检索

存储的质量确认和质量控制措施，通常会考虑设备对储存的特殊要求，比如温度、湿度、通风等环境要求，或者垂直、悬挂等放置要求等。检索的质量确认和质量控制，是为了确保所有物品处于可用状态，易调取、易分辨，不会混淆。装箱、分区域管理、贴标签、做记录等都是可采取的良好做法。

(6) 建造和安装

建造和安装阶段的错误对于设备甚至装置来说是致命的。该阶段的质量确认和质量控制，应确保用于预防和发现安装错误的措施、方法到位，保障建造和安装正确，比如怎样控制和预防低温阀门和普通碳钢阀门不被混淆，怎样预防转动设备进出口装反等。检查建造和安装人员是否经过培训且具有相关资质、建造和安装过程是否严格按照安装说明等都是有效的质量确认和质量控制措施。还有一些常规的做法，是在建造和安装过程中的一些关键节点设置单独的检验环节来进行质量确认和质量控制，比如焊接前的预热、压力容器水压试验的现场见证等。在投产前，进行开车前安全审查，也是非常有效的质量确认和控制措施。

(7) 在线修理、改造和降级使用

当设备有缺陷时，可以进行在线修理、改造或降级使用。修理是使设备恢复到设计工况下的状态；改造是对基于现有的设备本体重新设计规划，比如三相分离器通过增加水区隔板高度，延长物料在分离器内沉降区的停留时间，从而提高水分离的效果等；降级使用是降低设备设计允许的最大许用工况，比如降低压力容器的操作压力、温度等。该阶段的质量确认和控制措施，关注的是方案是否合理可行，执行是否满足预定方案等。

(8) 临时安装和临时修理

在一些特殊情况下，需要对设备进行临时的安装和修理，比如低压管线出现的小孔泄漏，可以采用堵漏胶临时封堵，待停车时再采取永久性维修。这时的质量确认和控制首要的是保证该种情况不会导致事故。另外，还需关注是否进行了变更管理，并记录在案，保证当后期有人员变动时，该问题仍可以追溯并得到永久的解决。

(9) 退役/重复利用

MI 计划并不关注退役的设备，而是关注退役但重复利用的设备。所有退役的但并未拆除和报废的设备都应视为可重复利用的设备。这类设备的质量确认和控制应遵循退役程序和再启用程序。退役程序重点关注设备是否降压泄压、排空、清理，是否有持续的检维修计划以及预防性维修计划，文件档案是否保留等。再启用程序关注的是设备是否能够继续服役，比如设备的使用年限是否超过了设计寿命，设备的情况是否能够满足再次服役的要求等。

11.4 典型 MI 管理方法介绍

本章简要介绍典型的几种基于风险的分析技术，可以用于制订检验、测试和预防性维修（ITPM）计划，包括实施的任务、频率，并使得 ITPM 可以更好地控制风险。

11.4.1 基于风险的检验

基于风险的检验（Risk-based Inspection，RBI）技术是通过分析压力容器失效模式和失效原因进而制订检验方案的一种方法。

RBI 方法起源于 1995 年 5 月启动的美国石油协会（API）RBI 项目，该项目由工业协会资助，对 RBI 应用方法进行开发，并于 2002 年 5 月提出了 RBI 的推荐做法（API RP 580）。2000 年美国石油协会发布了 RBI 的源文件 API 581 第一版，来指导 RBI 的执行，后在 2007 年更新出版第二版。

RBI 这种方法在 20 世纪 90 年代开始引入中国，并在石油、石化行业开展和应用，得到了良好的检验指导效果。

运行的经济性要求延长每次停机检验的间隔周期。相对于传统的定期检验来说，RBI 更好地将经济性和安全性以及可能存在的失效风险有机地结合起来，检验的频率和程度依据受检设备的风险，可以系统地针对高风险设备进行检验。对企业而言，进行 RBI 工作的主要意义体现在以下几方面。

① 确保设备本质安全。

② 提供优化的检验策略：识别可能的潜在高风险的设备；采用针对性的检验技术来进行检验；编制与风险相适应的检验规程。

③ 降低在役运行费用：根据不同的设备的危险程度来确定检验周期；检验费用重点投入于装置中高风险设备；根据风险来确定停机范围。

④ 延长设备有效运行时间：减少停工时间；通过延长检验周期来减少停机检验次数；

缩小停机检验的范围；提高检验的效率，优化检验计划和检验策略，减少可靠设备不必要的例行检验内容，实施针对性的检验内容。

⑤ 判定和管理装置的安全水平，定义出风险大小、性质及实施的风险消除手段和验收准则。

11.4.1.1　RBI 的含义

在一套操作装置中，往往大部分的风险集中于少量设备上，如果控制好这部分高风险设备，那么既削减了装置大部分的风险，又减轻了经济和人力投入。RBI 就是基于风险来优化检验方案（划分检验计划优先次序和管理投入）的一种方法。

RBI 关注承压设备项的机械完整性，通过风险检验来削减由机械性能退化导致物料泄漏所带来的风险。而 PHA 或 HAZOP 关注工艺装置设计和操作实践的风险分析。因此 RBI 不能代替 PHA 或 HAZOP。

RBI 方法首先基于对工艺设备的损失泄漏的可能性和后果的评估，来进行风险分析，然后识别出高风险设备，根据风险的排序，对削减措施的执行进行优先等级的划分。对于高风险的设备，管理者可以将高等级的、高覆盖率的检验和维修/维护资源应用于高风险项目，而对于低风险项目，可以适当降低检验和维护/维修资源的投入。

RBI 方法除了对高风险设备提供更多关注外，还通过对设备进行系统的腐蚀机理分析，提供更有效的检验技术选择，比如对于减薄腐蚀机理下的设备，采用测厚手段进行检验，而对于有开裂倾向的设备，采用 UT 或 RT 方法来检验。

执行 RBI 还可以在至少维持现有设施风险的情况下，间接提高设施的操作时间，进而延长运行周期。

11.4.1.2　RBI 适用的范围

RBI 方法适用于承压设备及相关组件/内件，通常包含：压力容器（全部的内部承压部件）、工艺管道（管道和管件）、储罐（常压储罐和承压储罐）、转动设备（承受内压的部件）、锅炉和加热器（承压部件）、换热器（壳体、封头、隔板和管束）、泄压装置。

RBI 方法不适用于如下非承压设备：仪表和控制系统，电气系统，结构系统，机械组件（泵和压缩机外壳除外）。

11.4.1.3　风险

风险是事件在某段时期内发生的概率（失效可能性）和事件发生造成的后果（失效后果）二者的组合。在 RBI 方法中，失效可能性的分析更多基于损伤机理的分析（具体见11.4.1.4），还可以采用管理水平进行修正，有效的高水平的管理可以降低失效的可能性。失效后果的考虑主要涉及人员安全、环境、声誉、经济四方面的影响。

API 581 中将 RBI 的风险分析结果（失效可能性、失效后果、风险等级）定性到一个5×5风险矩阵上（图 11-16），并将风险分为高风险、中高风险、中风险和低风险四个等级。

11.4.1.4　损伤机理分析

RBI 方法中需要对设备的损伤机理进行分析，并因此获知失效的形态，进而选择合适的检验技术。

损伤机理分析需要综合考虑材料、所接触的物流组分及腐蚀性物质、温度、压力、分压、pH 值等因素。

RBI 方法考虑到的损伤机理基本可以概括为 4 种形式：厚度上的均匀或局部损失、环境

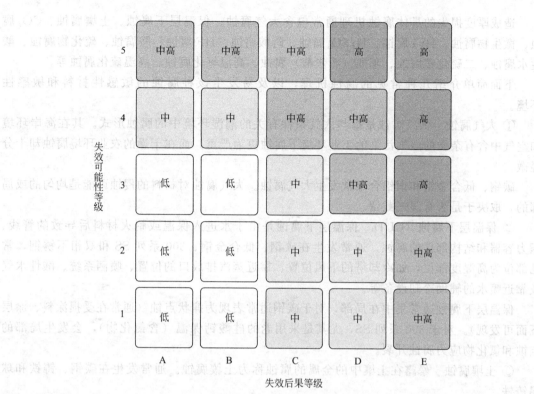

图 11-16 RBI 风险矩阵

腐蚀开裂、冶金学上的失效、机械失效。

(1) 厚度上的均匀或局部损失

厚度上的均匀或局部损失,也可理解为均匀或局部的壁厚减薄,可以发生在容器、管道等外壁,也可以发生在容器、管道等的内壁。

如图 11-17 为典型的外壁发生大气腐蚀造成厚度上的局部损失。

图 11-17 碳钢大气腐蚀

造成厚度损失的具体腐蚀机理通常包含大气腐蚀、保温层下腐蚀、土壤腐蚀、CO_2 腐蚀、微生物腐蚀、HCl 腐蚀、H_2SO_4 腐蚀、磷酸腐蚀、HF 腐蚀、胺腐蚀、硫化物腐蚀、酸性水腐蚀、二硫化铵腐蚀、苯酚（石炭酸）腐蚀、高温氧化腐蚀、高温硫化腐蚀等。

下面简单介绍几种常见的腐蚀机理，以及易发生该种腐蚀的敏感性材料和敏感性环境。

① 大气腐蚀　大气腐蚀是指与大气条件有关的潮湿环境中的腐蚀形式。其在海岸环境和空气中含有杂质的湿气污染的工业环境下腐蚀更为严重，而在干燥的农业环境腐蚀却十分轻微。

碳钢、低合金钢和铜铝合金常发生大气腐蚀。大气腐蚀对材料的侵蚀可能是均匀的或局部的，取决于是否有湿气截留。

② 保温层下腐蚀（CUI）　保温层下腐蚀是由于水进入保温或耐火材料后导致的管线、压力容器和结构部件的腐蚀。通常发生在碳钢、低合金钢、300 系列 SS 和双相不锈钢。常见部位为高湿度部位，如冷却塔的下风位置、靠近蒸汽排放口的位置、喷洒系统、酸性水气或靠近喷水的辅助冷却设备等。

保温层下腐蚀通常集中在局部，对于碳钢通常表现为痂状点蚀（通常在受损涂料、涂层下面可发现）。对于 300 系列 SS，尤其是采用老的硅酸钙保温（含氯化物），会发生局部的点蚀和氯化物应力腐蚀开裂。

③ 土壤腐蚀　暴露在土壤中的金属的腐蚀称为土壤腐蚀。通常发生在碳钢、铸铁和球墨铸铁。

土壤腐蚀的严重性是由许多参数决定的，包括操作温度、湿度、氧、土壤电阻率（土壤状况和特性）、土壤类型（水的排放）、均匀性（土壤类型的变化）、阴极保护、杂散电流排出、涂层类型、年限和状态。

④ CO_2 腐蚀　当 CO_2 溶于水形成碳酸（H_2CO_3）时会发生 CO_2 腐蚀。酸会降低 pH，足够的量会促进碳钢的均匀腐蚀或点蚀。其他如 HCl、H_2SO_4、HF、磷酸等对金属材料的腐蚀也是较低 pH 值环境下的酸性腐蚀。

CO_2 腐蚀通常发生在碳钢和低合金钢。腐蚀的影响因素包括 CO_2 的分压、pH 值和温度。CO_2 分压的增加会导致较低的 pH 凝结物和较高的腐蚀速率。腐蚀通常发生在液相，也会发生在 CO_2 从汽相中凝结出来的部位。在 CO_2 汽化温度以下，较高的温度会增加腐蚀速率。

碳钢发生 CO_2 腐蚀通常表现为局部减薄和/或点蚀，腐蚀通常发生在湍流和冲击区，有时在管道焊缝的根部。在湍流区域会表现为深的点蚀和沟槽。

⑤ 微生物腐蚀（MIC）　微生物腐蚀是一种由于生物如细菌、藻类或真菌引起的腐蚀。通常与锈瘤或黏性有机物的存在有关。微生物腐蚀可发生在大多数常见材料中，包括碳钢、低合金钢、300 系列不锈钢和 400 系列不锈钢、铝、铜和一些镍基合金。

MIC 通常发生在水环境或有水存在（有时或永久）的环境中，尤其是在允许或促进微生物生长的停滞或流速低的条件。MIC 通常发现在换热器、储罐底部的水、静止或低流速的管线、与土壤接触的管线等。

MIC 腐蚀通常表现为局部的垢下腐蚀或有机物遮盖的瘤，对碳钢的杯状点蚀或不锈钢的表面下空洞。

⑥ 高温硫化腐蚀　碳钢和其他合金钢在高温环境下与硫化合物发生反应造成腐蚀。氢的存在会加速腐蚀。受影响的材料为所有铁基材料，包括碳钢、低合金钢、300 系列不锈钢

和 400 系列不锈钢。镍基合金也会不同程度地发生硫化，取决于组成，尤其是 Cr 含量。和碳钢相比，铜基合金在较低的温度下形成硫化物。

影响硫化的主要因素包括合金成分、温度和腐蚀性硫化合物的浓度。合金发生硫化的敏感性取决于生成保护性硫化物膜的能力。铁基合金的硫化通常在金属温度超过 260℃时开始发生。

硫化主要是由于 H_2S 和其他活性硫化合物引起的，这些活性硫是硫化合物在高温下分解产生的。一些硫化合物容易反应生成 H_2S。

高温硫化腐蚀通常是均匀减薄，但有时也表现为局部腐蚀或高流速的磨蚀-腐蚀损伤。部件表面通常覆盖有硫化物膜。根据合金、物流的腐蚀性、流体速度和杂质的存在，沉积物可能厚薄不一。

(2) 环境腐蚀开裂

环境腐蚀开裂是指材料在腐蚀环境中发生开裂。如图 11-18 为典型的环境腐蚀开裂。

造成环境腐蚀开裂的具体腐蚀机理通常包含碱性应力腐蚀开裂、胺腐蚀开裂、氨应力腐蚀开裂、碳酸盐腐蚀开裂、连多硫酸腐蚀开裂、硫化物应力腐蚀开裂、氯化物应力腐蚀开裂、H_2S 环境下氢致开裂和应力导向氢致开裂、氰化氢开裂、氢鼓包等。

① 氯化物应力腐蚀开裂（Cl-SCC）氯化物应力腐蚀开裂是 300 系列 SS 和一些镍基合金在拉伸应力、温度和含氯化物水溶液的共同作用下的环境开裂，属表面起始的裂纹。所有 300 系列的 SS 对氯化物应力腐蚀开裂都十分敏感。双相钢和镍基合金比较耐蚀。

氯化物应力腐蚀开裂的敏感性与氯化物含量、pH 值、温度、应力、氧的存在和合金成分有关。温度增加，开裂的敏感性增加。氯离子含量增加，开裂的可能性增加。该损伤机理通常发生在 pH 值高于 2 的环境，在低 pH 值，通常均匀腐蚀为主。在碱性 pH 值区域，应力腐蚀开裂（SCC）的倾向降低。开裂通常发生在金属温度高于 140 ℉(60℃)，尽

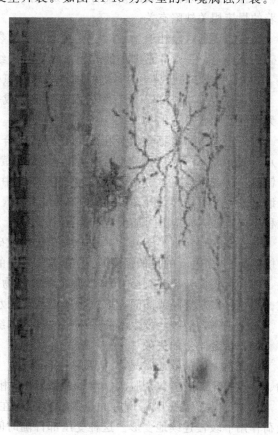

图 11-18　环境腐蚀开裂

管在更低的温度下也有发生。应力可以是外加的，也可以是残余的。高应力或冷加工的部件，如膨胀波纹管，开裂的可能性十分高。

合金的镍含量是影响耐蚀性的主要因素。敏感性最高的是含 Ni 8%～12%。Ni 含量高于 35%，其耐蚀性十分高，高于 45%基本不被腐蚀。

氯化物应力腐蚀开裂通常为表面开裂裂纹，开裂试样的金相显示分支的穿晶裂纹，有时还会发现晶间裂纹，破裂的表面通常有一个脆性的外观。

② 碱性应力腐蚀开裂（碱脆） 碱脆是一种表面起始开裂的应力腐蚀开裂形式，发生在暴露于碱中的设备管道上，尤其是靠近未经焊后热处理（Post Weld Heat Treatment，PWHT）的焊缝附近。受影响的材料为碳钢、低合金钢，300 系列 SS 最容易发生。镍基合金比较耐蚀。

在 NaOH 和 KOH 溶液中的碱脆敏感性与碱强度、金属温度和应力状况有关。碱浓度和温度的增加会增加开裂的严重程度。促进开裂的应力可以是由于焊接或冷加工（如弯曲和成型）导致的残余应力，或者是外加应力。裂纹扩展速度随温度增加很快。

如果存在浓缩，50～100mg/L 的碱浓度也足以引起开裂。浓缩的发生条件有：干湿交替、局部热点或高温吹汽。如未热处理的碳钢设备碱液管线的蒸汽吹扫，碱液浓缩发生开裂的可能性很大。

碱应力腐蚀开裂通常发生在并行于焊缝的相邻基体金属，但也可以发生在焊缝沉积区和热影响区。钢铁表面开裂的模式有时是蜘蛛网状的小裂纹，通常起始于或与作为局部应力提供着的焊接相关缺陷有关。

裂纹需要通过金相检验来确定，因为表面开裂缺陷主要是晶间的。开裂通常发生在焊接的碳钢部件上，是由非常细小的充满氧化物的裂纹组成的网络。

300 系列 SS 的开裂主要是穿晶的，很难和氯化物 SCC 区别开来。

③ 氨应力腐蚀开裂 含有氨的水蒸气会造成一些铜合金的应力腐蚀开裂（SCC）。碳钢在无水的氨中容易发生 SCC。

对于铜合金，敏感合金会在残余应力和化合物的联合作用下发生开裂。铜锌合金（黄铜），包括海军黄铜和铝黄铜，容易发生开裂。黄铜中的锌含量影响开裂的敏感性，尤其是当锌含量超过 15％时。造成氨应力开裂的环境中必须存在氧及氨或铵化合物的水溶液，但是痕量浓度就可能导致开裂。当 pH 高于 8.5 时，在任何温度下都会发生开裂，制造或轧管过程中产生的残余应力可能促进开裂。

对于钢铁，含水小于 0.2％的无水氨会造成碳钢的开裂。PWHT 会消除多数普通钢材的敏感性（<70ksi 的拉伸强度）。含有空气或氧的杂质会增加开裂的倾向性。

铜合金表面开裂裂纹会有浅蓝色的腐蚀产物。换热器管束表面有单一或高度分支的裂纹。裂纹可以是穿晶或晶间，取决于环境和应力水平。

对于碳钢，裂纹会发生暴露的未热处理的焊缝和热影响区上。

(3) 冶金学上的失效

冶金学上的失效通常是不可逆的材料退化，如材料的蠕变、疲劳、高温氢损伤、热振动、金属粉化、石墨化、脱碳、渗碳、脆断、δ 相脆化、选择性析出、回火催化等。

① 蠕变和应力开裂 所有的金属和合金，在高温环境中，金属部件会在屈服应力下的负荷作用下缓慢连续地变形。这种受压部件随时间的变形被称为蠕变。蠕变造成的损伤最终会导致开裂。

蠕变变形的速度是材料、负荷和温度的函数。损伤的速度（应变速度）对负荷和温度敏感。通常，温度增加 25 ℉（12℃）或应力增加 15％，对于不同的合金，剩余寿命会减半或更多。

蠕变损伤通常发生在操作温度接近或高于蠕变范围（表 11-2）的设备和管道中。如加热炉炉管、管托、吊架或其他加热炉部件，热壁催化重整反应器、催化裂化装置的主分馏塔和再生塔内件等，催化重整反应器和高温管线的焊缝处等，更容易发生。

表 11-2　蠕变的极限温度

材料	极限温度	材料	极限温度
碳钢	700 ℉(370℃)	5Cr-0.5Mo	800 ℉(425℃)
C-1/2Mo	750 ℉(400℃)	9Cr-1Mo	800 ℉(425℃)
1.25Cr-0.5Mo	800 ℉(425℃)	304H SS	900 ℉(480℃)
2.25Cr-1Mo	800 ℉(425℃)	347H SS	1000 ℉(540℃)

蠕变损伤的初级阶段只能通过扫描电子显微镜金相照片来确定。在晶界通常会发现蠕变孔隙，在后期会形成微裂纹，然后开裂。在温度正好超过极限限制，会发现明显的变形。例如，加热炉炉管会遭受长期蠕变损伤，在最终开裂前会有明显的膨胀（图 11-19）。变形的量主要取决于材料，以及温度和应力水平的联合作用（图 11-20）。对于容器和管线，在高的金属温度和应力浓度同时发生的地方会发生蠕变开裂，如靠近结构的不连续处，包括管线 T 型接头、管嘴或缺陷处的焊缝。蠕变开裂一旦发生，进展十分迅速。

图 11-19　加热炉炉管短时过热

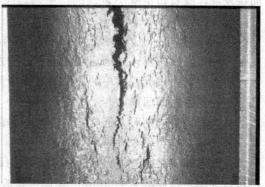

图 11-20　加热炉炉管的蠕变开裂

蠕变损伤是不可逆的。一旦发现损伤或裂纹，部件的大部分寿命被用完，通常对损伤的部件进行修复或更换。高的 PWHT 在一定程度上可以提供一个蠕变韧性更高的材料，寿命更长。

②应变老化　应变老化是一种常发现在老旧碳钢和 C-0.5Mo 低合金钢的损伤，是中间温度变形和老化共同作用的结果。这导致硬度和强度的增加，及延展性和韧性的降低。

可能产生应变老化的材料包含大多有大晶粒尺寸的老的碳钢（20 世纪 80 年代以前）和 C-0.5Mo 低合金钢。

应变老化最容易发生在用敏感材料制造且未经过应力释放的容器器壁上。应变老化可以导致脆性裂纹的形成，可以通过细致的金相分析发现，但是损伤通常不会被认为是应变老化，直到断裂发生。

(4) 机械失效

机械失效是指外力导致的金属失效，如气蚀、机械损伤、超压、超载荷、热冲击等。

11.4.1.5　检验策略

检验策略包括包括检验部位、检验方法和检验时间间隔三方面。

(1) 检验部位和检验方法

检验部位和检验方法可以通过对设备、管道等部件的损伤机理的分析来确定和选择。

基于前面各类腐蚀机理的腐蚀形态，针对不同的腐蚀形式，可以有针对性地采用不同的检验技术来查找和发现腐蚀。这是采用 RBI 方法来优化检验方案的技术核心之一。

① 厚度上的均匀或局部损失 厚度上的损失可以通过厚度测量来发现，因此，超声波测厚是非常有效的检验方法。另外，不均匀的厚度损失，尤其是点蚀坑，可以直接通过 VT 发现。

容器或管道的外壁腐蚀，可以人工目测检查。对于内部，如换热管内壁，则可以借助内窥镜等仪器辅助进行 VT 检查。

② 环境辅助开裂 较大的表面开裂通常可以采用 VT 发现。但微观开裂需要根据开裂位置（表面、近表面或内部裂纹）及材料（碳钢、不锈钢等）选择超声波探伤、射线探伤、磁粉探伤或渗透探伤等。

③ 冶金学上的失效 检测和监测手段不能够对冶金学上的失效进行风险控制，往往更多的是发现损伤，进而避免危险事故的发生。

应变老化的发现，可以采用金相（破坏性检测，因此通常不使用）或硬度检测的方法来间接发现，或者初步微小裂纹的产生通过 UT/RT/MT 检测发现，但是其控制应变老化不采用检查和监测手段。

④ 机械失效 外力导致的机械失效同样无法通过检测和监测对失效进行风险控制，往往更多的是发现损伤，进而避免危险事故的发生。

有些损伤可以通过简单的肉眼观察或者测量即可以发现。

(2) 检验时间间隔

在选择检验周期时，通常综合考虑设备的受损程度和腐蚀速率来制定，目的是在设备失效以前发现，避免失效发生引起事故。

比如已知：某条管道设计使用工况下的最小允许壁厚是 1.5mm，选材为 3mm，现在已经运行 5 年，壁厚减至 2.5mm。则制定检验周期时应考虑：

① 腐蚀速率为（3mm－2.5mm）÷5 年＝0.1mm/年；

② 现有壁厚为 2.5mm；

③ 预估的设备失效时间（2.5mm－1.5mm）÷0.1mm/年＝10 年。

检验周期至少要小于 5.5 年才能够在管道失效前发现，进而避免失效事故。当然，在选择检验周期时，不能粗略地采用上述计算结果作为制定检验周期的唯一依据，因为腐蚀速率有可能随着腐蚀环境的形成而加剧（如下例）。因此，可将检验周期制定到 3～5 年，根据下次检验数据再更新检验周期。

又如已知：某条管道设计使用工况下的最小允许壁厚是 1.5mm，选材为 3mm。现在已经运行 5 年，该条管道在运行第 1 年测得壁厚为 2.95mm，第 3 年测得壁厚为 2.8mm，第 5 年测得壁厚为 2.5mm。则制定检验周期时应考虑：

① 第 1 年腐蚀速率为：（3mm－2.95mm）÷1 年＝0.05mm/年；

② 第 2、3 年腐蚀速率为：（2.95mm－2.8mm）÷2 年＝0.075mm/年；

③ 第 4、5 年腐蚀速率为：（2.8mm－2.5mm）÷2 年＝0.15mm/年；

④ 现有壁厚为 2.5mm；

⑤ 预估的设备失效时间最长为（2.5mm－1.5mm）÷0.15mm/年＝6 年

由上可见，腐蚀速率逐年增加。因此在判断检验周期时，可保守选取 1～2 年的检验周期。

11.4.1.6 RBI工具

针对石化企业的装置，市场上已经有一些比较成熟的软件工具，这些工具基本按照 API 581 来进行开发，协助操作者制订高水平的检验计划并提高生产装置的风险管理水平。

有些软件已经建立起来相关的数据库，包括失效概率、腐蚀速率等。对于一个实施 RBI 的企业，如果建立起自己的数据库，RBI 分析结果将更加准确。

11.4.1.7 典型 RBI 工作流程

图 11-21 是典型的 RBI 工作流程，包括数据采集、风险评估、风险排序、检验计划制订、削减措施实施、再评估等，是一个不断循环和更新、逐步提高的过程。

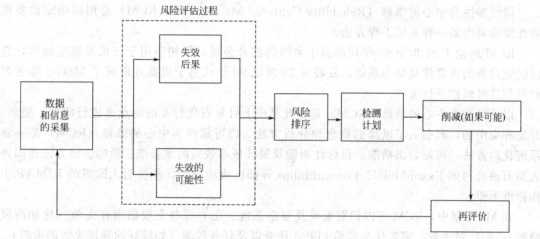

图 11-21 典型的 RBI 工作流程

RBI 的工作量很大，而且要求细致、严谨，因此持续时间较长。

整个 RBI 过程中，最为关键的是数据采集阶段，因为项目结果的质量和可靠性依赖于收集到的数据质量和可靠性，它一直存在并持续于 RBI 策略的全部阶段。

① 全面性　数据一定要全面才能更准确地进行 RBI 分析。数据主要包括：设备数据，包括设备的投用日期、设计寿命、设计标准、材料、壁厚、体积、热处理状况、保温状况、设计压力、设计温度等；工艺数据，包括物流的组分、含量、状态、杂质及含量，操作压力，操作温度，流速等；历史检验信息，包括检验的时间、位置、方法、结论等。

这些数据主要存在于文件：PFD、P&ID、设备出厂质量证明文件、工艺说明、设备材料的机械性能报告、物料平衡表、平面布置图、管线表、历史检/维修报告等。

② 准确性　数据收集完毕，必须对收集的信息准确性进行核对，一般由熟悉装置的本厂操作人员进行审查。

11.4.1.8 压力容器管理及法规要求

国家质量监督检验检疫总局于 2009 年颁布了 TSG R0004—2009《固定式压力容器安全技术监察规程》，其适用范围包含以下容器：

① 工作压力大于或者等于 0.1MPa；

② 工作压力与容积的乘积大于或者等于 2.5MPa·L；

③ 盛装介质为气体、液化气体以及介质最高工作温度高于或者等于其标准沸点的液体。

此规程规定了固定式压力容器的以下各个方面的管理要求：材料、设计、制造、安装改造与维修、使用管理、定期检验、安全附件。另外，规程引入了机械完整性中一些新的技术方法与管理要求，如基于风险的检验（RBI）技术、衍射时差法超声检测（TOFD）以及缺陷评定方法等。

对于在役压力容器的检验，由之前的定期检验改为：固定式压力容器在投用后 3 年内进行首次定期检验；之后可参照《压力容器定期检验规则》的规定确定压力容器的安全状况等级和检验周期，可以根据压力容器风险水平延长或者缩短检验周期，但最长不得超过 9 年；并规定以压力容器的剩余使用年限为依据，检验周期最长不超过压力容器剩余使用年限的一半，并且不得超过 9 年。

11.4.2 以可靠性为中心的维修

以可靠性为中心的维修（Reliability Centered Maintenance，RCM）是用以确定设备预防性维修需求的一种系统工程方法。

RCM 理论于 20 世纪 60 年代起源于美国的波音公司，最初应用于飞机及航空设施，它以研究设备的可靠性规律为基础，发展到 20 世纪 90 年代趋于成熟并形成了 MSG-3 等著名的可靠性维修指导性文件。

以可靠性为中心的维修（RCM）是在此基础上针对石化行业的特点来进行研究、更新、开发和应用的，其引入了风险的概念和分析方法。以可靠性为中心的维修（RCM）是一套系统化的方法，可制定出精准、目标性明确及最佳成本效益的维修维护策略。该方法在国外大型石油公司如 ExxonMobil、ConocoPhilips 等都已成功应用，并被引入欧盟的 RIMAP 工作标准手册。

在 MI 计划中，RCM 可以识别重要及复杂系统：①有哪些主要的潜在失效（比如高风险的）；②针对失效，需要什么样的 ITPM 任务以及任务频率（如较好的管理失效的策略）。

(1) RCM 的含义

RCM 是建立在风险和可靠性方法的基础上，按照以最少的资源消耗保持装备固有可靠性和安全性的原则，应用逻辑决断的方法确定设备预防性维修需求的过程或方法。

RCM 的基本思路是：对设备进行功能与故障分析和评估，明确设备各故障后果；进而量化地确定出设备每一故障模式的风险、故障原因和根本原因，识别出装置中固有的或潜在的危险及其可能产生的后果；用规范化的逻辑决断方法，确定各故障的预防性维修对策和维修计划；通过现场故障数据统计、专家评估、定量化建模等手段，在保证设备安全和完好的前提下，以维修停机损失最小为目标对设备的维修策略进行优化。

(2) RCM 适用范围

目前的 RCM 应用领域已涵盖了航空、武器系统、核设施、铁路、石油化工、生产制造甚至房地产、建筑结构等各行各业，特别是流程工业中的设备维护等。

(3) RCM 方法中的 7 个核心问题

1999 年国际汽车工程师协会（SAE）颁布的 RCM 标准《以可靠性为中心的维修过程的评审准则》（SAE JA1011）给出了正确的 RCM 过程应遵循的准则，按照 SAE JA1011 的规定，只有保证按顺序回答了标准中所规定的 7 个问题的过程，才能称为 RCM 过程。

RCM 分析的 7 个基本问题如下。

① 功能和性能标准：在具体使用条件下，设备各功能及相关性能标准是什么？

② 功能故障模式：在什么情况下设备无法实现其功能？

③ 故障模式原因：引起各功能故障的原因都是什么？

④ 故障影响：各故障发生时，都会出现什么情况？

⑤ 故障后果：各故障发生后引起的严重程度如何？

⑥ 预防性维修措施（主动性工作类型和工作间隔期）：需做什么工作才能预防各故障？

⑦ 暂定措施（非主动性工作）：找不到适当的预防性维修工作应怎么办？

回答上述 7 个问题，必须对产品的功能、功能故障、故障模式及影响有清楚的定义和了解，为此必须通过"故障模式及影响分析（FMEA）"对所分析的产品进行故障审核，列出其所有可能的功能及其故障模式和影响，并对故障后果进行分类评估，然后根据故障后果的严重程度，对每一故障模式做出是采取预防性措施还是不采取预防性措施待其故障后再进行修复的决策，如果采取预防性措施，选择哪种类型的工作。

(4) RCM 做法和成果

传统的维护和维修策略经历了被动维修、定期维修、预防性维修、主动维修等不同的发展阶段，在减少设备故障、降低维护成本等方面取得了很大的进展。但传统的检验维修规程是基于以往的经验及保守的安全考虑，对经济性、安全性以及可能存在的失效风险等的有机结合考虑不够，检维修的频率和效率与所维护设备的风险高低不相称，有限的检维修资源使用不尽合理，存在检维修过度和检维修不足的问题，维护行为存在一定的盲目性和经验性，即使是主动维修仍然存在维护过度（或不足）、成本高、维护策略主要依靠主观和经验等缺点。另外，由于设备越来越复杂，加之工艺、操作等其他因素，越来越多的故障不符合浴盆曲线，很多故障属于临时突发性非失修类故障，计划维修除造成无谓投入和资金的无效支出，往往还会产生负效应。而连续性大生产对设备的长周期稳定运行提出了更高的要求，维修管理工作的关键是确定维修时机、维修范围及维修级别，因此设备的维护管理理论和方法需要有一个质的发展以适应此要求。随着 RCM 技术不断地被国际上大中型石化、能源、化工、电力等工业领域所采用，实践证明该技术可以有效地提高设备运行的可靠性并降低维修成本。

随着生产自动化程度的不断提高，维修在现代企业中的地位也日益重要。据统计，现代企业中，故障维修和停机损失费用已占其生产成本的 30%～40%，有些行业的维修费用已跃居生产总成本的第二位，甚至更高。另外，环境保护与安全生产的立法越来越严格，故障控制与预防必然成为现代企业管理所面临的重要课题。RCM 正是解决以上课题的关键手段之一。

RCM 是设备维护管理制度发展的较高层次，通过 RCM 分析所得到的维修计划是基于"知道将来哪些设备会发生故障，在什么时候发生故障，故障后果严重程度如何"的情况下制订的，具有很强的针对性，避免了"多维修、多保养、多多益善"和"故障后再维修"的传统维修思想的影响，使维修工作更具科学性，达到"该修必修、修必修好、杜绝过修失修"的目的，从而可降低直接维护成本，减少停车损失。实践证明，在保证生产安全性和设备可靠性的条件下，应用 RCM 可将日常维修工作量降低 40%～70%，大大地提高了资产的使用率。

通过在设备上实施 RCM 分析方法，可以做到：

① 提高装置运行的安全性和环境整体性，完整和系统性地评估装置的风险大小，识别出高风险项目，采取适当措施，以降低装置整体风险，提高装置可靠性。

② 提高设备运行性能，尽可能地排除和预防潜在故障和隐蔽性功能故障；识别和改进与设备可靠性相关的问题，如：设计的变化、程序的变化、潜在故障和隐蔽性功能故障，重大的图纸错误等。

③ 提高维修成本效益，能合理优化维修资源，避免过度维修和维修不足，降低维修费

用；可以针对故障原因、根本原因制定维护策略和任务包，采取有针对性的维修，减少或避免潜在的故障和非计划性停车。

④ 将维护与生产、安全、环境和成本有机地结合起来，有效降低故障后果。

建立维修数据库，全面记录了资产的一致性和完整性的维护以及操作计划，提供更加准确、齐全的设备资料和维修数据，减少因人员变动所带来的影响，适应变化的环境。

⑤ 建立一个准确、优化和适用于系统装置的维修及维护工作包，RCM针对具体的故障种类制定相应的维修策略，可提出包含故障种类、故障部位、故障解决办法、维修策略和维修计划的具体维修建议书递交ERP以工单的形式执行。

对于石化企业来讲，通过RCM分析将产生如下四项具体的成果：供维修部门执行的维修计划；供操作人员使用的改进了的设备使用程序；对不能实现期望功能的设备，列表指出了哪些地方需改进设计或改变操作程序；完整的RCM分析记录文件为以后设备维修制度的改进提供了可追踪的历史信息和数据，也为企业内维修人员的配备、备件备品的储备、生产与维修的时间预计提供了基础数据。

(5) RCM 维修分类

RCM把预防性维修工作定义为预防故障后果而不仅仅是预防故障本身的一种维修工作。维修工作分为两大类，即主动性维修和非主动性维修（被动维修），见图11-22。

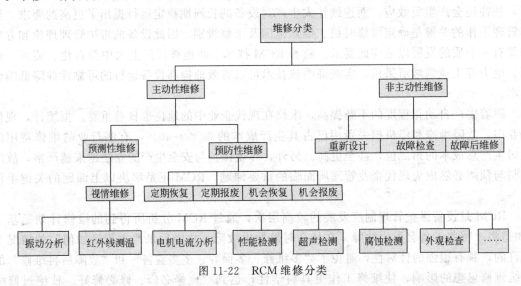

图 11-22 RCM 维修分类

① 主动性维修工作　为了防止产品达到故障状态，而在故障发生前所采取的工作。主动性维修工作包括传统的预测性维修和预防性维修，包括：定期恢复、定期报废和视情维修等。

定期恢复要求按一个特定的工龄期限或在工龄期限之前，对设备进行维修，而不管当时其状态如何。与此相同，定期报废工作要求按一个特定的工龄期限或在工龄期限之前报废，也不管其状态如何。视情维修是通过在线监测或定期检测等手段监控设备的状况，对其可能发生功能故障的项目进行必要的预防维修。视情维修适用于耗损故障初期有明显劣化征兆的设备，但需要适当的检测手段，如状态监测、功能检测和先进的技术等。

② 非主动性维修工作　当不可能选择有效的主动性维修工作时，选择非主动性对策处

理故障后的状态，也叫被动维修。非主动性维修工作包括故障检查、重新设计和故障后维修。

　　a. 故障检查　在 RCM 中故障检查工作是指定期地检查隐蔽功能以确定其是否已经发生故障，从预防故障的时机上讲，它是在隐蔽功能故障发生后为防止多重故障的后果而进行的一项检查工作。

　　b. 重新设计　重新设计需改变系统的固有能力，它包括硬件的改型和使用操作程序的变化两个方面。

　　c. 故障后维修　这种对策对所研究的故障模式不需进行预计或预防，因此只是简单地允许这些故障发生并进行维修。

　　(6) RCM 实施流程

　　根据 SAE JA1011 给出的 RCM 过程应遵循的准则，确定 RCM 实施流程如图 11-23 所示。

　　① 项目开工会　主要内容是成立 RCM 项目组，讨论和确定项目的实施方案，以及人员

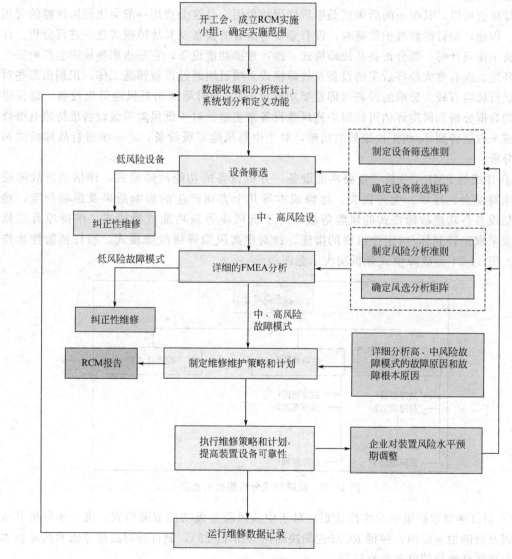

图 11-23　RCM 实施流程

安排、项目工作进度等。RCM 项目组成员应包括工艺、操作、设备、电气仪表和安全等专业的管理技术人员。

②数据收集和分析统计 在 RCM 项目实施阶段需要收集翔实的数据资料，以便 RCM 项目小组成员参考并对数据资料进行定性或定量分析。实施过程中主要收集的资料如下：装置生产技术概况，工艺技术概况；设备技术参数表，设备台账；设备运行台账；设备检修台账；设备的装配（简）图，设备使用说明书；设备检修规程（维护原则文件，根据具体的设备编制的检修规程）；设备状态监测技术应用情况；工艺技术规程，工艺操作规程；工艺流程图（PFD）；管道和仪表图（P&ID）；装置设备重要仪表联锁回路及控制回路等；装置 HSE 制度。

③设备筛选 RCM 项目组成员以筛选会议形式进行设备筛选工作，确定重要功能设备。化工装置由大量的设备组成，这些设备都有其具体的功能，也都会发生故障。有的设备发生故障会危及到安全、环境及导致停产损失等，会对装置的运行产生直接影响。而有的设备根据其功能，发生故障不会对装置运行产生影响或影响很小，对于这些设备，故障发生后直接排除就可以，其唯一的后果就是事后修理的费用，且这个费用一般会比预防维修的费用为低。因此，制订维修维护策略时，没有必要对所有的设备及其故障模式逐一进行分析。详细分析工作只针对一部分设备及故障模式，即：重要功能设备，它是指那些故障会影响安全性或环境，或有重大经济后果的设备及故障模式。项目组通过设备筛选工作，识别出那些对装置运行风险有较大影响的设备（即重要功能设备），同时筛选出低风险等级设备，确保进一步的数据分析和风险评估可针对中高风险设备来实施。对于低风险等级设备维持原有维修模式或采取运转到坏/纠正性维修的措施，对于中高风险等级设备，进一步进行故障模式和影响分析。

④详细的 FMEA 分析 重要功能设备，分析设备的功能故障模式，评估功能故障模式发生对安全、环境、生产损失、维修成本等几个方面产生的影响后果及影响程度，然后评估设备各功能故障模式的风险等级。对于低风险等级功能故障模式，维持原有维修模式或采取运转到坏/纠正性维修的措施，针对中高风险等级故障模式，制订预防性维修策略。图 11-24 为故障模式分析层次示意图。

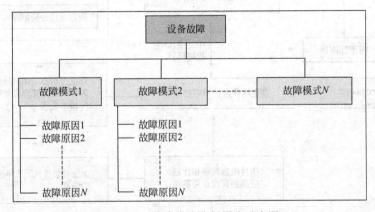

图 11-24 故障模式分析层次示意图

⑤制订维修维护策略和维修计划。对于中高风险等级功能故障模式，进一步分析其故障原因及故障根本原因，根据 RCM 逻辑决断图（图 11-25），制订针对故障原因和故障根本原因的预防性维修策略和维修计划。

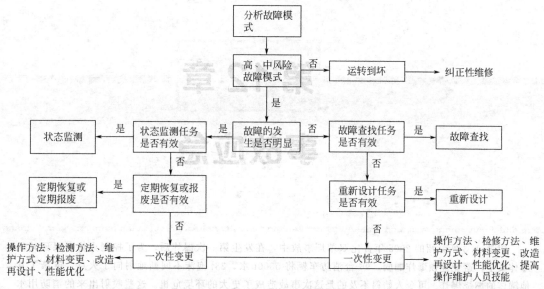

图 11-25　RCM 逻辑决断图示例

● 习题

1. 什么是机械完整性管理？

2. 描述典型的设备分类，并说明可能应用的完整性评估方法。

3. 简述 3 种常见的静设备检测方法，并描述其可以检测的缺陷。

4. 在设备完整的生命周期内，质量确认和质量控制可以应用在哪几个阶段。

5. 简述 3 种腐蚀机理的腐蚀相关要素，属于何种腐蚀类型，分别可采取哪些有效的检测手段。

6. 简述 RBI 执行流程。

7. 简述 RCM 执行流程。

参 考 文 献

[1] CCPS. Guidelines for Mechanical Integrity Systems. New York：AIChE，2006.

[2] API 581. Risk-Based Inspection Base Resource Document，2007.

[3] API 580. Risk-based Inspection，2002.

[4] API RP 571. Damage Mechanisms，2003.

[5] John Moubray. Reliability-Centered Maintenance. New York：Industrial Press，1997.

[6] API 579. Fitness-for-Service (FFS)，2007.

[7] Air Transport Association of America. Airline/Manufacturer Maintenance Program Development Document MSG-3 Revision 2，1993.

[8] IEC 60812. Analysis techniques for system reliability-Procedure for failure mode and effects analysis (FMEA)，2006.

第12章

事故应急

　　附录 A.3 所介绍的 2005 年吉化双苯厂事故中，在发生第一次爆炸后，为了控制火势，保证其他罐体安全，避免连锁爆炸加剧，96 台消防车辆将 5000t 水、28t 泡沫不间断地射向了火点，屏蔽了其他罐体的燃烧爆炸。可令人始料不及的是这次事故造成了更大的环境危机。这些喷射出来的消防用水和泡沫连同未燃烧的近 100t 的苯类物质，绕过了吉化分公司污水处理厂，通过雨水管线直接流入了松花江。

　　2005 年 11 月 17 日，松花江下游有 43 万市区人口的松原市开始停水。11 月 19 日 21 时，污染团进入黑龙江省界缓冲区，苯超标为 2.5 倍，硝基苯超标为 103.6 倍。11 月 20 日 7 时，黑龙江省界第 1 个监测断面即肇源断面检出苯超标，污染带前锋抵达黑龙江省。

　　2005 年 11 月 21 日早上，哈尔滨市政府突然向社会公布了《关于对市区市政供水管网设施进行全面检修临时停水的公告》。公告引起了哈尔滨市民的恐慌，纷纷涌进商场、超市，抢购瓶装水、罐头和方便面。当日哈尔滨市的饮用水、面包、方便面、八宝粥等部分食品出现断货。2005 年 11 月 22 日，哈尔滨市政府公布了第二份停水公告——《关于正式停止市区自来水供水的公告》。将停水的原因明确表述为："2005 年 11 月 13 日，中石油吉化公司双苯厂苯胺车间发生爆炸事故……据环保部门监测数据，预测近期有可能会受到上游来水的污染。"

　　污染带继续顺流而下进入俄罗斯，造成严重的跨国污染事故。2005 年 12 月 16 日 8 点 30 分，经过一周多的准备和协调，抚远黑龙江水道引流筑堰工程破土动工。解放军某部奉命从抚远小河子村下游 500m 处横向向俄罗斯大黑瞎子岛方向修筑 300m 长的堤坝，拦截从松花江过来的吉林石化污染带，保证俄罗斯哈巴罗夫斯克城市的用水不受污染。

　　吉林石化有自己的污水处理厂，1980 年吉化就投资建成了全国第一个污水集中控制处理的日处理能力 24 万吨的污水处理厂。但污水处理厂在设计建造时是按正常工况考虑污水类型，并选择污水处理工艺及处理能力的，无法在短时间内处理如此大量高浓度的有毒污水。关键是，道路上的污水口是通向雨水管道的，雨水管道直接排入附近水体。这些有毒污水根本就没有进入吉化公司污水处理厂。

　　吉化双苯厂事故的事故应急中有很多经验与教训值得反思。

　　（1）事故应急的现场指挥

　　2005 年 11 月 13 日 13 时 38 分接到报警后，大批消防人员先后到达火场。此时，装置区内反应釜已经变形，随时可能再次发生爆炸，现场指挥命令消防人员全部后撤。撤出不到两分钟，装置区再次发生猛烈爆炸。20min 之内，现场又先后发生数十次爆炸燃烧。如果现场指挥稍有迟疑，将会造成大批消防人员伤亡。

　　（2）事故应急处置措施及后果评估

　　因为爆炸装置附近存在大批储罐，在无法移动其他罐体的现实情况和全力控制火势、避免更大爆炸的思想指导下，现场采用了隔离、冷却的办法，依靠大量消防水来预防连环爆炸。扑救虽减轻了安全后果的严重性，但环境后果的严重性却被忽视了。

类似的前车之鉴是第 1 章中的 1986 年 11 月 1 日瑞士巴塞尔市旁 Schweizerhalle 化学品仓库火灾事故，在应急抢险过程中，大量的灭火用水与农药流入莱茵河，使 240 多公里的河道，及莱茵河沿岸的法国、德国、荷兰等 5 个国家发生严重的生态与环境灾难（见图 12-1）。

　　（3）事故应急中的公众沟通

　　哈尔滨市政府的第一份停水公告，以设施检修的名义发布，回避了松花江污染，反而引起了哈尔滨市民的恐慌。事后证明，恐慌恰恰终止于社会公众对事情真相及处理进程的了解。

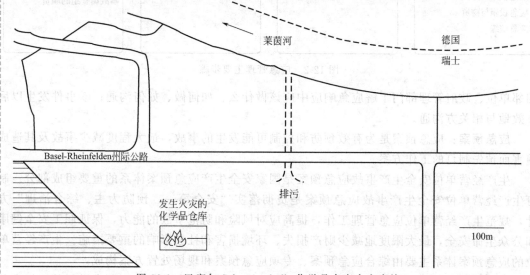

图 12-1　巴塞尔 Schweizerhalle 化学品仓库火灾事故

　　（4）区域事故应急

　　随着城市的发展，以及经济发达地区的土地资源限制，化工企业与化工园区往往靠近江河湖海或临近居民区。这些企业一旦发生事故，不仅容易导致伤亡扩大、损失加剧，而且极易造成人员疏散、环境污染等区域性的影响。企业的事故应急预案往往仅考虑企业层面的各种应急措施，而行政区域或化工园区的应急预案，因不了解企业的装置技术细节，针对性不足。

　　事故应急是过程安全管理的一个重要因素，本章介绍事故应急的基本术语与概念，并从准备、响应、恢复、调查这四个方面归纳事故应急的基本内容与功能。其中重点描述了应急预案的编制与演练。并对事故应急与本书其他章节内容（如风险辨识、设备完整性、事故后果分析等）的相互影响与关系作了介绍，以期读者能够建立流程工业中事故应急的基本知识体系。

12.1　基本概念和定义

　　应急管理：应急管理是指为了迅速、有效地应对可能发生的事故，控制或降低其可能造成的后果和影响，而进行的一系列有计划、有组织的管理，包括准备、响应、恢复、调查四个阶段（图 12-2）。

　　应急管理的主要内容包括：①对可能发生的事故做好应急预案；②为应急预案的执行提供必要的资源；③不断演练并完善应急预案；④通过不断的培训与沟通，使员工、承包商、

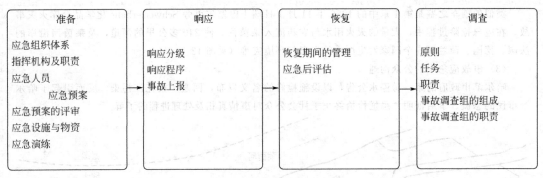

图 12-2 应急管理主要步骤

相邻单位、政府管理部门了解应急响应中应该做什么、如何做、如何沟通；⑤事件发生以后有效地与相关方沟通。

应急预案：应急预案是为有效预防和控制可能发生的事故，最大程度减少事故及其造成损害而预先制订的工作方案。

生产经营单位安全生产事故应急预案是国家安全生产应急预案体系的重要组成部分。制订生产经营单位安全生产事故应急预案是贯彻落实"安全第一、预防为主、综合治理"方针，规范生产经营单位应急管理工作，提高应对风险和防范事故的能力，保证职工安全健康和公众生命安全，最大限度地减少财产损失、环境损害和社会影响的重要措施。生产经营单位的应急预案体系主要由综合应急预案、专项应急预案和现场处置方案构成。

应急准备：针对可能发生的事故，为迅速、有序地开展应急行动而预先进行的组织准备和应急保障。

应急响应：事故发生后，有关组织或人员采取的应急行动。

应急救援：在应急响应过程中，为消除、减少事故危害，防止事故扩大或恶化，最大限度地降低事故造成的损失或危害而采取的救援措施或行动。

恢复：事故的影响得到初步控制后，为使生产、工作、生活和生态环境尽快恢复到正常状态而采取的措施或行动。

12.2　有关法规介绍

《中华人民共和国安全生产法》第三十七条规定：生产经营单位对重大危险源应当制定应急预案；第七十七条规定：县级以上人民政府应当组织制定本行政区域内特大安全事故应急救援预案，建立应急救援体系。《危险化学品安全管理条例》第四十九条规定：县级以上人民政府负责危险化学品安全监督管理综合工作的部门会同有关部门制定危险化学品事故应急救援预案；第五十条规定：危险化学品单位应当制定本单位事故应急救援预案。

其他相关法规中有关编制应急预案的内容如下：

《国务院关于特大安全事故行政责任追究的规定》第七条规定：市（地、州）、县（市、区）人民政府必须制定本地区特大安全事故应急处理预案。

《中华人民共和国消防法》规定：消防安全重点单位应当制定灭火和应急疏散预案。

《特种设备安全监察条例》第三十一条规定：特种设备使用单位应当制定特种设备的事故应急措施和救援预案。

《建设工程安全生产管理条例》第四十八条规定：施工单位应当制定本单位安全事故应急救援预案。

AQ/T 3012—2008《石油化工企业安全管理体系导则》中也明确了对化工企业应急预案编制的要求。

生产经营单位应当根据法律、法规和 AQ/T 9002—2006《生产经营单位安全生产事故应急预案编制导则》的要求，结合本单位的风险辨识、风险分析和可能发生的事故特点，制定应急预案。

12.3 应急准备

化工装置设施的类型不同，应急预案的内容也不同。但编制及准备应急预案的基本过程是一致的，基本步骤如图 12-3 所示。

① 通过不同的风险辨识、风险分析的手段，识别并对潜在的紧急事件进行分类与分级；

② 明确应急计划中必需的要素；

③ 明确可用于应急的资源；

④ 准备演练测试应急计划；

⑤ 通过不断的培训与沟通，使员工、承包商、相邻单位、政府管理部门了解应急响应中应该做什么、如何做、如何沟通；

⑥ 不断从紧急事件处理中吸取经验，不断完善应急计划。

应急准备是针对可能发生的事故，为迅速、有序地开展应急行动而预先进行的组织准备和应急保障。

应急准备包括：制定应急救援方针与原则，应急机构的设立和职责的落实，编制应急预案，应急队伍的建设，应急设备（施）、物资的准备和维护，应急预案培训与应急演练等。

12.3.1 应急组织体系

应急准备应首先明确应急组织形式、构成单位或人员，以及其相应的职责与分工，并尽可能以如图 12-4 所示的组织机构图形式表示。

(1) 事故应急救援系统的组织机构

① 应急救援中心　负责协调事故应急救援期间各个机构的运作，统筹安排整个应急救援行动，为现场应急救援提供各种信息支持；必要时实施场外应急力量、救援装备、器材、物品等的迅速调度和增援，保证行动快速又有序、有效地进行。

② 应急救援专家组　对城市潜在重大危险的评估、应急资源的配备、事态及发展趋势的预测、应急力量的重新调整和部署、个人防护、公众疏散、抢险、监测、清消、现场恢复等行动提出决策性的建议，起着重要的参谋作用。

③ 医疗救治组　通常由医院、急救中心和军队医院组成，负责设立现场医疗急救站，对伤员进行现场分类和急救处理，并及时合理转送医院治疗进行救治。对现场救援人员进行医学监护。

④ 消防与抢险　主要由公安消防队、专业抢险队、有关工程建筑公司组织的工程抢险队、军队防化兵或工程兵等组成。职责是尽可能、尽快地控制并消除事故，营救受害人员。

⑤ 监测组　主要由环保监测、卫生防疫、军队防化侦察或气象等专业人员组成，负责

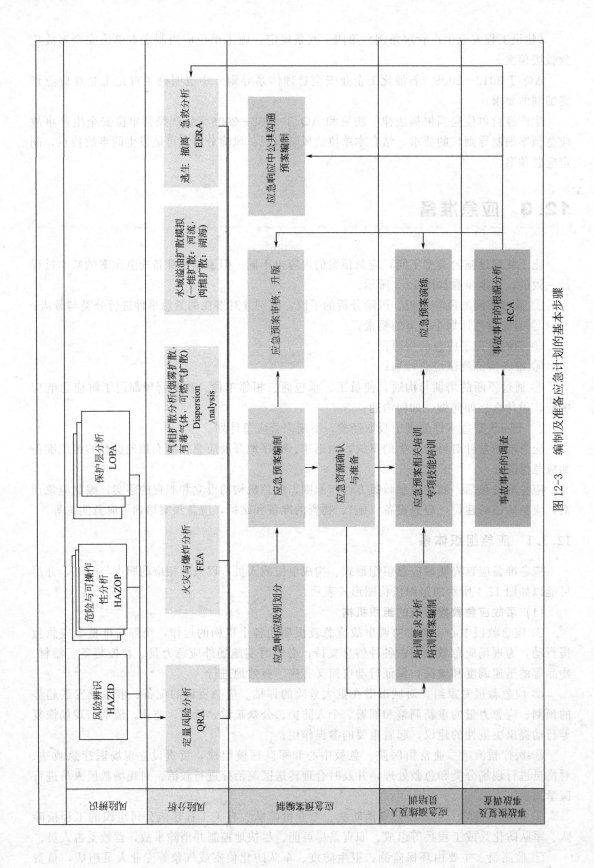

图 12-3 编制及准备应急计划的基本步骤

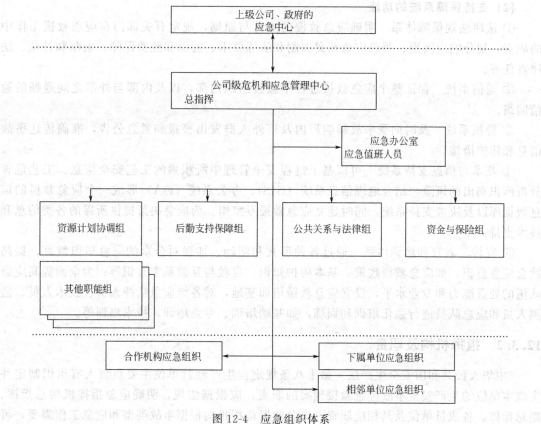

图 12-4 应急组织体系

迅速测定事故的危害区域范围及危害性质,监测空气、水、食物、设备(施)的污染情况,以及气象监测等。

⑥ 公众疏散组 主要由公安、民政部门和街道居民组织抽调力量组成,必要时可吸收工厂、学校中的骨干力量参加,或请求军队支援。根据现场指挥部发布的警报和防护措施,指导部分高层住宅居民实施隐蔽;引导必须撤离的居民有秩序地撤至安全区或安置区,组织好特殊人群的疏散安置工作;引导受污染的人员前往洗消去污点;维护安全区或安置区内的秩序和治安。

⑦ 警戒与治安组织 通常由公安部门、武警、军队、联防等组成。负责对危害区外围的交通路口实施定向、定时封锁,阻止事故危害区外的公众进入;指挥、调度撤出危害区的人员和使车辆顺利地通过通道,及时疏散交通阻塞;对重要目标实施保护,维护社会治安。

⑧ 洗消去污组 主要由公安消防队伍、环卫队伍、军队防化部队组成。其主要职责有:开设洗消站(点),对受污染的人员或设备、器材等进行消毒;组织地面洗消队实施地面消毒,开辟通道或对建筑物表面进行消毒,临时组成喷雾分队降低有毒有害物的空气浓度,减少扩散范围。

⑨ 后勤保障组 主要涉及计划部门、交通部门、电力、通信、市政、民政部门、物资供应企业等,主要负责应急救援所需的各种设施、设备、物资以及生活、医药等的后勤保障。

⑩ 信息发布组 主要由宣传部门、新闻媒体、广播电视等组成。负责事故和救援信息的统一发布,以及及时准确地向公众发布有关保护措施的紧急公告等。

（2）支持保障系统的功能

① 法律法规保障体系　明确应急救援的方针与原则，规定有关部门在应急救援工作中的职责，划分响应级别、明确应急预案编制和演练要求、资源和经费保障、索赔和补偿、法律责任等。

② 通信系统　保证整个应急救援过程中救援组织内部，以及内部与外部之间通畅的通信网络。

③ 警报系统　及时向受事故影响厂内及厂外人群发出警报和紧急公告，准确传达事故信息和防护措施。

④ 技术与信息支持系统　可以基于过程安全管理中所积累的工艺安全信息、工艺危害分析所识别出的风险，结合地理信息系统（GIS）、办公系统（OA）形成一个应急救援的信息数据库以及决策支持系统。同时建立应急救援专家组。为应急决策提供所需的各类信息和技术支持。

⑤ 宣传、教育和培训体系　通过各种形式和活动，加强对公众的应急知识教育，提高社会应急意识，如应急救援政策、基本防护知识、自救与互救基本常识等；为全面提高应急队伍的处置能力和专业水平，设立应急救援培训基地，对各级应急指挥人员、技术人员、监测人员和应急队员进行强化培训和训练，如基础培训、专业培训、技术培训等。

12.3.2　指挥机构及职责

《中华人民共和国安全生产法》第十八条规定：生产经营单位主要负责人有组织制定并实施本单位的生产安全事故应急救援预案的职责。应根据法规，明确应急指挥机构总指挥、副总指挥、各成员单位及其相应职责。应急救援指挥机构根据事故类型和应急工作需要，可以设置相应的应急救援工作小组，并明确各小组的工作任务及职责。

通常企业会针对突发事件危害程度、影响范围和控制事态能力的差别确定响应级别，同时可根据公司的内部组织结构与组织的规模大小划分不同响应级别的指挥机构，并明确其职责。

12.3.3　应急参与人员

应急预案的执行需要所有相关方人员的参与，人员对预案的了解程度，以及其自身的知识水平与技术能力，决定了预案能否正确实施。

应对化工企业的所有员工、承包商、周边社区的人员进行有针对性的培训。根据其在应急中的角色与职责，制订不同的培训计划；并明确培训的频度和考核要求。

12.3.4　应急预案的分类

制定事故应急救援预案的目的有两个：采取预防措施使事故控制在局部，消除蔓延条件，防止突发性重大或连锁事故发生；能在事故发生后迅速有效控制和处理事故，尽量减轻事故对人和财产的影响。

应急预案按照执行主体划分为：国家预案、省级预案、市级预案、机构/企业/个人预案。

应急预案按照应急对象的类型划分为：自然灾害预案、事故灾难（生产）预案、公共卫生预案、社会安全预案。

应急预案按照功能与目标划分为：综合应急预案、专项应急预案和现场处置方案。

生产经营单位风险种类多、可能发生多种事故类型的，应当组织编制本单位的综合应急预案。综合应急预案应当包括本单位的应急组织机构及其职责、预案体系及响应程序、事故预防及应急保障、应急培训及预案演练等主要内容。

对于某一种类的风险，生产经营单位应当根据存在的危险源的特性和可能发生的事故类型，制定相应的专项应急预案。专项应急预案应当包括危险性分析、可能发生的事故特征、应急组织机构与职责、预防措施、应急处置程序和应急保障等内容。

对于危险性较大的重点岗位，生产经营单位应当制定重点工作岗位的现场处置方案。现场处置方案应当包括危险性分析、可能发生的事故特征、应急处置程序、应急处置要点和注意事项等内容。

生产经营单位编制的综合应急预案、专项应急预案和现场处置方案之间应当相互衔接，并与所涉及的其他单位的应急预案相互衔接。

12.3.5　应急预案的编制

应急预案的编制应当符合下列基本要求：

① 符合有关法律、法规、规章和标准的规定；

② 结合本地区、本部门、本单位的安全生产实际情况；

③ 充分考虑了本地区、本部门、本单位的风险辨识、风险分析的结果；

④ 充分考虑了历次应急演练的结果；

⑤ 充分考虑了以往事件与事故的事故原因分析；

⑥ 借鉴了行业内的良好作业实践，考虑了在其他地区、其他公司出现过的事故；

⑦ 应急组织和人员的职责分工明确，并有具体的落实措施；

⑧ 有明确、具体的事故预防措施和应急程序，并与其应急能力相适应；

⑨ 有明确的应急保障措施，并能满足本地区、本部门、本单位的应急工作要求；

⑩ 预案基本要素齐全、完整，预案附件提供的信息准确；

⑪ 预案内容与相关应急预案相互衔接；

⑫ 预案中应包含在应急准备、应急响应、应急恢复与事故调查各个阶段的信息沟通与公众信息通报的内容。

【例12-1】　在美国政府应急中心（Office of Response and Restoration）所规定的应急响应区域级别划分中，共分为应急响应区 ERPG-1～ERPG-3 级。其中 ERPG-3 为最高响应级别，这个区域的风险最高，因此所要求的防护水平最高，响应时间最短。ERPG 区域的划分以人员在该区域活动 1h 的人体反应为基础，ERPG-3 为在该区域活动 1h 以上会导致人员死亡；ERPG-2 为在该区域活动 1h 以上导致人员受伤；ERPG-1 为在该区域活动 1h 以上轻伤，或明显的恶臭气味影响。

应急预案的编制时，风险辨识已经识别出液氯泄漏为主要风险，在风险评价中所分析的风险场景为在风速 5m/s，大气稳定度 D 的条件下，发生 300kg 液氯持续泄漏，计算可知在下风向区域内，ERPG-1～ERPG-3 级的距离为（图12-5）：

ERPG-3：470m（20×10^{-6}）

ERPG-2：1.2km（3×10^{-6}）

ERPG-1：2km（1×10^{-6}）

图12-5中最外层曲线表示的是在下风向上，人员不受事故影响的安全区域界限，可称为安全线。通常在应急预案中可以将安全线距离作为应急疏散范围的参考值。

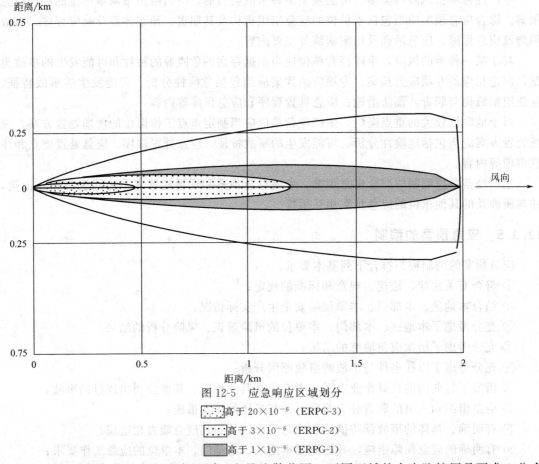

图 12-5 应急响应区域划分

::::: 高于 20×10⁻⁶ (ERPG-3)

::: 高于 3×10⁻⁶ (ERPG-2)

▨ 高于 1×10⁻⁶ (ERPG-1)

在应急预案内应对应急响应级别、人员疏散范围、不同区域的个人防护用品要求、公众广播系统的覆盖范围、通信与告知的单位等做出相应考虑。

如风险评估与风险评价给出的风险场景是甲烷为主的天然气燃烧，则 ERPG 区域的划分是以可燃浓度的下限 LEL10% 及 60% 为临界值的。

12.3.6 应急预案的评审

应当组织有关专家对本部门编制的应急预案进行审定；必要时，可以召开听证会，听取各个利益相关方的意见。涉及相关部门职能或者需要有关部门配合的，应当征得有关部门同意。

12.3.7 应急设施与物资

《中华人民共和国安全生产法》第七十九条规定：危险物品的生产、经营储存单位以及矿山、建筑施工单位应当建立应急救援组织并配备应急救援器材、设备。

应明确应急救援需要使用的应急物资和装备的类型、数量、性能、存放位置、管理责任人及其联系方式等内容。主要包括：

① 准备用于应急救援的机械与设备、监测仪器、材料、交通工具、个体防护设备、医疗、办公室等保障物资等；

② 列出有关部门，如企业现场、武警、消防、卫生、防疫等部门可用的应急设备；

③ 列出应急物资存放地点及获取方法；

④ 对应急设备与物资进行定期检查与更新。

案例：

2010 年 4 月 20 日当地时间约 21：45 左右，位于美国墨西哥湾的深水地平线号（Deep-waterHorizon）钻井平台发生爆炸，导致 11 人失踪、17 人受伤。钻井平台作业水深为 1524m。4 月 22 日平台沉没，24 日海面开始出现溢油，情况不断恶化。并演变成美国历史上最严重的环境灾难。

截至 6 月 5 日，这次事故动员的应急资源包括：

共动用船只：超过 2700 艘

已使用的围油栏：超过 216 万英尺　　库存：超过 68.2 万英尺

已使用的吸附围油栏：超过 239 万英尺　　库存：超过 240 万英尺

总围油栏布放：超过 455 万英尺　　库存总数：超过 308 万英尺

含油污水回收：超过 1548 万加仑

海面消油剂使用：接近 77.9 万加仑

水下消油剂使用：接近 30.3 万加仑消油剂库存：超过 24 万加仑

动员人员：超过 20000 人

数据引自 www.deepwaterhorizonresponse.com

这次事故后 BP 石油公司总结其经验与教训，认为在五个方面提高能力：意外事故防范和钻井安全、关井、救援井、泄漏处理及危机管理。

为了提高深水井救援的技术和能力，BP 在美国休斯敦部署了可以在 3000m 水深使用的深水井口罩（见图 12-6）及安装工具，并保持日常的维护和保养，随时待命。事故发生后，BP 可以用安-124 或波音 747 在几天时间内以空运的方式，快速部署至 BP 从事海洋石油深水作业的任何地点（见图 12-7）。

图 12-6　深水井口罩

图 12-7　应急部署区域

12.3.8　应急演练

应急演练是指按一定的程序所开展的救援模拟行为。应急演练的目的是为了检查应急培训的效果，检验应急组织和个人的应急响应能力，验证应急计划有效性和可行性。

应急预案中应明确应急演练的规模、方式、频次、范围、内容及要求、组织、评估、总结等内容。

2010年江苏某化工园区在联合国环境署APELL框架下的专家支持下，进行了一场没有事先排练的应急演练，周边三个化工企业参与了联动响应。

通过现场的演练，针对应急的不同关键要素发现了20多个应急响应的问题。

（1）前期风险辨识及风险分析不足导致的问题

例如：泄漏的化学物质是什么不清楚，针对不同的化学物质应该有不同的响应策略。

（2）应急指挥职责与分工不清晰导致的问题

例如：

① 现场指挥部的少部分人员职责不清，应该尽量减少不必要的人员；

② 企业的现场指挥与应急总指挥的交流不多，影响应急的及时性与有效性；

③ 现场没有人员通过监测确定危险区域和安全区域。

（3）应急资源与设施保障不足导致的问题

例如：

① 环境监测人员和装备不足，仅设置了一个监测点，应该多设几个环境监测点；

② 现场总指挥使用的对讲机、中控室的对讲机信号不好，很多时候听不清楚；

③ 现场的警笛声太响，但应急的语音广播音量不足，根本听不清楚。

（4）相关人员、相关方的通知沟通问题

例如：

① 相邻企业接到通知较晚，晚了20多分钟；

② 企业向园区的报告滞后；

③ 有的企业接到疏散的命令，但是不清楚具体情况（什么物质泄漏、什么事故），所以相关企业竟然决定室内避难；

④ 相邻企业针对外单位事故的应急准备不足，没有预案。

（5）人员培训与演练不足的问题

例如：

① 现场总指挥由于要用对讲机，摘掉了防毒面具，并且在泄漏物的高浓度区活动；

② 消防队到达后，没有对现场的危险区域和安全区域进行确定；

③ 只有两名消防员佩戴防毒面具和穿防护服，其他消防员没有佩戴防毒面具，但是仍在高浓度区域内工作；

④ 伤员在转移过程中穿过危险区域，没有应急人员帮他戴上任何个人防护设备（PPE）；

⑤ 储罐着火后，要等到现场总指挥到达后下达命令才开始对附近储罐的冷却保护；

⑥ 现场人员还存在质疑：人员都疏散了，生产装置怎么办？

（6）应急预案内容不足或错误的问题

例如：

① 仅知道疏散，但是不知道如果疏散路径处于下风向应该如何应对；

② 现场总指挥部的人员除了戴安全帽和安全眼镜外，没有佩戴防毒面具、穿防护服等其他个人防护用品，并且指挥部就设在下风向。现场的风向变化较快，但是现场指挥部固定不动。

通过这次演练所发现的问题，达到了检查应急响应漏洞的目的。为提高应急能力找到了方向，并对所有参加者是一次良好的培训。

12.3.9 应急准备中的培训

在 NFPA 1600 Disaster/Emergency Management and Business Continuity Programs 程序中，对于应急准备中的培训有如下的要求：应制订培训与教育计划用于支持应急管理程序。培训与教育的目的是提高应急意识、提高应急能力。明确应急培训与教育的频率培训范围。明确应急计划中所有相关人员的培训要求。培训记录应长期保留。

12.4 应急响应

12.4.1 响应分级

应急响应是指事故发生后，有关组织或人员采取的应急行动。针对事故危害程度、影响范围和单位控制事态的能力，将事故分为不同的等级。按照分级负责的原则，明确应急响应级别。

应急响应的级别划分，需要风险辨识与风险分析的输入，只有了解了可能会出现什么事故，事故的后果严重性可能会达到什么程度，才能够有效地划分响应级别。

典型的三级响应分级可以如下所示。

一级应急响应：

一级应急响应的标准由所属及托管单位针对其本身的作业风险和作业特点自行制定。

二级应急响应：

一次事故造成重伤 1~9 人以上，或者一次事故造成死亡 1~3 人，或者一次急性中毒 10~20 人；

设施火灾、爆炸和 10t 以上化学品泄漏等重大事故；事故导致财产损失人民币 10 万~100 万；

流行性传染病、群体性不明原因疾病、食品中毒事故等造成区域性多人丧失生活能力或不能维持正常工作和生活；

导致严重社会影响或干扰正常生产作业的群体事件，以及发生人数少，但引起政府、媒体关注，影响大或危害程度大的活动。可能造成公司声誉影响并以负面的形式在地区媒体被广泛传播的事件；

三级应急响应：

一次事故造成重伤 10 人及以上，或者死亡 3 人及以上，或者一次急性中毒 20 人以上；

出现中型以上化学品泄漏（10t 以上），大型外输管线破损产生或可能产生超过小型以上溢油；事故导致财产损失人民币 100 万以上；

船舶、油轮等重大碰撞、搁浅、沉没等严重事件；

直升机坠落或船舶、车辆等交通工具遇难并造成群体伤亡；

厂内、作业场所内、家属区、办公楼等建筑物受到灾害性破坏；

出现火灾爆炸、井喷或油气泄漏，造成人员撤离或周围群众恐慌性撤离；

硫化氢及其他有毒、有害化学危险品泄漏、放射性物质泄漏造成或可能造成多人伤害或人员撤离以及周围群众恐慌性撤离；

可能造成公司重大声誉影响、公众情绪激烈、事件以负面的形式在国内国际媒体被广泛传播，可能造成严重社会影响的事件；

公司不能独立处置所辖范围突发事件时提出救援请求，或需要动员集团公司资源、调动社会资源；引起政府相关部门高度关注的事故。

12.4.2 响应程序

根据事故的大小和发展态势，明确应急指挥、应急行动、资源调配、应急避险、扩大应急等响应程序。典型的响应程序可能包括：

① 应急响应流程；

② 报告、接警和记录管理程序；

③ 公司危机和应急管理机构启动及响应程序；

④ 领导和相关人员赴现场确定程序；

⑤ 应急专家联系协调程序；

⑥ 向上级机构初步报告管理程序；

⑦ 媒体信息沟通管理程序；

⑧ 公司内部员工的情况告知管理程序；

⑨ 公司外部投资者、业务伙伴情况告知管理程序；

⑩ 总部应急响应后勤保障管理程序；

⑪ 政府部门、相关组织机构以及受影响居民安置管理程序；

⑫ 总部危机和应急状态终止及所属单位的恢复管理程序。

12.4.3 应急结束

明确应急结束的条件。事故现场得以控制，环境符合有关标准，导致次生、衍生事故隐患消除后，经事故现场应急指挥机构批准后，现场应急结束。

应急结束后，应明确：

① 事故情况上报事项；

② 需向事故调查处理小组移交的相关事项；

③ 事故应急救援工作总结报告。

12.4.4 工厂外部突发事件的应急管理

应急预案主要针对流程工业中的化学品所引起的事件。但是也应考虑因工厂外部突发事件引起的应急事件，如重大自然灾害、安保等人为因素。

12.5 应急后恢复

应急恢复从应急救援工作结束时开始。使事故影响区域恢复到相对安全的基本状态，然后逐步恢复到正常状态。立即进行的恢复工作包括：事故损失评估、事故原因调查、清理废墟等。

当应急阶段结束后，从紧急情况恢复到正常状态需要时间、人员、资金和正确的指挥，这时对恢复能力的预先评估将变得很重要。例如：已经预先评估的某一易发事故公路，如果预先制订了恢复计划，就能在短短的数小时之内恢复到原来的交通流量。

决定应急恢复时间长短的因素包括：破坏与损失的程度；完成恢复所必需的人力、财力和技术支持；相关法律、法规；其他因素（天气、地形、地势等）。

通常情况下，恢复活动主要有以下几种：恢复期间管理、事故调查、现场警戒和安全、安全和应急系统的恢复、员工的救助、法律问题的解决、损失状况评估、保险与索赔、工艺数据的收集以及公共关系等（图12-4）。

12.5.1 恢复期间的管理

恢复期间的管理具有独特性和挑战性。由于受到破坏，生产不可能立即恢复到正常状况。另外，某些重要工作人员的缺乏可能会造成恢复工作进展缓慢。

恢复工作的成功与否，在很大程度上取决于恢复阶段的管理水平，在恢复阶段，需要一位能力突出、具有大局观的人员（恢复主管）来负责管理工作。管理层还需要专门组建一个小组或行动队来执行恢复功能。

在恢复开始阶段，接受委派的恢复主管需要暂时放下其正常工作，集中精力进行恢复建设。恢复主管的主要职责包括协调恢复小组的工作，分配任务和确定责任，督察设备检修和测试，检查使用的清洁方法，与内部（企业、法律、保险）组织和外部机构（管理部门、媒体、公众）的代表进行交流、联络。恢复主管不可能完成一个重大事故恢复工作的全部内容，因此保证一个完全、成功的恢复工作过程必须组建恢复工作组。工作组的组成要根据事故的大小确定，一般应包括全部或部分的以下人员：工程人员、维修人员、生产人员、采购人员、环境人员、健康和安全人员、人力资源人员、公共关系人员、法律人员。

恢复工作组也可包括来自于工会、承包商和供货商的代表。在预先准备期间企业应确定并培训有关恢复人员，使他们在事故应急救援结束后迅速发挥作用。如果事前没有确定恢复工作人员，恢复主管首先要分派组员。在企业最高管理层支持下，恢复主管应该保证每个组员在恢复期间投入足够的时间，可让其暂时停止正常工作，直到恢复工作结束。

恢复主管在恢复工作进行期间应该定期召开工作会议，了解工作进展，解决新出现的问题。恢复主管的主要职责之一是确定重要恢复功能的优先性并协调它们之间的相互关系。

12.5.2 恢复过程中的重要事项

(1) 现场警戒和安全
应急救援结束后，由于以下原因可能还需要继续隔离事故现场：

① 事故区域还可能造成人员伤害；

② 事故调查组需要查明事故原因，因此不能破坏和干扰现场证据；

③ 如果伤亡情况严重，需要政府部门进行调查；

④ 其他管理部门也可能要进行调查；

⑤ 保险公司要确定损坏程度；

⑥ 工程技术人员需要检查该区域以确定损坏程度和可抢救的设备。

恢复工作人员应该用鲜艳的彩带或其他设施装置将被隔离的事故现场区域围成警戒区。保安人员应防止无关人员入内。管理层要向保安人员提供授权进入此区域的名单，还要通知保安人员如何应对管理部门的检查。

安全和卫生人员应该确定受破坏区域的污染程度或危险性。如果此区域可能给相关人员带来危险，安全人员要采取一定安全措施，包括发放个人防护设备、通知所有进入人员受破坏区的安全限制等。

(2) 员工救助

员工是企业最宝贵的财富，在完成恢复过程中对员工进行救助是极其重要的。然而，在事故发生时，大部分人员都在一定程度上受到影响而无法全力投入工作，部分员工在重特大事故过后还可能需要救助。

对员工援助主要包括以下几个方面：
① 保证紧急情况发生后向员工提供充分的医疗救助；
② 按企业有关规定，对伤亡人员的家属进行安抚；
③ 如果事故影响到员工的住处，应协助员工对个人住处进行恢复。

除此之外，还应根据损坏情况程度考虑向员工提供现金预付、薪水照常发放、削减工作时间和咨询服务等方面的帮助。

(3) 损失状况评估

损失状况评估是恢复工作的另一个功能，主要集中在事故后如何修复的问题上，应尽快进行，但也不能干扰事故调查工作。恢复主管一般委派一个专门小组来执行评估任务，组员包括工程、财务、采购和维修人员。只有在完成损坏评估和确定恢复优先顺序后，才可以进行清洁和初步恢复生产等活动。损失评估和初步恢复生产密切相关，因而需要评估小组对这些活动进行监督。而长期的房屋建设和复杂的重建工程则需转交给企业的正常管理部门进行管理。

损失评估小组可编制损失评估检查表来检查受影响区域，检查表中列各项可作为事故后需要考虑问题的参考。评估组据此确定哪些设备或区域需进行修理或更换及其优先顺序。

损失评估完成后，评估组应召开会议进行核对。每个需要立即修理或恢复的项目都应该分派专人或专门部门负责，而采购部门则应该尽快办理所有重要的申请。

确定恢复、重建的方式和规模时，通常需要做好以下几个方面的工作：确定日程表和造价；雇佣承包人或分派人员实施恢复重建工作；确定计划、图纸和签约标准等。

恢复工作前期，相关人员应确定有关档案资料的存放工作，包括档案的抢救和保存状况、设备的修理情况、动土工程的实施状况、废墟的清理工作等。在整个恢复阶段要经常进行录像，便于将来存档。

(4) 工艺数据收集

事故后，生产和技术人员的职责之一是收集所有导致事故以及事故期间的工艺数据，这些数据一般包括：
① 有关物质的存量；
② 事故前的工艺状况（温度、压力、流量）；
③ 操作人员（或其他人员）观察到的异常情况（噪声、泄漏、天气状况、地震等）。

另外，计算机内的记录也必须立刻恢复以免丢失。收集事故工艺数据对于调查事故的原因和预防类似事故发生都是非常重要的。

（5）事故调查

事故调查主要集中在事故如何发生以及为何发生等方面。事故调查的目的是找出操作程序、工作环境或安全管理中需要改进的地方，以避免事故再次发生。一般情况下，需要成立事故调查组。事故调查组应按照《生产安全事故报告和调查处理条例》（国务院令第493号）等规定来调查和分析事故。调查小组要在其事故调查报告中详细记录调查结果和建议。

（6）公共关系和联络

在恢复工作过程中，恢复主管还需要与公众或其他风险承担者进行公开对话。这些风险承担者包括地方应急管理官员、邻近企业和公众、其他社区官员、企业员工、企业所有者、顾客以及供应商等。

公开对话的目的是通知他们恢复行动的进展状况。一般情况下，公开对话可采用新闻发布会、电视和电台广播等向公众、员工和其他相关组织介绍情况，也可以组织对企业进行参观视察等。

此外，企业还应该定期向员工和所在社区通报恢复工作的最新进展，其主要目的是采取必要措施避免或减少此类事故再次发生的可能性，并保证公众所有受损财物都将会得到妥善赔偿。

如果事故造成附近居民财物或人身的损害，企业应考虑立即支付修理费用和个人赔偿。

12.5.3 应急后评估

应急后评估是指在突发公共事件应急工作结束后，为了完善应急预案，提高应急能力，对各阶段应急工作进行的总结和评估。

应急后评估可以通过日常的应急演练和培训，或通过对事故应急过程的分析和总结，结合实际情况对预案的统一性、科学性、合理性和有效性以及应急救援过程进行评估，根据评估结果对应急预案以及应急流程等进行定期修订。对前一种方式而言，生产经营单位可以按照有关规定，结合本企业实际通过桌面演练、实战模拟演练等不同形式的预案演练，经过评估后解决企业内部门之间以及企业同地方政府有关部门的协同配合等问题，增强预案的科学性、可行性和针对性，提高快速反应能力、应急救援能力和协同作战能力。

12.6 事故调查

事故调查应按照《生产安全事故报告和调查处理条例》（国务院令第493号）等规定来调查和分析事故。

12.6.1 事故上报

上报事故的首要原则是及时。快速上报事故，有利于上级部门及时掌握情况，迅速开展应急救援工作；有利于快速、妥善安排事故的善后工作；有利于及时向社会公布事故的有关情况，引导社会舆论。

事故上报时间的要求为接到下级部门报告2h。以特别重大事故的报告为例，取报告时限要求的最大值计算，从单位负责人报告县级管理部门，再由县级管理部门报告市级管理部门、市级管理部门报告省级管理部门、省级管理部门报告国务院管理部门，最后报至国务院，所需时间为9h。

报告事故应当包括下列内容：

①事故发生单位概况；

②事故发生的时间、地点以及事故现场情况；

③事故的简要经过；

④事故已经造成或者可能造成的伤亡数（包括下落不明的人数）和初步估计的直接经济损失；

⑤已经采取的措施；

⑥其他应当报告的情况。

12.6.2　事故调查处理的任务

事故调查处理的主要任务和内容包括以下几个方面：

①及时、准确地查清事故经过、事故直接原因与系统原因和事故损失。

②查明事故性质，认定事故责任。事故性质是指事故是人为事故还是自然事故，是意外事故还是责任事故。

③总结事故教训，提出整改措施。通过查明事故经过和事故原因，发现安全生产管理工作的漏洞，从事故中总结血的经验教训，并提出整改措施，防止今后类似事故再次发生，这是事故调查处理的重要任务和内容之一，也是事故调查处理的最根本目的。

④对事故责任者依法追究责任。《安全生产法》明确规定，国家建立生产安全事故责任追究制度。

⑤特别重大事故由国务院或者国务院授权有关部门组织事故调查组进行调查。

⑥重大事故、较大事故、一般事故分别由事故发生地省级人民政府、设区的市级人民政府、县级人民政府负责调查。省级人民政府、设区的市级人民政府、县级人民政府可以直接组织事故调查组进行调查，也可以授权或者委托有关部门组织事故调查组进行调查。

⑦未造成人员伤亡的一般事故，可委托事故发生单位组织事故调查组进行调查。

⑧无论是直接组织事故调查组，还是授权有关部门组织事故调查组进行调查，组织事故调查的职责都属于县级以上各级人民政府。

12.6.3　事故调查组的组成

根据事故的具体情况，事故调查组由有关人民政府、安全生产监督管理部门、负有安全生产监督管理职责的有关部门、监察机关、公安机关以及工会派人组成，并应当邀请人民检察院派人参加。事故调查组可以聘请有关专家参与调查。

事故调查组的组成要精简、效能，这是缩短事故处理时限，降低事故调查处理成本，尽最大可能提高工作效率的前提。

12.6.4　事故调查的步骤

事故调查通常采用根原因分析（Root Cause Assessment，RCA）的方法。如图 12-8 所示，RCA 通常包含五个步骤。

①事故描述　事故的描述中应包含事故类型和严重程度；有关的人员、时间、地点；如何发生、发生什么。还应包含与事故相关的所有因素，如所使用的工具、操作细节与条件、天气条件等。

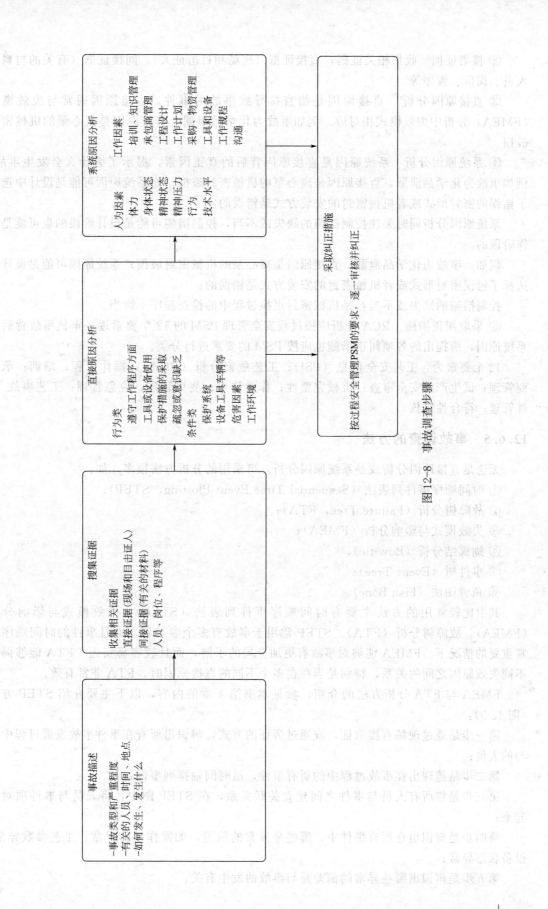

图 12-8　事故调查步骤

② 搜集证据　收集相关证据；直接证据（现场和目击证人）；间接证据（有关的材料）；人员、岗位、程序等。

③ 直接原因分析　直接原因是指直接导致事故的事件，直接原因通常与失效模式（FMEA）分析中失效模式相对应。例如事故为化学品泄漏，直接原因是离心泵的机械密封破损。

④ 系统原因分析　系统原因是直接原因背后的真正因素，揭示了为什么会发生事故。例如事故为化学品泄漏，直接原因是离心泵的机械密封破损。而系统原因可能是设计中选择了错误的密封形式或者机械密封的安装方式是错误的。

系统原因分析同时关注控制措施的缺失或不当，控制措施可能是设计阶段的也可能是操作阶段的。

例如：事故为化学品泄漏，直接原因是离心泵的机械密封破损；系统原因可能是设计中选择了错误密封形式或者机械密封的安装方式是错误的；

控制措施的缺失或不当：是机械密封更换过程中的检查程序不恰当。

⑤ 采取纠正措施　RCA分析应按过程安全管理PSM的12个要素逐一审核事故背后的系统原因，所提出的各项纠正措施也应按PSM的要素进行分类。

12个要素为：工艺安全信息（PSI）；工艺危害分析（PHA）；操作规程；培训；承包商管理；试生产前安全审查；机械完整性；作业许可；变更管理；应急管理；工艺事故/事件管理；符合性审核。

12.6.5　事故调查的方法

无论是直接原因分析或是系统原因分析，可采用的分析方法很多，如：
① 时间顺序事件列表法（Sequential Time Event Plotting，STEP）；
② 故障树分析（Failure Tree，FTA）；
③ 失效模式与影响分析（FMEA）；
④ 蝴蝶结分析（Bow-tie）；
⑤ 事件树（Event Tree）；
⑥ 鱼骨图法（Fish Bone）。

其中比较常用的方法主要有时间顺序事件列表法（STEP）、失效模式与影响分析（FMEA）、故障树分析（FTA）。STEP常用于事故有多个参与者，而且事件的时间顺序非常重要的情况下。FMEA能够对事故有更加全局的了解，而且较容易实施。FTA能够揭示不同失效原因之间的关系，特别是当存在多个不同的直接原因时，FTA非常有效。

FMEA与FTA分析方法的介绍，参见本书第4章的内容，以下主要介绍STEP方法（图12-9）：

第一步是通过现场直接取证，或通过旁证的方式，辨识出所有在事件事故发展过程中参与的人员；

第二步是梳理出在事故过程中的所有事件，沿时间轴排列事件；

第三步是将所有人员与事件之间建立关联关系，在STEP图中，将人员与事件项对应起来；

第四步是辨识出在所有事件中，哪些是异常的偏差，如操作动作异常、工艺参数异常、设备状态异常；

第五步是辨识出哪些异常的偏差是与事故的发生有关。

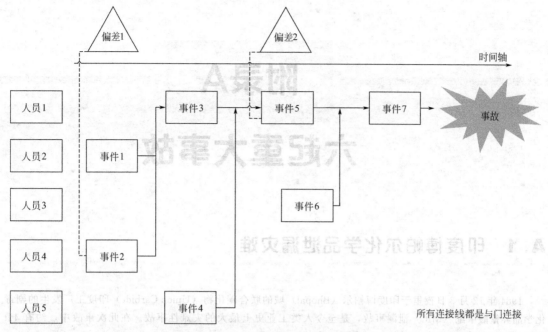

图 12-9　时间顺序事件列表法 STEP 图

特别注意的是，多个事件之间的连接线，代表的是"与"的关系，也就是说可能有多个事件同时发生，但重要的是识别其中异常的那些事件。

● 习题

1. 请描述应急管理的主要阶段，及各个阶段的主要任务。

2. 在应急预案编制过程中，都有哪些信息来源可以作为编制应急预案，准备各类响应程序的依据。

3. 一个 1000 人规模的大型石化企业，临近主要河流及公路铁路运输线，请你设想，企业的应急预案中应设置那些重要的职能机构。

4. 描述并举例说明事故调查中事故直接原因与事故系统原因的区别。

参考文献

［1］　National Fire Protection Association. NFPA 704：Standard System for the Identification of the Hazards of Materials for Emergency Response，2007.

［2］　The Energy Resources Conservation Board，CANADA. ERCB Directive 071：Emergency Preparedness and Response Requirements for the Petroleum Industry，2009.

［3］　CCPS. Guideline for Technical Planning for On-Site Emergencies. New York：AIChE，1995.

［4］　Bernard T. Lewis，Richard P. Payant. The Facility Manager's Emergency Preparedness. New York：American Management Association，2003.

［5］　Thomas D. Schneid，Larry Collins. Disaster Management and Preparedness. CRC Press，2000.

［6］　Joseph F. Gustin. Safety Management：A Guide for Facility Managers. The Fairmont Press，2008.

［7］　GB/T 29639. 生产经营单位生产安全事故应急预案编制导则，2013.

［8］　AQ/T 9002. 生产经营单位安全生产事故应急预案编制导则，2006.

［9］　国家安全生产监督管理总局. 危险化学品事故灾难应急预案，2006.

［10］　DOE-NE-STD-1004-92. Root Cause Analysis Guidance Document. U. S. Department of Energy，1992.

附录A

六起重大事故

A.1 印度博帕尔化学品泄漏灾难

1984年12月3日夜里于印度博帕尔（Bhopal）城的联合碳化物（Union Carbide）印度工厂发生的剧毒化学品异氰酸甲酯（MIC）泄漏事故，是至今人类工业史上最大的灾难性事故。在此次事故中，约有41t MIC泄漏，造成2000多人死亡，20多万人受伤。

美国联合碳化物公司拥有该工厂50.9%的股份，其他股份则属于多家印度投资单位。由于20世纪60年代印度粮食产量不足，存在普遍的饥饿现象，于是印度开始兴建大量的农药厂和化肥厂。这些工厂雇佣了大量的工人，当地人民生活水平也得到了一定的提高。发生事故的这家工厂始建于1969年，是生产西维因（Sevin）的一家农药厂，生产工艺与美国联和碳化物公司西弗吉尼亚的工厂相同。异氰酸甲酯（MIC）为一个中间产品，其生产工艺流程图见图A-1。一甲胺在过量的光气（在工厂内通过一氧化碳和氯气反应产生）条件下发生气相反应，生成甲胺基甲酰氯（MCC）和氯化氢。未反应完的光气经过光气回收单元提纯，返回到进料系统。MCC经受热分解产生粗MIC。粗MIC经过蒸馏后得到精制的MIC，存放到储罐。该工厂有三个设计压力为40psig的MIC储罐，其中两个储罐（T-610和T-611）经常使用，而另一个储罐T-619是空罐，作为紧急情况下备用。

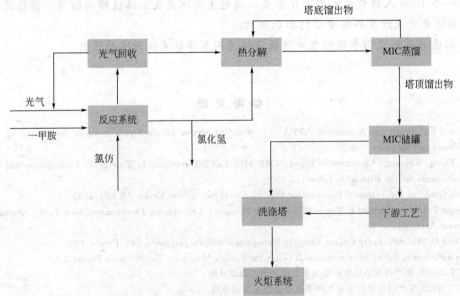

图 A-1　MIC 的生产工艺流程示意图

在常温下，MIC蒸气密度是空气的两倍，一旦释放出来，蒸气将沿地面扩散。MIC与水会起激烈反应，生成二氧化碳及甲胺气体。因此，该工厂对MIC储罐设置了冷冻系统，使其保持在0℃状态下。事故发生前（1984年6月份），该工厂产品销售不佳，为了降低成本（每天约20美元）而关闭了这个冷冻系统。

每个MIC储罐都安装有压力控制器、高温报警和高低液位报警。每个储罐都安装了由一个爆破片保护的安全泄放阀（SRV）。泄放出来的MIC被通往洗气塔（填料塔）。工厂也设置了火炬系统，通过燃烧处理来自工厂各个单元泄放出来的一氧化碳、MIC等有毒有害气体。

在建造工厂时，最近的居民区距离工厂有2.4km。因为工厂是该地区的主要雇佣单位，在随后的发展过程中，居民区逐渐向工厂靠拢。起初这种居民区房屋的建设是违法的，但是1984年地方政府为了不迁移这些居民房屋而对这些房屋的产权进行了合法化。

在事故发生前的两年，由于工厂效益不佳，300个临时工人被解雇，150名正式员工处于放假状态。MIC生产单元的员工数量从12人降低到6人。在1981～1984年三年时间里，工厂曾经发生过数起光气泄漏、MIC泄漏、氯化氢泄漏和氯仿泄漏事件，先后导致了1人死亡，几十人中毒。

（1）泄漏事故经过

在事故发生的当天下午，维修人员尝试清洗泄压阀管道上的被堵住的过滤器。在用水反向冲洗过滤器之前，正常的作业程序要求关闭泄压阀管道上的阀门，并在"隔离法兰"处安装盲板。事实上，在本次维修作业前，维修人员没有安装盲板以实现隔离。他们认为，只要关闭阀门就可以对过滤器进行清洗。不幸的是，由于腐蚀，阀门发生内部泄漏，在维修人员反向冲洗过滤器的过程中，有1～2t重的高压冲洗水经过该阀门进入了MIC储罐。水进入储罐后，与其中的MIC发生放热反应，储罐内的温度和压力升高。由于缺乏维护与维修，相关的温度和压力仪表失效，控制室内的操作人员没有及时发现储罐的参数异常变化。

由于工厂在事故发生前停用了冷冻系统，储罐内MIC的实际温度为15～20℃（环境温度），远远高于设计时所期望的温度0℃，在较高的温度下，MIC与水的反应更加剧烈。在设计工艺系统时，考虑了少量MIC放空的情形。按照设计意图，汽化的MIC会先经过洗涤塔洗涤，然后经过火炬燃烧，进行无害化处理，从而最大限度地减少对周围环境的影响。但是由于当时工厂暂停了MIC的生产，厂方认为洗涤塔没有必要再保持运行状态，于是在1984年10月份关闭了洗涤塔。同月，由于火炬系统管路腐蚀，工厂开始维修火炬系统，直到事故发生前，维修工作一直没有完成，因此洗涤塔和火炬系统均未发挥作用。

12月3日凌晨零时15分，一名室外操作人员（外操）在工艺区内报告了MIC泄漏。与此同时在控制室内的操作人员（内操）发现MIC储罐压力达到了30psig，并在快速上升。于是，该内操打电话向班长报告，之后前往现场查看，他听到储罐内发出的隆隆声和来自泄压阀的尖叫声，也感受到了来自该储罐的热辐射。他立即返回控制室，尝试启动气体洗涤塔，但没有成功。

零时20分，班长向值班厂长报告了MIC泄漏。凌晨1点，操作人员拉响了有毒气体泄漏面向社区居民的声音警报，但是5min之后，声音警报关闭，面向工厂内部员工的无声警报开始启动。与此同时，值班厂长与操作工发现MIC正在从洗涤塔顶部喷出到大气，他们启用了消防水泵，但是由于洗涤塔顶部处于较高的位置，消防水的作用有限。

事后估计，在2h内，约30t MIC进入大气中，工厂下风向的人口稠密的社区居民暴露在泄漏的化学品中，短时间内造成大量居民伤亡。事故发生后，应急响应系统没有有效运转，当地医院不知道泄漏的是什么气体，对泄漏气体可能造成的后果及急救措施也毫无准备。

（2）事故直接原因

博帕尔事故是法律、技术、组织以及人为错误各方面综合作用的结果。直接原因是水进入储罐与MIC发生化学反应，诸多安全保护措施失效，缺乏有效的应急响应。

（3）事故间接原因

① 工厂经济不景气，进行了大量裁员，员工培训逐年显著减少。

② 工厂位置不合适。工厂建造在城市近郊，离火车站只有1km，距离工厂3公里范围内有两家医院。当地政府曾要求将该工厂搬迁到离市区25km处的一个工业区，但是搬迁一直没有得到落实。

③ 未按本质更安全的设计（见第9章）原则进行工厂设计。根据本质更安全的设计原则，宜尽量采用无毒或低毒的化学品替代高毒的化学品，MIC 是该工厂生产工艺过程中的中间产物，在工厂设计阶段，可以考虑其他工艺路线，以避免产生如此剧毒的中间产物。当时，已有两家类似的工厂采用了没有 MIC 副产物的替代工艺路线。

④ 未按本质更安全的设计原则进行工厂操作。按照本质更安全的设计原则，在满足工艺基本要求的前提下，应该尽量减少工艺系统内危险化学品的存储量。事故工厂有 3 个 MIC 储罐，每个储罐的存储量约为 57t，有专家质疑存储如此大量危险品的必要性（有类似的工厂则采取"即产即用"的原则，把 MIC 的储量降低到最少）。按照操作规程要求，事故储罐中 MIC 液位不得超过 60%（在美国西弗吉尼亚的工厂要求不超过 50%），在事故发生时，实际液位是 87%。

⑤ 安全保护设施失效。工艺要求对储罐内的 MIC 进行冷冻存储，操作手册规定当温度超过 11℃时，就应该报警。但是，在该工厂停掉冷冻系统后，报警温度被设定在 20℃，实际的操作温度在 15℃左右。另外，按照原来的设计意图，当发生较小泄漏时，泄漏的气体先经过洗涤器吸收，少量未被洗涤吸收的气体进入火炬，在进入大气之前被焚烧掉。洗涤器能够处理温度为 35℃、流量为 90kg/h 的 MIC 蒸气，在事故发生时，MIC 的排放量大约是设计处理流量的 200 倍。另外，由于火炬正处于维修状态，不能及时通过燃烧处理泄放出来的大量 MIC。

⑥ 应急响应低效。在该工厂，少量的泄漏早已司空见惯，而且储罐上的压力计在一个多月前已经出现故障，操作人员不再相信它们的结果。事故发生之初，工厂操作人员忽视了所发生的泄漏，在发现泄漏一个多小时后才拉响警报。由于工厂和地方政府部门没有对社区居民进行适当的应急意识培训和指导，致使在 MIC 泄漏期间，居住在工厂周围的许多人，因为眼睛和喉咙受到刺激从睡梦中惊醒，但是由于不知道用湿毛巾这种简单办法进行自救，很快丧失了性命。

⑦ 管理层缺乏安全意识。工厂的管理层为了节约成本，不惜以牺牲安全为代价，这是导致一系列不安全条件和不安全行为的重要原因。

A.2 BP 石油公司得克萨斯炼油厂爆炸事故

2005 年 3 月 23 日中午一点二十分左右，英国石油公司（BP）美国得克萨斯炼油厂的碳氢化合物车间发生了火灾和一系列爆炸事故，15 名工人被当场炸死，170 余人受伤，在周围工作和居住的许多人成为爆炸产生的浓烟的受害者，同时，这起事故还导致了近 20 亿美元的经济损失，这是过去 20 年间美国作业场所最严重的灾难之一。

得克萨斯炼油厂是 BP 公司最大的综合性炼油厂，生产能力达到 46 万桶/天。该厂于 1999 年被 BP 公司从 Amoco 公司手中收购。事故发生的时候，大约有 800 多名承包商员工正在进行重要的定期维修工作。

该事故发生在异构化装置，涉及提余液分馏塔，放空罐和放空烟道。该异构化装置是将低辛烷值的混合进料转化为用于调和无铅汽油的高辛烷值组分。异构化装置包括四部分：加氢精制脱硫装置，反应器、气体回收装置及提余油分离塔。分离塔（图 A-2）高 51.8m，包括 70 层塔板，一个进料口，一个塔底再沸器、一个塔顶冷凝器和一个回流装置。该分流塔每天加工 4.5 万桶从芳烃抽提装置得到的提余油，塔顶得到主要是碳 5 和碳 6 组成的轻质提余油，用于异构化装置的原料，塔底的重组分作为下游烯烃裂解的进料和生产无铅汽油调和组分。该塔装有一个玻璃管液位计和一个仅能测量 1.2～2.7m 高液位的液位变送器。在正常开车阶段，液位一般保持在液位计中间值，即 2m 的高度。高液位报警设置在 2.3m 处，高高液位报警设置在 2.4m 处。放空罐也安装了高液位报警。

(1) 事故经过

3 月 23 日凌晨 2：13，夜班操作工人开始向分离塔进料，建立塔底液位。在 3：09，液位达到液位变送器量程的 72%（即 2.3m），一个高液位报警开始报警，但是当液位超过液位变送器量程的 78%（即 2.4m）时，第二个高液位报警并未报警（操作人员未报告该报警器可能存在问题）。结果直到液位到达液位变送器的 99%（2.68m），进料才被停下来。虽然操作规程要求建立的塔底液位不能超过液位变送器量程

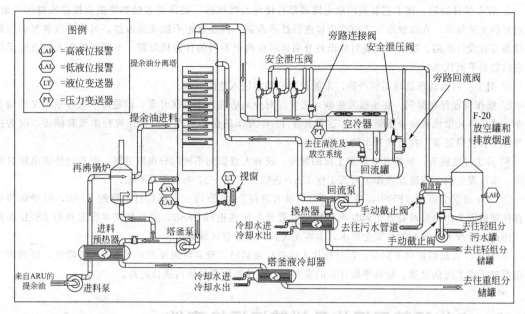

图例
$\widehat{LAH}$ =高液位报警
$\widehat{LAL}$ =低液位报警
$\widehat{LT}$ =液位变送器
$\widehat{PT}$ =压力变送器

提余油分离塔

提余油进料

再沸锅炉

进料预热器

来自ARU的提余油

进料泵

塔釜泵

冷却水进冷却水出

换热器

视窗

去往清洗及放空系统

旁路连接阀

安全泄压阀

安全泄压阀

空冷器

PT

回流罐

回流泵

旁路回流阀

F-20放空罐和排放烟道

手动截止阀

去往污水管道

手动截止阀

鹅颈管

塔釜液冷却器

去往重组分储罐

冷却水进冷却水出

去往轻组分污水罐

去往轻组分储罐

图 A-2 异构化装置部分流程图

的 50%，但是操作工人事后解释说根据他们以往的经验，以往分离塔开车时所建立的液位都是高于 50%，如果塔底液位低于 50%，容易在后续的开车过程中丧失液位，会导致再沸锅炉停车，从而导致开车失败。夜班主操由于个人原因于早晨 5 点提前 1h 下班离开工厂。但是，那个时候换班的白班工人还没有到岗，因此他没有按照控制室里的规程要求的那样按程序进行交班，没有通知白班操作工人夜里曾出现高液位报警。早晨 6 点钟之后，白班工人陆续到岗，但是白班的班长未与夜班操作人员开交接班会。由于沟通上存在诸多问题，室内操作人员误以为下游的储罐已满，因此，关闭了分离塔的液位控制器。23 日早晨 9：51，他们决定重新开车，在不清楚分离塔内状态的情况下，继续向分馏塔进料。从上午 9：55 起，再沸锅炉的火嘴被逐渐点燃，到下午 1：00 这段时间里，分离塔内温度平均以每小时 23℃ 的速率被不断提升（操作规程的规定是温升速率每小时不大于 10℃），塔内压力达到 228kPa。与此同时，分离塔的进料没有停止，而发生故障的液位变送器的读数不断下降，从上午 10：00 到下午 1：04，读数从 97% 下降到 78%（2.4m），而实际上塔内的液位不断上升到了 48m。下午 1：13 分左右，由于塔内液位和温度的升高，液态烃不断被汽化，塔内压力上升到 434kPa，迫使 3 个安全阀打开了 6min，将大约 20 万升可燃液体泄放到放空罐里。液体很快充满了 34.4m 高的放空罐（建于 20 世纪 50 年代，未与火炬系统连接），并沿着罐顶的放空管，像喷泉一样洒落到地面上。泄漏出来的可燃液体蒸发后，形成可燃气体蒸气云。不幸的是，在距离放空罐 7.6m 的地方，停着一辆没有熄火的小型敞篷载货卡车，发动机引擎的火花点燃了可燃蒸气云，引发了大爆炸，导致正在离放空罐 7 码远处在临时工棚中工作的 15 名承包商雇员死亡。

（2）事故直接原因

操作人员之间的沟通不足、违反操作规程和传感器故障等多种原因造成在开车过程中提余油漫塔，大量的提余油通过分离塔塔顶线上的安全阀流入放空罐后，从放空管中溢出，遇运转着的小型卡车而引起着火爆炸。根本原因是 BP 公司的领导层没有对该公司的安全文化和重大事故预防计划进行有效监管。

（3）事故间接原因

① 机械完整性管理不善。该工厂未能在装置开车前对所有出现故障的仪表进行检验和维修：液位变送器没有校核，不能正确反映抽余塔内液位；玻璃管液位计模糊不清，不能给操作人员提供液位信息，事故发生前第二个高液位报警没有发出报警。

② 危险和可操作性（HAZOP）分析不够全面，未能识别出分离塔压力过高和液位过高的不利后果，压力过高的原因没有包括加热速率过快和出口阀门未开这两个原因。因此，HAZOP 未能提出进一步的安全保护建议措施（例如该塔没有安装高液位联锁）。

③ 存在设计缺陷。该工艺装置的放空罐顶部直接与大气相通，底部液态烃类物质直接排入排污管道，属过时的工艺技术，在事故发生之前就应该进行技术改造，但是迟迟未能实施改造。另外，该装置的控制系统亦存在设计缺陷。抽余塔的进料和出料分别显示在两个不同的计算机屏幕，不利于操作人员及时了解该塔的物料平衡状态。

④ 对工厂内机动车管理不够严格，未能控制机动车进入危险区域。

⑤ 操作规程存在漏洞。在事故发生前一天曾经对分离塔进行了一次开车，但是由于某种原因又被命令停车，之后，又很快被命令重新开车。这种开车-停车-开车的操作模式，在操作规程中没有描述，因为操作规程中仅仅描述了一次连续开车的步骤。

⑥ 员工过度疲劳，影响其对异常工况的判断，没有人意识到不断向分离塔进料，而不向外流出物料的风险。事故发生前，该装置操作工每天工作 12h，连续工作 29～37 个工作日不等。

⑦ 开车前安全审查（PSSR，参见第 2 章）没有进行。BP 公司一直都执行严格的 PSSR，但是该装置所在区域的安全协调员没有意识到这次异构化装置开车应该进行 PSSR，所以就根本没有执行 PSSR 的规定。因此，管理人员没有遵从安全要求，未将无关人员从附近区域撤出。

⑧ 对操作人员的培训不到位。在对操作人员进行培训时，没有特别强调开车期间的危险性，培训内容不包括非正常工况的处理、物料平衡计算的重要性，以及如何避免塔内液位过高。

A.3　吉化双苯厂爆炸及松花江污染事件

2005 年 11 月 13 日 13 时 36 分，位于吉林市的中国石油公司吉化分公司双苯厂（以下简称吉化双苯厂）发生爆炸事故，并引发松花江水污染事件。

吉化双苯厂共有 5 套生产装置。其中有 2 套苯胺装置（设计生产能力分别为 6.6 万吨/年和 7.0 万吨/年）。发生爆炸事故的苯胺二车间现有职工 88 人，配备四个化工操作班和一个产品包装班，生产操作岗位分计算机控制操作（内操）和人工操作及现场检查（外操）岗位。

苯胺二车间的苯胺装置设计生产能力为 7.0 万吨/年，是在原设计生产能力 2.0 万吨/年苯胺装置基础上，于 2002 年 5 月 10 日扩建，2003 年 8 月建成投产的。采用混酸等温硝化和硝基苯气相催化加氢还原技术，主要原料有苯、硝酸和氢气，工艺流程主要包括苯硝化、硝基苯精制、硝基苯加氢还原和苯胺精制等四个生产单元（见图 A-3）。该套苯胺装置自投产以来，运行平稳，产品产量、质量均达到了设计指标。2005 年 9 月 18 日至 30 日，双苯厂对该套苯胺装置进行了集中检修，并于 2005 年 10 月 7 日投料开车。开车后，装置逐渐达到了满负荷稳定生产，日产苯胺 230～240t。

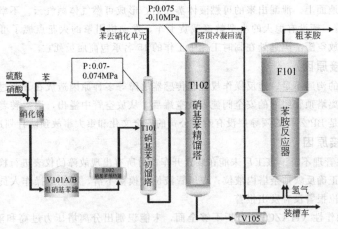

图 A-3　双苯厂工艺流程示意图

（1）爆炸事故经过

2005 年 11 月 13 日，双苯厂苯胺二车间二班班长徐某在班，同时顶替本班休假职工刘某的硝基苯和苯胺精制内操岗位。因硝基苯精馏塔（以下称 T102 塔）塔釜蒸发量不足、循环不畅，需排放 T102 塔塔釜残液，降低塔釜液位。集散型控制系统（即 DCS 系统）记录和当班硝基苯精制操作记录显示，10 时 10 分（本段所用时间未注明的均为 DCS 系统显示时间，比北京时间慢 1 分 50 秒）硝基苯精制单元停车和排放 T102 塔塔釜残液。根据 DCS 系统记录分析、判断得出，操作人员在停止硝基苯初馏塔（以下称 T101 塔）进料后，没有按照操作规程及时关闭粗硝基苯进料预热器（以下称预热器）的蒸汽阀门，导致预热器内物料气化，T101 塔进料温度超过温度显示仪额定量程（15min 内即超过了 150℃量程的上限）。11 时 35 分左右，徐某发现超温，指挥硝基苯精制外操人员关闭了预热器蒸汽阀门停止加热，T101 塔进料温度才开始下降至正常值，超温时间达 70min。恢复正常生产开车时，13 时 21 分，操作人员违反操作规程，先打开了预热器蒸汽阀门加热（使预热器温度再次出现超温）；13 时 34 分，操作人员启动 T101 塔进料泵向预热器输送粗硝基苯，温度较低（约 26℃）的粗硝基苯进入超温的预热器后，突沸并发生剧烈振动，造成预热器及进料管线的法兰松动、密封失效，空气吸入系统内，随后空气和突沸形成的气化物，被抽入负压运行的 T101 塔。13 时 34 分 10 秒，T101 塔和 T102 塔相继发生爆炸。受爆炸影响，至 14 时左右，苯胺生产区 2 台粗硝基苯贮罐（容积均为 150m³，存量合计 145t）及附属设备、2 台硝酸储罐（容积均为 150m³，存量合计 216t）相继发生爆炸、燃烧。与此同时，距爆炸点 165m 的 55 号罐区 1 台硝基苯贮罐（容积 1500m³，存量 480t）和 2 台苯储罐（容积均为 2000m³，存量分别为 240t 和 116t）受到爆炸飞出残骸的打击，相继发生爆炸、燃烧。上述储罐周边的其他设备设施也受到不同程度损坏。此次爆炸事故，造成 8 人死亡、60 人受伤，其中 1 人重伤。截至 2005 年 12 月 20 日，直接经济损失 6908 万元。

（2）污染事故经过及污染情况

爆炸事故发生后，大部分生产装置和中间储罐及部分循环水系统遭到严重破坏，致使未发生爆炸和燃烧的部分原料、产品和循环水泄漏出来，逐渐漫延流入双苯厂清净废水排水系统，抢救事故现场所用的消防水与残余物料混合后也逐渐流入该系统。这些污水通过吉化分公司清净废水排水系统进入东 10 号线，并与东 10 号线上游来的清净废水汇合，一并流入松花江，造成了松花江水体严重污染，导致下游哈尔滨市自来水供应中断四天。

根据吉林市环保局监测数据显示，11 月 13 日至 12 月 2 日东 10 号线监测断面持续超标。11 月 13 日 15 时 30 分第一次监测的数据即为最大值，其中硝基苯为 1703mg/L、苯为 223mg/L、苯胺为 1410mg/L，分别超出排污标准 851.5 倍、2230 倍和 1410 倍（GB 8978—1996《污水综合排放标准》规定，硝基苯小于 2.0mg/L，苯小于 0.1mg/L，苯胺小于 1.0mg/L）。

（3）爆炸事故直接原因

硝基苯精制岗位外操人员违反操作规程，在停止粗硝基苯进料后，未关闭预热器蒸汽阀门，导致预热器内物料汽化；恢复硝基苯精制单元生产时，再次违反操作规程，先打开了预热器蒸汽阀门加热，后启动粗硝基苯进料泵进料，引起进入预热器的物料突沸并发生剧烈振动，使预热器及管线的法兰松动、密封失效，空气吸入系统，由于摩擦、静电等原因，导致 T101 塔发生爆炸，并引发其他装置、设施连续爆炸。

（4）爆炸事故间接原因

① 吉化双苯厂安全生产管理制度存在着漏洞，安全生产管理制度执行不严格，尤其是操作规程和停车报告制度的执行不落实。在吉化双苯厂安全生产检查制度上，存在着车间巡检方式针对性不强和巡检时间安排不合理的问题。从苯胺二车间当天巡检记录来看，事故发生前车间巡检人员虽然对各个巡检点进行了两次巡检，但未能发现硝基苯精制单元长达 205min 的非正常工况停车。按照双苯厂有关制度的规定，如果临时停车，当班班长要向车间和厂生产调度室报告，但从调度和通讯记录看，生产调度人员虽在当天 10 时 13 分与当班班长徐某通过电话了解情况，却未发现 10 时 10 分硝基苯精制单元就已经停车。苯胺二车间 11 月 13 日当班应属正常操作，出现非正常工况临时停车后，操作人员虽在硝基苯精制操作记录上记载了停车时间，却未记载向生产调度室和苯胺二车间巡检人员报告的情况。

② 吉化双苯厂及苯胺二车间的劳动组织管理存在着一定缺陷。按照该公司有关操作人员定额的规定，苯胺二车间应配备 4 个化工班、12 名内操人员、20 名外操人员、4 名班长、4 名备员，而实际配备 12 名内

操人员、4名班长、4名备员、42名外操人员。外操岗位操作人员相对较多，超定员22人，而内操岗位操作人员却没有富裕。按照吉化分公司岗位责任制的规定，当班时内、外操作人员不能互相兼值操作岗位，只有班长可以兼值其他操作岗位。因操作人员休假调配不合理，经常导致当班班长兼值内、外操岗位。据统计，徐某从2005年3月18日担任班长至11月13日事故发生时，共有35班兼值内、外操岗位。

11月13日，徐某在当班的同时，兼值硝基苯和苯胺精制内操岗位，由于硝基苯精制装置出现了非正常工况，班长徐某既要组织指挥其他岗位操作人员处理问题，又要进行硝基苯和苯胺精制内操岗位的操作，致使硝基苯和苯胺精制内操岗位时常处于无人值守的状态。

③ 对安全生产管理中暴露出的问题重视不够，整改不力。2004年12月30日，该公司化肥厂合成车间曾发生过一起三死三伤的爆炸事故，导致事故发生的原因是在现场安全生产管理方面存在着一定漏洞。该公司虽然在2004年工作总结中已经指出现场管理方面存在的问题，尤其是非计划停车问题比较突出，但没有认真吸取教训，有针对性地加以整改。

(5) 污染事件的原因

① 直接原因 双苯厂没有事故状态下防止受污染的"清净废水"进入清净废水系统东10号线主渠道流入松花江的措施。爆炸事故发生后，未能及时采取有效措施，防止泄漏出来的部分物料和循环水及抢救事故现场消防水与残余物料的混合物流入松花江。

② 间接原因

a. 该公司及其双苯厂对其可能发生的事故会引发松花江水污染问题没有进行深入研究，制定的《重大突发事件应急救援预案》有重大缺失。预案中的应对措施原则要求多、针对性和操作性差。该公司在13日18时已知松花江水体被严重污染的情况下，却在13日23时召开的"11.13"爆炸事故新闻发布会上，向媒体通报松花江水体没有发生变化。此外，该公司在每天向中石油集团公司报送的事故信息快报中，均没有报告松花江水污染情况。

b. 吉林市事故应急救援指挥部对爆炸事故可能引发严重水污染估计不足、重视不够。事故发生后，在布置事故应急抢救工作中，未根据实际情况提出防控松花江水污染的措施和要求。

c. 该上级公司对环境保护工作重视不够，对该公司在环境保护工作中存在的问题失察，特别是没有及时发现该公司《重大突发事件应急救援预案》存在的问题。上级公司对爆炸事故引发的松花江水严重污染情况估计不足、重视不够，未能及时督促有关单位采取措施。

d. 吉林市环保局在13日18时40分知道松花江水体被严重污染后，没有及时向事故应急救援指挥部建议采取相应的措施，直到14日18时才向省环保局书面报告松花江污染情况，而且没有按照有关规定全面、准确地报告松花江污染的严重程度。

吉林省环保局对爆炸事故引发的松花江水严重污染问题重视不够。13日下午接到该公司双苯厂发生爆炸事故的报告后，14日13时左右派出人员才赶到事故及松花江水污染现场。在上报松花江水污染情况时，没有按照有关规定全面、准确地报告松花江水污染的严重程度。

e. 环保总局作为国家环境保护行政主管部门，虽然做了一定的工作，但在初期对事件重视不够，对可能产生的严重后果估计不足，没有及时提出妥善处置意见，也没有提前向松花江下游地方通报污染监测情况，对这起事件造成的损失负有责任。

A.4 大连输油管道爆炸事故

(1) 事故经过

2010年7月9日，中联油公司原油部向大连中石油国际储运公司下达原油入库通知，注明硫化氢脱除作业由上海祥诚公司协调。7月11日至14日，大连中石油国际储运公司刘某某、上海祥诚公司大连分公司李某和大连石化分公司石油储运公司甄某共同选定原油罐围堰外的2号输油管道（公称直径为900mm）上的放空阀作为"脱硫化氢剂"加注点（按照原设计，输油管道上的放空阀不具备加注"脱硫化氢剂"的功能）。上述 3 家公司和天津辉盛达公司的有关人员在未进行作业风险评估、未对加剂设施进行正规设计和安全审核的情况下，在选定的放空阀处安装了加注"脱硫化氢剂"的临时设施，准备进行加注作业。

7 月 15 日 15 时 45 分，利比里亚籍"宇宙宝石"号油轮开始向原油库卸油。20 时许，上海祥诚公司人员开始在选定的加注点加加"脱硫化氢剂"，天津辉盛达公司人员负责现场指导。由于输油管内压力高，加注软管多次出现超压鼓泡、连接处脱落造成"脱硫化氢剂"泄漏等情况，致使加注作业多次中断共计 4h 左右，导致部分"脱硫化氢剂"未能随油轮卸油均匀加入。16 日 13 时，油轮停止卸油并开始扫舱作业。上海祥诚公司和天津辉盛达公司现场人员在得知卸油停止的情况下，继续将剩余的约 22.6t "脱硫化氢剂"加入管道。18 时许，加完全部 90 吨"脱硫化氢剂"后，将加注设施清洗用水也注入了输油管道。

16 日 18 时 02 分，2 号输油管道靠近加注点东侧的立管处低点发生爆炸（图 A-4），导致罐区阀组损坏、大量原油泄漏和引发大火；102 号、105 号和 106 号储罐（罐根阀处于开启状态）以及正在收油的 304 号储罐中的原油倒流，通过破损管道大量泄漏并被引燃，沿库区北侧消防道路向东侧低洼处蔓延，形成流淌火；靠近着火点的 103 号储罐（罐内原油液位为 0.215m）严重烧损。爆炸发生后，库区值班长立即向消防部门报警，同时启动自动控制系统关闭有关储罐的阀门，但由于着火点北侧桥架敷设的控制电缆和动力电缆被烧毁，库区所有电动阀门失电不能电动关闭，原油持续大量泄漏形成大面积流淌火并蔓延流入海中，造成附近海域污染。事故还造成 1 名作业人员失踪，灭火过程中 1 名消防战士牺牲。

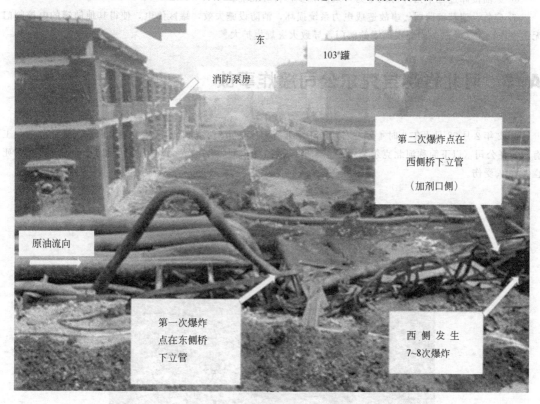

图 A-4　大连输油管道爆炸事故现场

（2）事故直接原因

① 违规进行脱硫化氢剂（含 85% 双氧水）作业。在油轮暂停卸油作业的情况下，继续加入大量脱硫化氢剂，造成双氧水在加剂口附近输油管道内部富集。

② 输油管道内高浓度的双氧水与原油和水接触发生放热反应，致使管内温度升高。

③ 在温度升高的情况下，双氧水与管壁接触，亚铁离子促进双氧水的分解，使管内温度和压力加速升高，形成"分解-管内温度、压力升高-分解加快-管内温度、压力快速升高"的连续循环，引起输油管道发生爆炸，原油泄漏，引发大火。

（3）事故间接原因

①安全主体责任不落实。整个罐区管理混乱，层次较多，没有执行"谁主管，谁负责"的原则，造成安全主体责任不落实，安全监管不到位。

②变更管理不善。此次作业，加剂工艺发生了变更，原油硫化氢脱除剂生产厂家由瑞士SGS公司改为天津辉盛达公司，硫化氢脱除剂的活性组分由有机胺类变更为双氧水，但是事故单位没有针对这一变更进行风险分析，没有制定完善的加剂方案。

③事故单位对承包商监管不力。事故单位对加入的原油脱硫化氢剂的安全可靠性没有进行科学论证，直接将原油脱硫化氢处理工作承包给天津辉盛达公司，天津辉盛达公司又将该作业分包给上海祥诚公司。在加剂过程中，事故单位作业人员在明知已暂停卸油作业的情况下，没有及时制止承包商的违规加注行为。

④天津辉盛达公司的加剂方法没有正规设计，加剂方案没有经过科学论证。违反《中华人民共和国安全生产法》第二十二条关于新产品应"掌握其安全技术特性"的规定。

⑤天津辉盛达公司在加剂过程中存在违规加注行为。其作业人员在经济利益的驱使下，违反设计配比，在原油停输后，将22.6t脱硫化氢剂加入输油管道中。

⑥原油接卸过程中指挥协调不力，层次较多，管理混乱。

⑦应急设施基础薄弱。事故造成电力系统损坏，消防设施失效，罐区停电，使得其他储罐的电控阀门无法操作，无法及时关闭周围储罐的阀门，导致火灾规模扩大。

A.5　河北省赵县克尔公司爆炸事故

2012年2月28日上午9时4分左右，位于河北省石家庄市赵县工业园区生物产业园内的河北克尔化工有限责任公司（以下简称河北克尔公司）生产硝酸胍的一车间发生重大爆炸事故（图A-5），造成29人死亡、46人受伤。

图 A-5　河北省赵县克尔公司爆炸事故现场

（1）事故企业基本情况

河北克尔公司系民营企业，成立于2005年2月。该公司2009年3月开工建设的年产10000t噁二嗪、1500t 2-氯-5-氯甲基吡啶、1500t西林钠、1000t N-氰基乙亚胺酸乙酯项目，总投资2.17亿元。一期工程包括一车间（硝酸胍）、二车间（硝基胍）、配电室、动力站（包括空压站和1台制冷机组）、固体库、一次水池和循环消防水池，设计单位为河北渤海工程设计有限公司（乙级资质），于2010年2月底竣工。河北克尔公司现有职工351人，2010年9月6日取得了危险化学品安全生产许可证。

（2）事故简要经过

河北克尔公司一车间共有8个反应釜，依次为1～8号反应釜。原设计用硝酸铵和尿素为原料，生产工艺是硝酸铵和尿素在反应釜内混合加热熔融，在常压、175～220℃条件下，经8～10h的反应，间歇生产硝酸胍，原料熔解热由反应釜外夹套内的导热油提供。实际生产过程中，将尿素改用双氰胺为原料并提高了反应温度，反应时间缩短至5～6h。

事故发生前，一车间有5个反应釜投入生产。2月28日上午8时，该车间当班人员接班时，2个反应釜空釜等待投料，3个反应釜投料生产。8时40分左右，1号反应釜底部放料阀（用导热油伴热）处导热油泄漏着火；9时4分，一车间发生爆炸事故并被夷为平地，造成重大人员伤亡，周边设备、管道严重损坏，厂区遭到严重破坏，周边2km范围内部分居民房屋玻璃被震碎。

（3）事故原因初步分析

硝酸铵、硝酸胍均属强氧化剂。硝酸铵是国家安全生产监督管理总局公布的首批重点监管的危险化学品，遇火时能助长火势；与可燃物粉末混合，能发生激烈反应而爆炸；受强烈震动或急剧加热时，可发生爆炸。硝酸胍受热、接触明火或受到摩擦、震动、撞击时，可发生爆炸；加热至150℃时，分解并爆炸。

经初步调查分析，事故直接原因是：河北克尔公司一车间的1号反应釜底部放料阀（用导热油伴热）处导热油泄漏着火，造成釜内反应产物硝酸胍和未反应完的硝酸铵局部受热，急剧分解发生爆炸，继而引发存放在周边的硝酸胍和硝酸铵爆炸。

根据事故初步调查的情况，该事故暴露出河北克尔公司存在以下突出问题：

① 装置本质安全水平低、工厂布局不合理。装置自动化程度低，反应温度缺乏有效、快捷的控制手段；加料、出料、冷却等作业均需人工操作，现场操作人员多。一车间与二车间厂房均采用框架砖混结构，同向相距约25m布置，且中间建有硫酸储罐。一车间爆炸后波及二车间，造成厂房损毁和重大人员伤亡。

② 企业安全管理不严格，变更管理处于失控状态。河北克尔公司在没有进行安全风险评估的情况下，擅自改变生产原料、改造导热油系统，将导热油最高控制温度从210℃提高到255℃。

③ 车间管理人员、操作人员专业素质低。包括车间主任在内的绝大部分员工为初中文化水平，对化工生产的特点认识不足、理解不透，处理异常情况能力低，不能适应化工安全生产的需要。

④ 厂区内边生产，边建设。事故企业边生产，边施工建设，厂区作业单位多、人员多，加剧了事故的伤亡程度。

⑤ 安全隐患排查治理不认真。2011年6月，国家安全生产监督管理总局公布了首批重点监管的危险化学品名录，对重点监管危险化学品的安全措施和应急处置原则提出了明确要求，要求在隐患排查治理工作中将其作为重点进行排查，切实消除安全隐患。但从此次事故的初步调查情况来看，该企业在隐患排查中没有发现生产工艺所固有的安全隐患和变更生产原料、提高导热油最高控制温度等所带来的安全隐患。

A.6　山东省青岛市"11·22"中石化东黄输油管道泄漏爆炸特别重大事故

2013年11月22日10时25分，位于山东省青岛经济技术开发区的中国石油化工股份有限公司管道储运分公司东黄输油管道泄漏，原油进入市政排水暗渠，在形成密闭空间的暗渠内油气积聚遇火花发生爆炸，造成62人死亡、136人受伤，直接经济损失7.5亿元。

（1）东黄输油管道基本情况

东黄输油管道于1985年建设，1986年7月投入运行，起自山东省东营市东营首站，止于开发区黄岛油库。设计输油能力2000万吨/年，设计压力6.27MPa。管道全长248.5km，管径711mm，材料为API5LX-60直缝焊接钢管。管道外壁采用石油沥青布防腐，外加电流阴极保护。1998年10月改由黄岛油库至东营首站反向输送，输油能力1000万吨/年。

输油管道在秦皇岛路桥涵南半幅顶板下架空穿过，与市政排水暗渠交叉。桥涵内设3座支墩，管道通过支墩洞孔穿越暗渠，顶部距桥涵顶板 110cm，底部距渠底 148cm。

（2）事故简要经过

＊11 月 22 日 2 时 12 分，中石化潍坊输油处调度中心通过数据采集与监视控制系统发现东黄输油管道黄岛油库出站压力从 4.56MPa 降至 4.52MPa，两次电话确认黄岛油库无操作因素后，判断管道泄漏；2 时 25 分，东黄输油管道紧急停泵停输。

＊2 时 35 分，潍坊输油处调度中心通知青岛站关闭洋河阀室截断阀（洋河阀室距黄岛油库 24.5km，为下游距泄漏点最近的阀室）；3 时 20 分左右，截断阀关闭。

＊2 时 50 分，潍坊输油处调度中心向处运销科报告东黄输油管道发生泄漏；2 时 57 分，通知处抢维修中心安排人员赴现场抢修。

＊3 时 40 分左右，青岛站人员到达泄漏事故现场，确认管道泄漏位置距黄岛油库出站口约 1.5km，位于秦皇岛路与斋堂岛街交叉口处。组织人员清理路面泄漏原油，并请求潍坊输油处调用抢险救灾物资。

＊4 时左右，青岛站组织开挖泄漏点、抢修管道，安排人员拉运物资清理海上溢油。

＊4 时 47 分，运销科向潍坊输油处处长报告泄漏事故现场情况。

＊5 时 07 分，运销科向中石化管道分公司调度中心报告原油泄漏事故总体情况。

＊5 时 30 分左右，潍坊输油处处长安排副处长赴现场指挥原油泄漏处置和入海原油围控。

＊6 时左右，潍坊输油处、黄岛油库等现场人员开展海上溢油清理。

＊7 时左右，潍坊输油处组织泄漏现场抢修，使用挖掘机实施开挖作业；7 时 40 分，在管道泄漏处路面挖出 2m×2m×1.5m 作业坑，管道露出；8 时 20 分左右，找到管道泄漏点，并向中石化管道分公司报告。

＊9 时 15 分，中石化管道分公司通知现场人员按照预案成立现场指挥部，做好抢修工作；9 时 30 分左右，潍坊输油处副处长报告中石化管道分公司，潍坊输油处无法独立完成管道抢修工作，请求中石化管道分公司抢维修中心支援。

＊10 时 25 分，现场作业时发生爆炸，排水暗渠和海上泄漏原油燃烧，现场人员向中石化管道分公司报告事故现场发生爆炸燃烧。

（3）直接原因

输油管道与排水暗渠交汇处管道腐蚀减薄、管道破裂、原油泄漏，流入排水暗渠及反冲到路面。原油泄漏后，现场处置人员采用液压破碎锤在暗渠盖板上打孔破碎，产生撞击火花，引发暗渠内油气爆炸。

图 A-6　中石化东黄输油管道泄漏爆炸事故现场

通过现场勘验、物证检测、调查询问、查阅资料，并经综合分析认定：由于与排水暗渠交叉段的输油管道所处区域土壤盐碱和地下水氯化物含量高，同时排水暗渠内随着潮汐变化海水倒灌，输油管道长期处于干湿交替的海水及盐雾腐蚀环境，加之管道受到道路承重和振动等因素影响，导致管道加速腐蚀减薄、破裂，造成原油泄漏。泄漏点位于秦皇岛路桥涵东侧墙体外 15cm，处于管道正下部位置。经计算、认定，原油泄漏量约 2000t。

泄漏原油部分反冲出路面，大部分从穿越处直接进入排水暗渠。泄漏原油挥发的油气与排水暗渠空间内的空气形成易燃易爆的混合气体，并在相对密闭的排水暗渠内积聚。由于原油泄漏到发生爆炸达 8 个多小时，受海水倒灌影响，泄漏原油及其混合气体在排水暗渠内蔓延、扩散、积聚，最终造成大范围连续爆炸（图 A-6）。

（4）间接原因

① 中石化集团公司及下属企业安全生产主体责任不落实，隐患排查治理不彻底，现场应急处置措施不当

a. 中石化集团公司和中石化股份公司安全生产责任落实不到位。安全生产责任体系不健全，相关部门的管道保护和安全生产职责划分不清、责任不明；对下属企业隐患排查治理和应急预案执行工作督促指导不力，对管道安全运行跟踪分析不到位；安全生产大检查存在死角、盲区，特别是在全国集中开展的安全生产大检查中，隐患排查工作不深入、不细致，未发现事故段管道安全隐患，也未对事故段管道采取任何保护措施。

b. 中石化管道分公司对潍坊输油处、青岛站安全生产工作疏于管理。组织东黄输油管道隐患排查治理不到位，未对事故段管道防腐层大修等问题及时跟进，也未采取其他措施及时消除安全隐患；对一线员工安全和应急教育不够，培训针对性不强；对应急救援处置工作重视不够，未督促指导潍坊输油处、青岛站按照预案要求开展应急处置工作。

c. 潍坊输油处对管道隐患排查整治不彻底，未能及时消除重大安全隐患。2009 年、2011 年、2013 年先后 3 次对东黄输油管道外防腐层及局部管体进行检测，均未能发现事故段管道严重腐蚀等重大隐患，导致隐患得不到及时、彻底整改；从 2011 年起安排实施东黄输油管道外防腐层大修，截至 2013 年 10 月仍未对包括事故泄漏点所在的 15km 管道进行大修；对管道泄漏突发事件的应急预案缺乏演练，应急救援人员对自己的职责和应对措施不熟悉。

d. 青岛站对管道疏于管理，管道保护工作不力。制定的管道抢维修制度、安全操作规程针对性、操作性不强，部分员工缺乏安全操作技能培训；管道巡护制度不健全，巡线人员专业知识不够；没有对开发区在事故段管道先后进行排水明渠和桥涵、明渠加盖板、道路拓宽和翻修等建设工程提出管道保护的要求，没有根据管道所处环境变化提出保护措施。

e. 事故应急救援不力，现场处置措施不当。青岛站、潍坊输油处、中石化管道分公司对泄漏原油数量未按应急预案要求进行研判，对事故风险评估出现严重错误，没有及时下达启动应急预案的指令；未按要求及时全面报告泄漏量、泄漏油品等信息，存在漏报问题；现场处置人员没有对泄漏区域实施有效警戒和围挡；抢修现场未进行可燃气体检测，盲目动用非防爆设备进行作业，严重违规违章。

② 青岛市人民政府及开发区管委会贯彻落实国家安全生产法律法规不力

a. 督促指导青岛市、开发区两级管道保护工作主管部门和安全监管部门履行管道保护职责和安全生产监管职责不到位，对长期存在的重大安全隐患排查整改不力。

b. 组织开展安全生产大检查不彻底，没有把输油管道作为监督检查的重点，没有按照"全覆盖、零容忍、严执法、重实效"的要求，对事故涉及企业深入检查。

c. 黄岛街道办事处对青岛丽东化工有限公司长期在厂区内排水暗渠上违章搭建临时工棚问题失察，导致事故伤亡扩大。

③ 管道保护工作主管部门履行职责不力，安全隐患排查治理不深入

a. 山东省油区工作办公室已经认识到东黄输油管道存在安全隐患，但督促企业治理不力，督促落实应急预案不到位；组织安全生产大检查不到位，督促青岛市油区工作办公室开展监督检查工作不力。

b. 青岛市经济和信息化委员会、油区工作办公室对管道保护的监督检查不彻底、有盲区，2013 年开展

了 6 次管道保护的专项整治检查，但都没有发现秦皇岛路道路施工对管道安全的影响；对管道改建计划跟踪督促不力，督促企业落实应急预案不到位。

c. 开发区安全监管局作为管道保护工作的牵头部门，组织有关部门开展管道保护工作不力，督促企业整治东黄输油管道安全隐患不力；安全生产大检查走过场，未发现秦皇岛路道路施工对管道安全的影响。

④ 开发区规划、市政部门履行职责不到位，事故发生地段规划建设混乱

a. 开发区控制性规划不合理，规划审批工作把关不严。开发区规划分局对青岛信泰物流有限公司项目规划方案审批把关不严，未对市政排水设施纳入该项目规划建设及明渠改为暗渠等问题进行认真核实，导致市政排水设施继续划入厂区规划，明渠改暗渠工程未能作为单独市政工程进行报批。事故发生区域危险化学品企业、油气管道与居民区、学校等近距离或交叉布置，造成严重安全隐患。

b. 管道与排水暗渠交叉工程设计不合理。管道在排水暗渠内悬空架设，存在原油泄漏进入排水暗渠的风险，且不利于日常维护和抢维修；管道处于海水倒灌能够到达的区域，腐蚀加剧。

c. 开发区行政执法局（市政公用局）对青岛信泰物流有限公司厂区明渠改暗渠审批把关不严，以"绿化方案审批"形式违规同意设置盖板，将明渠改为暗渠；实施的秦皇岛路综合整治工程，未与管道企业沟通协商，未按要求计算对管道安全的影响，未对管道采取保护措施，加剧管体腐蚀、损坏；未发现青岛丽东化工有限公司长期在厂区内排水暗渠上违章搭建临时工棚的问题。

⑤ 青岛市及开发区管委会相关部门对事故风险研判失误，导致应急响应不力

a. 青岛市经济和信息化委员会、油区工作办公室对原油泄漏事故发展趋势研判不足，指挥协调现场应急救援不力。

b. 开发区管委会未能充分认识原油泄漏的严重程度，根据企业报告情况将事故级别定为一般突发事件，导致现场指挥协调和应急救援不力，对原油泄漏的发展趋势研判不足；未及时提升应急预案响应级别，未及时采取警戒和封路措施，未及时通知和疏散群众，也未能发现和制止企业现场应急处置人员违规违章操作等问题。

c. 开发区应急办未严格执行生产安全事故报告制度，压制、拖延事故信息报告，谎报开发区分管领导参与事故现场救援指挥等信息。

d. 开发区安全监管局未及时将青岛丽东化工有限公司报告的厂区内明渠发现原油等情况向政府和有关部门通报，也未采取有效措施。

附录B

常见碳氢化合物的燃烧数据

化合物	分子式	爆炸能 /(kJ/mol)	燃烧热 /(kJ/mol)	燃烧极限 (空气中的体积分数)		闪点 /℃	自燃点 /℃
				下限	上限		
链烷烃							
甲烷	CH_4	−818.7	−890.3	5.3	15.0	−222.5	632
乙烷	C_2H_6	−1468.7	−1559.8	3.0	12.5	−130.0	472
丙烷	C_3H_8	−2110.3	−2219.9	2.2	9.5	−104.4	493
丁烷	C_4H_{10}	−2750.2	−2877.5	1.9	8.5	−60.0	408
异丁烷	C_4H_{10}	−2747.9	−2869.0	1.8	8.4	—	462
戊烷	C_5H_{12}	−3389.8	−3536.6	1.5	7.8	<−40.0	579
异戊烷	C_5H_{12}	−3383.3	−3527.6	1.4	7.6		420
2,2-二甲基丙烷	C_5H_{12}	−3382.7	−3514.1	1.4	7.5		450
正己烷	C_6H_{14}	−4030.3	−4194.5	1.2	7.5	−23.0	487
庚烷	C_7H_{16}	−4671.0	−4780.6	1.2	6.7	−4.0	451
2,3-二甲基戊烷	C_7H_{16}	−4662.9	−4842.3	1.1	6.7	—	337
辛烷	C_8H_{18}	−5301.8	−5511.6	1.0	6.7	13.3	458
壬烷	C_9H_{20}	−5948.6	—	0.8		31.1	285
癸烷	$C_{10}H_{22}$	−6588.9	−6737.0	0.8	5.4	46.1	463
烯烃							
乙烯	C_2H_4	−1332.4	−1411.2	3.1	32.0	—	490
丙烯	C_3H_6	−1959.0	−2057.3	2.4	10.3	−107.8	458
1-丁烯	C_4H_8	−2600.6	−2716.8	1.6	9.3	−80.0	384
2-丁烯	C_4H_8	−2594.1	−2708.2	1.8	9.7	−73.3	435
1-戊烯	C_5H_{10}	−3239.3	−3361.4	1.5	8.7	−17.8	273
炔烃							
乙炔	C_2H_2	−1236.0	−1299.6	2.5	80.0	−17.8	305
芳香烃							
苯	C_6H_6	−3210.3	−3301.4	1.4	7.1	−11.1	740
甲苯	C_7H_8	−3835.1	−3947.9	1.4	6.7	4.4	810

化合物	分子式	爆炸能 /(kJ/mol)	燃烧热 /(kJ/mol)	燃烧极限 (空气中的体积分数)		闪点 /℃	自燃点 /℃
				下限	上限		
o-二甲苯	C_8H_{10}	−4467.0	−4567.6	1.0	6.0	17.0	496
环烃							
环丙烷	C_3H_6	−1998.5	−2091.3	2.4	10.4	—	498
环己烷	C_6H_{12}	−3824.5	−3953.0	1.3	85.0	−17.0	259
甲基环己烷	C_7H_{14}	−4452.1	−4600.7	1.2			265
苯酚	C_6H_6O	—	—	1.8	8.6	79	—
萜烯							
松节油	$C_{10}H_{16}$			0.8		35.0	252
醇							
甲醇	CH_4O	−707.8	−764.0	7.3	36.0	12.2	574
乙醇	C_2H_6O	−1333.2	−1409.2	4.3	19.0	12.8	558
丙烯醇	C_3H_6O	−1824.2	−1912.2	2.5	18.0	21.1	389
n-丙烯	C_3H_8O	−1971.1	−2068.9	2.1	13.5	15.0	505
异丙烯	C_3H_8O	−1973.8	−2051.0	2.0	12.0	11.7	590
n-丁烯	$C_4H_{10}O$	−2603.1	−2728.3	1.4	11.2	35.0	450
戊醇	$C_5H_{12}O$	−3250.2	−3320.8	1.2		32.8	409
异戊醇	$C_5H_{12}O$	—	—	1.2		—	518
醛							
甲醛	CH_2O	—	−570.8	7.0	73	—	—
乙醛	C_2H_4O	−1132.5	−764.0	4.1	57.0	−37.8	185
丙烯醛	C_3H_4O	—	—	2.8	31	5.3	—
2-丁烯醛	C_4H_6O		−2268.1	2.1	15.5	12.8	
呋喃甲醛	$C_5H_4O_2$		−2340.9	2.1			
三聚乙醛	$C_6H_{12}O_3$			1.3		17.0	541
醚							
二乙醚	$C_4H_{10}O$	−2649.7	−2751.1	1.9	48.0	−45.0	229
二乙烯基醚	C_4H_6O	—	−2416.2	1.7	27.0	<−30.0	360
二异丙基醚	$C_6H_{14}O$	—	−4043.0	1.4	7.9	−17.8	443
酮							
丙酮	C_3H_6O	−1743.7	−1821.4	3.0	13.0	−17.8	700
丁酮	C_4H_8O	−2381.2	−2478.7	1.8	10.0	−4.4	514
戊酮	$C_5H_{10}O$	−3022.1	−3137.6	1.5	8.0	7.2	505
己酮	$C_6H_{12}O$	—	−3796.3	1.3	8.0		533
酸							
乙酸	$C_2H_4O_2$	−872.4	−926.1	5.4	—	42.8	599

化合物	分子式	爆炸能 /(kJ/mol)	燃烧热 /(kJ/mol)	燃烧极限 (空气中的体积分数)		闪点 /℃	自燃点 /℃
				下限	上限		
氢氰酸	HCN	—	—	5.6	40.0	−17.8	538
酯							
甲酸甲酯	$C_2H_4O_2$	−964.7	−1003.0	5.9	22.0	−19.0	236
甲酸乙酯	$C_3H_6O_2$	—	−1638.8	2.7	16.4	−20.0	577
乙酸甲酯	$C_3H_6O_2$	—	−1628.1	3.1	16.0	−9.4	654
乙酸乙酯	$C_4H_8O_2$	−2209.8	−2273.6	2.5	9.0	−4.4	610
乙酸丙酯	$C_5H_{10}O_2$	—	—	2.0	8.0	14.4	662
乙酸异丙酯	$C_5H_{10}O_2$	—	−2907.0	1.8	8.0	—	572
乙酸丁酯	$C_6H_{12}O_2$	—	−3587.8	1.7	7.6	22.2	423
乙酸戊酯	$C_7H_{14}O_2$	—	−4361.7	1.1	—	—	399
无机物							
氢气	H_2	−237.4	−285.8	4.0	75.0	—	572
氨气	NH_3	−339.7	−382.6	15.0	28.0	—	651
氰	C_2N_2	−1086.9	−1080.7	6.0	32.0	—	850
氧化物							
一氧化碳	CO	—	—	12.5	74	—	—
环氧乙烷	C_2H_4O	−1235.2	−1264.0	3.0	80.0	−20.0	429
环氧丙烷	C_3H_6O	−1869.8	—	2.0	22.0	−37.2	748
二噁英	$C_4H_8O_2$	−2346.5	—	2.0	22.0	12.2	266
含硫化合物							
二硫化碳	C_2S_2	−1062.6	−1031.8	1.2	44.0	−30.0	149
硫化氢	H_2S	−504.2	−562.6	4.3	45.0	—	292
氧硫化碳	COS	−523.8	−546.0	12.0	29.0	—	—
含氯化合物							
氯甲烷	CH_3Cl	−687.5	−687.0	10.7	17.4	0.0	632
氯乙烷	C_2H_5Cl	−1322.2	−1325.0	3.8	14.8	−50.0	516
丙基氯	C_3H_7Cl	−1963.4	−2001.3	2.6	11.1	<−17.7	520
丁基氯	C_4H_9Cl	−2592.4	—	1.8	10.1	−12.0	460
异丁基氯	C_4H_9Cl	−2581.8	—	2.0	8.8	—	—
烯丙基氯	C_3H_5Cl	—	—	3.3	11.1	−31.7	487
戊基氯	$C_5H_{11}Cl$	—	—	1.6	8.6	—	259
氯乙烯	C_2H_3Cl	−1196.7	—	4.0	22.0	−8.0	—
氯苯	C_6H_5Cl	—	—	1.3	9.6	29.4	638
二氯化乙烯	$C_2H_2Cl_2$	—	−1133.8	6.2	16.0	—	413
二氯化丙烯	$C_3H_4Cl_2$	—	—	3.4	14.5	−51.7	557

化合物	分子式	爆炸能 /(kJ/mol)	燃烧热 /(kJ/mol)	燃烧极限 （空气中的体积分数）		闪点 /℃	自燃点 /℃
				下限	上限		
溴化物							
溴甲烷	CH_3Br	−722.2	−768.9	13.5	14.5	−20.0	537
溴乙烷	C_2H_5Br	−1355.9	−1424.6	6.7	11.3	—	588
烯丙基溴	C_3H_5Br	—	—	4.4	7.3	—	295
胺							
甲胺	CH_5N	−921.3	−1085.1	4.9	20.7	0.0	430
乙胺	C_2H_7N	−264.7	−1739.9	3.5	14.0	—	384
二甲胺	C_2H_7N	−1660.5	−1768.9	2.8	14.4	—	402
丙胺	C_3H_9N	−2291.1	−2396.6	2.0	10.4	—	318
二乙胺	$C_4H_{11}N$	−2955.2	−3074.3	1.8	10.1	—	312
三甲胺	C_3H_9N	−2350.2	−2443.0	2.0	11.6	—	—
三乙胺	$C_6H_{15}N$	−4257.2	−4134.5	1.2	8.0	—	—
其他							
丙烯腈	C_3H_3N		−1789.1	3.0	18	0.0	—
三乙胺	$C_6H_{15}N$		—	1.3	11	14.4	—
乙硼烷	B_2H_6			0.8	88		
甲基丙烯酸甲酯	$C_5H_8O_2$			1.7	8.2	10	—
石脑油	—			1.2	6.0	−50	
苯乙烯	C_8H_8		−4438.8	1.1	7.0	30.5	—
汽油	—		—	1.4	7.6	−43	